KB040645

現代 地籍 學

현대 지적학

성춘자

박영사

우리나라는 1970년대 들어서 경제개발과 함께 대학에 지적전문학과가 설치되기 시작하였다. 이후에 지적학을 연구하는 학술단체가 구성되고 정기적으로 지적전문학술지가 발간되어 지적학이 학문적 발전을 거듭해 온 지 반세기가 지나고 있다.

국가공간정보정책에 따라서 1998년에 지적도면전산화사업을 시작하여 지적공부 통합데이터베이스를 구축하였고, 2000년대 들어서 이것을 GIS기술 기반의 토지정보시스템(Land Information System)으로 구축·활용하므로 전통 지적제도가 공간정보기술과 융·복합하여 다목적지적제도로 전환하고, 지적학의 학문적 정체성을 지적정보과학(Cadastral information Science)으로 재정립하게 되었다.

최근 들어서 국내·외 대학의 지적·측량전문학과들이 학과 명칭을 '지적정보(Cadastral information)', 지리정보(Geoinformatics), 지적정보공학과(Geomatics, Geomatics Engineering) 등의 키워드 중심으로 변경하고, 교과과정에 최신 장비와 소프트에어를 활용하여 토지정보를 수집·저장·관리·활용하는 기술교과목을 보강하는 움직임에서도 현대 지적제도와 지적학의 학문적 정체성이 변화하고 있다는 것을 알 수 있다.

이 책은 현대 지적학의 학문적 정체성을 견지하면서, 우리나라 과거·현재·미래의 지적제도에 대한 특성을 시계열적으로 기술하였고, 총 4부 10장으로 구성하였다.

제1부는 학술적 관점에서 지적과 지적제도 및 지적교육에 대한 총론으로 구성하였다. 제1장에서 지적과 지적제도의 일반적 원리와 우리나라의 지적제도의 원리를 구분하여 기술하는 데 역점을 두었고, 제2장에서는 현대 지적학의 정체성과 지적교육의 방향성을 중요하게 기술하였다. 제2부는 우리나라 지적과 지적제도의 과거를 반추하는 단원으로서 원시부족국가시대부터 근대시대까지를 고대지적제도, 중세지적제도, 근대지적제도로 구분하여 기술하였다. 제3장에서 고대원시부족국가시대부터 고구려, 백제, 신라 삼국의 고대국가시대까지 고대지적제도, 제4장에서 고려시대와 조선시대 후반까지의 봉건지적제도, 그리고 제5장에서 조선시대 말 근대화시기부터 한일합방시대까지의 근대지적제도의 특성을 기술하였다.

제3부는 우리나라의 현행 법제도에 근거하여 수행되고 있는 현대 지적제도의 현황

을 분석한 단원이다. 제6장은 토지이동과 지적공부정리 등 지적행정체계, 제7장은 지적업무에 활용되는 지적전산시스템의 현황, 그리고 제8장은 특별법에 의거해 수행되고 있는 지적재조사사업의 현황을 기술하였다. 제4부는 우리나라 미래지적제도의 발전방향과 과제를 기술하였다. 제9장에서 국가공간정보정책 수행에 따른 지적제도의 구체적 변화를 기술하고 제10장에서 미래 지적제도의 발전 방향과 해결과제를 기술하였다.

이상의 내용은 저자가 공간정보공기술 전문학과에서 20년간 「지적정보론」 강의를 하면서 알게 된 새로운 지적제도의 변화와 최근 지적분야의 공공인력 채용시험에서 요구되는 내용에 중점을 두고 정리한 것이다. 이 책을 출판을 하기까지 긴 고뇌의 시간이 있었지만, 독자들의 지적과 충고를 감사히 받을 생각으로 출판을 결심하였다.
끝으로 이 책이 지적제도와 지적학 발전에 유익을 줄 수 있기를 기대하며, 책 출판을 허락한 박영사의 안종만 회장님, 안상준 대표님 그리고 편집 과정에서 성심을 다해준 관계자 여러분께 감사를 드린다.

2022. 8. 20.
성산골에서 저자

제1부 지적과 지적제도의 원리

제1장 지적과 지적제도의 이론적 기초

제1절 | 지적의 본질 3
    1. 지적의 정의 3
    2. 지적의 어원 4
    3. 지적의 기원 7
    4. 지적의 원리 9
    5. 지적의 기능 11

제2절 | 지적제도의 본질 17
    1. 지적제도와 토지제도 17
    2. 토지등록과 지적제도의 관계 19
    3. 토지등록제도의 원리 20
    4. 지적과 지적제도의 특성 21
    5. 지적제도의 구성요소 24
    6. 토지등록의 법적 효력 25

제3절 | 토지등록제도의 유형 27
    1. 토지소유권 등록제도의 유형 27
    2. 지적제도의 유형 33

제4절 | 우리나라 지적제도의 특성 42
    1. 우리나라 지적제도의 운영체계 42
    2. 지적제도의 기본원칙 45
    3. 지적제도의 설비 48
    4. 지적제도와 부동산등기제도의 관계 49

제2장 지적학과 지적학 교육

제1절 | 지적학의 학문적 특성 55
    1. 학문의 본질과 지적학 55
    2. 학문의 분류와 지적학 56
    3. 학문의 정체성과 지적학 58

　　　4. 지적학과 인접과학의 관계　　　　　　　　　59

　　　5. 지적학의 정의　　　　　　　　　　　　　60

　　　6. 지적학의 연구대상　　　　　　　　　　　61

　　　7. 지적학의 연구방법　　　　　　　　　　　64

제2절 ∣ 지적학 교육　　　　　　　　　　　　　　64

　　　1. 우리나라 지적학 교육의 변천과정　　　　　64

　　　2. 지적학의 교육영역　　　　　　　　　　　67

　　　3. 지적학 교육의 교과과정　　　　　　　　　70

제2부　우리나라 지적제도의 발달과 전개

제3장　고대지적제도의 발달과 전개

제1절 ∣ 원시부족국가시대 지적제도　　　　　　　78

　　　1. 원시공동체사회 토지소유 개념　　　　　　78

　　　2. 원시부족국가시대 토지사유화 과정　　　　79

　　　3. 고조선시대 고대지적제도 발달　　　　　　81

제2절 ∣ 고대국가시대 지적제도의 발달　　　　　　82

　　　1. 삼국시대의 지적제도의 배경　　　　　　　82

　　　2. 삼국시대 토지분배제도와 관료지주제의 발달　86

　　　3. 삼국시대 지적제도의 전개　　　　　　　　92

제4장　중세지적제도의 발달과 전개

제1절 ∣ 고려시대 봉건지적제도　　　　　　　　　106

　　　1. 고려시대 봉건지적제도의 발달배경　　　　106

　　　2. 고려시대 봉건지적제도의 전개　　　　　　119

제2절 ∣ 조선시대 봉건지적제도　　　　　　　　　129

　　　1. 조선시대 봉건지적제도의 발달배경　　　　129

　　　2. 조선시대 봉건지적제도의 전개　　　　　　137

　　　3. 전제개혁과 양전개정론(量田改正論)　　　　159

제5장 근대지적제도의 발달과 전개

제1절 | 근대개혁기 반봉건적(反封建的) 지적제도   167
     1. 반봉건적(反封建的) 지적제도의 발달배경   167
     2. 갑오개혁과 근대지적제도의 발달   168

제2절 | 대한제국시대 근대지적제도의 발달   171
     1. 대한제국시대 근대지적제도 발달배경   171
     2. 대한제국시대 근대지적제도 전개   172
     3. 근대토지조사사업의 기반조성   180

제3절 | 한일합방시대 근대지적제도 확립   187
     1. 조선토지조사사업   187
     2. 근대지적제도의 확립과 전개   202

제3부 현대지적제도와 지적행정

제6장 지적공부의 작성과 관리

제1절 | 지적공부 작성   219
     1. 지적공부의 법적 근거   219
     2. 지적공부의 변천과정   219
     3. 지적공부의 등록사항   233
     4. 지적공부의 종류와 등록내용   249

제2절 | 지적공부의 관리와 이용   256
     1. 지적공부의 보존   256
     2. 지적공부의 복구   257
     3. 지적공부 공시   258

제3절 | 토지 이동과 지적공부 정리   260
     1. 토지 이동의 종류   260
     2. 토지이동에 따른 지적공부 정리   261

제7장 **지적전산화와 토지정보시스템 구축**

제1절 | 지적전산화 사업의 개요　292
　　1. 지적전산화의 목적　292
　　2. 지적전산자료　292
　　3. 지적전산화사업 추진과정　294

제2절 | 지적전산자료와 GIS기술 기반의 토지정보시스템　305
　　1. 필지중심토지정보시스템
　　　(Parcel Based Land Information System)　305
　　2. 토지관리정보시스템
　　　(Land Management Information System)　308
　　3. 한국토지정보시스템
　　　(Korea Land Information System)　311

제3절 | 부동산종합공부시스템　320
　　1. 부동산행정정보일원화 사업　320
　　2. 부동산종합공부시스템 개발　321
　　3. 부동산종합공부시스템의 운영　323

제4절 | 지적원도 데이터베스 구축　330
　　1. 지적원도 데이터베이스구축의 배경과 목적　330
　　2. 지적원도 수치파일 작성방법　330
　　3. 연속지적원도 작성　334
　　4. 지적원도 데이터베이스 구축　336

제8장 **지적재조사사업**

제1절 | 지적재조사사업의 개요　338
　　1. 지적재조사사업의 배경　338
　　2. 지적재조사사업의 목적과 추진 계획　340
　　3. 지적재조사사업의 추진과정　341

제2절 | 지적재조사사업의 추진체계　343
　　1. 개요　343
　　2. 지적재조사기획단과 중앙위원회의 구성과 역할　344

3. 지적재조사지원단과 시·도위원회 구성과 역할   345

4. 지적재조사추진단과 시·군·구위원회의 구성과 역할   346

제3절 | 지적재조사사업의 사업계획 수립   347

1. 개요   347

2. 기본계획의 수립과 내용   347

3. 시·도 종합계획의 수립과 내용   348

4. 실시계획의 수립과 내용   349

제4절 | 지적소관청의 지적재조사사업 시행   350

1. 개요   350

2. 지적재조사지구 지정   351

3. 토지소유자협의회 구성   352

4. 책임수행기관 지정   353

5. 토지의 측량·조사   356

6. 조정금의 청산   361

7. 사업완료 처리   363

제5절 | 지적재조사행정시스템 구축 및 운영   364

1. 시스템구축의 목적   364

2. 지적재조사행정시스템 운영체계   365

제4부   미래지적제도의 발전방향과 전망

제9장   국가공간정보정책과 지적제도의 발전

제1절 | 국가공간정보정책의 개념과 전개   371

1. 국가공간정보정책 기본계획의 추진   371

2. 국가공간정보정책 기본계획의 내용과 방법   373

3. 국가공간정보정책정책 기본계획과 지적제도의 발전   374

4. 국가공간정보정책정책 기본계획과 공간정보 3법   378

제2절 | 국가공간정보정책의 추진   382

1. 국가공간정보정책의 추진실적과 과제   382

2. 국가공간정보정책의 추진 동향   385

제3절 | 국가공간정보정책과 미래지적제도의 발전 전망   391
   1. 제6차 국가공간정보정책 기본계획   391
   2. 국가공간정보기반 구축 전략   393
   3. 국가공간정보정책과 미래지적제도 발전   396

제10장 미래지적제도의 발전방향과 과제

제1절 | 미래지적제도의 발전 방향   400
   1. 지적제도의 선진화 방향   400
   2. 지적제도의 동향   401

제2절 | 다목적지적제도의 발전과 과제   402
   1. 다목적지적제도의 목적과 동향   402
   2. 다목적지적제도의 특성   403
   3. 다목적지적시스템의 구축 사례   404

제3절 | 3차원 지적제도의 발전과 과제   406
   1. 3차원 지적제도의 필요성과 배경   406
   2. 3차원 지적의 유형   408
   3. 3차원 지적의 등록대상과 방법   408
   4. 3차원 지적제도 도입을 위한 해결과제   411

제4절 | 해양지적제도의 발전과 과제   419
   1. 해양지적제도의 목적   419
   2. 해양지적제도의 구성요소   420
   3. 우리나라 해양지적제도의 기반   422

참고문헌   431

찾아보기   442

제1부

지적과 지적제도의 원리

제1장　지적과 지적제도의 이론적 기초

제1절 ｜ 지적의 본질

1. 지적의 정의

20세기에 들어서 권위 있는 공공단체나 학자들은 지적의 본질을 파악하여 명확히 정의하고자 꾸준히 노력해 왔다. 이와 관련하여 1990년대 중반을 기점으로 그 이전과 이후 지적에 대한 정의는 확연한 차이가 있다.

1990년대 중반이전까지 대부분의 학자들이 지적을 국가가 작성한 '토지등록부(land registration)'로 정의한 반면에 1990년대 중반이후부터는 지적을 단순한 토지등록부가 아니라, 토지정보시스템(land information system)으로 정의하는 경향을 보인다.

대표적으로 국내의 원영희(1979)교수와 미국의 맥 엔타이어(John. G. McEntyre, 1978), 영국의 심슨(Simpson. S. R, 1984), 네덜란드의 헨센(L. G. Henssen, 1990) 등의 학자들이 일찍이 지적을 토지의 등록부(register) · 기록물(record) · 토지문서로 정의하였다. 그러나 1990년대 중반에 들어서 미국의 헨센(J. L. G. Henssen, 1995), 국제측량사연맹(FIG, 1995), 유엔 유럽경제위원회(UNECE, 1996) 등에서 지적을 토지정보시스템으로 정의하였다.

그러나 지적이 토지에 대한 '토지등록부'이든, '토지정보시스템'이든, 이것은 저장방법의 차이일 뿐, 모두 토지를 효율적으로 이용하고 관리하기 위한 목적으로 만들어진 '토지자료의 집합체'라는 본질에서는 차이가 없다. 따라서 지적(地籍)은 시 · 공간의 차이에 상관없이 '국가가 모든 토지현황을 조사 · 측량하여 구축한 토지정보데이터베이스'로 정의할 수 있고, 데이터베이스를 작성 · 관리 · 공시하는 수단으로 만들어진 모든 국가시스템이 지적제도인 것이다.

• 표 1-1 • 지적의 정의

학자 및 기관	정의	비고
원영희, 한국, 1979	국토의 전반에 걸쳐서 일정한 사항을 국가 또는 국가의 위임을 받은 기관이 등록하여 이를 국가 또는 국가가 지정하는 기관 비치하는 토지기록	토지기록
맥 엔타이어 (J. G. Mc Entyre), 미국, 1978	A cadastre is consider as an official register of quantity, value, and ownership of real estate within the area administered by a governmental unit	부동산 공적장부
국립연구위원회 (NRC, National Research Council), 미국, 1980	A cadastre may be defined as a record of interests in land, encompassing both the nature and extent of these interests	토지현황 기록
심슨 (Simpson. S. R), 영국, 1984	A public register of quantity, value, and ownership of the immovable property in a country compiled to serve as a basic for taxation	부동산 공적장부
헨센 (J. L. G. Henssen), 네덜란드, 1990	Cadastre is a methodically arranged public inventory of data concerning properties within a certain country or district, based on a survey of their boundaries	부동산 자료목록
국제측량사연맹 (FIG), 1995	A cadastre is a parcel based and up−to−date land information system containing a record of interests in land	토지정보체계
유엔유럽경제위원회 (UNECE, 1996)	The cadastre is an information system consisting to two parts a series of maps or plans showing the size and location of all land parcels together with text records that describe the attributes of the land	토지정보 시스템

2. 지적의 어원

1) 「地籍」의 어원

어원(語源)이란 어떤 단어의 근원적인 형태나 뜻이 처음 생겨난 동기와 변형과정을 말한다. 어원을 통해서 단어에 함축되어 있는 뜻을 더 정확하게 이해할 수 있기 때문에 의미가 모호하고 포괄적인 것일수록 어원을 분석하여 그 의미를 분명하게 할 필요가 있다.

현재 우리나라가 사용하고 있는 '지적(地籍)'에 대한 어원은 고문헌에 기록된 유사한 의미의 용어를 분석하므로 추정이 가능하다. 지적과 유사한 의미를 갖는 용어가 가장 먼저 등장하는 고문헌은 「삼국유사 권2」 남부여, 전백제, 북부여 편이다. 이들 고문헌에 '장적(帳籍)'이라는 용어가 등장하는데, 원문의 전후 문맥으로 볼 때 이것은 현재의 지적(地籍), 즉 촌락문서과 같은 의미로 기록된 용어로 추정한다.

한편 「삼국유사 권2」 가락국기 편에는 '도적(圖籍)'이라는 용어가 등장한다. 이역시 원문의 문맥으로 볼 때 토지대장과 같은 의미로 사용된 것이다. 그리고 「고려사」 식화지에는 '판적(版籍)'이 등장하는데, 이것은 토지와 호구를 같이 기록한 촌락문서의 의미이다. 조선시대에 토지를 측량하여 작성한 토지대장과 같은 의미로 세종실록에 '속문적(續文籍)'과 '적(籍)', 성종실록에 '적(籍)'이 있고, 현종실록에서는 토지 자체를 지칭하는 용어로 '적(籍)'을 사용하였다. 한편 「비변사등록」에서는 토지대장의 의미로 '양안(量案)'을 사용하였고, 조선말에 「하곡집」, 「일성록」, 「내부관제」 등에서 처음으로 '지적(地籍)'을 사용하였다.

또한 중국의 하남성에서 발견된 흑치상지의 묘지문에 '지적(地籍)'이라는 용어가 등장한다. 흑치상지는 달솔이라는 직책으로 활동하던 백제의 장수이며, 백제가 멸망한 후에 당나라로 투항한 사람이다. 그의 묘지문의 기록에 따르면, 20대에 백제 16관등 중 달솔(達率) 관등에 올라서 백제의 재정업무를 총괄하는 내두좌평 아래 2품관에 해당하는 관직을 '지적(地籍)'으로 표기하였다. 다시 말해서 그가 맡았던 백제의 재정업무를 토지를 조사·기록·관리하는 관직으로 규정하고, 묘지문에 이 관직명을 '지적(地籍)'으로 표현한 것으로 추정된다.

이상 고문헌의 기록을 종합하면, '적(籍)'이라는 용어는 고대시대부터 국가통치를 목적으로 작성한 공적문서로서 '지(地)'를 합성하여 '토지의 자원현황을 조사·기록한 토지문서(대장)' 또는 '토지의 자원현황을 조사·기록하는 관직명'을 나타내는 용어로 사용한데서 유래한 것으로 추정된다. '지적(地籍)'에는 토지의 토지현황을 조사·기록하는 목적에 해당하는 의미는 포함되어 있지 않다.

• 표 1-2 • 지적의 어원

구분	어원
地籍	• 토지의 자원현황을 조사·기록한 토지문서(대장) • 토지의 자원현황을 조사·기록하는 관직명

Cadastre	• Katastichon(그리스어)
	  − Kata(위에서 아래로)와 stichon(부과하다)의 합성어
	  − 위에서 군주가 아래 백성에게 부과하는 세금장부

	• Capitastrum(라틴어)
	  − Capyum(머리)와 Registrum(기록)의 합성어
	  − 로마의 인두세장부(head tax register)

2) 「Cadastre」의 어원

'Cadastre'의 어원은 그리스어에서 유래했다는 주장과 라틴어에서 유래했다는 2개의 주장이 있다.

그리스어에서 유래했다는 주장은, 그리스어에서 기록장, 공책(note book)을 뜻하는 'Katastichon'이 오늘날 'Cadastre'의 어원이라는 것이다.

Katastichon은 세금징수 혹은 상업용으로 작성한 '장부'를 뜻하는 명사이다. 이것은 '부과하다'는 뜻의 동사 'stikhon'과 '위에서 아래로'라는 부사 'Kata'가 합해져서 '위의 군주가 아래의 신민에게 조세를 부과하다'는 뜻이 내포된 세금장부를 지칭하는 용어로 사용되었다.

한편 오늘날 'Cadastre'가 라틴어에서 유래했다는 주장에서는 라틴어 'Capitastrum'을 'Cadastre'의 어원으로 본다. 'Capitastrum'은 머리(head)를 뜻하는 명사 'Capitum'과 기록(record)을 뜻하는 명사 'Registrum'이 결합된 복합명사로서 로마의 인두세장부(head tax register) 이름인데, 여기서 Cadastre가 파생했다는 것이다. 또한 목록을 뜻하는 라틴어 Capitastra, Catastico에서 유래했다 주장도 있다.

대체로 어느 것으로 단정하기는 어렵지만 대체로 그리스어 Katastichon에서 유래했다고 보는 입장이 약간 우세한 편이다. 그러나 그리스어의 'Katastichon'에서 유래했든, 라틴어의 'Capitastrum'에서 유래했든 'Cadastre'는 국가가 '조세징수를 목적으로 작성한 공적장부'라는 의미에서 유래했다는 것은 분명한 사실이다.

3. 지적의 기원

인류가 토지를 조사·측량하고 기록하여 관리한 것은 고대국가가 성립되기 이전 원시부족사회에서부터 시작되었다고 추정되지만, 이에 대한 근거가 충분히 제시되었다고 볼 수는 없다. 다만 인류가 고대시대 언제부터인가 토지를 조사·측량하여 기록·관리하는 직접적인 동기, 즉 지적의 기원에 대해서는 다음과 같은 주장이 있다.

1) 지배설

지배설은 지적의 기원을 원시부족사회에 두는 입장으로 통치자가 영토를 지배할 목적으로 영토의 경계를 조사·기록한 데서부터 지적(地籍)이 시작되었다는 주장이다. 인류는 기원전 7000~8000년경에 씨족단위로 정착농업을 시작하였고, 이때부터 영역의 개념이 생겨났으며, 이 영역을 지배하기 위한 노력이 시작되었다. 이런 노력의 일환으로 영역을 조사·측량하여 기록·관리하였고, 이것이 지적(地籍)이 등장한 가장 원초적 동기로 보는 입장이다.

2) 침략설

인류가 정착농업을 시작한 원시부족사회에서 부족은 서로 영토를 침략하여 토지쟁탈을 벌리며 더 넓은 영토를 차지하고자 하였다. 따라서 각 부족마다 토지쟁탈에서 승리하기 위하여 수시로 주변 토지를 탐색하여 기록하였으며, 이런 목적으로 토지를 조사·측량하여 기록·관리한 것이 지적(地籍)이 등장한 원초적 동기라고 하는 것이다.

3) 과세설

고대국가시대에는 모든 토지소유권을 왕(군주)가 소유하였고, 토지소득 또한 왕(군주)에게 귀속되어 있었다. 이런 상황에서 왕(군주)과 백성은 주종관계를 맺고, 왕(군주)은 백성을 보호하고 백성은 토지를 경작하였으며 왕(군주)에게 조세를 납부하였다. 따라서 왕(군주)은 조세징수를 위하여 매년 토지를 조사·측량하여 조세자료로 활용했고, 이것이 지적(地籍)이 등장한 원초적 동기라고 주장하는 것이다.

조세징수를 목적으로 만들어진 것을 최초로 체계적 토지기록은 B.C. 3000년경의 것으로 추정되는 것이 고대 이집트에서 발견되었고, 메소포타미아지역에서는 토지소유권과 경계분쟁을 재판하는 법정기록이 발견되었다. 과세를 목적으로 제작한 고대시대 유물로는 수메르인이 만든 점토판지도,[1] 바빌로니아 지적도,[2] 로마의 촌락도[3] 등이 있다. 중세시대 유럽에서 과세를 목적으로 작성한 대표적인 토지기록물로 영국의 둠즈데이 북(Domesday Book)[4]이 있다.

우리나라 고조선, 동예, 부여 등 고대국가에서도 조세징수를 위하여 정전제(井田制)와 같은 토지분급제도를 도입하고, 토지소유권을 관리하였다. 또 고구려, 백제, 신라 삼국에서는 토지의 조사·측량방법 및 조세징수에 대한 법령을 제정하고, 신라 장적(帳籍) 문서[5]와 같은 토지기록물을 작성하여 조세자료로 활용하였다.

4) 치수설

고대국가시대에 왕(군주)은 국가재정의 원천이 되는 토지를 잘 관리하는 것이 매우 중요한 문제였다. 관개시설을 축조하여 재해에 대비하고, 토지의 구분소유경계를 관리하는 일이 국가의 주요업무였을 것이다.

고대국가시대의 국왕들은 해마다 상습적으로 발생하는 하천의 범람으로 유실된 토지의 구분소유경계를 다시 복원하기 위하여 토지를 조사·측량하여 기록·관리하기 시작했을 것이라는 주장이다. 이것이 고대국가에서 지적제도가 생겨난 원초적 계기라고 보는 입장이 치수설이다.

다시 말해서 치수설은 대하천주변에서 필연적으로 발생하는 범람에 대비하여

---

1 수메르인 마을의 유적지에서 발견된 점토판 지도에 토지의 면적과 토지세 부과기록이 있다.

2 기원전 2300년경에 바빌로니아인들이 만든 지적도에는 소유자별 토지의 경계, 재배작물과 가축이 표시되어 있다.

3 기원전 1600년경에 고대 로마제국의 북부지역의 암벽에서 발견된 촌락지도에는 사람과 사슴이 그려져 있고, 점과 선을 이용하여 수로, 도로 및 경작지의 경계와 재배상태, 우물 등이 그려져 있다.

4 둠즈데이 북(Domesday Book)은 1086년 영국의 왕 윌리엄 1세(재위 1066~87)가 작성한 토지조사부(土地調査簿)이며, 이것은 노르만인(人)인 윌리엄 1세가 잉글랜드를 정복하여 왕위에 오른 후에 통치와 조세징수를 목적으로 정복지의 토지를 조사·측량하여 작성한 것이다.

5 신라 장적(帳籍) 문서는 755년 통일신라시대에 촌주가 마을의 사정을 기록해 중앙에 보고한 것으로 추정되는 '민정문서'이다. 이것은 신라가 조세징수와 부역징발에 필요한 기초자료를 확보하기 위하여 작성한 것으로 추정된다. 서소원경(西小原京, 현 청주시) 부근의 4개 촌락(사해점촌, 살하지촌, 이름을 알 수 없는 2개 마을)을 대상으로 작성한 장적 문서가 1933년에 일본 동대사(東大寺) 정창원(正倉院)에서 발견되어 보존하고 있다.

• 표 1-3 • 지적의 기원

구분	내용
지배설	자국의 영토에 대한 통치권을 확보하기 위한 수단으로 토지를 조사·측량하여 기록한데서 지적행위가 시작되었다는 주장
침략설	영토전쟁에서 승리하기 위하여 주변의 토지를 탐색하고 기록한데서 지적행위가 시작되었다는 주장
과세설	국왕이 백성들에게 조세징수를 위한 조세대장을 작성하기 위한 목적에서 국가가 지적제도를 확립하였다는 주장
치수설	농업시대에 대하천범람으로 유실된 토지의 구분소유경계를 복원할 자료를 확보하기 위하여 국가가 지적제도를 확립하였다는 주장

토지의 구분소유경계를 관리할 목적으로 토지측량기술과 토목기술이 발달하고, 토지를 조사·측량하여 기록하는 지적제도가 발달하였다고 보는 입장이다.

4. 지적의 원리

지적의 원리(principal)라 함은 지적업무를 수행하는데 있어서 마땅히 지키고 추구해야 할 규범과 가치를 말한다. 따라서 지적업무에서 가장 중요하게 지키고 추구해야할 규범과 가치는 공기능성·민주성·능률성·정확성이다.

1) 공기능성

지적행정업무에서는 특정 개인이나 집단의 이익이 아니라, 국가와 국민 모두에게 이익이 되도록 공기능성(Publicness)이 추구되어야 한다. 지적의 공기능성을 잘 유지하기 위하여 우리나라는 지적행정업무를 국가의 고유 사무로 규정하고 있다. 그리고 법률에 따라서 지적국정주의와 직권등록주의를 채택하고, 국가가 직접 토지를 조사·측량하여 지적공부를 작성·관리하는 실질심사와 등록의 원칙을 준수하고 있다.

지적국정주의(地籍國定主義)는 지적공부에 등록되는 '토지 표시'를 오직 국가만이 결정할 수 있도록 하는 원칙이다. 또 직권등록주의는 지적공부에 이미 등록된 내용이 토지의 분할, 합병 등 '토지 이동'으로 인하여 이를 다시 등록해야 하는 경우가 발생했을 때, 원칙상 지적공부의 등록내용을 변경하기 위해서는 토지소유자의 신청을 전제로 하는 소유자신청주의를 채택하고 있지만, 만약에 토지소유자가 법이 정한 기한 내에 신청하지 않을 경우에는 절차에 따라서 국가가 이를 변경할 수 있는 권한을 부여하는 원칙이다. 이와 같은 법적규정은 모두 지적의 공기능성을 해치지 않기 위한 제도적 장치이다.

2) 민주성

지적행정업무의 목적은 국토의 효율적 관리와 국민의 소유권을 보호하기 위함에 있다. 따라서 지적행정은 토지소유자 뿐 아니라, 모든 국민의 참여와 의사가 존중될 수 있도록 그 방법과 절차를 법률로 정하고, 철저히 이에 따라 집행되어야 한다는 것이 지적의 민주성(Democracy)이다.

이를 위하여 우리나라 지적제도에서는 지적공개주의를 채택하고, 누구나 지적공부를 열람 혹은 등본을 발급할 수 있도록 규정하고 있다. 그리고 토지소유자는 토지의 물리적 현황이 변경되었을 때 지적공부의 등록 내용을 변경하도록 담당부서에 신청하는 소유자신청주의를 원칙으로 하는 것도 지적행정에서 주민참여행정을 실현하기 위한 것이다. 이외에 지적행정의 구제제도(지적측량업자의 손해배상제도, 지적측량의적부심사제도, 축척변경에 따른 청산금제도, 지적재조사사업의 조정금제도)를 법률로 보장하며 지적의 민주성을 해치지 않기 위한 제도적 장치를 갖추고 있다.

3) 능률성

모든 국가행정은 최소한의 비용으로 수행하고, 국민에게 최대한의 서비스가 돌아가도록 하는 행정의 능률성(Efficiency)을 기본원리로 수행되어야 한다. 따라서 지적행정업무에서 현대적 기술과 장비를 활용하여 토지현황을 조사·등록하는 것과 이것을 효과적으로 공시·활용할 수 있도록 지원하는 것은 모두 지적행정업무의 능률성을 최대화하기 위한 노력이다.

우리나라는 지적행정의 능률성을 위하여 지적행정인력의 전문자격증제도, 수치지적제도, 지적행정전산화, 공간정보기술활용, 지적재조사사업 수행을 추진하며 지적제도의 선진화를 추구하는 것은 모두 지적행정의 능률성을 제고하기 위한 노력으로 볼 수 있다.

4) 정확성

지적의 정확성을 위해서는 토지현황을 현장에서 정확히 조사·측량하고, 지적공부에 등록하며, '토지 이동'에 따른 '토지 표시' 변경을 관리하는 과정이 최대한 정확하게 이루어지도록 해야 한다. 지적행정업무에서 정확성은 지적제도에 대한 대국민적 신뢰성을 결정하는 요소가 된다.

지적의 정확성을 최대한 유지하기 위하여 우리나라는 측량기준과 측량비용, 지적측량업자의 손해배상책임, 측량업자의 벌칙 규정을 법률로 정하고 있고, 지적측량장비의 현대화와 지적측량전문가양성에 대한 제도적 개선을 지속하고 있다.

• 표 1-4 • **지적의 원리**

원리	내용
공기능성	특정 개인이나 집단의 이익이 아니라, 국가와 국민 모두에게 이익이 되도록 지적행정을 수행하는 원리
민주성	토지소유자뿐 아니라, 국민의 참여와 의사가 존중되는 지적행정을 수행하는 원리
능률성	현대 기술과 장비를 이용하여 최소의 비용(세금)으로 국민에게 최대의 서비스가 이루어질 수 있도록 지적행정을 수행하는 원리
정확성	정확하고 신속한 지적정보 생산과 유지·관리가 이루어지도록 제도적 개선을 지속해야하는 원리

5. 지적의 기능

1) 지적의 일반적 기능

토지의 물리적 현황을 등록한 지적공부[6]는 국가와 국민이 법률적·사회적·행정적 활동을 하는데 필요한 기초자료로 기능을 한다.

---

6 「공간정보의 구축 및 관리 등에 관한 법률」에서는 지적공부를 8가지(토지대장·임야대장·공유지연명부·대지권등록부·지적도·임야도 및 경계점좌표등록부와 지적전산파일)로 규정한다. 이에 대한 상세한 내용은 뒤에서 다루기로 한다.

① 법률적 기능

지적공부의 법률적 기능이란 사법 또는 공법상의 토지와 관련된 모든 법적 분쟁에서 지적공부가 대항력 있는 근거자료로 역할을 한다는 것이다. 지적의 사법적 기능은 사인간의 토지거래를 용이하게 하고, 경비절감과 거래의 안전을 도모하는데 매개 자료로 지적공부가 사용되는 경우를 말한다.[7] 지적의 공법적 기능은 지적공부에 등록된 사실이 토지소유자가 국가 혹은 공적기관과의 거래를 성사시키는 공적자료로 이용되는 경우를 말한다.

지적공부가 법률적 기능을 담당하기 위하여 국가가 모든 토지를 지적공부에 등록하도록 적극적 등록제도를 채택하고, 지적공부의 형식과 등록방법을 법률로 규정하는 것 외에 지적공부의 등록 사실을 믿고 거래한 선의의 제3자를 완전하게 보호할 수 있도록 지적공부의 공신력을 더욱 높여야 할 것이다.

② 사회적 기능

지적공부의 사회적 기능이란, 지적공부가 공기능성을 실현하는 도구로 활용되는 것을 뜻한다. 지적공부가 사회적 기능을 잘 감당하기 위해서는 지적공부의 등록정보가 정확해야 하고, 그리고 이것이 다른 분야의 다양한 자료와 잘 결합될 수 있는 구조로 만들어져야 한다.

따라서 지적공부를 바탕으로 토지투기와 같은 문제를 제어하고, 안전한 토지거래가 가능한 부동산시장이 활성화될 수 있다.

③ 행정적 기능

지적공부의 행정적 기능이란 정부가 다양한 토지행정업무를 수행하는데 지적공부가 가장 기초적 자료로서의 역할을 한다는 것이다. 공시지가 산정, 토지이용계획 수립, 개발이익 환수, 부동산정책 수립, 외국인 토지관리 등 토지와 관련된 모든 행정업무에서 지적공부를 기초자료로 활용하고, 최근에는 토지정보시스템을 구축하여 부처 간 원활한 토지정보공유를 통해서 행정업무의 효율을

---

7 지적공부의 사법적 기능을 「공인중개사법」 제25조(중개대상물의 확인·설명)를 사례로 보면, 개업공인중개사는 중개를 의뢰받은 경우에는 중개가 완성되기 전에 중개의뢰인에게 토지대장 등본 또는 부동산종합증명서, 등기사항증명서 등 설명의 근거자료를 제시해야 한다.

높이고 있다.

2) 지적의 실제적 기능

① 법률적 측면의 기능

- **사법적 자료 기능**

  우리나라 현행 법제도에서 사법(private law, 私法)은 공법(公法)에 상대되는
  것으로 사인간의 법률관계를 규율하는 법률이며, 사법인 민법에서 토지소유
  권을 토지의 사용·수익·처분할 수 있는 권한으로 규정한다.

  토지소유권에 대한 사법적 분쟁은 토지 보상에 대한 분쟁, 무허가 또는 불법
  건축물에 대한 분쟁, 경계에 대한 분쟁 등이 주를 이루는데, 이런 분쟁을 해
  결하는 방법으로 지적도에 등록된 등록경계를 실세계에 복원하는 경계복원
  측량을 실시한다.

  이런 경계복원측량의 결과에 불복하여 제소한 사건의 대법원 판례를 통해서
  지적공부의 사법적 기능을 알 수 있다. 즉 지상의 담장이 정확한 경계라고
  주장하는 A와 지적도에 등록된 경계가 정확한 경계라고 주장하는 B의 분쟁
  에 대하여 대법원은 다음과 같이 판결하였다.

  [대법원 97다42823 판결]: 어떤 토지가 법률에 의해 한 필지로 지적공부에
  등록되면 그 토지는 특별한 사정이 없는 한 그 등록으로 특정되고 그 소유권
  의 범위는 현실의 경계(담장)와 관계없이 공부상의 경계에 의하여 확정된다.
  또한, 지적도상의 경계 표시가 분할측량의 잘못 등으로 사실상의 경계(담장)
  와 다르게 표시되었다 하더라도 그 토지에 대한 매매도 특별한 사정이 없는
  한 현실의 경계(담장)와 관계없이 지적공부상의 경계와 지적에 의하여 소유
  권의 범위가 확정된 토지를 매매 대상으로 하는 것으로 보아야 할 것이다.

- **공법적 자료 기능**

  우리나라 현행 법제도에서 공법(公法)은 개인과 국가 혹은 국가기관의 공적
  인 생활 관계를 규율하는 법률로써, 세금·선거·병역·관공서의 행정업무 등
  공권력과 개인의 법률관계를 규율한다. 토지와 관련되는 공법의 내용은 국
  가나 지방자치단체의 공권력이 공공복리를 위한 토지의 소유·이용·개발·

보전·거래 등에서 무제한적이고, 개인의 자유로운 재산권을 규제하는 것을 말한다. 따라서 토지개발·공시지가산정·토지세부과 등은 정부가 공법에 근거하여 우월한 지위에서 집행하는 공익사업의 대표적 사례이다. 이런 경우에 공권력의 집행으로 개인이 재산권행사를 부당하게 침해당했다고 판단되는 경우에 이에 대응하여 행정소송을 제기할 수 있고, 이런 공법적 분쟁에서 법적자료로 활용되는 것이 지적공부이다.

예를 들면, 국가가 공익적 관점에서 사유지를 강제수용하고 보상금을 지급할 때, 표준지공시지가를 기준으로 공시기준일로부터 가격시점까지의 지가변동률 및 평가대상토지의 위치·형상·환경·이용 상황과 기타 가격형성상의 요인을 종합적으로 고려하여 평가한 금액으로 보상금을 결정한다. 그러나 이 경우에 보상금이 시장가격보다 낮게 산정되었다고 판단되는 경우에 토지소유자는 행정소송을 통해 보상금의 증액을 시도할 수 있고, 이런 모든 공법적 보상금 산정은 전적으로 지적공부에 등록된 토지의 위치·형상·면적·지목 등의 자료에 근거하여 이루어진다.

② 사회적 측면의 기능

• 토지감정평가 기초자료

토지의 경제적 가치를 판정하여 가액(價額)으로 표시하는 작업을 토지감정평가라고 한다. 이것은 토지의 시장가격 및 임대료의 적정 수준을 결정하기 위한 목적으로 실시하며, 감정평가액이 의미하는 것은 합리적인 시장에서 형성될 정상적인 시장가격의 객관적 수준을 의미한다.

현재 우리나라는 전문지식을 갖춘 감정평가사에 의해 공정한 토지감정평가가 이루어지도록 「감정평가 및 감정평가사에 관한 법률」에 따라서 감정평가사의 국가자격제도를 도입하고, 이들 감정평가사들이 토지의 가치를 평가할 때는 지적공부에 등록된 지목·면적·위치·형상·경계 등의 자료를 활용한다.

• 토지거래의 매개자료

토지거래에서는 매수자와 매도자 그리고 공인중개사가 거래 물건에 대하여 믿을만한 매개 자료를 토대로 정확하게 정보를 공유할 필요가 있다. 이 경우에 믿을만한 매개 자료로 지적공부를 활용해야 한다(「공인중개사법」 제25조 참조).

- 지번주소 표기의 기초

  우리나라 근대적 주소체계는 한일합방시대에 만들어진 지번주소이며, 이것은 지적공부에 등록된 지번을 기반으로 'ㅇㅇ시(군) ㅇㅇ동(면, 리) ㅇㅇ번지'로 표기한다. 우리나라는 2014년에 도로명주소를 도입하고 공식문서에서 지번주소 사용을 제한하고 있으나, 현재도 사람이 살지 않는 도로와 건물이 없는 임야나 농경지역의 주소를 표기할 때, 또는 지적공부와 등기부 및 부동산계약서 등에서 부동산의 주소를 표기할 때는 지적공부에 등록된 지번을 기반으로 하는 지번주소를 사용한다.

③ 행정적 측면의 기능

- 공시지가산정 자료

  우리나라는 1987년에 부동산가격공시제도를 도입하고, 국토교통부에서 매년 전국 토지에 대한 공적지가(public land price)를 산정하여 공시한다. 공시지가제도는 정부가 토지와 관련한 행정업무의 객관성과 신뢰성을 높이기 위해 도입하였다. 이런 공시지가를 산정할 때 지적공부에 등록된 토지의 위치·형상·면적·지목 등을 기초자료는 활용한다.

- 지방정부재정의 원천

  지방정부마다 토지세를 부과할 때, 지적공부의 등록사항을 근거로 세액을 결정하므로 재원(財源)으로써 기능을 한다. 또한 지적공부를 열람·등본발급 및 지적전산자료 활용 등에 부과되는 수수료도 지방정부의 수입으로 처리되는 점을 감안하면 지적공부는 토지세 외로도 지방정부의 재원에 기여 한다고 볼 수 있다.

- 토지등기부작성의 기초자료

  우리나라는 「부동산등기법」에 따라서 토지의 소유권·전세권·저당권 등 토지의 물권(real rights)에 관한 등기부를 작성하여 관리한다. 그런데 법률에 따라서 토지등기부의 표제부를 작성할 때는 반드시 기존 지적공부에 등록된 토지의 소재·지번·지목·면적을 근거로 동일하게 작성해야 한다. 이렇게 지적공부를 근거로 토지등기부의 표제부를 작성해야 하는 법률적 원칙을 '선(先) 등록 후(後) 등기' 원칙이라고 한다.

- 지방행정의 기초자료

  지방자치단체가 일정한 관할지역 내에서 주민의 공공복리를 증진시키기 위하여 실행하는 일체의 행정을 지방행정이라고 하고, 지방행정의 대부분은 토지를 기반으로 실현되는 토지 기반 행정이라고 할 수 있다. 즉 지방정부가 수행하는 정비계획·토지이용계획 등 계획행정과 인허가에 해당하는 대부분이 토지 기반 행정이다. 그리고 대부분의 토지 기반 행정은 지적공부의 등록내용을 바탕으로 집행된다.

- 토지정책수립의 기초자료

  토지와 관련하여 국가정책을 수립할 때는 지적공부의 등록내용을 기초로 한다. 지적공부의 등록내용과 통계자료를 이용하여 정책의 실현가능성을 진단하고, 정확한 국토조사를 위한 사전검토 자료로 지적공부를 활용한다. 특히 지적공부를 통해서 토지이용가능성·토지의 가치·토지의 점유상황 등을 정확하게 파악할 수 있기 때문에 지적공부는 토지의 관리정책 수립에도 중요한 기초자료로 활용된다.

• 표 1-5 • 지적의 기능

일반적 기능	실제적 기능
법률적 기능	• 사법적 자료 • 공법적 자료
사회적 기능	• 토지감정평가 기초자료 • 토지거래의 매개자료 • 지번주소 표기의 기초
행정 기능	• 공시지가산정 자료 • 지방정부재정의 원천 • 토지등기부작성의 기초자료 • 지방행정의 기초자료 • 토지정책수립의 기초자료

제2절 | 지적제도의 본질

1. 지적제도와 토지제도

1) 토지와 토지자원의 특성

① 토지 개념의 변천

근대시대 이전까지 인류는 농경지 소유권에 매우 집착하였다. 우리나라의 경우에도 전근대사회에서 토지를 곧 어머니(母)와 같이 시해(施惠)를 베푸는 절대적 존재로 인식하는 대지모사상(大地母思想)에 지배를 받았다. 토지는 인간생활의 터전인 동시에 만물이 생성되는 근원으로 인식하여 마치 어린 아이가 어머니에게 의지하듯이 가족구성원이 토지를 중심으로 결집하여 가문을 이어가는 토대로 인식하는 것이다. 전통적인 지모사상에 뿌리를 둔 토지소유권에 대한 애착은 봉건시대에 토지소유와 사회적 권력을 동일시하며 토지소유권을 둘러싼 치열한 권력 다툼으로 발전하였다.

조선시대까지만 해도 토지의 가치는 농경지와 거주지에 한정되어 어디서든지 주택용지를 확보하여 주택을 건축하는 일이 어렵지 않았다. 심지어 조선시대에는 개인의 사유지일지라도 토지소유주가 집짓는 것을 막거나 방해하면 제서유위율(制書有違律)에 따라서 처벌을 받을 만큼 토지를 거주지로 이용하는 데에 절대적 권한을 부여하였다.

그러나 근대시대에 들어서 토지의 본질이 경제활동의 '자원' 개념으로 급속히 전환되었다. 이에 18세기에 중농주의 학자들은 국가사회의 부(富)의 기초는 농업에 있다고 보고, 토지를 생산 활동의 조건이 아니라 생산 활동의 근원으로 이해하고 그 무엇도 토지의 기능과 역할을 대신할 수 없을 만큼 절대적 가치를 갖는 자연물(自然物)로 규정하였다. 반면에 19세기 아담 스미스(Adam Smith) 중심의 고전학파 경제학자들은 토지를 다른 자원과 구별되는 별개의 자원(資源)으로 규정하였다. 그리고 산업화와 도시화가 촉진된 현대사회에서는 토지를 자산증식의 수단으로 인식하고, 자산으로써의 토지의 가치가 그 위치에 따라서 큰 차이를 보이는 상황에 이르게 되었다.

② 토지자원의 특성

토지 개념에 대하여 치열하게 논쟁하고, 토지소유권에 집착하는 것은 토지가 갖는 고유한 특성이 있기 때문이다. 그 특성은 다음과 같다.

첫째, 토지는 그 절대적 위치가 고정되어 이동할 수 없는 고정성(固定性)을 갖는다. 이런 토지의 특성 때문에 지역마다 차이를 보이는 수요에 탄력적으로 대응할 수 없다. 이것이 대도시주변이나 개발호재가 있는 지역주변에서 토지투기가 발생하고 이런 문제를 해결하기 위하여 토지거래허가구역을 지정한다. 둘째, 토지는 사용으로 인하여 소비되어 완전히 없어지지 않고 존재하는 영속성(永續性)을 갖기 때문에 한번 오염된 토지는 자연적으로 정화가 되기까지 그 폐해를 감수해야 한다. 셋째, 토지 수요의 증감에 따라서 그 양을 증감할 수 없는 부증성(不增性)을 갖기 때문에 토지의 수요·공급의 균형을 맞추기 어렵고, 이것이 여러 토지문제의 주요 원인이 된다. 넷째, 토지의 용도와 가치(가격)가 끊임 없이 변화하는 사회적 환경에 따라서 변화하는 가변성(可變性)을 갖는다.

• 표 1-6 • **토지의 특성**

특성	내용	비고
고정성(固定性)	토지의 절대적 위치가 고정되어 이동이 불가한 특성	자연적·물리적 특성
영속성(永續性)	토지의 사용으로 소비되어 없어지지 않는 특성	
부증성(不增性)	토지 수요에 따라서 그 양을 증·감할 수 없는 특성	
가변성(可變性)	사회적 환경변화에 따라서 토지의 용도와 가치(가격)가 변화하는 특성	인문적·제도적 특성

2) 토지제도와 지적제도

① 토지제도의 개념

토지제도는 각각의 시대와 국가마다 토지와 관련한 사회적 문제를 해결하기 위해 마련한 공적 수단(Public means)이다. 인류가 정착농업을 시작하면서부터 토지를 경영하였고, 이어서 토지의 소유·분배라는 사회적 문제에 관심을 갖게 되었다. 이와 관련하여 고대국가시대부터 저마다 다양한 관습과 법률을 만들어 사용하였다. 이것이 오늘날 토지의 소유·분배·이용·개발·거래·관리

등에서 발생하는 다양한 사회적 문제를 해결하기 위한 여러 가지 토지제도로
발전하게 되었다.

② 토지제도의 유형과 지적제도

토지제도는 토지의 소유·분배·이용·개발·거래·관리와 관련된 다양한 사회적
문제를 해결할 목적에 따라서 토지제도의 유형은 소유제도·분배제도·이용제
도·개발제도·거래제도·관리제도 등으로 분류된다.
이런 토지제도 가운데 지적제도는 토지소유관계를 관리하는 토지제도에 속한
다고 할 수 있다.

2. 토지등록과 지적제도의 관계

국가가 국토를 효율적으로 관리하고 국민의 토지소유권을 보호하기 위하여 토
지의 현황을 조사·측량(survey)하고 공적장부에 등록(Registration)하여 공시
(notice)하는 국가시스템을 토지등록제도(system of land registration)라고 한
다. 그런데 이 토지등록제도는 엄밀히 말해서 토지소유권이 미치는 범위를
구획하여 표시하는 지적업무와 이 구획된 토지에 대한 물권관계를 기록하여
관리하는 등기업무 2가지가 연결되어 있다. 우리나라에서는 전자를 지적제도
(cadastral system)로 후자를 등기제도(Registration system)로 구분한다.
지적제도에서는 토지의 물리적 현황을 등록·관리하고, 등기제도에서는 토지의
물권을 기록·관리한다. 지적공부에 토지의 물리적 현황을 조사·측량하여 기록
하는 것을 '등록(registration)'라고 하고 등기부에 토지의 물권관계를 기록하는
것을 '등기(registration)'라고 한다. 그러나 대부분의 국가가 우리나라와 다르게
토지등록제도를 일원화하고 토지등록제도를 토지의 물리적 현황과 물권관계를
포함하여 포괄적으로 정의한다.
우리나라가 토지등록제도를 지적제도와 등기제도로 이원화하게 된 것은 일제
시대 근대적 토지등록제도를 시작할 때 이원화하였기 때문이다.

3. 토지등록제도의 원리

지적공부에 토지의 물리적 현황을 등록하여 공시하는 지적제도는 토지에 대한 관습 등에 따라서 국가마다 차이를 보일 수 있지만, 대부분 국가가 채택하고 있는 지적제도의 기본원리(basic principle)는 다음과 같다.

1) 등록의 원리

모든 토지를 반드시 지적공부에 등록해야 하는 규범을 등록의 원리(principle of registration)라고 한다. 이것은 지적공부에 등록되지 않은 사실은 어떤 법적 효력도 인정되지 않지만, 일단 등록된 사실은 심지어 실제사실과 부합하지 않을지라도 법적 효력을 갖게 된다는 의미이다.

등록의 원리는 주로 적극적인 토지등록제도와 토렌스시스템(Torrens system)을 채택하는 우리나라와 스위스, 호주, 네덜란드, 대만 등이 채택하고 있다.

2) 공시의 원리

지적공부(등기부를 포함)에 기록된 내용을 반드시 일정한 절차와 형식에 따라 외부에서 인식할 있도록 공개해야 하는 규범을 공시의 원리(principle of public notification)라고 한다. 따라서 지적공부(등기부를 포함)를 완전히 공개해야하고, 공개된 사실은 국가가 법으로 보호한다는 의미이다.

이것은 토지의 물권과 관련하여 선의의 제3자를 보호하기 위한 규범이며, 등록의 원리와 마찬가지로 적극적인 토지등록제도, 법지적제도로 토렌스시스템(Torrens system)을 채택하는 국가에서 채택하고 있다.

3) 공신의 원리

지적공부(등기부 포함)에 등록하여 공시한 내용이 허위일지라도 이를 믿고 토지를 취득한 사람이 법적 보호를 받을 수 있도록 국가가 확실히 보호하는 것을 공신의 원리(principle of public confidence)라고 한다.

공신의 원리는 토지거래의 안전에는 도움이 되지만, 결과적으로 진실한 권리자에게는 불이익이 되기 때문에 지적공부(등기부 포함)의 등록내용이 진실한 권리관계를 정확하게 반영하지 못하는 경우에 그 폐단이 매우 클 수 있다.

따라서 독일·스위스·호주 등 토렌스시스템을 채택한 국가에서는 공신의 원리를 수용하고 있지만, 우니나라·프랑스·일본 등에서는 지적공부(등기부 포함)의 공신력은 인정하지만, 공신의 원리는 채택하지는 않고 있다. 우리나라가 공신의 원리를 채택하기 못하는 이유는 일제시대 토지조사사업을 통하여 근대 지적공부를 작성할 때, 사법적 절차 없이 행정처분으로 지적경계를 확정짓고, 이것을 바탕으로 등기부를 작성하여 그 등록내용이 실체적 진실이라고 담보할 수 없기 때문이다.

4) 특정화의 원리

특정화의 원리(principle of speciality)는 토지소유권이 성립되는 토지와 소유자를 명확하게 표기해야 하는 규범이다.

우리나라는 토지등록제도에서 특정화 원리를 채택하고, 「공간정보의 구축 및 관리 등에 관한 법률」에 따라 토지소유자를 이름(명칭) 혹은 주민번호(등록번호)로 특정화하고, 토지(필지)는 '토지 표시', 즉 토지의 소재·지번·지목·경계·면적·좌표로 특정화하여 지적공부에 등록한다.

5) 신청의 원리

토지소유자의 신청을 전제로 토지등록이 이루어져야 한다는 원칙을 신청의 원리(principle of application)라고 한다.

우리나라는 토지등록제도에서 신청의 원리를 채택하고, 「공간정보의 구축 및 관리 등에 관한 법률」에 따라 토지이동이 발생하여 지적공부에 등록된 '토지 표시'를 변경·등록할 경우에 그 실상을 정확하게 파악하여 등록하기 위하여 토지소유자 신청을 전제로 한다. 단 토지소유자가가 기한 내에 신청하지 않으면 지적소관청이 직권으로 변경·등록하고, 또 도시개발사업 등의 공공사업부지에 관해서는 대위신청제도를 두고 사업수행자가 신청하도록 한다.

4. 지적과 지적제도의 특성

지적과 지적제도는 다음과 같은 특성을 가지고 있기 때문에 「공간정보의 구축 및 관리 등에 관한 법률」로 정한 규정에 따라서 지적공부를 유지·관리한다.

1) 역사적 연속성

지적제도는 현재 존재하는 토지현상뿐 아니라 과거 오래전에 존재했던 토지현황까지도 관리하고 공시해야 한다. 즉 토지현황에 대한 역사적 연속성이 지적공부에 기록되어 언제나 알 수 있도록 공시해야 한다. 이것은 경계분쟁과 같은 토지문제가 발생하면 과거의 지적공부를 바탕으로 그 토지의 경계가 어떤 연혁과 등록과정을 거쳐서 현재에 이르렀는지 자료의 변천과정을 바탕으로 문제의 실체를 진단해야하기 때문이다. 이와 같이 토지경계의 실체적 사실을 역사적 자료를 바탕으로 판단하는 것이 지적과 지적제도의 고유한 특성이다.

우리나라는 토지경계에 대한 변화 연혁과 역사성을 바탕으로 현재 지적의 정당성을 부여하기 위하여 법 제69조에서 지적소관청은 폐쇄된 과거의 지적공부(전산파일 포함)를 법률이 정한 방법에 따라서 영구히 보존하도록 규정하고 있다.

2) 유동적 반복성

지적소관청의 지적업무에는 지적공부를 작성·관리하는 업무 외에 국민들이 지적공부를 열람하거나 등본발급, 토지이동이나 등록사항정정신청에 따른 지적공부 정리 등의 민원업무가 포함된다. 지적민원업무는 토지소유자들이 자유롭게 토지소유권 행사를 할 수 있도록 지원하는 것이다. 토지소유자들의 토지소유권 행사는 자유롭게 반복적으로 이루어지며, 이에 따라서 토지현황은 매우 유동적이고 지적제도는 이런 유동적인 토지현황을 반복적으로 지적공부에 등록·관리한다.

3) 전문적 기술성

지적제도는 정확성과 능률성을 전제로 국가가 토지현황을 정확하게 등록·관리하는 제도이기 때문에 최신의 전문기술을 필요로 한다. 현대 지적제도에서 가장 핵심이 되는 기술은 측량기술과 전산기술이다. 따라서 우리나라는 법 제23~27조에서 지적측량의 방법을 규정하고, 지적측량에 대한 국가기술자격증제도를 도입하고, 국가 지적직공무원 채용시험에서 지적전산학 과목을 두어 국가의 지적행정업무에 참여할 수 있는 전문성을 제한하고 있다.

4) 규범적 윤리성

지적제도는 국민의 재산권 또는 토지소유자에 개인정보와 관련되어 있기 때문에 이를 침해하지 않는 범위 내에서 지적업무가 이루어져야 한다. 따라서 모든 지적업무는 법률에 따라서 공정하게 민주적으로 수행되도록 제도화되어야 한다. 우리나라는 지적업무가 공정하게 집행되도록 지적정보의 전담관리 기구를 설치하고, 지적공부 및 지적전산자료의 이용에 필요한 법률 규정을 마련하여 지적업무의 윤리성을 담보하고 있다. 물론 지적업무의 윤리성이 법적 장치만으로 완전할 수 없기 때문에 지적공무원의 책임성·민주성·성실성·정직성·친절성 등이 요구된다.

5) 일관적 통일성

지적제도는 국가가 전국토의 토지현황을 체계적으로 관리하여 공시하는 제도이기 때문에 모든 토지를 등록·공시·서비스하는데 있어서 언제·어디서나 일관되고 통일된 절차와 방법으로 이루어져야 한다. 필지구획에서 토지의 조사·측량방법까지, 그리고 지적공부의 형식과 등록에서 공시와 지적정보제공에 이르기까지 모든 절차와 방법을 법률로 정하고, 이를 준수해야 한다.

• 표 1-7 • 지적제도의 특성

특성	내용	비고
역사적 연속성	지적제도는 토지현황에 대한 역사적 연속성을 지적공부로 기록하여 필요한 경우에 볼 수 있도록 공시해야 한다.	우리나라는 「공간정보의 구축 및 관리 등에 관한 법률」에 지적제도의 특성을 유지하기 위한 조문을 두고 있다.
반복적 유동성	지적제도는 토지소유자들이 자유롭게 토지소유권을 반복적으로 행사할 수 있도록 지원해야 한다.	
전문적 기술성	지적제도는 최신의 전문기술을 동원하여 정확성과 능률성이 담보될 수 있어야 한다.	
규범적 윤리성	지적제도는 국민의 재산권 또는 토지소유자의 개인정보를 침해하지 않고 공정하게 민주적으로 체계화 되어야 한다.	
일관적 통일성	지적제도는 국가가 전국토의 토지현황을 언제·어디서나 일관되고 통일된 절차와 방법으로 등록·공시·서비스할 수 있어야 한다.	

5. 지적제도의 구성요소

국가가 사람과 필지와 권리관계를 체계적으로 관리하는 것이 지적제도이다. 그러나 지적제도를 성립키는 구성요소에 대해서는 여러 학자들의 의견이 분분하다. 1970년대 우리나라 원영희 교수는 「지적학 원론」을 통하여 토지(Land)와 토지를 공적장부에 기록하는 등록(Registration), 그리고 토지를 등록한 지적공부(Land Record)가 지적제도를 구성하는 요소라고 하였다. 한편 네덜란드의 학자 헨센(Henssen)은 소유자(person)·권리(right)·필지(parcel)를 지적제도의 구성요소라고 하였다. 이에 대한 상세 내용은 다음과 같다.

1) 토지소유자

토지소유자(person)는 토지를 마음대로 사용·수익·처분할 수 있는 토지의 소유권과 이외의 법적 권리의 주체가 된다. 토지에 대한 권리의 주체는 자연인 외에 국가·지방자치단체·법인·비법인 단체·외국인·외국의 정부 혹은 기관이 될 수 있다. 지적제도에서는 토지소유자에 대한 이름(법인 명칭), 주민등록번호(법인 등록번호) 등을 지적공부에 등록하여 관리한다.

2) 법적 소유권

토지에 관한 권리(right)는 협의적 관점에서 토지소유권을 말하지만, 포괄적 관점에서는 소유권 이외에 저당권·지역권·사용권·지상권·임차권 등 기타 권리를 모두 포함한다. 지적공부에는 토지소유권 외에 권리의 종류·권리 취득일·등록일·취득형태 및 취득금액·소유권 지분 등을 등록한다.

3) 등록단위로서의 필지

지적제도의 구성요소로서의 필지(right)는 법적 권리가 미치는 토지의 범위이며, 지적공부의 등록단위 또는 지적제도의 객체(object)가 된다. 자연 상태의 토지는 연속된 하나의 공간이지만 토지를 인위적으로 분할하여 물권의 객체를 생성할 목적으로 구획된 단위토지를 필지라고 한다.
필지마다 지적공부에 등록하는 내용은 국가마다 약간의 차이가 있지만, 일반적으로는 토지의 소재·지번·지목·경계·면적·좌표 외에 토지이용계획·토지가

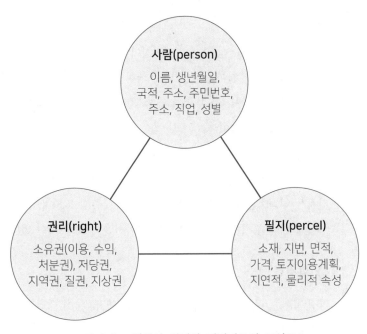

• 그림 1-1 • 헨센이 설명한 지적제도의 구성요소

격·시설물·지형 및 지질환경·환경상태·인구 수 등을 등록할 수 있다.

6. 토지등록의 법적 효력

토지등록(land registration)이라 함은 토지의 물리적 현황과 토지소유자 및 기타 사항을 지적공부에 등록(등기 포함)하는 것으로써 국가 공권력에 의한 행정처분에 해당한다. 토지등록에 따라서 발생하는 법률적 효력은 다음과 같다.

1) 구속력

구속력(拘束力, binding power)은 국가 공권력으로 집행한 사안에 대하여 불복할 수 없으며, 이 안에 대하여 국가가 이해관계자를 구속할 수 있는 법적 효력이다. 이것은 행정청이 정당한 사유로 취소하는 행정처분을 내리지 않는 한 유효하다. 지적공부의 등록은 지적소관청이 내린 행정처분이며, 등록된 사실은 이해관계자에 대하여 구속력을 갖는다.

2) 공정력

공정력(公定力, Fair power)은 행정청이 내린 행정처분이 완벽하게 법적 요건을 갖추지 못해 흠결이 있을 지라도 행정청이 정당한 절차에 따라서 그 사실을 무효화 하는 행정처분을 내리기 전까지는 이해관계자에 대한 구속력이 그대로 유지되는 법적 효력이다.

따라서 지적공부에 등록된 사실에 대하여 지적측량의 오류가 발견된다 할지라도 법률에 따라 설치한 지방지적위원회 혹은 중앙지적위원회의 심의·의결을 거쳐서 지적소관청이 무효화하지 않는 한 복종해야 하며, 지적공부에 등록된 사실에 대한 흠결은 법원의 판결을 받아서만 무효화할 수 있다.

3) 확정력

확정력(確定力, Confirmed power)은 한번 행정처분이 내려진 사실에 대해서는 시간이 아무리 경과할지라도 정당하게 철회되지 않은 한, 유효한 법적 효력이 인정되는 것을 말한다. 즉 행정처분으로 결정된 사실이 시간이 지나도 다툴 수 없는 불가쟁력(不可爭力)과 누구도 바꿀 수 없는 불가변력(不可變力)의 효력을 인정받는 것이다.

예컨대, 과거에 조상이 소유했던 토지에 대한 등기부나 토지대장 등을 분실하여 현재 토지소유권을 행사하지 못하는 경우에 '조상 땅 찾기' 프로젝트를 통하여 일제시대에 작성된 지적원도를 찾아 토지소유권을 인정받는 것은 토지등록에 대한 확정력의 효력이 있기 때문에 가능하다.

4) 강제집행력

행정처분에 따른 강제집행력(强制執行力, compulsory execution power)은 사법부의 도움 없이 행정청이 이해관계자들의 의무이행을 강제할 수 있는 것을 말한다. 지적소관청이 '토지 표시'를 결정하여 지적공부에 등록된 사실이 토지세부과 혹은 토지보상금 및 공시지가를 산정하는 기초자료로 활용할 수 있는 것은 이것이 행정처분에 의한 강제집행 효력이 있기 때문에 가능한 것이다.

• 표 1-8 • 토지등록의 법적 효력

구분	내용
구속력	지적공부에 등록된 사실에 대하여 누구라도 불복할 수 없는 절대적 효력
공정력	지적공부에 등록된 사실에 흠결이 있을지라도 해당 행정청이 정당한 절차에 따라 등록사실을 무효화하지 않은 한 절대적 구속력이 유지되는 효력
확정력	지적공부에 등록된 사실은 아무리 오랜 시간이 경과한 후에 그 사실이 절대로 무효화 될 수 없는 효력
강제집행력	지적공부에 등록된 사실에 근거하여 토지세를 부과하거나 또는 토지보상금을 지급하는 등의 행정집행을 강제할 수 있는 효력

제3절 | 토지등록제도의 유형

앞에서 설명하였듯이 대부분의 국가가 지적제도와 등기제도를 하나의 토지등록제도로 통합해서 운영하고 있지만, 우리나라는 토지등록제도를 지적제도와 등기제도를 2원화하여 운영하고 있다. 이 절에서는 토지등록제도를 토지소유권을 등기하는 등기제도와 토지의 물리적 특성을 등록하는 지적제도로 구분하여 각각의 유형에 대해서 살펴보기로 한다.

1. 토지소유권 등록제도의 유형

1) 등록방식에 따른 분류

① 날인증서등록제도

토지소유권에 영향을 미치는 날인증서(deeds)를 복사하거나 요약하여 행정청이 등록·관리하는 방식을 날인증서등록제도(system of deeds registration)라고 한다. 이 제도는 영국이 처음 고안하였고, 유럽국가(프랑스·스페인·이탈리아·베네룩스)를 비롯하여 미국과 남아메리카 국가와 아시아·아프리카 일부 국가가 사용하고 있다.

날인증서등록제도의 특징을 보면, 첫째 날인증서를 개인적으로 소지했을 때 생기는 분실의 위험에 대비할 수 있다는 장점이 있다. 둘째 날인증서의 작성일이 아니라 등록일을 기준으로 법적 우선권을 부여하고, 등록되지 않은 날인증서는 물권에 대한 법적증거로 인정하지 않는다. 셋째 날인증서를 등록하는 것은 토지의 물권이 누구에게 있다는 사실을 입증하는 것이 아니라 토지거래가 이루어졌다는 사실을 밝혀주는 의미이며, 따라서 날인등록제도는 토지에 대한 법적권리 자체를 등록하는 것이 아니라 토지거래에 대한 증거를 등록하는 것이다.

② 권원등록제도

권원등록제도(system of title registration)는 법률에서 정한 일정한 양식에 토지의 권원(title, 소유권) 자체를 등록한 권원증명서를 작성하고, 이 권원증명서를 편철하여 등기부로 관리하는 제도를 말한다. 즉 날인증서등록제도와 같이 등기관서가 사인간의 토지의 거래문서를 편철하여 관리하는 방식이 아니라, 토지의 권원(title, 소유권) 자체를 등록하는 제도로서 날인증서등록제도의 문제점을 보완한 제도이다. 우리나라는 이 권원증명서를 등기권리증이라고 한다.

권원(title)을 등록한다는 것은 토지소유자가 토지를 이용·수익·처분할 수 있는 완전한 법적 토지소유권을 명시하는 것을 의미하며, 권원증명서에 '언제 ㅇㅇㅇ로부터 ㅇㅇㅇ에게로 토지소유권 이전' 혹은 '언제 ㅇㅇㅇ에게 토지소유권 보존' 과 같은 형식으로 등록한다. 권원등록제도는 한국을 비롯하여 프랑스·독일·스위스·덴마크·일본·말레시아·영국·미국·캐나다·호주 등에서 널리 활용되고 있는 토지소유권등록제도이다.

③ 토렌스제도

토렌스제도(Torrens System) 호주의 로버트 토렌스(Robert Richard Torrens) 경(卿)이 창안한 것으로 1858년에 호주의 아델에이드(Adelaide) 시에서 처음 시행되었다. 이후 이 제도는 호주연방의 다른 주를 비롯하여 캐나다와 미국의 여러 주와 영국에서 채택하여 시행하고 있다.

토렌스제도는 권원 자체를 등록하고, 등기권자에게 권원증명서를 교부한다는 측면에서 권원등록제도와 같지만, 제도의 운영과정에서 다음과 같은 특성이 있다. 첫째, 토렌스제도는 미등기 토지를 최초등기(initial registration)를 할 때 철저한 권원심사(examination of title)를 실시한다. 이 경우에 권원심사는 실질심사주의 원칙에 따라 권리자가 기 제출한 과거의 거래증서와 다른 기타 모든 증거자료에 의거하여 신청자의 토지소유권에 대한 실체적 사실관계를 실질조사한 후에 이해관계자에게 통지나 공고로 알리고 이에 대한 이의신청을 받아 심리한다. 이와 같은 절차를 거쳐서 최초등기가 완료되면 등기된 토지소유자에게 권원증명서(Certificate of title)를 교부한다. 그리고 최초등기가 이루어진 이후에 생기는 물권변동에 따른 등기절차는 매우 간편하게 진행하는 것이 특징이다.

둘째, 토렌스제도의 또 다른 특징은 일단 등기된 토지소유권에 대하여 '공신의 원리'를 적용하는 것이다. 이것은 최초등기에서 실질심사주의를 채택하여 진정한 토지소유자가 소유권을 상실하는 경우가 없도록 신중을 기했을 지라도 실 토지소유자의 소유권이 침해받는 경우에는 국가가 완벽하게 배상하는 국가배상제도를 채택한 것이다. 그리고 국가배상제도를 합리적으로 운영하기 위하여 등기수수료의 일부를 기금으로 정립하고 있다.

이상의 토렌스제도의 내용과 특성을 다음과 같은 3가지 원리로 설명한다.

• 거울 원리

　토렌스제도의 거울 원리(mirror principle)는 토렌스제도에서 등기부에 등록된 사실은 거울에 비친 영상(映像)과 실체적 사실과의 관계만큼이나 완벽하게 사실과 일치한다는 의미이다. 다시 말해서 토렌스제도의 권리증명서(certificate of title)는 토지의 거래사실을 정확히 반영하기 때문에 토지소유권에 대한 실체적 사실은 오직 등기부를 통해서 완벽하게 확인할 수 있다는 것이다. 따라서 국가는 권리증명서의 적법성을 완벽하게 보장할 수 있다.

• 커튼 원리

　토렌스제도의 커튼 원리(curtain principle)는 등기부가 토지소유권에 관한 사실의 유일한 원천이며, 등록되지 않는 사실은 마치 무대에 오르지 못하고 커튼 뒤에 남아 있는 배우처럼 무의미하여 아무런 법적 효력이 없다는 의미이다. 일단 권원증명서가 발급된 토지의 경우에, 권원증명서가 발급되기 이전의 모든 거래와 권리관계는 고려의 대상이 될 수 없고, 법적 효력이 없다. 따라서 누구도 그 이전의 사실에 대하여 주장할 수 없고, 토렌스제도로 등록된 사실만을 완벽한 실체적 사실로 인정해야 한다.

- **보험 원리**

  토렌스제도의 보험 원리(insurance principle)는 토지의 권원을 등기부에 등록하는 행위에 있어서 불가피한 실수와 이로 인한 권원증명서의 오류가 있을 수 있다는 것을 인정하고, 이로 인하여 생길 수 있는 피해는 누구라도 국가가 완전히 보상해야 한다는 것을 의미한다. 이를 위해 국가는 보상제도와 기금을 준비하여 운영한다.

2) 등록의무에 따른 분류

① 소극적 등록제도

소유권 등기에 대한 소극적 등록제도(negative system)는 국가가 토지소유권의 등기를 의무화하지 않고 토지거래가 생기면 거래증서를 변경·등록하는 제도이기 때문에 소극적 등록제도에서 작성된 등기부는 거래사항에 대한 기록일 뿐 토지소유권을 등록하여 보장하는 것은 아니다. 다시 말해서 토지의 거래증서를 누적적으로 등록할 뿐, 토지에 대한 권원 자체를 등록하지는 않기 때문에 권원증명서를 교부하지 않는 제도로서 앞에서 설명한 날인증서등록제도가 이에 해당한다고 할 수 있다.

거래증서의 등록은 국가기관에서 이루어지지만 이에 대한 실질조사를 하지 않기 때문에 토지소유권을 유추할 수 있는 증거나 증빙 이상의 기능을 하지 못한다. 소극적 등록제도는 네덜란드·영국·프랑스·미국과 캐나다의 일부 주에서 채택하고 있다. 소극적 등록제도의 특징은 다음과 같이 요약된다.

- 토지 등기가 의무가 아니다.
- 국가기관에서 토지의 등기업무를 수행하지만 이를 위해 관련 증빙서류를 실질조사하지는 않는다.
- 등기부가 토지소유권 자체를 보장하지 못한다.
- 토지의 거래증서 등록은 토지소유권을 유추할 수 있는 증거나 증빙 이상의 기능을 할 수 없다.

② 적극적 등록제도

소유권 등기에 대한 적극적 등록제도(positive system)는 토지소유권의 등기를 토지소유자의 의무로 규정하고, 국가가 등록된 일필지를 단위로 법적 토지소유권을 보장하는 제도이다. 따라서 토지소유증서를 발급하고 등기되지 않은 소유권은 법적 효력을 인정받을 수 없는 등 앞에 설명한 권원등록제도가 이에 해당한다고 할 수 있다.

적극적 등록제도는 소유권의 안전한 보호와 거래의 안정성을 유지하는 장점이 있으나, 제도 운영에 많은 비용이 소요되고 등록절차가 복잡하다는 단점이 있다. 이 제도는 스위스·오스트리아·네덜란드·대만·일본·뉴질랜드 등의 국가가 채택하고 있고, 토렌스 제도를 확립하는데 큰 영향을 미쳤다. 적극적 등록제도의 특성을 요약하면 다음과 같다.

- 토지소유권 자체를 등기하여 법적으로 보장하고, 등기되지 않은 토지소유권은 법적 권리를 인정받을 수 없다.
- 토지소유자는 소유권을 등기해야할 의무가 있다.
- 토지등록의 효력을 국가가 보장하는 제도이기 때문에 토지등록사실에 따라서 어떤 피해를 입은 제3의 피해자는 국가를 상대로 소송을 제기하여 보상받을 수 있다.

3) 등기부 편성방법에 따른 분류

토지소유권을 등기한 등기부는 반드시 외부에서 인식할 수 있도록 공시해야 한다. 따라서 국가마다 다양한 방법으로 등기부를 편성하여 공시하고 있는데, 이 유형과 특성은 다음과 같다.

① 물적 편성제도

물적(物的) 편성제도는 일필지 단위로 1토지 1등기부를 작성하고, 지번 순서로 등기부를 편철하는 방식이다. 이 경우에 분할 토지는 본번과 관련지어 편철하고, 소유자의 변동이 있을 때는 편철과 무관하게 소유자 사항만 수정하여 관리한다. 이것은 토지이용·토지관리·토지개발 등의 정책수립의 자료로 활용하는 데는 가장 합리적인 편철 방식이지만 세금부과 등을 위하여 토지소유자 상황을 파악하고자 할 때는 어려움이 있다.

② 인적 편성제도

인적(人的) 편성제도는 개개인 토지소유자를 중심으로 등기부를 편성하는 방식으로 동일한 소유자의 토지를 모두 하나의 등기부에 등록하는 제도이다. 이 제도는 동명이인이 있을 수 있을 뿐 아니라, 토지이용 등을 위하여 토지특성을 파악하는 데 어려움이 있기 때문에 합리적인 제도라고 할 수 없고, 최근에 거의 사용되지 않는다.

③ 연대 편성제도

연대(年代) 편성제도는 등기를 신청한 순서대로 등기부를 편성하는 방식이다. 이것은 날인증서등록제도 혹은 소극적 등록제도와 같이 토지소유자가 토지소유와 관련된 문서를 등기관서에 제출하고, 등기관서가 이것을 편철하여 관리하는 제도에서 주로 사용되는 방식이다.

대표적으로는 프랑스와 미국의 일부 주에서 사용하는 레코딩 시스템이 이 유형에 해당한다.

레코딩 시스템에서는 토지소유권 자체를 등록하는 것이 아니기 때문에 토지를 거래할 때는 당사자들이나 대행하는 전문가(agent)가 등기관서에 보관된 권원증서에 대한 색인목록을 바탕으로 정당한 토지소유권 관계를 직접 확인해야 한다. 레코딩 시스템은 권원증서의 분실 등의 위험에 대처할 수 있다는 장점이 있으나, 권원증서를 등록하는 것이 의무가 아니기 때문에 모든 토지에 대한 권원증서가 등록되어 있는 것이 아니기 때문에 소유권 이전의 연속성을 알 수 없고, 이중 등록이나 허위 등록에 따른 피해가 발생할 소지가 있다.

④ 물적·인적 편성제도

물적(物的)·인적(人的) 편성은 물적 편성을 기준으로 편성하되, 인적 편성체계를 별도로 혼합하여 운영하는 방식이다. 이것은 토지행정을 지원하는데 효과적이며, 현재 지적행정전산화가 완료된 상황에서는 어렵지 않게 운영할 수 있다. 스위스와 독일이 이 제도를 쓰고 있다.

• 표 1-9 • **토지소유권등록제도의 유형**

기준	유형	특성
토지소유권 등록방법에 따른 분류	날인증서등록제도	• 토지소유권에 영향을 미치는 날인증서(deeds)를 복사하거나 요약하여 행정청이 등록·관리하는 소극적 등록제도
	권원등록제도	• 일정한 양식에 토지의 권원(title, 소유권) 자체를 등록한 권원증명서를 편철하여 등기부로 관리하는 제도 • 토지소유자에게 권원증명서를 발급하고 권원을 국가가 보증하는 적극적 등록제도
	토렌스제도	• 제도적 특성이 권원등록제도와 유사하지만, 최초등기에서 권원에 대한 실질조사를 실시하고, '공신의 원리'를 채택하여 등기된 권원에 대한 어떤 피해도 국가가 완전 보상하는 국가보상제도를 도입한 적극적 등록제도 • 국가보상제도 운영을 위한 기금 운영
등록의무에 따른 분류	소극적 등록제도	• 등록을 의무화 하지 않는 제도 • 날인증서등록제도, 연대 편성제도
	적극적 등록제도	• 등록을 의무로 하는 제도 • 권원등록제도, 토렌스제도, 물적·인적편성제도
등록부 편성방법에 따른 분류	물적 편성제도	• 토지의 지번 순으로 등기부 편철
	인적 편성제도	• 토지소유자 단위로 등기부 작성·편철
	연대 편성제도	• 토지소유자가 등기를 신청한 순으로 편철 • 날인증서등록제도 등 소극적 등록제도
	물적·인적 편성제도	• 지번 순으로 등기부 편철과 토지소유자 중심의 등기부 편철을 혼합

2. 지적제도의 유형

1) 지적제도의 목적에 따른 분류

지적제도가 처음 등장한 고대시대부터 현재에 이르기까지 그 존재의 목적이 시대마다 변천하였다. 이 변천에 따라서 지적제도를 조세지적제도, 법지적제도, 다목적지적제도로 분류한다.

일반적으로 우리나라를 포함하여 대부분의 국가가 고대시대에 조세징수에 필요한 자료를 마련할 목적으로 조세지적제도를 만들었다. 그리고 중세사회를 지나 근대시대에 이르러서 조세징수 외에 토지소유권 보호라는 새로운 목적이 추가된 법지적제도가 생겨났다. 현재는 조세징수와 토지소유권 보호라는 한정된 목적을 넘어서 정치·경제·사회 전반에서 요구하는 토지정보를 폭넓게 제공하는 것을 목적으로 하는 다목적지적제도로 변모하고 있다. 이와 같이 시대에 따라서 변천한 지적제도의 유형별 상세내용을 살펴보면 다음과 같다.

① 조세지적제도(Fiscal Cadastre System)

고대시대에 토지는 국가재정의 원천이었고, 국가나 개인이나 모두가 토지경작을 통해서만 소득을 확보할 수 있었다. 또한 국가운영에 필요한 비용을 확보할 수 있는 방법도 백성들이 토지를 경작하여 납부하는 조세에 의존하는 것 밖에 없었다.

고대시대에 조세징수를 목적으로 국가가 백성들이 경작하는 토지를 조사·측량하여 장부에 기록했던 것을 조세지적제도라고 한다. 조세지적제도는 인류가 만든 최초의 지적제도로 고전지적제도라고 한다. 조세지적제도는 고대시대부터 근대화 이전까지 장구한 시간동안 지적제도의 대표적 형태로 존재하였다.

조세지적제도 단계에서는 토지의 위치나 경계는 중요하지 않았고, 토지소유자와 면적 및 생산량을 중요시 하여 장부에 토지의 소유자·면적·사표, 방향 등을 기록하여 관리하였다. 도면은 작성하지 않았고, 이런 의미에서 조세지적제도를 면적본위 지적제도라고도 한다.

조세지적제도의 대표적인 토지기록부는 우리나라의 신라 장적(帳籍) 문서[8]와 영국의 둠즈데이 북(Domesday Book)[9]이 있다. 이것을 통하여 조세지적제도에서 중요하게 관리했던 내용이 무엇인가를 알 수 있다.

---

8 신라 장적(帳籍) 문서에 마을의 경작지를 관모답(국가직속지 관유지), 연수유전답(장전 1인당 분배된 민전), 내시령답(아전 등 관료에게 지급된 전답), 마전(국유지)으로 분류하여 기록하였다. 그리고 인구 수(마을별, 농가별), 농가 등급, 가축 수(마리), 마을의 총 경지면적, 토지종류별 면적 현황, 연수유전답의 현황(총 결수, 장정 1인당 결수, 농가당 결수), 과실나무 수(주수), 지목(전, 답, 마전)별 면적 현황 등을 상세히 기록하였다.
9 둠즈데이 북(Domesday Book)에는 각 주별(州別)로 정복 전과 조사당시의 영주명(領主名) 및 직할지 면적, 쟁기의 수, 토지소유자와 농노의 수, 삼림·목초지·방목지 등의 공유지 면적, 정복에 의한 변동 규모, 각 토지의 평가액, 자유농민의 보유지 면적, 토지의 잠재적인 경제가치 등까지 매우 자세한 내용이 기록되어 있다.

② 법지적제도(Juridical Cadastre System)

지적제도의 목적을 조세징수에 필요한 자료수집 외에 국민의 토지소유권 보호라는 새로운 목적을 추가한 것이 법지적제도이다. 19세기 근대화시대에 토지의 상품화와 함께 토지에 대한 물권공시제도가 등장하면서 법지적제도가 등장하였다. 이런 의미에서 법지적제도를 근대지적제도라고 한다.

법지적제도 단계에서는 조세지적제도 단계와 다르게 토지의 경계와 위치를 중요한 요소로 취급하였다. 따라서 토지대장에 토지의 물리적 현황을 등록하는 것 외에 지적도에 토지소유권 범위에 대한 경계를 등록하여 공시한다는 의미에서 법지적제도를 위치본위지적제도 혹은 소유지적제도라고도 한다.

그러나 법지적제도 단계에서 토지의 소유자와 면적 및 생산량을 소홀히 취급한 것은 아니다. 조세징수에 필요한 면적 등의 물리적 현황은 그대로 중요하게 취급하면서 새롭게 토지의 경계와 위치를 추가하여 지적공부에 등록하므로 조시지적제도보다 한층 발전된 지적제도라고 할 수 있다.

• 표 1-10 • 목적에 따른 지적제도의 유형

구분		고전 지적제도 조세지적제도	근대 지적제도 법지적제도	현대 지적제도 다목적지적제도
지적제도의 목적		• 토지세 징수	• 토지세 징수 • 토지소유권 보호 • 안전한 토지거래 지원	• 토지세 징수 • 토지소유권 보호 • 안전한 토지거래 지원 • 다양한 분야에 토지정보 제공
핵심 사항	면적 본위	○	○	○
	위치 본위	×	○	○
	종합 토지정보	×	×	○
지적공부		대장	대장 및 도면	대장, 도면, 지적전산파일
발달단계의 사회적 배경		농업사회	근대 산업사회	현대 정보사회

③ 다목적지적제도(Multipurpose Cadastre System)

현대 지적제도는 조세징수와 토지소유권 보호 등 한정된 목적을 넘어서 공공분야와 민간산업분야 또는 국민의 생활분야에 이르기까지 다양한 분야에서 필요로 하는 토지정보를 제공하는 것으로 그 목적이 확대되었다. 이것을 현대 다목적지적이라고 한다.

20세기 후반에 시작된 다목적지적제도 단계에서는 다양한 정보통신기술과 공간정보기술을 활용하여 지적공부를 종합토지정보시스템으로 구축하고, 지적정보와 다양한 토지와 관련 정보를 통합하여 관리할 수 있게 되었다. 이런 의미에서 다목적지적제도를 정보지적제도라고도 하고, 우리나라는 다목적지적을 실현하기 위하여 지적공부전산화를 추진하고, 지적전산파일을 법적지적공부에 포함시켰다. 다목적지적제도는 21세기 미래 지적제도의 선진화모델로 평가할 수 있다.

2) 등록방식에 따른 분류

지적공부에 토지를 등록할 때, 전체 국토를 한꺼번에 등록할 수도 있고, 아니면 필요한 특정지역만 한정해서 등록할 수도 있다. 전자를 일괄등록제도와 후자를 분산등록제도라고 하는데, 이에 대한 각각의 특성은 다음과 같다.

① 일괄등록제도

일괄등록제도(systematic registration system)는 국가 또는 지방정부가 주도권을 가지고 국토전체를 일시에 조사·측량하여 지적공부에 등록하는 제도를 말한다. 일괄등록제도는 국가가 국민의 토지소유권을 보호하고, 국토를 효율적으로 관리하기 위한 목적을 가지고 대규모 토지조사사업을 실시하여 전국토의 토지를 등록하는 국가주도의 등록유형이다.

일괄등록제도는 국가가 국비를 투자하여 실시하기 때문에 토지소유자들의 초기비용 부담이 없고, 국가가 토지소유상황을 정확히 파악하여 관리할 수 있으며, 전국에 대한 지적도를 일괄적으로 작성하기 때문에 지적도를 국가 기본도로 활용할 수 있다는 장점이 있다. 그러나 일괄등록제도는 국가가 많은 초기비용을 부담해야 하는 단점이 있다. 우리나라 지적제도는 한일합방시대에 조선총독부가 전국의 토지조사사업을 실시하여 일괄등록제도로 출발하였다.

② 분산등록제도

분산등록제도(sporadic registration system)는 토지의 매매 등으로 소유자가 토지등록을 신청하는 경우에 한하여 해당 토지를 조사·측량하여 지적공부에 등록하는 제도이다. 이 제도는 국토가 넓고 인구가 비교적 적은 국가에서 채택하고 있다.

분산등록제도는 일괄등록제도와 같이 국가적 목적에 의한 것이 아니라 토지소유자가 자신의 비용으로 권원을 안전하게 확보할 목적으로 이루어지는 것이다. 이것은 정부가 적은 비용으로 개별 토지소유권을 관리할 수 있다는 장점이 있는 반면에, 토지소유자들에게 많은 초기비용 부담이 전가되는 점과 국토 전체에 대한 지적도가 구비되지 않아서 국가가 토지정책수립 등에서 지적도를 국가 기본도로 활용하기 어렵다는 단점이 있다.

이것은 국토의 면적이 넓고, 인구가 넓은 지역에 분산되어 있고, 국토 전체에서 사유지가 차지하는 비율이 낮을 뿐 아니라, 토지거래 빈도도 낮아서 전국토를 등록·관리할 필요가 적은 경우에 적합한 제도이다. 이와 같은 의미에서 분산등록제도는 산발적 등록제도로 이해할 수 있다.

• 표 1-11 • 등록방식에 따른 지적제도의 유형

기준	일괄등록제도	분산등록제도
등록 목적	• 토지소유권을 보호와 국토를 효율적으로 관리하고자 하는 국가적 목적으로 추진되는 제도	• 개별 토지소유자가 자신의 비용으로 권원을 안전하게 확보할 사적 목적으로 추진되는 제도
등록 방법	• 전국의 토지를 대상으로 국가가 주도하여 대규모 계획에 따라서 일관성 있게 등록	• 개별 토지소유자가 신청한 대상 토지에 대하여 산발적으로 등록
장점	• 주로 국가재원을 사용하여 토지소유자의 부담이 적다 • 지적도의 수준과 형식이 일관성을 갖기 때문에 국가의 토지행정의 기본도로 활용하기 용이하다	• 국가의 재정 부담이 적다
단점	• 국가의 초기비용 부담이 크다	• 토지소유자의 비용 부담이 크다 • 국가의 토지행정에 기본도로 활용할 지적도 확보가 어렵다

아프리카나 아시아의 개발도상국에서 제도운영에 필요한 초기비용을 부담하지 못하여 분산등록제도를 채택하는 경우도 있다.

3) 지적경계의 등록방법에 따른 분류

지적도에 토지의 경계를 등록하는 방법은 종이도면에 직접 지적경계를 그려서 등록하는 도해지적(Drawing Cadastre) 방식과 지적경계의 경계점 좌표를 등록하는 수치지적(Numerical Cadastre) 방식이 있다. 이에 대한 각각의 특성은 다음과 같다.

① 도해지적제도(Drawing Cadastre System)

지적측량을 실시한 결과, 일필지에 대한 위치·면적·형상을 지적도면상에 직접 그려서 등록하는 것을 도해지적 또는 도면지적이라고 한다. 우리나라는 조선총독부 임시토지조사국이 처음 지적도와 임야도를 작성할 때, 도해지적 방식으로 작성하였기 때문에, 현재까지도 90% 이상의 토지가 도해지적으로 등록되어 있는 실정이다.

20세기 중반까지만 해도 대부분의 지적도가 도해지적으로 작성되었지만, 도해지적은 다음과 같은 근본적 한계를 안고 있다.

- 필지경계의 위치를 정확하게 등록하기가 거의 불가능하다. 즉 지적경계를 펜을 사용하여 종이에 그리기 때문에 아무리 예리한 펜을 사용한다고 해도 폭이 전혀 없는 완벽한 2차원의 지적경계를 그릴 수 없기 때문이다. 예를 들어서 1/1200축척 지적도에 0.1mm 굵기의 연필을 사용하여 그린 지적경계를 지상에 복원하면 12cm의 폭이 생기기 때문에 오차를 피할 수 없는 근본적 한계가 존재한다.
- 지적도를 사용하는 시간이 경과할수록 도면의 원형을 그대로 유지하기가 어렵고, 도면 변형에 따른 오차가 시간이 갈수록 점점 커진다. 종이 지적도를 오래 사용하면 그 자체가 신축되거나 마모가 발생하여 필지경계의 오차가 점점 커진다.

② 수치지적제도(Numerical Cadastre System)

20세기 중반에 수치지적방식이 등장하여 도해지적방식이 안고 있는 근본적 한계점을 해결할 수 있게 되었다. 수치지적이란 지적측량을 통하여 지적경계의 경계점 좌표를 취득하여 수치지적부(현재 경계점좌표등록부)에 등록·관리하는 방식이다.

우리나라는 경계점 좌표를 TM좌표(x, y)로 취득하여 파일타입의 수치지적부(경계점좌표등록부)에 등록·관리하며, 필요시에 자동프로그램을 이용하여 등록된 좌표 값을 지적도면으로 출력하여 활용한다. 수치지적제도는 등록된 지적경계의 정확도가 높아 경계분쟁의 소지를 줄일 수 있고, 필요에 따라 다양한 축척으로 지적도를 출력해 사용할 수 있으며, 파일타입의 수치지적부는 관리하기가 용이하다는 장점이 있다. 반면에 수치지적제도는 필요한 장비구입과 프로그램 개발에 소요되는 비용이 크다는 단점이 있다.

우리나라는 1975년에 처음 수치지적제도를 도입하였고, 현재도 꾸준히 도해지적을 수치지적제도 전환하는 사업을 추진하고 있다. 토지개발사업과 지적재조사사업 등 대규모 국가사업에서 지적확정측량을 할 때는 수치지적방식으로 경계점 좌표를 취득하여 수치지적부(현재 경계점좌표등록부)에 등록하도록 하고 있다. 현재 우리나라의 3800만 필지에 대한 약 6.7%의 토지가 수치지적으로

• 표 1-12 • **지적경계 등록방법에 따른 지적제도의 유형**

구분	도해지적제도	수치지적제도
등록방법	• 종이도면에 지적경계를 그려서 등록하는 방법이다.	• 수치지적부(경계점좌표등록부)에 지적경계의 경계점 좌표(x, y)를 등록하는 방법이다.
장점	• 지적도상에서 바로 토지형상 확인이 가능하다. • 제작 경비가 저렴하다. • 산간지역의 불규칙한 지적경계 등록이 용이하다.	• 정확한 필지경계의 위치 등록이 가능하다. • 경계분쟁의 소지를 제거할 수 있다. • 관리가 용이하다.
단점	• 지적경계 위치의 정확도가 낮다. • 도면의 원형보존이 불가능하여 경계분쟁의 원인이 된다.	• 프로그램을 사용하지 않고는 지적도상에서 바로 토지형상을 확인할 수 없다. • 장비구입과 시스템운영경비가 높다.

전환되었다. 향후 지적재조사사업[10]이 완료되는 2030년까지 전체 토지 100%를 수치지적으로 전환할 계획이다.

4) 등록객체의 공간차원에 따른 분류

일반적으로 공간 차원(Spatial dimensions)은 n차원의 공간이 연합하여 n+1차원의 공간으로 변모하는 과정으로 이해할 수 있다. 현재는 대부분이 2차원 지적제도로 구축되어 있지만, 21세기 정보사회에 들어서부터 3·4차원 지적제도의 필요성이 제기되고 있다.

0차원에 해당하는 점(point) 공간이 2개 이상 연합하여 1차원의 선(line) 공간으로 변모하고, 1차원의 선 공간이 3개 이상 연합하여 차원의 다각형(polygon)으로 변모하며, 2차원의 다각형(polygon)이 여러 개 연합하면 3차원의 입체공간으로 변모하는 공간현상을 공간차원이라고 한다. 그리고 3차원의 입체공간이 시간에 따라 이동한 궤적, 즉 시간위상에 따라서 3차원 공간이 연합된 것을 4차원 공간으로 정의한다. 이와 같은 4차원의 공간개념으로 지적공부를 관리하는 지적제도가 4차원 지적제도이다.

지적공부에 등록하는 객체의 공간차원에 따라서 2차원의 평면좌표(x, y) 좌표로 등록하는 2차원 지적제도, 3차원의 입체좌표(x, y, z)로 등록하는 3차원 지적제도, 그리고 4차원의 시공간 좌표(x, y, z, t)로 등록하는 4차원 지적제도로 그 유형을 분류할 수 있고, 그 각각의 특성을 다음과 같다.

① 2차원 지적제도(Two Dimension Cadastre System)

지표에 설립된 수평면상의 필지경계만 등록하는 제도를 2차원 지적제도 또는 평면지적이라고도 한다. 우리나라는 현재 지하와 지상의 토지소유권을 고려하지 않고 지표에 설정된 수평면상의 경계만 등록·관리하는 2차원 지적제도를 운영하고 있다.

② 3차원 지적제도(Three Dimension Cadastre System)

최근에는 토지이용이 지표를 넘어서 지하와 지상으로 확대됨에 따라서 지표상

---

10 지적재조사사업과 관련해서는 제8장에서 상세히 기술함.

의 일필지만을 등록하는 것이 아니라, 지상과 지하공간에서도 일필지의 개념을 적용하여 토지소유권이 미치는 범위를 등록·관리해야할 필요성이 제기되고 있다. 지상과 지하공간에 다양한 목적의 건물과 구조물(상하수도, 전기 및 전화선 등)들이 입지하고, 이들의 부지(敷地)에 해당하는 필지를 구획하여 지적공부에 등록·관리하는 3차원 지적 혹은 입체지적을 구축하는 것이다.

3차원 지적의 구축으로 지하공간에 늘어나는 공공시설물을 효과적으로 관리할 수 있지만, 구축해서 활용하기까지는 많은 예산과 시간을 투입돼야 하고, 이를 위해서는 법적·제도적으로 보완해야할 과제가 많다.[11]

③ 4차원 지적제도(Four Dimension Cadastre System)

4차원 지적제도는 하나의 필지(2차원 또는 3차원)와 필지의 속성, 그리고 시간위상(time topology)에 따라 변화하는 필지별 형상·법적 제한·권리 등의 변화에 관한 사실을 지적공부에 등록하여 관리하는 것이다. 4차원 지적제도의 유용성은 하나의 필지에 존재하는 활동 및 관리의 시작과 종료에 대한 설명, 필지의 특성과 이용에 변화를 예측할 수 있는 분석, 토지평가 등 새로운 외부정보의 추적이 가능할 수 있다.

• 표 1-13 • **등록객체의 공간차원에 따른 지적제도의 유형**

구분	2차원 지적제도	3차원 지적제도	4차원 지적제도
등록 내용	지표상에 설정된 수평면상의 경계점 위치를 x, y좌표로 등록	지표상에 설정된 수평면상의 경계점 위치를 x, y좌표로 등록	지표상에 설정된 수평면상의 경계점 위치를 x, y좌표로 등록
	–	지상과 지하 구조물의 부지에 대한 경계점 위치를 x, y, z 좌표로 등록	지상과 지하 구조물의 부지에 대한 경계점 위치를 x, y, z 좌표로 등록
	–	–	3차원 지적의 시간 위상(time topology)에 따른 변화내역을 등록
비고	평면지적제도	입체지적제도	동적 지적제도

---

11 3차원 지적구축과 관련한 법적, 제도적 보완은 제10장에서 상세히 기술함.

제4절 | 우리나라 지적제도의 특성

1. 우리나라 지적제도의 운영체계

1) 지적등록의 운영 주체

우리나라 지적제도는 지적 법정주의 원칙에 따라서 「공간정보의 구축 및 관리 등에 관한 법률」과 그 시행령 및 시행규칙에 의거하여 운영된다. 따라서 법률이 정한 규정에 따라서 지적업무를 수행해야 한다.

우리나라 현행 법률이 규정한 지적제도의 주체(Who)는 국가이다. 따라서 지적업무는 국가의 고유사무이고, 중앙정부가 전국의 지적업무를 총괄하도록 되어 있다. 중앙정부의 지적업무는 국토교통부가 맡도록 되어 있다. 지적업무를 총괄하기 위하여 국토교통부에 국토정보정책관을 두고 그 아래 공간정보제도과에서 전국 지적소관청의 지적업무를 관장한다.

① 지적소관청의 임무

국토교통부장관은 전국 시·군·구 기초자치단체장을 지적소관청으로 지정하고, 각 지적소관청 단위로 관할구역 내 토지에 대한 지적업무를 수행한다. 「공간정보 구축 및 관리 등에 관한 법률」 제2조에 따르면, '지적소관청'이 수행하는 핵심 업무는 '지적공부'를 관리하는 것이다.

② 지적소관청의 대상

「공간정보의 구축 및 관리 등에 관한 법률」 제2조에 따라서 지적소관청으로 지정할 수 있는 대상은 다음과 같다.

- 시장(단 「제주특별자치도 설치 및 국제자유도시 조성을 위한 특별법」에 따른 행정시의 시장을 포함하고, 「지방자치법」이 규정한 자치구가 아닌 구를 두는 시의 시장 제외)
- 군수
- 구청장(자치구가 아닌 구의 구청장을 포함)

• 표 1-14 • 국토교통부 국토정보정책관의 부처별 담당 업무

부처		담당 업무
국토정보 정책관	국토정보 정책과	• 국가공간정보기본법 운영 및 제도 개선, 국가공간정보정책 시행계획 수립 • 인사, 예결산, R&D, LX 지도감독 • 국가공간정보정책, 성과관리, 국정감사 업무 • 국토정보정책관 예결산 및 국회 업무 • 국가공간정보기본법 운영, 공간정보 보안관리 규정 • 관서경비, 서무 • 디지털 트윈국토 관련 업무
	공간정보 제도과	• 공간정보 기본계획, 측량업무 지도감독 • 지적정보 개선, 지적측량 적부심사 업무 • 공간정보의 구축 및 관리 등에 관한 법령 제·개정 및 운영 • 지상경계점등록부의 지적공부 등록 추진, 미등록 섬 신규등록 업무 • 부동산종합공부시스템 운영 및 관리, 지적통계, 북한지적원도DB구축, 측량업정보 종합관리체계 운영 및 구축 업무 • 공간정보관리법 담당, 민원업무처리
	공간정보 진흥과	• 공간정보산업진흥 정책 업무 • 진흥법 운영, 공간정보 표준, 공간정보산업 진흥원 및 협회 관련 운영 • 지하시설물 전산화 관련, 지하공간정보 업무 • 공간정보 오픈플랫폼/표준 업무

	국가공간
	정보
	센터
		• 국가공간정보통합체계 운영·관리, 공간정보 수집·가공·제공 및 유통,
		  목록조사·관리·공개
		• 국가공간정보 플랫폼 구축(전자정부지원사업), 국가공간정보 통합DB
		  (국토정보 플랫폼, 오픈플랫폼 등) 유지·관리, 국토정보시스템·국가공
		  간정보 포털·공간빅데이터 분석 플랫폼 구축·운영 및 유지관리 업무
		• 지적전산자료 제공, 공간정보 이용 심사·승인·제공, 국가공간정보통합
		  데이터베이스 유지·관리, 토지소유현황 통계 업무
		• 서무, BSC, 한국토지정보시스템, 공간정보 품질관리
		• 국가공간정보플랫폼 구축(전자정부사업) 및 유지관리

2) 지적제도의 객체

① 필지(筆地)

지적제도의 본질적 대상은 국가의 통치권이 미치는 영토, 즉 국토(Nationa Land) 전체이지만, 지적제도의 실제적 객체는 인위적으로 구획한 일필지(parcel)가

된다. 우리나라의 경우에 일필지의 조건은 법 시행령 제5조에서 다음과 같이 규정한다.

- 동일한 지번부여지역 내의 토지
- 동일한 소유자의 토지
- 동일한 지목의 토지
- 연속된 지반의 토지

② 양입지

법 시행령 제5조 규정에 따라서 일필지의 조건을 충족할지라도 다음의 경우에 해당하는 토지는 독립된 일필지로 구획하지 않고 양입지로 간주하여 인접토지에 합필한다.

- 주된 용도 토지의 편의를 위하여 설치된 도로·구거 등의 시설 부지는 일 필지로 독립하지 않고, 주된 용도의 토지에 합필한다.
- 주된 용도의 토지에 접속되거나 주된 용도의 토지로 둘러싸인 토지는 다 른 용도로 사용되고 있을지라도 독립된 필지로 구획하지 않고 주된 용도 의 토지에 합병한다.

단 주된 용도 토지의 편의를 위하여 설치된 시설 부지가 다음의 조건을 충족하는 경우에는 독립된 필지로 구획한다.

- 주된 용도 토지의 편의를 위하여 설치된 시설이 건축물이고 그 부지의 지목이 '대'일 경우
- 주된 용도 토지의 편의를 위하여 설치된 시설 부지의 면적이 주된 용도 의 토지면적의 10퍼센트를 초과하는 경우
- 주된 용도 토지의 편의를 위하여 설치된 시설 부지의 절대면적이 330제 곱미터를 초과하는 경우

③ 일필지의 등록사항

일필지별 지적공부에 등록해야 하는 가장 핵심사항은 토지의 물리적 현황에 대한 사항이다. 토지의 물리적 현황에 대한 사항을 「공간정보의 구축 및 관리

등에 관한 법률」에서 '토지 표시'로 정의하고, 토지의 소재·지번·지목·면적·경계·좌표 6가지를 '토지표시'사항으로 규정한다.

그리고 또 지적공부에 등록할 사항은 토지소유자에 관한 사항이다. 토지소유자 사항은 소유자의 이름(법인의 경우 법인 명칭)과 주민등록번호(법인의 경우 법인 등록번호), 그리고 주소이다. 이외에 토지의 이용현황(토지의 이용 및 규제사항, 건축물의 표시사항)과 토지가격 현황(공시지가, 기준수확량 등급)을 등록한다.

• 표 1-15 • **우리나라 지적제도의 특성**

구분	내용
등록 목적	• 국토의 효율적 관리 • 국민의 토지소유권을 보호 • 공공 및 민간에 필요한 토지정보 제공
등록 주체	• 중앙정부(국토교통부장관)와 지적소관청
등록 객체	• 지적제도의 본질적 객체: 국토 • 지적제도의 실체적 객체: 필지
등록 내용	• 토지의 물리적 현황(6가지 토지 표시) • 토지소유자 이름(법인의 명칭)·주민번호(법인 등록번호)·주소 • 토지이용 현황 및 토지가격(공시지가·기준수확량 등급) 현황

2. 지적제도의 기본원칙

우리나라는 「공간정보의 구축 및 관리 등에 관한 법률」과 시행령 및 시행규칙으로 제정하고, 이에 근거하는 지적법정주의(地籍法定主義)를 채택하고 있다. 이 법률을 통해서 추구하는 원칙은 다음과 같다.

1) 지적국정주의

지적국정주의란 지적공부에 등록하는 '토지 표시' 6가지, 즉 토지의 소재·지번·지목·면적·경계·좌표는 반드시 국가가 공권력으로 결정한다는 것이다. 즉 지적공부에 등록하는 '토지 표시'를 결정하는 것은 국가가 아닌 토지소유자·이해관계자 등이 사적으로 개입할 수 없다는 의미이다. 지적국정주의에 입각해서 '토지 표시'를 정하는 것은 지적제도의 원리 가운데 특정화의 원리를 실현하기 위한 것이다.

이런 취지는「공간정보 구축 및 관리 등에 관한 법률」제64조에 '국토교통부장관은 모든 토지에 대하여 필지별로 토지의 지번·지목·면적·경계·좌표 등을 조사·측량하여 지적공부에 등록해야 한다.' 또 '지적공부에 등록하는 토지의 소재·지번·지목·면적·경계·좌표는 토지이동이 있을 때 토지소유자의 신청에 의해 지적소관청이 결정한다.'고 명시하고 있다.

우리나라가 지적국정주의를 원칙을 채택하는 목적은 지적제도의 공신력을 높이기 위한 것이며, 지적국정주의를 채택하지 않는 국가도 많이 있다.

2) 지적형식주의

법률로 정한 지적공부(등기부 포함)에 등록된 사실만이 법적 효력을 인정받을 수 있다는 의미로서 지적제도의 원리 가운데 '등록의 원리'를 실천하기 위한 것이다. 따라서 '토지 이동12'으로 인하여 '토지 표시'가 변경될 경우에도 토지를 실질 조사·측량하여 지적공부에 새롭게 등록해야 한다.

이런 취지는「공간정보 구축 및 관리 등에 관한 법률」제64조에 '토지에 관한 표시 사항을 지적공부에 반드시 등록하여야 하며, 토지의 이동이 있으면 지적공부에 그 변동 사항을 등록해야 한다.' 또「민법」제186조에서 '부동산에 관한 법률행위로 인한 물권의 득실변경은 등기하여야 그 효력이 생긴다.'고 명시되어 있다. 이것은 모든 토지를 일정한 형식의 공적장부에 등록해서 관리하는 것을 원칙으로 한다는 것을 의미한다.

3) 지적공개주의

지적공부(등기부 포함)는 누구나 보고 이용할 수 있도록 공개해야 하고, 이것은 지적제도의 원리 가운데 '공시의 원리'를 실천하기 위한 것이다.

이런 취지는「공간정보 구축 및 관리 등에 관한 법률」제75조에 '누구나 지적공부 열람이나 등본 발급을 신청할 수 있고, 정보처리시스템을 통하여 기록·저장된 지적공부를 온라인으로 열람 또는 등본발급을 신청할 수 있다.' 또 제76

---

12 토지이동은 '토지 표시'를 새로 정하거나 변경 또는 말소하는 것으로 이에 관한 상세한 내용은 제6장에서 상세히 기술함.

조에서 '누구나 절차에 따라 연속지적도를 포함한 지적전산자료를 이용하거나 활용할 수 있다.'고 명시하고 있다.

4) 실질심사주의

실질심사주의는 토지의 분할·합병 등의 '토지 이동'이 발생한 경우에는 반드시 해당 토지를 지적소관청이 새로 조사·측량하고, 그 결과에 따라서 지적공부의 '토지 표시'를 새로 등록해야 한다는 원칙이다. 이 역시 앞에서 말한 '특정화의 원리'를 실천하기 위해 것으로 토지를 특정화하는 방법에 대한 원칙이다.

이런 취지는 「공간정보 구축 및 관리 등에 관한 법률」 제25조에 따라 지적측량 업자가 지적측량을 실시하여 얻은 측량성과를 지적소관청이 검사하고, 또 법 제64조에 따라 토지이동이 발생하면 지적소관청이 토지이동에 따른 사실여부를 직접 조사한 후에 지적공부를 정리해야 한다고 명시하고 있다.

5) 소유자신청주의

소유자신청주의는 토지의 분할·합병 등의 '토지 이동'이 발생하여 지적소관청이 대상 토지를 새로 조사·측량하고, 지적공부의 '토지 표시'를 새로 등록하기 위해서는 토지소유자가 먼저 토지이동을 신청하도록 하는 원칙이다. 이것은 앞에서 말한 '신청의 원리'를 실천하기 위해 마련한 원칙이지만, 예외로 '대위신청' 규정을 두고 있고, 무엇보다도 토지소유자가 일정한 기한내에 토지이동 시청을 하지 않을 경우에는 지적소관청이 공권력으로 토지이동을 정리할 수 있다.

6) 직권등록주의

직권등록주의는 토지의 분할·합병 등의 '토지 이동'이 발생한 경우에는 토지소유자가 토지이동 신청을 한 경우에 지적소관청이 해당 토지를 조사·측량하여 새로 지적공부에 등록하는 것이 원칙이지만, 토지소유자가 기한 내에 토지이동 신청을 하지 않을 경우에는 토지소유자의 신청이 없이도 지적소관청이 직권으로 이를 처리할 수 있도록 한 원칙이다.

이런 취지는 「공간정보 구축 및 관리 등에 관한 법률」 제64조에 따라 토지이동이 발생한 후 일정기간 내에 토지소유자의 토지이동에 대한 신청이 없으면 지적소관청이 직권으로 조사·측량하여 지적공부를 정리할 수 있다. 이것은 '토지이동'으로 토지현황이 바뀌었음에도 불구하고 토지소유자가 이를 신청하지 않아 실제상황과 동일하게 지적공부를 관리하지 못하는 문제를 해결하고, 토지등록의 원리 가운데 모든 토지를 지적공부에 등록해야 하는 '등록의 원리'를 실천하기 위한 규정이다.

7) 지적법정주의

지적업무를 수행에 필요한 모든 사항을 법률로써 규정해야 하고, 법률로 규정한 절차와 방법에 따라서 업무를 수행해야 하는 원칙이다. 따라서 불합리한 어려움과 문제가 있을 지라도 법률이 정한 규정에 맞게 업무를 수행해야 한다. 우리나라는 법률에 근거한 지적법정주의를 채택하고 있다.

• 표 1-16 • **토지등록제도의 원리와 우리나라 지적법정주의의 관계**

토지등록제도의 원리	우리나라 지적법정주의
등록의 원리	지적형식주의 직권등록주의
공시의 원리	지적공개주의
공신의 원리	–
특정화의 원리	지적국정주의 실질심사주의
신청의 원리	토지소유자 신청주의

3. 지적제도의 설비

「공간정보 구축 및 관리 등에 관한 법률」에서 일필지별로 토지의 물리적 현황을 조사·측량하여 등록하는 지적제도의 설비를 지적공부(Cadastral Record)라고 정의하고 내용과 작성목적이 다른 다음과 같은 지적공부를 작성하도록 규정하고 있다13.

---

13 지적공부에 관한 상세한 내용을 제6장에서 기술함.

- 대장 형태의 지적공부: 토지대장, 임야대장, 공유지연명부, 대지권등록부
- 도면 형태의 지적공부: 지적도, 임야도, 경계점좌표등록부
- 전산파일 형태의 지적공부: 지적전산파일

현행 법률에서 지적공부를 작성하는 목적을 국토의 효율적 관리 및 국민의 소유권 보호에 기여함에 있다고 밝히고 있지만, 실제로 지적공부를 작성하는 목적은 국토의 효율적 관리 및 국민의 소유권 보호 외에 공공과 민간을 포함하여 모든 공간 활동(spatial activity)에 필요한 토지정보를 제공하기 위함으로 이해해야 한다.

4. 지적제도와 부동산등기제도의 관계

부동산 등기(登記)제도는 부동산에 대한 권리관계를 등록하여 공시하는 제도이며, 등기관서에서 등기부에 부동산의 표시와 이에 관한 무형의 법적 권리관계를 등록하여 공시한다.

우리나라는 「부동산등기법」에 의거하여 사법부 법원행정처 지방법원 산하에 등기소를 두고 부동산 등기업무를 수행하고 있다. 법률상 부동산 등기는 물권의 변동을 보증하고, 등기부는 물권에 대한 표상으로 기능을 한다. 등기되지 않은 물권은 법적 효력이 없고, 등기관서의 고의 또는 과실로 인하여 발생하는 손해에 대해서는 국가가 배상을 인정하고는 있지만, 형식(문서)적 심사주의에 입각하여 등기가 이루어지기 때문에 형식(문서)의 오류에서 비롯된 손해까지를 국가가 완전히 배상하는 '공신의 원리'는 채택하지 않고 있다. 여기서 형식적 심사주의란 지적제도의 실질심사주의와 대치되는 개념으로, 등기관청이 등기할 사실에 대하여 그 사실관계를 직접 조사하지 않고, 등기관계자들이 법적으로 정한 서류만 제출하면 그에 근거하여 등기를 처리하는 방식으로 소극적 등록제도의 유형에 해당한다.

1) 부동산등기의 대상

「부동산등기법」에 따른 부동산 등기는 토지에 관한 등기와 건물에 관한 등기로 구분된다. 토지에 관한 등기는 토지대장 또는 임야대장에 등록된 일필지 단위

로 등기하고, 건물에 관한 등기는 건축물대장에 등록된 일동 단위로 등기한다. 단 아파트·연립주택 등 집합건축물은 동 단위로 하지 않고 「집합건물의 소유 및 관리에 관한 법률」에 의거하여 구분소유권 단위로 등기를 한다.

우리나라는 토지등기에서 선 등록 후 등기의 원칙을 채택하고 있다. 따라서 토지 등기의 경우에 지적제도가 전제되지 않고는 등기를 성립시킬 수 없고, 토지대장에 '토지 표시'를 등록하여 일필지 특정화가 완료된 토지를 대상으로 등기가 가능하다.

2) 부동산등기부의 구성

부동산등기부는 부동산에 관한 권리관계를 등록한 공적 장부로서 토지에 관한 등기부와 건물에 관한 등기부로 구분하고, 하나의 부동산등기부는 표제부(表題部)·갑 구(甲 區)·을 구(乙 區)로 구성된다. 이 각각에는 다음과 같은 내용이 등록된다.

① 표제부

표제부에는 등기대상이 되는 부동산의 표시에 관한 사항을 등록한다. 토지 등기부의 경우에는 표제부에 지적소관청이 작성한 토지대장 또는 임야대장에 등록된 '토지 표시', 즉 토지의 소재·지번·지목·면적대로 등기부에 기재하고, 건물 등기부 표제부에는 시·군·구에서 작성한 건축물대장에 등록된 건물 표시대로 등기부에 기재한다.

② 갑 구

등기부 갑 구에는 등기대상 부동산소유권에 관한 사항을 등기한다. 부동산소유권은 물권의 기본이 되는 것으로 소유자의 이름(명칭)·주소·주민번호(등록번호) 등을 기록한다.

③ 을 구

을 구에는 부동산소유권 이외의 권리관계를 등록한다. 소유권 이외의 권리란 지상권·지역권·전세권·저당권·질권·임차권 등이 있다.

• 표 1-17 • 토지 등기부의 구성

〔토지〕 경상북도 **군 **면 **리 100-1   고유번호:**** - **** - *********

〔표 제 부〕 (토지의 표시)					
표시번호	접수	소제·지번	지목	면적	등기원인 및 기타사항
1 (전 4)	~~1999년2월3일~~	~~경상북도 **군 **면 **리 100-1~~	~~답~~	~~1000㎡~~	
					부동산등기법 제177조의6 제1항의 규정에 의하여 2000년8월3일 전산이기
2	2001년7월8일	경상북도 **군 **면 **리 100-2	답	520㎡	분할로 인하여 답 520㎡ 경상북도 **군 **면 **리 100-2로 이기

〔갑 구〕 (토지 소유권에 관한 사항)				
순위번호	등기목적	접수	등기원인	권리자 및 기타사항
1	소유권이전	1999년 2월3일	1999년1월31일 매매	소유자 김 * * 서울특별시 종로구 **동 *번지 부동산등기법 제177조의6 제1항의 규정에 의하여 2000년8월3일 전산이기
2	소유권 이전	2001년 7월10일	2001년7월15일 분할 매매	소유자 이 * * 경상북도 **군 **면 **리 10 거래가액 금 ***,***,***원

〔을 구〕 (소유권 이외의 권리에 관한 사항)				
순위번호	등기목적	접수	등기원인	
1 (전기)	근저당권설정	2002년 5월3일	2002년5월1일 설정계약	채권최고액 금 **,***,***원 ~~채무자 이 * *~~ ~~경상북도 **군 **면 **리 10~~ ~~채권자 농협중앙회 *****-**~~
1-2	1번근저당권설정말소	2003년 5월3일	1번근저당권설정해지	

3) 지적제도와 등기제도의 비교

① 운영체계의 비교

지적제도는 토지의 물리적 현황을 「공간정보의 구축 및 관리 등에 관한 법률」에 따라 필지별로 지적공부에 등록하여 공시하는 제도로서 행정부인 국토교통부가 총괄하고, 시·군·구 지적소관청이 지적공부 관리를 담당한다. 반면에 등기제도는 토지에 대한 무형의 권리관계를 「부동산등기법」에 따라 등기부에 기록하여 공시하는 제도로서 사법부 법원행정처의 주관 하에 지방법원 지원 및 등기소에서 등기부 관리를 담당한다.

② 공부작성 원칙의 비교

지적공부와 등기부는 모두 한일합방시대 조선총독부가 실시한 근대토지조사사업과 임야조사사업의 결과를 바탕으로 작성되었고, 이때부터 토지를 등록·관리하는 제도가 서로 다른 법에 근거하여 지적제도와 등기제도로 이원화되어 시행되기 시작하였다.

지적제도에서는 국정주의와 직권주의 원칙을 채택하고, 전국 모든 토지를 지적공부에 등록하여 공시한다. 지적소관청이 지적공부를 작성할 때 실질심사주의를 원칙에 따라 등록할 사항에 대한 사실관계를 직접 조사·측량한다. 그러나 등기제도에서는 당사자 신청주의와 형식심사주의 또는 성립요건주의를 채택하고 모든 등기 내용을 당사자가 제출한 문서에 근거하여 등기부를 작성할 뿐 사실관계를 직접 조사하지 않는다.

따라서 지적공부에 등록되어 공시된 사항에 대해서는 공신력을 인정할 수 있지만, 등기부에 등기된 사실은 그 자체가 진정한 물권에 부합한다고 그 공신력을 인정할 수는 없다. 다만 물권에 대한 추정력을 인정할 뿐이다. 다시 말해서 등기부에 공신력을 인정하지 않는다는 것은 등기가 형식심사주의를 채택하기 때문에 A가 문서를 위조하여 B의 토지를 자기 소유의 토지로 등기할 수 있고, 이렇게 등기된 등기부를 믿고 C가 이 토지를 매수한 경우에 소유권분쟁이 생기면 C는 소유권을 취득할 수 없게 된다. 지적제도가 '어디에 어떤 토지가 위치하는가?'를 공시하는 제도라고 한다면, 등기제도는 법적으로 '특정 토지에 누가 어떤 권리를 가지고 있는가?'를 공시하는 제도로 구별할 수 있다. 따라서 기술적 조사·측량으로 어디에 어떤 토지가 있는가를 확정하는 지적제도의 기반 위에서 등기제도가 성립된다. 그러나 토지에 대한 소유권이 누구에게 귀속되어 있는지는 등기부의 내용을 기준으로 판단하고 이를 기반으로 지적공부에 토지소유자를 등록한다. 따라서 지적제도와 등기제도는 하나의 토지등록제도이며, 상호보완적 관계를 유지한다.

• 표 1-18 • 지적제도와 등기제도의 비교

구분	지적제도	등기제도
목적	• 국토의 효율적 관리와 토지소유권 보장 • '어디에 어떤 토지가 위치하는가?'에 대한 제도	• 토지 물권의 보존·이전·설정·변경·처분의 제한 또는 소멸 관리 • '특정 토지에 누가 어떤 권리를 가지고 있는가?'에 대한 제도
등록 대상	• 전국 모든 필지	• 토지소유자가 등기를 신청한 토지
기본 원리	• 국정주의 • 형식주의 • 공개주의 • 실질적 심사주의 • 토지소유자 단독신청주의 • 직권등록주의 (등록주의, 적극적 등록주의)	• 성립요건주의 • 공개주의 • 형식적 심사주의 • 당사자 공동신청주의(소극적 등록주의)
관계 법률	「공간정보의 구축 및 관리 등에 관한 법률」	「부동산등기법」
업무부서	• 행정부·국토교통부·지적소관청	• 사법부·법원행정처·지방법원과 등기소
공부의 종류	• 토지대장 • 임야대장 • 공유지연명부 • 대지권등록부 • 경계점좌표등록부 • 지적도 • 임야도 • 지적파일	• 등기부(표제부·갑 구·을 구)
등록 내용	• 토지의 물리적 현황 • 대장: 고유번호, 토지의 소재, 지번, 지목, 면적, 소유자 이름(명칭) 및 등록번호, 소유자 주소, 토지등급, 기준수확량, 공시지가, 토지이용계획 • 도면: 토지의 소재, 지번, 지목, 경계	• 토지 물권 • 표제부: 토지의 표시(소재, 지번, 지목, 면적) • 갑 구: 토지소유권에 사항(소유자 이름(명칭), 등록번호, 주소 등) • 을 구: 토지소유권 외 권리 사항(지상권, 지역권, 전세권, 저당권, 임차권 등)
편철방식	물적 편성	물적 편성

학습 과제

1 지적의 정의를 1990년 중반 이전과 이후로 구분하여 설명한다.

2 '地籍'과 'Cadastre'의 어원을 설명한다.

3 지적의 기원에 대한 학자들의 주장을 설명하고, 각자의 생각을 정리한다.

4 지적업무를 수행하는 데 있어서 마땅히 지키고 추구해야 기본 원리(principal)에 대하여 설명한다.

5 지적의 일반적 기능과 실제적 기능을 비교·설명한다.

6 지적제도와 토지제도, 지적제도와 등기제도의 관계성을 설명한다.

7 토지등록제도의 기본원리(basic principle)에 대하여 설명한다.

8 지적제도의 구성요소에 대하여 설명한다.

9 토지등록(land registration)의 법적 효력에 대하여 설명한다.

10 토지소유권 등록제도의 유형별 특성을 비교·설명한다.

11 지적제도의 유형별 특성을 비교·설명한다.

12 우리나라 지적제도의 운영 주체에 대하여 설명한다.

13 우리나라 지적제도의 대상이 되는 필지(筆地)와 양입지의 법률적 조건을 설명한다.

14 우리나라 지적제도에서 채택한 기본원칙에 대하여 설명한다.

15 「공간정보 구축 및 관리 등에 관한 법률」에서 규정한 지적공부(Cadastral Record)의 종류와 등록사항 및 작성 목적을 설명한다.

16 지적제도와 등기제도의 차이를 설명한다.

제2장 지적학과 지적학 교육

제1절 | 지적학의 학문적 특성

1. 학문의 본질과 지적학

학문(Study)이란 과거의 모든 사건과 업적 가운데 지적인 요소만을 골라낸 지
식체계로 정의되며, 지식을 얻기 위한 학습행위와 스스로 새로운 지식을 창출
하는 탐구행위를 포함하는 개념이다. 즉 지식을 얻기 위하여 하는 학습과 탐구
가 모두 학문행위인 것이다.

어떤 현상에 대한 지식체계, 즉 학문이 성립되기 위해서는 먼저 그 현상에
관심을 가지고 같은 행동(교육 및 연구)을 하는 집단(교육집단 및 연구집단)
이 있어야 한다. 그리고 그 집단이 유용하게 사용할 수 있는 합의된 기법
(techniques)·도구(tools)·방법(methodologies)이 정립되어야 한다.[1]

해방 후, 우리나라는 급격한 경제성장 속에서 토지의 수요가 증가하고 토지를
조사·측량하여 지적공부에 등록·관리하는 지적업무가 전개되었다. 그리고 이
런 지적업무를 담당할 전문인력 양성이 시급히 해결할 과제로 등장하였다. 이
에 법학·행정학·측량학·정보학 등의 학문으로부터 이론과 기법을 차용하여
새로운 지적학이라는 독립된 학문을 정립하게 되었고, 1970년대 들어서 대학
에 지적전문학과가 설치되었다.

1970년대에 대학에서 지적관련 전문교육을 시작한 후, 관련 교수들을 중심으
로 학술단체가 구성되어 정기적으로 전문학술지를 발행하게 되었으며, 지적학
이 하나의 독립된 학문으로서의 기반을 구축하게 되었다.

---

1 「지적학 총론」, 구미서관, 2018, p.63

2. 학문의 분류와 지적학

학문과 과학을 비교하면, 과학은 학문보다 엄밀한 개념으로 정의된다. 즉 학문은 하나의 지식체계 자체를 뜻하지만, 과학은 그 지식체계의 존재를 합법칙적으로 설명할 수 있는 논리적·객관적 근거에 입각하여 증명된 지식체계로 정의할 수 있다.

과학은 그 연구대상에 따라서 자연과학·사회과학·인문과학으로 분류하고, 연구방법에 따라서 경험과학과 초경험과학으로 분류한다. 또 연구목적에 따라서 순수과학·응용과학으로 분류한다.

1) 연구대상으로 본 지적학

인간이 가장 먼저 연구대상으로 포착한 것은 인류의 생존을 위협하는 자연현상(natural phenomenon)과 관련된 것이고, 이로부터 자연과학이 등장하였다. 다음으로는 인간이 모여서 함께 살아가는 사회와 사회적 관계를 탐구하는 사회과학이 등장하였다. 즉 개인과 개인의 관계, 개인과 집단의 관계, 집단과 집단의 관계에 대한 원리, 즉 사회적 존재로서의 삶을 영위하는 형태를 연구대상으로 하는 사회과학이 자연과학 다음에 발달하였다. 그리고 또 하나가 자연과 사회를 결합하는 인간 자신을 탐구하는 인문과학의 등장이다.

따라서 학문은 궁극적으로 자연과학·사회과학·인문과학에서 얻어진 자연·사회·인간의 본성을 상호 조화시키는 최고의 경지를 추구하는 인간의 총체적 행위로 정의할 수 있다.

한편, 자연과학·사회과학·인문과학은 다시 구체적인 탐구 소재에 따라서 여러가지 분과 학문으로 세분된다. 예컨대 물리학·화학·생물학·공학 등이 모두 자연과학에서 파생된 분과 학문이다. 정치학·경제학·경영학·사회학·법학 등은 사회과학의 분과 학문이고, 철학·문학·역사학·지리학·인류학 등은 인문과학에서 파생된 분과 학문이 있다.

이상의 학문의 분류체계 측면에서 지적학은 자연물인 토지를 연구대상으로 한다는 측면에서 자연과학의 분과학문이라고 할 수 있고, 법률에 따른 토지소유권의 범위와 인위적으로 구획된 필지를 대상으로 한다는 측면에서 사회과학의 분과학문이라는 양면성을 갖는다.

2) 연구방법으로 본 지적학

학문을 연구하는 방법은 지식체계를 정립하는 방법을 의미한다. 이 방법은 인간이 직접 조사·관찰·실험·체험·데이터 분석 등을 통하여 경험적으로 정립하는 경험과학과 직접 경험할 수 없는 초경험적 인식의 경지에서 정립된 초경험과학이 있다.

경험과학이라 함은 인간의 모든 감각기능(시각, 청각, 후각, 미각, 촉각)을 통하여 인식되는 지식체계로서, 현대 과학기술의 발전으로 인간의 감각기능을 무한히 확대하며 경험과학이 크게 발전하였다. 예컨대 현미경·망원경·보청기·C/T촬영기·인공위성 등은 모두 인간의 감각기능의 한계를 극복한 과학기술의 정수이며, 이를 활용하여 경험과학이 크게 발전하게 되었다.

한편 인간이 직접 경험할 수는 없지만, 인간의 논리적 사유(思惟)·지적상상력·통찰력 등의 직관(institution)을 통하여 인식하므로 얻어지는 지식체계, 즉 신학·윤리학·철학·미학 등을 초경험과학이라고 한다. 이런 관점에서 지적학은 장비와 기술을 이용하여 토지의 물리적 현황을 조사·측량·등록·공시하는 확실한 경험과학에 속한다.

3) 연구목적으로 본 지적학

학문이 존재하는 이유이자 목적은 특정 현상에 내재된 법칙과 원리에 대한 지적 호기심에서 출발하여 얻어진 지식체계를 순수과학이라고 하는 한편, 순수과학의 원리를 인간의 삶의 도구로 전환하기 위한 필요성이나 목적으로 재구성된 지식체계를 응용과학이라고 한다.

응용과학에는 자연과학을 응용한 공학·농학·지역개발학, 그리고 사회과학을 응용한 경영학·사회복지학·정책학·행정학 등이 있다. 이와 같은 맥락에서 볼 때, 지적학은 순수과학은 아니고, 국토의 효율적 관리와 국민의 토지소유권을 보호하기 위한 목적으로 자연과학과 사회과학을 결합하여 재구성한 응용과학에 해당한다.

3. 학문의 정체성과 지적학

1) 학문의 정체성

정체성(identity)이란 상당 기간 동안 비교적 일관되게 유지되는 고유한 실체로 정의할 수 있다. 또 정체성이라는 용어는 이론의 영역에서 개개의 개체(Entity) 뿐만이 아니라 그것을 중심으로 이루어지는 모든 것들에 대한 유기적인 결합성을 이루게 하는 원인으로도 정의된다. 정체라는 개념은 주체(subject)의 개념으로 환원(還元)되기도 하는데 그것은 정태적(情態的)이라기보다 동태적(動態的)인 개념이 내포되어 있다. 또 항상 자아(내부)와 타자(외부)를 분류하여 비교의 대상이 있다고 전제하는 개념이다. 즉 '정체성'은 타인(외부)과 자신(내부)을 구별해 말하는 것으로 정의할 수도 있다.

학문의 정체성(disciplinary identity)이라 함은 내부적으로 일관되게 유지해온 연구의 대상·원리·방법, 그리고 외부의 타 학문과 관계 속에서 고유하게 구축된 영역을 포함하는 개념으로 정의할 수 있다.

그러나 학문의 정체성(disciplinary identity)을 정립하는 것이 타 학문과 경쟁하거나 영역 다툼을 위한 수단을 마련하기 위한 것은 아니다. 어떤 학문이든 정체성을 확립한다는 것은 학문의 내적 발전을 위한 노력이라는 것을 분명하게 인식할 필요가 있다. 그리고 어떤 학문이든 그 정체성을 외부로부터 강요받는 것이 아니라 내적으로 자체의 고유한 연구의 대상·목적·방법·기대효과 등을 종합해 구성한 학문의 지향점으로 정의할 수 있다.

2) 지적학의 학문적 정체성

지적학의 학문적 정체성은 내적(endogenous) 요인과 외적(exogenous) 요인의 관점에서 이해해야 한다. 내적 요인의 관점에서 보면, 지적학은 국토의 효율적 관리와 국민의 토지소유권을 보호라는 현실적 목적에 따라서 정립된 응용과학으로써 여러 자연과학과 사회과학의 원리를 차용하여 재구성한 응용과학에 해당한다. 이것은 지적학이 하나의 학문에서 파생된 것이 아니라 여러 학제적(interdisciplinary) 접근으로 재구성된 응용과학으로의 정체성을 갖기 때문에, 지적학은 학문적 정체성이 모호하다는 비판에 직면할 수 있다.

한편 외적 요인의 관점에서 지적업무를 담당할 전문인력을 양성해야 하는 국가적 필요에 따라서 먼저 대학에 지적학 전문학과를 설치한 후에 지적학의 학문적 체계를 갖추었던 것이다. 이것 또한 지적학의 학문적 정체성을 모호하게 만드는 원인이었다고 할 수 있다.

4. 지적학과 인접과학의 관계

해방 후에 등장한 우리나라 지적학은 처음에 사회과학에서 파생된 응용과학, 즉 응용사회과학으로 출발했다. 그러나 실제 지적제도를 운영하는데 있어서 토지라는 자연물을 대상으로 지적측량장비와 기술이 활용된다는 측면에서 전적으로 응용사회과학으로만 분류할 수 없고 자연과학적 요소가 혼합된 학문으로 재구성되었다.

지적학은 다양한 인접 사회과학 및 자연과학의 이론과 방법을 토대로 구성된 학제 간(interdisciplinary) 학문의 특성을 갖기 때문에 사회과학이냐 자연과학이냐 2분법적 구분이 불가능하다.

지적학의 인접과학 가운데 주요 사회과학으로는 행정학·법학·경제학·부동산학·지리학·도시계획학 등이 있고, 자연과학으로는 측량학·정보과학·수학·통계학 등이 있다.

지적학의 연구대상이 인위적으로 설정된 일필지와 일필지를 기반으로 하는 지적활동과 이에 따라 나타나는 지적현상이라는 사실에 근거하여 지적학의 학문적 특성은 공학보다는 사회과학으로 분류해야 한다는 주장과 측량장비와 기술을 활용하여 지적측량을 실시하고 정보공학의 방법으로 지적공부를 등록·관리한다는 측면에서 공학으로 분류해야 한다는 주장이 대립하는 경향이 있다.

그러나 지적학이 사회과학 또는 공학 어디에 속하느냐하는 문제보다는 인접학문과 분명하게 구별되는 독립과학으로서 정체성을 확립하는데 더욱 집중할 필요가 있을 것이다. 그리고 사회과학과 공학의 일면을 선택하는 방식이 아니라 이 두 양면성을 적절히 융복합하는 관점에서 지적학의 학문적 정체성을 확립해야 할 것이다.

5. 지적학의 정의

우리나라에서 지적학을 처음 정의한 학자는 원영희 교수이다. 원영희 교수는 1972년에 「지적학 원론」을 통해 "지적제도에 관한 학문"으로 지적학을 정의했다. 그리고 1988년에 김갑수 교수는 「지적행정학개론」에서 "지적행정에 관하여 연구하는 학문"으로 지적학을 정의하였다.

이 두 사람은 지적(地籍)에 대한 학술적 개념이 학문적으로 정립되기 전에 지적학을 단순히 현실 지적제도 혹은 지적행정으로 인식했다고 할 수 있다. 이후 1990년대에 들어서 최용규 교수가 지적(地籍)의 개념을 "토지에 대한 가시적 조사·등록 수준에 그치는 것이 아니라, 자기 영토의 토지현상(land phenomenon)을 공적으로 조사·등록하는 것"이라고 정의하면서 비로소 지적학을 객관적으로 정의하는 시도가 이루어졌다.

이에 박순표 외(1993), 고준환(1999), 류병찬(2001), 이범관(2001), 지종덕(2004), 한국국토정보공사(2018) 등이 지적학을 새롭게 정의하였다.

박순표 외는 「지적학개론」에서 지적학의 연구대상을 "토지 현상을 조사하고, 조사내용을 기록하며, 토지기록을 관리·운영하는 것"으로 규정하고, 연구범위를 여러 인접학문영역으로 확대할 것을 주장하였으며, 이를 토대로 지적학을 "토지 현상을 조사하고, 조사내용을 기록하며, 토지기록을 관리하는 학문"으로 객관적 정의가 이루어졌다고 할 수 있다.

고준환은 "지적정보학의 학문적 성격에 관한 연구"에서 지적학을 "토지의 이용 증진 및 국민의 재산권보호, 도시 및 지역관리에 필요한 기초자료를 효율적으로 생산·수집·관리하는데 기여하는 학문"으로 정의하였다. 류병찬은 저서 「최신지적학」에서 지적학을 "토지와 그 정착물에 대한 정보를 필지단위로 정확하게 등록·공시하고, 그 변동사항을 지속적으로 유지·관리하며, 토지관련 정보의 공동 활용을 체계화하기 위한 원리와 기법을 연구·개발하는 학문으로써, 기술적 측면과 법적 측면의 양면성을 가진 종합응용과학"으로 정의하였다.

이범관은 "지적학의 학문적 체계화에 대한 연구"에서 먼저 지적(地籍)의 개념을 "인간과 토지와의 관계에서 발생하는 지적활동(cadastral activity)의 결과로 나타나는 지적현상(cadastral phenomenon)에 대한 공적인 기록 또는 정보"로 규정하고, 지적학을 "자연과 인간의 만남으로 인해 자연물인 지구를 인위적으로 구획하여 탄생시킨 인공적인 필지를 대상으로 발생하는 지적현상(cadastral phenomenon)의 체계적인 원리를 탐구하는 학문분야'로 정의하였다. 또 지종덕은 "지적학의 학문적 특성에 관한 연구"에서 지적학을 "지적기술과 지적관리 및 지적제도를 체계화하기 위한 원리와 기법을 탐구하는 학문"으로 정의하였다. 한편 한국국토정보공사는 2018년에 출판한 「지적학 총론」에서 지적학을 "일필지를 대상으로 발생하는 각종 지적현상에 대한 원리를 탐구하는 학문"이라고 정의하였다.

이상으로 볼 때, 지적과 지적학에 대한 학술적 논의가 그리 오래되었다고 볼 수는 없다. 1990년에 들어서 지적(地籍)에 대한 학술적 개념을 정립하게 되었고, 이 토대 위에서 지적학을 '토지에 가해진 지적활동에 의한 지적현상의 원리를 탐구하고 관리하는 학문'으로 정의하는 것이 대세라고 할 수 있다.

6. 지적학의 연구대상

학문의 연구대상은 학문적 정체성 확립에서 가장 중요한 요소가 된다. 1990년대에 들어서 지적학의 학문적 정체성에 관한 논의와 함께 지적학의 연구대상에 대한 관심이 매우 높아졌다.

일반적으로 지적학의 연구대상은 물리적 측면과 내용적 측면으로 구분해서 조명하는데, 물리적 측면에서는 인위적으로 구획된 일필지가 지적학의 물리적 연구대상이고, 이에 대한 지적현상이 지적학의 내용적 연구대상이 된다.

다시 말해서 지적학은 인위적으로 구획된 일필지를 물리적 연구대상으로 하여 그 일필지 내에서 전개되는 다양한 지적활동과 지적현상을 내용적 연구대상으로 하는 학문이라고 할 수 있다.

1) 일필지 표시

필지는 토지소유권이 미치는 범위를 인위적으로 구획한 사회적 산물이며, 지적관련법에서 규정한 지적공부의 등록단위이다. 국토를 대상으로 구획한 일필지는 마치 유기체를 구성하는 세포가 생성 – 분열 – 소멸하는 것처럼 지속적으로 분할·합병, 신규등록·말소를 반복하는 특성이 있다.

국토를 인위적인 필지로 나눠서 관리하는 목적은 국토를 효율적으로 관리하고, 국민의 토지소유권을 보호하기 위한 것으로 행정처분의 단위, 물권의 등록단위, 토지거래의 단위를 생성하기 위함이고, 일정한 개념과 기준에 따라 구획된 필지는 지적학의 물리적 연구대상이 된다.

필지(筆地)라는 용어가 어떤 어원에서 비롯되었는지. 언제·어디서부터 사용하기 시작했는지에 대해서는 깊이 있게 규명된 바가 없다. 중국에서는 필지와 유사한 용어를 사용했다는 근거가 전혀 없고, 일본은 지적(地籍)과 유사한 개념으로 필계(筆界)라는 용어를 사용했다는 근거가 있다. 이런 사실로 볼 때, 필지(筆地)는 우리나라에서 처음 사용되기 시작한 것으로 서양의 파셀(parcel)과 같은 의미를 갖는다.

우리나라에서 필지가 처음 사용된 문서는 1907년에 작성한 「대구시가지토지측량에 관한 타합사항」이다. 이 규정에 '지목 및 소유자가 동일한 연속된 토지를 일필지(一筆地)로 조사한다.'는 조문이 등장한다. 이후 대한제국시대 「토지조사법」과 한일합방시대 「토지조사령」 등에서 필지라는 용어가 계속 사용되었다.

2) 지적활동과 지적현상

일필지 내에서 전개되는 인위적 활동을 지적활동(cadastral activity)이라고 하고, 이 인위적 지적활동의 결과로 생겨나는 현상을 지적현상(cadastral Phenomenon)이라고 한다. 이와 같은 지적활동으로 인하여 생겨나는 모든 지적현상이 내용적 측면에 해당하는 지적학의 연구대상이다.

일필지에 내에서 발생하는 인위적인 지적활동은 실제적 활동·절차적 활동·관리적 활동으로 세분하는데, 그 내용은 다음과 같다.

- 실제적 지적활동: 기준점 설치·경계점 표시·전담조직개편·지적공부와 지적관리시템 구축 등 지적제도의 기반을 보완하거나 개선하는 활동이다.
- 절차적 지적활동: 일필지를 구획하고, 일필지 단위로 '토지 표시'를 조사·측량하여 지적공부에 등록·공시하는 활동이다.
- 관리적 지적활동: 토지의 분할·합병 등 다양한 '토지 이동'에 따른 일필지의 '토지 표시'를 유지관리하고, 지적공부의 열람 및 등본발급과 같은 정보 요청에 대응하는 민원업무 활동이다.

이상 지적활동으로 인하여 생겨나는 지적현상은 다음과 같이 분류된다.

- 등록주체에 대한 지적현상: 지적업무의 전담조직에 관한 현상으로 국가 별로 다양한 토지에 대한 관습을 토대로 등록 주체를 지정하여 그 역할 과 법적권한 및 의무를 결정하고 있다. 우리나라의 경우에는 지적의 주 체를 지적소관청으로 하고 있는데, 이 지적소관청의 자격·역할·법적권 한 및 의무 등이 등록주체에 대한 지적현상이다.

- 등록객체에 대한 지적현상: 지적공부에 등록하여 공시하는 토지와 그 정 착물(건물, 구조물)이 등록객체에 대한 지적현상이다. 우리나라의 경우에 지적등록의 객체를 처음부터 토지로 한정하였으나, 지적재조사사업에서 토지와 함께 지상구조물을 등록의 객체에 포함한다. 또 지적제도의 선진 화 방안으로는 등록의 객체를 지표의 토지뿐 아니라, 지상과 지하의 토 지로 확대하고, 토지 정착물로서의 건물·지상과 지하의 구조물까지 지 적공부에 등록할 등록객체에 포함시킨다.

- 지적공부에 관한 지적현상: 대부분의 국가가 지적공부를 대장과 도면으 로 이원화하여 작성하고, 가시적인 종이 지적공부와 비가시적인 지적전 산파일로 작성한다. 지적공부의 종류·지적도면의 축척·지적공부의 비치 및 관리·지적공부의 공시에 관한 규정과 실무가 지적공부에 관한 지적 현상이다.

- 등록사항에 관한 지적현상: 등록사항은 등록객체인 토지와 그 정착물에 대한 물리적 현황·법적 권리관계·토지이용의 제한사항 등을 지적공부에 등록·공시하는 정보를 말한다. 이와 같이 지적공부에 등록·공시할 기본 정보·소유자정보·지목과 같은 이용정보·가격정보·의무정보 등에 관한 사항이 등록사항에 대한 지적현상이다.

- 등록방법에 관한 현상: 지적공부에 등록하는 방법은 실질심사방법과 형 식심사방법으로 구분된다. 우리나라는 토지이동조사와 지적측량성과검사 등 실질조사방법으로 등록·공시하고 있다.

이상과 같이 일필지를 중심으로 전개되는 지적활동과 이로 인하여 생겨나는 여러 지적현상을 지적공부에 등록하여 공시하는 원리와 방법이 지적학의 내용 적 연구대상이 된다.

7. 지적학의 연구방법

사회과학의 연구방법은 크게 경험적·실증적 접근(empirical – positive approach)과 규범적·처방적 접근(normative – prescriptive approach)으로 구분된다.

경험적·실증적 접근방법은 경험한 사실을 기반으로 한다는 의미에서 존재에 대한 연구라고도 하며, 기본적으로 문제제기 – 문제진단 – 대안제시의 절차로 연구를 수행한다. 또 먼저 가설을 설정하고 과거의 경험적 자료를 활용하여 이 가설을 검증하여 가설을 하나의 법칙으로 정립하는 연구 절차도 경험적·실증적 접근에 해당한다.

한편 규범적·처방적 접근방법은 목표를 설정하고 목표에 이르기 위해서 무엇이 옳고 그른지 가치를 판단하여 가장 바람직한 규범을 찾아내는 방법이기 때문에 규범에 대한 연구라고 한다. 가령 「지적제도 선진화」 연구에서 지적제도 선진화를 연구의 목표로 세우고, 이 연구목표를 달성하는 대안으로 3차원 지적제도의 도입과 지적재조사사업을 통하여 100% 수치지적제도 전환을 제시했다면 이런 연구는 규범적·처방적 접근에 해당한다.

제2절 | 지적학 교육

1. 우리나라 지적학 교육의 변천과정

1970년대 대학에 독립적인 지적전문학과를 설치하고, 지적학(cadastral science)을 전문으로 교육하는 것은 세계에서 우리나라가 유일하였다. 최근에 프랑스에 지적전문학과에 해당하는 국립지적학과가 설치되었다.

지적을 연구하고 교육하는 국제기관은 1878년에 비정부 조직으로 설립된 국제측량사연맹(FIG: Federation Internationale des Geometres)의 산하 기관으로 1958년에 설치된 국제지적사무소(OICRF: International Office of Cadastre and Land Records)가 있다.

우리나라가 세계에서 가장 먼저 대학에 지적전문학과를 설치하고 지적전문인력을 양성하는 교육체계를 갖추면서 지적학의 학문적 발전을 선도하였다. 한편 우리나라 지적학교육의 변천과정을 요약하면 다음과 같다.

1) 지적학 교육의 태동기

1970년대 경제부흥과 활발한 국토개발을 시작하면서 1973년에 건국대학교 농과대학에서 원영희 교수가 처음으로 지적측량학 강의를 시작하였고, 지적학 전문서적을 출판하였다. 이것이 우리나라 지적학의 태동기라고 할 수 있다.

2) 지적학 교육의 정착기

건국대학교 농과대학에서 지적측량 강의를 시작한 후, 1976년에 명지실업전문대학이 지적전문학과를 처음으로 개설하였다. 그리고 1977년에 서일공업전문대학·신구전문대학·동신전문대학·강원대학교(4년제)가 전문지적과를 개설하였다. 1978년과 1984년에는 4년제 청주대학교와 목포대학교에 지적전문학과가 설치되었다.

한편 1984년에는 청주대학교가 지적학과 석사과정을 개설하여 지적학의 학문적 발전과 지적업무에 필요한 고급인력을 양성하는 기반이 마련되었다. 그리고 1998년에 목포대학교, 1999년에 명지대학교, 2000년에 경일대, 2002년에 서울시립대학교에 석사과정이 개설되었다.

국내에서 가장 먼저 지적학과 박사과정이 개설된 것은 1997년에 명지대학교이고, 2000년에 경일대학교, 2002년에 목포대학교, 2004년에 서울시립대학교·청주대학교·한성대학교에 박사과정이 개설되었다.

우리나라에서 지적학이 하나의 학문으로 발전할 수 있는 토대를 마련한 정착기는 1970년대 중반부터 2000년대 초반까지이고 이 기간에 2년제 대학과 4년제 대학교에 전문지적학과가 많이 설치되었다. 석박사과정을 개설하여 지적학을 연구하고 교육하는 지적학 교육의 기반을 완성하였다.

3) 지적학 교육의 변혁기

정착기까지는 지적제도를 운영하기 위한 수단으로 지적학을 연구 또는 교육하였다고 해도 과언이 아니다. 그러나 2000년대에 들어서 지적학의 변혁기를 맞이하게 되었다. 이 기간에 기존의 지적제도를 그대로 운영하기 보다는 기존의 지적제도를 더 고도화시키고 선진화시킬 수 있는 제도적 방안을 연구하였다. 지적학의 변혁으로는 2차원의 평면지적에서 3차원 입체지적의 도입에 대한 연구가 활발히 이루어지고 있고, 지적공부의 작성 목적이 조세징수나 토지소유권 보호로 제한하지 않고 광범위한 분야에 필요한 토지정보를 제공할 수 있는 다목적지적제도로 전환을 연구하게 되었다.

3차원지적제도와 다목적지적제도를 배경으로 하는 변혁기 지적학은 일필지를 중심으로 하는 지적측량에 과도한 비중을 두는 물리적 지적학에서 벗어나서 토지와 인간과의 관계적 측면에서 조명해야 할 것이고, 이를 위하여 여러 인접 학문과 학제적(interdisciplinary) 연구를 통해 지적제도의 선진화를 추구하고 있다. 지적활동에 영향을 미치는 동인(動因)은 시대와 환경에 따라서 계속 변화하는 것이 사실이지만, 어떤 시대와 환경에서도 토지를 지적의 객체로 한다는 사실은 변함이 없다. 따라서 미래의 지식기반사회로 갈수록 인간과 토지의 관계는 더욱 조직화되는 경향을 보일 것이고, 이런 경향성은 지적학의 정체성을 더욱 광역화·종합화할 것이다.

1990년 말부터 우리나라 대학에서는 지적관련 학과의 명칭이 변화하고 있다. 이것은 지적제도가 기존의 제도적 틀을 벗어나서 단순한 지적(Cadastral)을 종합적인 지적정보(Cadastral Information)로 인식하고, 지적학과를 지적정보과학(Cadastral Science)으로 또 지적관리를 토지정보관리(Land Information Management)로 전환되는 추세에 따른 결과이다. 이런 추세적 변화는 외국에서도 나타난다. 영국 런던대학은 사진측량(Photogrammetry & Surveying)을 지리정보공학(Geomatic Engineering)으로 케나다 캘거리 대학교는 측량공학(Surveying Engineering)을 지리정보공학(Geomatics Engineering)으로 호주 맬버른대학교는 측량(Surveying)을 지리정보(Geomatics)로 변경하였다. 그리고 네덜란드 ITC(International Institute for Aerospace Surveying & Earth Science)를 지리정보학(Geoinfomatics)으로 변경하였다.

지적학의 추세적 변화의 핵심은 정보화·자동화 기법을 적용하여 광범위한 토지의 현황을 종합적으로 관리하는 것이다. 이러한 지적학의 추세적 변화는 관련학과의 교육목표와 교과과정에 반영되어 GIS·LIS·RS·공간DB·프로그래밍 등 기술교과목의 비중이 높아지고 있다. 현대 지적학 교육에서 토지정보처리전문가의 소양을 강화하고, 지적학은 기술학문의 지식과 기법을 융·복합한 종합 응용과학의 특성을 강화할 것으로 추정된다.

2. 지적학의 교육영역

우리나라 대학의 지적학과 교육과정을 지적학 이론·지적관계 법률·지적측량· 지적전산·지적행정·공간정보체계·부동산·도시계획·토지제도 영역으로 세분해서 분석해 보면 다음과 같다.

1) 지적학 이론영역

지적학의 학문적 원리와 원칙을 다루는 지적학이론 영역에는 지적학·지적학 원론이 개설되어 있다.

2) 지적관계 법률

지적제도 운영에 필요한 사항을 규정한 법률은 「국가공간정보기본법」·「공간 정보의 구축 및 관리 등에 관한 법률」·「지적측량 시행규칙」·「지적재조사특별 법」·「국토기본법」·「국토의 계획 및 이용에 관한 법률」·「부동산등기법」·「민 법」 등이 있다.

지적관계 법률과 관련한 교과목으로는 사회생활과 부동산법입문, 민법총칙, 부 동산생활공법, 시민사회와 부동산사법, 부동산공시법연구, 부동산관계법규, 지 적관계법규, 공간정보법규 해석능력, 지적관계법규 해석능력, 부동산관계법규 분석능력, 공간정보관계법규 등이 개설되어 있다.

3) 지적측량

토지를 지적공부에 등록하거나 지적공부에 등록된 경계점을 지상에 복원하기 위하여 필지(parcel)의 경계 또는 좌표와 면적을 정하는 지적측량은 지적확정 측량 및 지적재조사측량을 포함한다.

이 영역에는 지적측량학, 응용측량학, 사진측량학, 지적확정측량, GPS측량, GNSS측량, 지적기초측량, 지적세부측량, 측량학입문, 기준점측량 및 연습, 지적측량실습, 확정측량 및 실습, 측량정보공학, 디지털사진측량 및 응용 등이 개설되어 있다.

4) 지적전산

지적전산자료를 유지·관리하는데 필요한 기법 및 기술관련 영역의 교과목으로는 지적전산학, 공간데이터베이스관리론, SQL과 데이터베이스, 지적전산 및 CAD 이론과 실습, 공간정보프로그래밍, 데이터베이스, 컴퓨터그래픽스, 공간데이터베이스, 데이터구조 등이 개설되어 있다.

5) 지적실무

지적공부를 유지·관리하며 대국민 민원업무를 수행하는 지적실무영역에는 지적행정론, 부동산지적정책론, 지적실무, 지적 및 부동산 분쟁 실무, 토지제도사, 지적연습, 지적조사 등이 개설되어 있다.

6) 공간정보체계

공간정보를 효과적으로 수집·저장·가공·분석·표현할 수 있도록 서로 유기적으로 연계된 컴퓨터의 하드웨어·소프트웨어·데이터베이스 및 인적자원의 결합체를 공간정보체계라고 한다. 공간정보체계를 이용하여 지적업무를 수행하는데 필요한 기술과 기법을 다루는 교과목이 지적학과 교과과정에서 늘어나고 있다.

이 영역에는 공간정보론, 토지정보체계론, 인터넷과 토지정보, 공간정보시스템, 공간정보공학개론, 공간정보과학의 이해, 공간정보 창의설계, 공간정보딥러닝, 지리정보체계론, 공간정보종합설계, 공간정보시스템 분석 및 설계, 공간분석론 등이 개설되어 있다.

7) 부동산

지적제도는 부동산 등기제도와 내용적으로 밀접히 관련되어 있을 뿐만 아니라, 최근에 학문의 융복합화 추세와 함께 지적학을 부동산학과 융복합하여, 대학의 교과과정에서 부동산 교과목이 증가하는 경향을 보인다.

이 영역에는 부동산지적입문, 부동산학개론, 부동산지적정책론, 부동산지적정
보론, 부동산중개 및 실무, 부동산정보공개 및 활용, 부동산빅데이터와 입지분
석, 부동산가격정보관리, 부동산권리분석, 부동산금융론, 부동산개발론, 부동산
통계 및 정책, 부동산경제학, 부동산평가이론, 부동산중개론, 부동산평가실무,

• 표 2-1 • **지적학의 교육영역별 교과목 현황**

교육 영역	관련 교과목	비고
지적학 이론	지적학·지적학 원론	사회과학
지적관계 법률	사회생활과 부동산법입문·민법총칙·부동산생활공법·시민사회와 부동산사법·부동산공시법연구·부동산관계법규·지적관계법규·공간정보법규 해석능력·지적관계법규 해석능력·부동산관계법규 분석능력·공간정보관계법규	사회과학
지적측량	지적측량학·응용측량학·사진측량학·지적확정측량·GPS측량·GNSS측량·지적기초측량·지적세부측량·측량학입문·기준점측량 및 연습·지적측량실습·확정측량 및 실습·측량정보공학·디지털사진측량 및 응용	공학
지적전산	지적전산학·공간데이터베이스관리론·SQL과 데이터베이스·지적전산 및 CAD 이론과 실습·공간정보프로그래밍·데이터베이스·컴퓨터그래픽스·공간데이터베이스·데이터구조	공학
지적행정	지적행정론·부동산지적정책론·지적실무·지적 및 부동산 분쟁 실무·토지제도사·지적연습·지적조사	사회과학
공간정보체계	공간정보론·토지정보체계론·인터넷과 토지정보·공간정보시스템·공간정보공학개론·공간정보과학의 이해·공간정보 창의설계·공간정보딥러닝·지리정보체계론·공간정보종합설계·공간정보시스템분석 및 설계·공간분석론	공학
부동산	부동산지적입문·부동산학개론·부동산지적정책론·부동산지적정보론·부동산중개 및 실무·부동산정보공개 및 활용·부동산빅데이터 와 입지분석·부동산가격정보관리·부동산권리분석·부동산금융론·부동산개발론·부동산통계 및 정책·부동산경제학·부동산평가이론·부동산중개론·부동산평가실무·부동산등기론·부동산컨설팅·주택정책론·부동산과세론·부동산투자 및 권리 분석론	사회과학
도시계획	국토 및 도시계획·도시재생론·도시계획개론·도시행정학개론·도시기반시설공학·도시교통정보체계론·스마트시티와공간정보	공학
토지제도	토지와 지적·토지제도사·토지정책론	사회과학

부동산등기론, 부동산컨설팅, 주택정책론, 부동산과세론, 부동산투자 및 권리
분석론 등이 개설되어 있다.

8) 도시계획

현대 다목적지적제도에서는 도시계획에 대한 사항을 중요시하는 경향이 나타
나고 있으며, 지적공부에 용도지역을 등록하고 부동산종합공부에는 토지이용
확인서를 등록하고 있다. 이것은 지적정보의 활용을 중요시 하는 다목적지적제
도를 추구하는 지적제도의 변화에 따른 결과이다.

이 영역에는 국토 및 도시계획, 도시재생론, 도시계획개론, 도시행정학개론,
도시기반시설공학, 도시교통정보체계론, 스마트시티와공간정보 등이 개설되어
있다.

9) 토지제도

토지의 소유·분배·이용·개발·거래·관리 등에서 발생하는 다양한 사회적 문
제를 해결하기 위해 만든 국가적 장치가 토지제도이다. 이 가운데 지적제도는
토지의 소유와 관리제도에 해당한다. 이 영역에는 토지와 지적, 토지제도사, 토
지정책론 등이 개설되어 있다.

3. 지적학 교육의 교과과정

최근에 지적과 공간 정보기술이 융·복합되는 추세에 따라서 지적학 교육의 교
과과정에 확연한 변화가 나타나고 있다. 우리나라 대학별 지적관련 학과의 교
과과정을 분석해보면, 학교마다 약간씩 차이를 보인다. 즉 일반 이론 교과목과
법률 교과목 등을 사회과학 계열의 교과목의 비중이 높은 경우와 측량·지적전
산·공간정보시스템 교과목을 자연과학 계열의 교과목의 비중이 높은 경우가
있다.

우리나라 대학별 지적학 교육의 교과과정의 특성을 파악하기 위하여 전문지적
학과로 설치된 역사가 깊은 3개 대학의 학과를 분석해 보았다. 이 결과 3개 대
학에서 개설한 총 교과목은 98개, 이 가운데 사회과학계열에 해당하는 교과목

은 총 47개로 전체의 47.96%를 차지한다. 그리고 공학계열에 해당하는 교과목은 총 51개로 전체의 52.04%를 차지하여 전체적으로 사회과학계열 보다는 공학계열의 교과목 비중이 높게 나타난다.

그리고 사회과학계열에 해당하는 47개 교과목 중 지적이론 관련 교과목이 총 11개이고, 부동산학 관련 과목이 18개로 부동산학 관련 교과목의 수가 많다. 이것은 최근에 학문의 융복합 추세를 반영하여 지적학과와 부동산학과가 융복합되고 있다는 의미로 해석된다.

또한 공학계열에 해당하는 교과목은 총 52개인데, 이 가운데 자료 관리에 해당하는 교과목이 25개로 가장 많다. 자료 수집에 해당하는 것은 17개로 자료관리에 비해 상대적으로 교과목의 비중이 낮다. 이것은 최근 지적공부등록과 민원업무가 모두 공간정보기술을 이용한 지적정보관리체계를 기반으로 전환하는 지적제도의 구조적 변화에 기인하여, 지적학 교육에서 측량기술 못지 않게 데이터베이스관리 등 지적전산관련 기술교육이 중요해졌다는 결과로 해석된다.

• 표 2-2 • 지적관련 학과의 교과과정 비교

구분		A대학	B대학	C대학
사회과학 분야의 교과목	일반 이론	• 부동산지적입문 • 지적학 • 공간적사고 • 지적행정론 • 해양지적개론 • 부동산학개론 • 부동산지적정책론 • 부동산중개 및 실무	• 토지와 지적 • 지적학원론 • 토지제도사 • 지적행정론 • 부동산학개론 • 부동산중개론 • 부동산경제학 • 부동산평가실무 • 부동산등기론 • 부동산과세론 • 부동산컨설팅 • 부동산개발론 • 부동산투자 및 권리분석론	• 지적학원론 • 지적실무 • 부동산학개론 • 부동산정보공개 및 활용 • 부동산가격정보관리 • 부동산금융론 • 부동산통계 및 정책 • 부동산개발론
	법률	• 민법총칙 • 사회생활과 부동산법입문 • 부동산생활공법1 • 시민생활과 부동산사법1 • 부동산생활공법2 • 시민생활과 부동산사법2 • 지적관계법규론 • 부동산공시법연구	• 토지공법의 기초 • 국토관계법규 • 지적법규 • 공간정보법규 • 토지사법 I • 토지사법 II	• 부동산관계법규 • 지적관계법규 • 부동산권리분석 • 지적및부동산분쟁실무
공학 분야의 교과목	자료 관리	• 공간정보론 • 토지정보체계론 • 데이터분석 및 실습1 • 인터넷과 토지정보 • 데이터분석 및 실습2 • GIS1 • SQL과 데이터베이스 • 공간데이터베이스관리론 • 지적전산학 • 공간통계 • GIS2 • 현장실습	• 지적전산 및 토지정보체계론 • 공간정보시스템 • 공간정보통계학 • 지적연습 • 지적조사론 • 부동산평가이론 • 지도학개론 • CAD응용 및 실습	• 지적조사 • 토지정보체계론 • 지적전산 및 CAD • 국토정보컨텐츠어드벤쳐디자인 • 캡스톤디자인

구분		A대학	B대학	C대학
	자료 수집	• 지적측량학1 • 응용측량학 • 지적측량학2 • 사진측량학 • 지적확정측량 • GPS측량 • GNSS측량	• 측량학입문 • 기준점측량 및 연습 • 확정측량 및 연습 • 지적측량실습 • GPS측량 • 항공사진측량 및 원격탐사	• 지적기초측량 • 지적세부측량 • 디지털지적응용 • 디지털수치지적
지적활용 분야의 교과목		• 정보사회의 도시계획	• 도시계획개론 • 도시행정학개론 • 주택정책론 • 토지정책론 • 입지론	• 국토및도시계획 • 부동산빅데이터와 입지분석 • 도시재생론
		36	38	24

* 자료: 대학홈페이지 자료를 다운받아서 저자가 편집하였음.

학습 과제

1   지적학이 발전하게 된 내적(endogenous) · 외적(exogenous) 요인과 함께 지적
    학의 학문적 특성을 설명한다.

2   인접과학의 관계적 특성과 함께 지적학의 학문적 정체성을 설명한다.

3   지적학의 연구대상과 연구방법에 대하여 설명한다.

4   우리나라 지적학 교육의 변천과정을 설명한다.

5   우리나라 대학의 지적학과에서 운영되고 있는 교육과정의 세부영역에 대하여 설
    명한다.

6   우리나라 대학의 지적학과 커리큘럼에서 사회과학 분야의 교과목 비율 · 공학분야
    의 교과목 비율 · 지적활용분야의 교과목의 비율을 통하여 지적교육의 추세적 변
    화를 설명한다.

7   지적학 연구의 문제점과 미래의 발전 방향을 설명한다.

8   지적학 교육의 문제점과 미래 바람직한 지적학 교육과정을 설명한다.

제2부

우리나라 지적제도의
발달과 전개

제3장

고대지적제도의 발달과 전개

우리나라에서 지적제도가 처음으로 생겨난 것은 원시공동체사회 마지막단계에 출현한 고조선·고구려·부여·동예·옥저·삼한 등으로 볼 수 있다. 원시공동체 사회가 노예사회에 들어서부터 토지의 사적 소유에 대한 필요성을 인식하게 되었고, 이로부터 토지의 개별소유와 개별경작이 가능한 자영농민이 출현하게 되었다.

토지에 대한 사적 소유의 필요성을 인식함에 따라서 집단 간의 영토전쟁이 빈번하게 발생하였고, 전쟁의 결과로 정복자가 정복지의 토지를 소유하고 그 주민을 노예로 소유는 노예소유자계급[1]이 지배하는 사회가 전개되었다.

노예소유자계급이 정복지의 토지와 정복민을 지배하기 위해 고토지를 측량·기록한 데서부터 고대지적제도가 시작되었다고 추측된다. 초기에는 노예제방식으로 토지를 경영하였으나 노예들의 저항과 게으름이 심하고 이에 많은 감시원을 두어야 하는 비효율성을 인식하고 점차 노예를 독립시키고 지주-소작제로 전환하였다.

우리나라는 삼국시대에 노예제방식에서 지주-소작제방식으로 전환되었다.

이 장에서는 고조선·고구려·부여·동예·옥저·삼한의 지적제도와 삼국시대 고구려·백제·신라의 지적제도를 포함하여 고대지적제도로 전환하여 기술하였다.

---

1 노예소유자계급이란 도처에 흩어져 있던 소부족들을 정복하여 토지를 차지하고, 그 주민을 노예로 삼아 대규모 토지를 노예노동으로 경작하는 부족국가의 군주 및 관련 지배계급을 말한다.

1. 원시공동체사회 토지소유 개념

원시공동체사회의 변천과정과 이에 따른 토지소유제도의 역사적 변천과정은
다음과 같다.

1) 모계씨족공동체사회의 토지소유

인류는 B.C 7000~6000년경에 정착생활을 시작하여 처음 원시공동체사회를 만
들고 이때부터 토지에 대한 소유(所有)의 필요성을 인식하게 되었다. 이 시기
에 토지의 소유방식은 공동체 공유제이다.

2) 가족공동체사회의 토지소유

원시공동체사회 중기에 접어들면서 점점 생산도구가 커지고, 자연을 극복할 수
있는 능력이 향상되어 토지생산성이 증가하게 되었다. 이런 추세는 BC 5000~
4000년경에 모계 중심의 원시공동체사회가 부계중심의 대가족공동체사회로 전
환되어 가족공동체단위로 토지를 소유·경작하는 배경이 되었다.

3) 농촌공동체사회의 토지소유

B.C 4000~3000년경부터 청동제 농기구가 등장하여 소가족단위로도 충분히 자
연에 맞서서 농업을 경영할 만한 수준에 이르게 되었다. 그 결과 대가족공동체
가 일부일처제의 소가족단위로 분화하여 소가족 단위의 개별소유·개별경작을
시작하였다. 대가족공동체에서 분화해 나온 소가족들이 자유롭게 이동하며 농
촌공동체사회를 이룬 것이 원시공동체사회의 마지막 단계이다.

이 단계에서 토지의 공유제가 급속히 사유제로 전환하기 시작하였다. 가장 먼
저 소가족단위로 집터와 텃밭이 사유화되었고, 이어서 농촌공동체가 공유하던
농경지도 소가족단위로 사유화가 이루어졌다. 이 시기에는 산림·목장지만 공
동체의 공유지로 남아서 농촌공동체사회를 지탱하였다. 역사학에서는 이 시기
를 원시부족국가사회라고 규정한다.

이 시기에 한반도에는 고조선·고구려·부여·동예·옥저·삼한 등의 원시부족국

• 표 3-1 • 원시부족국가사회와 토지소유방식의 변천

시대 분류		사회 형태	토지소유 방식	비고
원시 시대	구석기시대	무리사회	−	
	신석기시대 (B.C 7000~6000년경)	원시공동체정착사회 (씨족공동체사회, 가족공동체사회, 농촌공동체사회)	공유제	
	청동기 (BC 5000~4000년경)		사유제 등장 (집터, 텃밭 사유)	
고대 시대	철기시대 (B.C 4000~3000년경)	원시부족국가사회	사유제 발달 (경작지 사유)	고조선, 고구려, 부여, 동예, 옥저, 진국

가가 등장하였다.[2] 농촌공동체사회 형태의 원시부족국가는 농촌공동체를 말단 행정단위의 공동체단위로 조세를 수취했던 것으로 보인다. 이 농촌공동체별로 내부적 원칙에 따라 토지사유제가 보편화되었다. 특히 고조선에서는 농촌공동체 단위로 토지의 사적 소유제를 확립하기 위하여 토지측량을 실시하였고, 이에 필요한 담당조직과 기술이 발달한 것으로 추정한다.

2. 원시부족국가시대 토지사유화 과정

농촌공동체사회에서는 소가족단위로 토지를 개별소유·개별경작을 하면서 철제 농기구와 축력을 이용하여 농업과 목축업의 생산성을 높였다. 이와 같은 사실은 고조선·부여·고구려·동예·옥저·삼한 등 원시부족국가들의 관습법을 통해서 확인할 수 있다.

원시부족국가들의 관습법으로는 고조선의 「팔조법금」,[3] 부여의 「일책십이법」,[4]

---

2 역사적으로 고조선은 우리나라 최초의 고대국가라는 주장과 고대국가로 볼 수 없다는 주장이 공존한다. 전자의 주장은 여러 소국을 정복하여 지배하는 한 명의 왕(단군, 기자, 위만 등)이 등장했다는 점을 근거로 한다. 한편 후자의 주장은 소국을 지배하는 방법이 하나의 군현제, 율령으로 통합되어 있지 않았다는 점에서 하나의 '국가'로 볼 수 없다는 것이다. 여기서는 고조선 등을 원시고대국가의 유형으로 분류한다.

3 중국의 「한서 지리지」에 기록되어 있는 고조선의 「팔조법금」에서 남의 물건을 훔친 사람은 그 집의 노예가 되거나 50만 전을 내도록 하였다.

4 중국의 「삼국지」에 기록되어 있는 부여의 「일책십이법(一責十二法)」에서 살인을 저지른 사람은 죽이거나 그 가족

동예와 옥저의 「책화」5 등 있다. 이들 관습법에 따르면 당시에 사유재산제도와 토지의 사적소유가 보편화되었다는 것을 알 수 있고, 토지를 측량하고 기록하는 일을 전담하는 국가 조직이 설치되었다. 이것이 우리나라 지적제도의 기원을 원시부족국가시대(상고시대)에 두는 근거이고, 우리나라 고대지적제도가 생겨난 대표적인 것이 고조선이다.

원시부족국가시대에 토지의 사적소유는 다음과 같은 과정을 거치며 발전하였다.

1) 집터와 텃밭 사유화

고조선과 같은 원시부족국가의 농촌공동체는 촌장을 중심으로 토지공유제를 기본으로 하면서 토지의 사적 소유를 부분적 인정하기 시작하였다. 인구증가와 청동제 농기구 사용으로 소가족단위로 토지의 사적소유와 개별경작이 시작되는 이 시기에 가장 먼저 집터와 텃밭에 대한 사유를 인정하였다.

2) 농경지 사유화

소가족단위의 집터와 텃밭을 사유화한 후에는 농경지로 사유화가 확대되었다. 농경지의 사유화는 농촌공동체가 공유하며 촌장을 중심으로 1~2년마다 정기적으로 반복해서 구성원들이 모여서 농가별로 경지를 분배하여 개별경작하던 것을 영구적으로 분배하여 개별경작한 것이 시간이 지나면서 사유화로 고착된 것이다.

농경지 사유화와 함께 농촌공동체의 내부에 촌장 등 지배계급이 형성되었고, 지배계급은 유리한 토지를 차지하고, 농촌공동체 구성원을 동원하여 황무지를 개간하는 등 사유지 확보에 열심을 다했을 것으로 추정된다. 여기에 지배계급은 영토전쟁을 통하여 더 큰 사유지와 사유재산을 확보하면서 원시부족국가사회는 점점 토지소유가 불평등한 계급사회로 발전하였다.

이와 같은 토지분배와 사유화 과정에서 토지의 측량과 기록은 더욱 중요해졌고, 이로써 고대지적제도는 더욱 발달하게 되었다.

을 모두 노비로 삼았고, 남의 물건을 도둑질한 사람에게는 12배를 배상하도록 하였다.

5 중국의 「삼국지」에 기록되어 있는 동예의 「책화(責禍)」에서 남의 읍락을 침범하면 그 벌금으로 소·말과 같은 집짐승으로 변상하게 하였다.

원시부족국가사회의 농촌공동체 내부에서 집터, 텃밭, 농경지가 소가족단위로 영구적으로 분배·세습되기 시작하여 그 동안 원시공동체사회를 지탱해온 토지 공유제가 와해되고 토지사유제로 전환되었고, 이 과정에서 자영농민이 출현하게 되었다.

3. 고조선시대 고대지적제도 발달

고조선은 원시부족국가 가운데 세력이 가장 강력해서 주변의 많은 원시부족을 통합하고 가장 먼저 국가의 형태를 갖추었다.

「한서(漢書)」 지리지(地理志) 연지(燕地) 조목과 「후한서(後漢書)」 동이열전(東夷列傳) 예(濊) 조목 등에 따르면, 가장 먼저 원시부족국가의 면모를 갖춘 고조선은 지적제도를 구체적으로 확립시켰다. 고조선에서 토지측량·기록 및 지도 제작 등이 이루어졌고, 이런 업무를 수행하는 전담기구를 설치하였으며, 측량기구와 측량기술이 상당히 발달했다. 또한 고조선에서는 우리나라 최초로 정전제(井田制)에 해당하는 토지분배제도도 실시하였다.

1) 정전법 실시

고조선은 전제군주제 국가로서 왕권 강화와 국가 제정확보를 위하여 농가별로 토지를 개별소유·개별경작을 하고, 이를 바탕으로 조세를 징수하기 위하여 정전법(井田法)을 도입한 것으로 추정된다. 정전법에 따라서 개별 농가단위로 농경지를 분배하고, 조세징수를 위해서 토지측량과 기록이 국가의 중요한 사무였던 것으로 추정된다. 정전법 도입이 고조선에서 고대지적제도가 발달하게 된 배경이라고 할 수 있다.

2) 지주제 발달

고조선은 주변의 많은 원시부족을 정복하며 왕과 귀족관료들이 대토지와 풍부한 노동력을 확보하였다. 이런 고조선의 귀족관료들은 더 이상 노예를 소유하며 토지를 경영하는 것이 비효율이라는 사실을 깨닫고 노예를 소작농으로 풀어주었고, 이것이 우리나라에 지주제의 배경이다.

고조선의 지주제는 왕과 귀족관료들과 일반 농민의 관계가 지주와 소작인의 관계로 소작농은 노예나 다름없는 착취의 대상이었다. 지배계급이 소작농을 착취하기 위한 수단으로 소작지를 측량하여 기록하면서 고대지적제도가 더욱 발전하였다.

제2절 | 고대국가시대 지적제도의 발달

고대국가시대에 우리나라에는 고구려, 백제, 신라 3국이 고대국가로의 면모를 갖추고 활동하였다. 이 고대국가시대의 고전지적제도의 전개과정을 살펴본다.

1. 삼국시대의 지적제도의 배경

1) 왕토사상·토지국유제·토지사유제

삼국시대 토지소유를 지배하는 이념은 왕토사상(王土思想)이었다. 왕토사상은 중국의 「시경(詩經)」 소아(小雅) 편 '溥天之下 莫非王土 卒土之濱 莫非王臣: 즉 하늘 아래 왕의 땅이 아닌 것이 없고, 온 땅에 왕의 신하가 아닌 이가 없다'는 문구에서 유래한다. 이것이 고구려, 백제, 신라 삼국으로 유입되어 왕의 절대적 지배권을 지탱하는 왕토사상이 되었다.

왕토사상에 근거하여 1920년에 일제는 우리나라 삼국시대 이전의 토지소유관계는 부족단위의 공유제로 출발하였고, 이를 바탕으로 고려시대와 조선시대까지 국유제를 유지하였다고 주장하였다. 따라서 모든 토지를 국가가 소유하고, 관료와 공신에게는 수조권(收租權)6을, 일반 백성에게는 경작권을 부여했을 뿐 토지사유제를 허락한 사실이 없고 혹여 사유지가 있다면 그것은 불법적인 것이라고 단정하였다. 왕토사상과 토지국유제에 근거한 일제의 단정은 우리나라를 식민지화하고 토지를 수탈하는 데 대한 정당성을 부여하는 근거가 된다.

---

6 봉건사회에서는 실질적 소유권이 개인에게 있어도 개념적으로 모든 토지의 소유권이 왕에게 있다는 왕토사상에 근거하여 조세를 수취하는 권한이 매우 중요했고, 이 조세수취권을 수조권(收租權)이라 하였다.

그러나 일제의 이런 단정은 1960년대에 들어서 부정되었다. 삼국시대 이전에 이미 사적인 토지소유제가 광범위하게 존재했고, 왕토사상은 관념적으로 존재했을 뿐, 사적 토지소유권을 금지하지 않았다는 것이다. 이와 같은 사실은 신라 말에 건립된 경북 경주시 외동읍의 대승복사 비문에 '왕릉을 건립한 곳은 비록 왕토(王土)라고 해도 실제 공전(公田)이 아니므로 왕의 장지(葬地) 부근 대지를 곡물 이천 점을 주고 구입하였다'는 기록을 통해서 증명되고 있다. 따라서 우리나라는 삼국시대에 왕토사상이념이 존재하였을 뿐, 실제로 토지사유제가 보편화되었던 것이 사실이다.

2) 토지사유제와 자유로운 토지거래

고구려·백제·신라 3국은 중앙집권적 전제군주국가로써 왕토사상을 토지에 대한 기본이념으로 채택하였다. 그러나 이것은 하나의 이념일 뿐, 현실적으로는 토지사유제가 보편화되었다.

삼국시대 고대국가들의 토지소유 형태는 크게 3가지로 구분되는데, 하나는 노예사회에서 자연적으로 생겨난 자영농민의 소유이고, 다른 하나는 지배계급의 대토지소유, 그리고 주변의 소국들을 정복한 왕실 소유가 있었다.

다시 말해서 삼국시대에는 왕토사상에 근거하여 개념상 국왕을 유일한 토지소유권자로 인식하지만, 실제로는 농민들이 토지를 소유하고 직접 경작하여 조세를 납부하도록 권장하고, 이들의 사적 토지소유를 보호·육성하였다. 봉건국가에서 자영농민을 보호·육성하는 배경에는 자영농민과 국왕이 지배-종속의 군신관계를 이루고, 자영농민이 국왕의 소작인이 되어 납부하는 지대가 국가재정의 원천이기 때문이다.

따라서 삼국시대에는 자유롭게 토지를 매매할 수 있을 만큼 토지의 사유제도가 굳건하였다. 심지어 삼국시대 토지소유권은 근대적 개념에서 말하는 토지를 사용·수익·처분할 수 있는 배타적 권리까지 완전한 토지소유권을 보장하는 수준으로까지 발달한 것으로 보인다.

삼국시대 토지사유제를 기반으로 자유로운 토지거래가 이루어졌다는 사실은 「삼국사기」 권45 열전 제5편의 온달과 평강공주에 대한 기록을 통하여 확인할 수 있다. 이 기록의 원문 '乃賣金釧 賣得田宅, 奴婢, 牛馬, 器物, 資用完具'는 평강공주가 '금팔찌를 팔아서 마침내 토지와 집·노비·우마·집기류를 구입하여 살림살이를 다 갖추었다'는 내용이다. 여기서 '매득(賣得)'이라는 말은 포괄적인 처분의 결과를 매수인의 입장에서 표현한 용어로서 삼국시대에 무엇을 구입했다는 뜻의 용어로 해석된다.

3) 지주제의 발달

삼국시대에 토지의 자유로운 거래가 허락된 환경이 자영농민에게 유리하게 작용했다고 볼 수는 없다. 오히려 귀족관료들의 토지 약탈·강매·투탁과 같은 비정상적 거래행위가 유발되어 자영농민의 사유지를 침탈할 수 있는 부정적 환경으로 작용하는 경우가 더 많았기 때문이다. 따라서 삼국시대 자유로운 토지거래가 허락된 환경을 바탕으로 후기로 가면서 점점 자영농민의 사유지는 축소되고 귀족관료들이 대토지를 소유하는 대지주로 발달하였다. 심지어 왕실과 사원, 그리고 지방의 호민(豪民)들까지도 대지주로 등장하여 삼국시대에 소작농을 착취하는 지주제와 소작제가 크게 확대되었다.

이와 같은 지주제(地主制)가 우리나라 삼국시대를 봉건사회로 규정하는 근거이며, 이런 지주제를 지탱하기 위한 수단으로 토지를 측량하고 기록하여 지적제도가 발달하였다. 중간에서 관료지주들이 득세하며 조세를 착취하면서 그 과정에 국가 재정의 원천이 되는 자영농민이 몰락하고 국고축소와 왕권약화로 이어져 삼국이 폐망에 이르게 되었다.

4) 전제군주국가와 자영농민

소규모의 토지를 소유하며 개별 경작하는 자영농은 원시공동체사회의 마지막 형태인 농촌공동체를 구성했던 소가족단위의 농가에서부터 시작되었고, 이것은 고조선·부여·동예·삼한 등 원시부족국가시대에 사회의 한 계급으로 자리 잡게 되었다. 그리고 삼국시대에 자영농민의 위치는 더욱 공고했고, 이들이 소유한 토지의 비율이 더욱 확대되었다. 이것은 3국의 국왕들이 자영농민으로부터 조세를 징수하여 국가재정을 튼튼하게 하기 위하여 의도적으로 자영농민을 보호·육성한 결과이다.

고구려 국왕은 국가제정 확대를 위하여 가능한 많은 농민들에게 토지를 분배하여 경작하도록 권장하였고, 백제의 경우에도 북쪽에서 남하하여 백제를 건국한 온조왕이 원주민으로 있던 자영농민을 보호함과 동시에 온조왕을 따라서 내려온 유민집단에게 생활의 터전을 만들어 주기 위하여 별도의 황무지개간사업을 실시할 만큼 자영농민의 기반을 튼튼하게 하는데 높은 관심을 가졌다. 백제는 원주민 자영농민과 유민집단의 개간농민을 모두 편호소민(編戶小民)이라고 불렀고, 이들을 보호하며 조세를 징수하기 위하여 편호(編戶)라는 조세대장을 작성하여 관리하였다. 백제의 편호소민들은 후에 관료지주가 득세하며 토지를 강탈하기 전까지 부유한 양인계층으로 생활하였다.

한편 신라에서도 고구려·백제와 같은 맥락에서 황무지개간을 장려하며 자영농민을 육성하였다.[7]

5) 통일신라의 정전제(丁田制) 실시

통일신라 역시 기본적으로 토지제도는 왕토사상을 기본으로 하는 토지국유제를 표방하였지만, 사실상의 토지사유제도가 일반적이었다. 「삼국사기」의 기록[8]에 통일신라 성덕왕(722년)이 정전제(丁田制)를 실시하였다는 기록이 있다. 이역시 자영농민층을 확대하기 위한 전략으로 해석된다.

물론 정전제는 통일신라뿐만 아니라, 고구려·백제·신라에서도 이미 실시되었다고 본다. 이만큼 삼국시대에는 자영농민층을 육성하여 국가재정을 튼튼하게 하고, 이것을 왕권강화의 중요한 전략으로 인식했던 것이다.

한국고대사 연구에 따르면, 통일신라시대에 성덕왕이 지급한 정전제의 정(丁)은 성인 장정(壯丁)을 의미하는 것이 아니라 개별 농가를 의미한다. 즉 정전제는 성인 장정에게 토지를 지급한 제도가 아니라 농가단위로 토지를 균등하게 분배하여 토지소유의 불평등을 해소하고 자영농민을 확대하기 위한 것이다.

고조선시대부터 시작된 토지사유제를 인정한 역사적 배경을 토대로 통일신라에 이르러서는 이미 많은 토지를 소유한 부농에서부터 토지를 전혀 소유하지 못한 무토(無土) 빈농(貧農)까지 토지의 소유상황이 매우 불평등해져 있다. 이

---

7 「삼국사기」에 놀고먹는 백성들을 몰아다가 농사를 짓게 하였다는 기록이 있다.

8 「삼국사기」에 "聖德王 二十一年 秋八月 始給百姓丁田" 기록, 즉 성덕왕 21년(722년) 8월에 백성에게 정전(丁田)을 지급했다는 기록이 있다.

런 상황에서 정전제는 성덕왕이 빈농을 자영농으로 성장시키고자 도입한 제도로 추정한다. 이것은 개별농가(丁)가 이미 소유하고 있는 사유지는 그대로 인정하고, 그 사유지에 대한 조세(租稅)를 징수하는 한편, 토지를 소유하지 못한 무토(無土) 빈농(貧農)에게 미개간지를 분급하여 개간하게 하므로 토지소유의 불평등한 문제를 해결하고, 무엇보다도 자영농민의 수를 확대할 목적으로 실시한 제도이다. 통일신라에 이와 같은 정전제를 실시했다는 것은 왕권이 강력했다는 것을 의미한다.

따라서 통일신라 말에는 토지를 많이 소유한 지방의 호족들의 토지를 강제로 몰수하여 국유지로 편입하고, 이렇게 몰수한 호족의 토지는 고려시대에 전시과 제도의 기반이 되었다. 통일신라의 정전제는 1농가가 토지를 소유할 수 있는 상한을 1경(頃, 100무)으로 한정한 당나라의 균전제(均田制)와 유사한 것으로 보고 있으나 중국의 균전제를 얼마나 따랐는지 구체적인 내용은 알 수가 없다.

2. 삼국시대 토지분배제도와 관료지주제의 발달

- 고구려의 토지분배제도와 관료지주

삼국시대에 고구려는 건국 초기에 토지 분봉제(分封制)를 실시하였다. 고구려는 주변의 소국을 통합하여 왕권국가를 건설한 초기에 고구려에 투항한 족장을 회유하기 위하여 소국의 영토를 족장의 영지(領地)로 봉(奉)하는 분봉제(分封制)9를 실시하였다. 그러나 저항하는 족장은 분봉 없이 중앙관료체제로 편입시키고, 그들의 영토를 고구려의 국유지로 흡수하고 주민을 신민으로 삼았다. 이와 같은 분봉제는 고구려에서 봉건 지주제10가 발달한 배경이 되었다.

---

9 분봉제(分封制)란 소국이 스스로 항복해오는 경우에, 그 소국을 속국으로, 그 왕을 제후(諸侯)로 책봉하고, 책봉된 제후에게 그 속국의 영토를 주고 백성을 다스릴 수 있는 통치권을 분배한다. 그리고 왕으로부터 속국의 통치권을 분배받은 제후는 국왕에게 공납과 병역의 의무를 져야만 하는 주종관계를 형성하였다.

10 고구려의 분봉제는 속국 내에서 제후가 독자적인 신하 단(사자, 조의, 선인)과 사병을 거느리고 토지와 백성을 지배할 수 있는 권한을 부여했다는 점에서 유럽의 영주제와 유사하다. 그러나 분봉제를 실시하기 전부터 본래 존재하고 있던 호민과 소농민의 사유지는 그대로 유지시켰다는 점에서 유럽의 영주제와 다른 토지분배제도이다.

- 백제의 토지분배제도와 관료지주

  백제는 고구려와 다르게 건국 초기에 소국의 족장들을 모두 중앙집권체제로 흡수하고, 분봉을 하지 않았다. 한편 왕족을 지방의 제후에 봉(奉)하고 이들에게 분봉을 지급하였다.11 이 지방의 제후들에게 영지를 분봉하고, 그들이 각자 신하단(臣下團)을 거느릴 수 있게 하였으며, 이것이 백제의 봉건 지주제 발달의 배경이다.

- 신라의 토지분배제도와 관료지주

  신라는 분봉제를 전혀 실시하지 않은 것이 고구려, 백제와 다른 특징이다. 정복지의 족장을 무조건 중앙으로 흡수하고 집과 토지를 지급하여 거주하게 하며, 모든 정복지를 국유지로 흡수하여 주·군·현으로 통합하기 때문에 고구려나 백제보다 넓은 국유지를 확보하므로 귀족관료 지주(地主)와 자영농민을 육성하는 유리한 환경을 조성하였다.

1) 삼국시대 식읍·사전제도와 관료지주

고구려·백제·신라는 왕토사상과 토지국유제의 원칙 하에서 자영농과 대지주가 대부분의 토지를 소유하였다. 국왕은 자영농과 지주의 사유지를 제외한 국가직영지(國家直營地)를 이용해서 관료들에게 식읍(食邑)과 사전(賜田)을 분배하였다.

국왕이 관료에게 지급한 사전(賜田)은 토지를 사용·수익·처분할 수 있는 완전한 토지소유권을 지급하는 반면에 식읍(食邑)은 특정 토지에 대한 조세수취권만 지급하였다.

- 고구려

  3국이 각각 식읍(食邑)과 사전(賜田)을 지급하는 구체적 양상은 약간씩 차이가 있었다. 고구려에서는 외적 격퇴에 공을 세운 무관에게 일정한 지역을 식읍과 사전을 지급하였다.12 식읍과 사전은 분봉제와는 다른 토지분급제

---

11 백제에서는 도성(都城)을 중심으로 지방행정구역을 22개의 담로(擔魯)로 편성하고, 담로마다 왕의 아들, 동생을 통치자로 파견하였다.

12 『삼국사기』를 통해 보면, 고구려의 경우, 명림답부(明臨答夫)는 172년(신대왕 8) 11월에 고구려에 침입한 한(漢)나라 군사를 크게 이긴 공으로 좌원(坐原)과 질산(質山)을 식읍으로 받았다고 한다. 또한 246년(동천왕 20)에 위나라

이다.13 고구려에서 식읍(食邑)을 받은 관료는 식읍지에 대하여 조세 수치 외에 지역주민을 지배하거나 식읍을 세습할 수 있는 권한은 허락하지 않았다. 그러나 사전(賜田)은 세습할 수 있도록 하여 사실상의 사유지이며, 면세까지 허용된 완전한 사유지이다.

- 백제

백제도 개국공신들에게 식읍과 사전을 하사하였으나, 백제의 사전은 토지소유권 자체를 지급하지 않고 사전에서 수취한 곡물을 하사하는 방식이었다. 그리고 왕족과 귀족관료 외에 사찰과 지주에게도 많은 토지를 시납하였다.

- 신라

신라는 처음부터 토지의 분봉제는 실시하지 않았고, 정복지를 모두 국유지로 흡수하여 넓은 국유지를 소유할 수 있었고, 이를 바탕으로 귀순자나 전공을 세운 무관에게 사전(賜田)14과 식읍15을 지급할 수 있는 유리한 여건을 조성하여 신라에서 관료지주가 크게 발달할 수 있었다.

신라는 중앙에서 파견된 지방관과 토호세력이 자영농민의 노동력을 동원하여 황무지를 개간하며 사유화하거나 자영농민의 농지를 침탈하여 귀족관료와 서민지주가 확대되었고, 이 외에 사원지주도도 등장하면서 봉건 지주제가 삼국 중 가장 발달하였다.16 심지어 신라에서는 왕과 왕실도 국유지와 구별하여 내수사전과 궁방전과 같은 사유지를 소유한 대지주가 될 만큼 고구려나 백제에 비해 관료지주제가 발달하였다.

장수 관구검(毌丘儉)의 내침 때 세운 공으로, 밀우(密友)는 거곡(巨谷)·청목곡(青木谷)을, 유옥구(劉屋句)는 압록두눌하원(鴨綠杜訥河原)의 땅을 각각 식읍으로 받았다. 293년(봉상왕 2)에 고노자(高奴子)는 모용외(慕容廆)의 내침을 격퇴한 공으로 곡림(鵠林)을 식읍으로 받았다.

13 삼국시대 왕이 관료에게 토지소유권을 이양하는 방식에는 2가지 유형이 있었다. 하나는 토지의 사용, 수익, 처분에 대한 권한을 모두 이양하는 완전한 토지소유권을 이양하는 유형과 다른 하나는 토지의 사용과 수익에 대한 권한으로 수조권(收租權)을 이양하는 유형이다. 전자를 사전(賜田), 후자를 식읍이라고 한다.

14 「삼국사기」 신라본기에 "진흥왕(562년)이 가야정벌에서 군공을 세운 사다함에게 좋은 땅과 포로 200명을 상으로 주었는데, 사다함이 이것을 받아서 포로는 양인으로 놓아 주었고, 토지는 병졸들에게 나누어 주었다"는 기록이 있다.

15 「삼국사기」 신라본기에 따르면 신라에서 식읍을 받은 사람은 김구해, 김인문, 김유신 등 귀족관료들이고, 식읍의 형태는 농가 수 백호 또는 토지 수 백결, 곡식 수 백 섬 등으로 다양하였다.

16 「삼국사기」에 신라에서 호민 가운데 100결 이상의 대토지를 소유하고 귀족관료들과 같은 호화저택을 짓고 살았다는 기록이 있다.

2) 통일신라시대 식읍과 관료지주

통일신라는 연속되는 승전(勝戰)으로 넓은 국유지를 소유하게 되었고, 국왕이 귀족관료들에게 다양한 방법으로 토지를 분급하며 관료지주제가 더욱 확대되었다.17 관료지주제가 비대해짐에 따라서 정전제(丁田制)와 같은 자영농민 육성책을 실시함에도 불구하고 점점 자영농민의 토지는 축소되고, 귀족관료과 사원 등이 대농장을 소유한 지주로 성장하였다. 심지어 호민(豪民)까지도 유리한 지위를 이용해 서민지주로 등장할 만큼 통일신라시대 후기에 토지소유의 불평등이 심화되었다.

삼국을 통일한 통일신라는 초기에 강력한 중앙집권적 왕권으로 각 읍락을 직접 통제할 수 있게 되자 신라의 토지분급제도를 개선하여 직전(職田) 형식의 녹읍(祿邑)을 분급하였다. 녹읍은 여러 등급의 관료들에게 일정 토지에 대한 수조권을 분급하는 방식으로 소수의 전쟁 공노자들에게 지급한 신라시대의 식읍에 비하여 지급범위를 확대하는 대신에 권한을 축소하여 주민노동력을 임의로 사용할 수 있는 권한은 하락하지 않았다.

이렇게 녹읍을 분급했다는 것은 전국을 통제할 수 있는 왕권이 훨씬 강화되었다는 것을 의미한다. 그러나 통일신라에서 녹읍을 받은 관료들이 이대로 축소된 권한만을 행사한 것은 아니고, 임의로 주민노동력을 사용하며 무리하게 많은 공납을 수취하여 많은 폐단을 야기하였고, 국왕이 이 폐단을 막기 위한 감시체제가 만들어지기도 하였다.

녹읍의 폐단이 심화하자 신문왕(690년)은 녹읍을 폐지하고 관료전을 지급하였다.18 관료전은 토지가 아니라 매년 왕이 현직관료들에게 조(租)를 지급하는 직전법이다. 이것은 토지와 주민을 사적으로 지배하는 귀족관료들의 폐단을 차단하고 자영농민을 보호하여 전제왕권을 강화하기 위한 목적으로 도입한 새로운 토지분급방식이다.

그러나 관료전은 관료들의 불만으로 오래가지 못하였고 경덕왕(757년)이 다시

---

17 중국 「당서」의 "신라의 재상집은 녹이 그치지 않고 노동이 3,000명이나 되며 병졸, 소, 말, 돼지가 많다"는 기록에서 귀족관료들의 부를 짐작할 수 있다.

18 「삼국사기」 기록에 따르면, 녹읍을 언제부터 지급했다는 기록은 없으나 신문왕 7년(688)에 문무 관료전을 지급하되 차등을 두었다는 기록과 신문왕 9년(690)에 내외관의 녹읍을 혁파하였다는 기록이 있다.

• 표 3-2 • 신라와 통일신라시대 토지분급 유형

구분	시대	지급 대상	내용	비고
식읍 (食邑)	신라	소수의 전쟁 공로자	• 토지와 주민에 대한 포괄적, 절대적 지배권으로 토지의 수조권과 주민노동력을 사용할 수 있는 권한 지급	–
녹읍 (祿邑)	통일신라	다수의 관료	• 일정 토지에 대한 수조권만 지급 • 관료의 권한 축소와 왕권강화를 의미	690년 폐지, 757년 부활
관료전 (僚制田)	통일신라	다수의 관료	• 매년 왕이 직접 조(租)를 지급	690시작, 757년 폐지

녹읍을 부활하였다.19 녹읍의 부활은 통일신라시대 말에 귀족관료세력이 커지고 상대적으로 왕권이 약화되었다는 것을 의미한다. 녹읍의 부활로 통일신라는 다시 귀족관료와 사원이 자영농민의 토지를 잠식하고 대지주로 부상하게 되었다.

이렇게 세력을 키운 지방 호족들이 왕권에 도전하여 후삼국으로 분열하게 되었고, 통일신라에 부활한 녹읍은 고려시대 전시과제도와 조선시대 과전법으로 발전하였다.

3) 삼국시대 토지분류와 종류

① 소유권 관점의 토지분류

삼국시대에는 왕토사상과 토지국유제라는 개념적 토대 위에서 현실적인 토지사유제가 보편화되었다. 따라서 모든 백성들이 국가에 조세(租稅)를 납부한다는 전제하에서 토지를 사적으로 소유하며, 이용·수익·처분할 수 있는 토지소유권이 보장되었던 것이다.

삼국시대에는 토지을 먼저 토지소유권의 귀속에 따라서 국가나 국가기관이 소유하는 토지를 공전(公田), 개인이 소유하는 토지를 사전(私田)으로 분류하였다. 공전에는 산림·황무지·소택·수부와 같은 미개척지를 포함한 국가직영지와 국가기관이 소유하고 있는 관전·둔전·역전·학전 등이 있다. 그리고 왕 또

---

19 「삼국사기」 기록에 보면, 경덕왕 16년(757)에 내외관의 다시 녹읍을 주었다.

• 표 3-3 • 삼국시대 토지의 소유권과 수조권에 따른 토지분류

구분	토지소유권에 따른 분류		토지소유	토지 경작	조세·수취	토지수조권에 따른 분류
왕토사상·토지국유제	공전	국가직속지	국가	농촌공동체 농민	국가	공전
		관전	국가		국가기관	
		둔전	국가		국가기관	
		역전	국가		국가기관	
		학전	국가		국가기관	
	사전	왕과 왕실 소유지	왕, 왕족		왕과 왕실	사전
		사원전	사원		사찰	
		사전(賜田)	귀족관료		귀족관료	
		정전(丁田)	자영농민		국가	사전
					국가기관	공전
					개인 관료	사전

는 왕실이 소유한 토지와 개별 관료에게 분급된 사전(賜田)이나 식읍으로 분배된 관료전(官僚田)과 사원전, 그리고 자영농민이 소유한 정전(丁田)은 사전으로 분류된다.

② 수조권 관점의 토지분류

삼국시대에는 토지에 대한 권한은 소유권 외에 수조권이 더 있었다. 자영농민이 소유한 정전에 대해서는 국가가 조세를 받을 수 있는 수조권을 가졌으나, 국왕의 권한으로 개인관료나 관청에 분급하여, 토지수조권을 개인관료나 기관이 갖도록 하였다. 따라서 수조권을 개인관료가 갖는 경우를 사전(私田)으로, 관청이 수조권을 갖는 경우를 공전(公田)으로 구별하였다. 따라서 자영농민이 소유권을 갖는 사전(私田)으로서의 정전(丁田)이 다시 수조권 귀속에 따라서 공전(公田)과 사전(私田)으로 구별되었고, 이로 인하여 자영농민은 국가에 조세를 납부하는 자영농민의 지위가 아니라 개인관료나 관청에 지대를 납부하는 소작인과 유사한 지위로 전락하는 모순이 발생한다.

이와 같은 모순은 봉건국가에서 국왕이 관청 혹은 개인관료에게 수조지를 분급할 때, 원칙대로 국가직영지로 분급하지 않고 자영농민의 정전(丁田)을 수조지로 분급하였기 때문이다. 이런 모순은 국유왕토사상에 근거하여 토지에 대한 자영농민의 토지소유권보다 더 상위 개념의 토지수조권을 관료계급에게 부여한데 따른 결과이다. 그리고 이런 토지소유권에 대한 모순은 삼국시대에서부터 고려시대와 조선시대까지 봉건사회 토지제도의 특징이다.[20]

따라서 고문헌에 등장하는 공전(公田)과 사전(私田)은 그것이 토지 소유권에 따른 것인지, 수조권에 의한 것인지를 구별해야 한다.

3. 삼국시대 지적제도의 전개

1) 봉건지적제도의 정착

삼국시대에는 국왕이 모든 토지의 절대적 소유권을 가지고 백성들에게 토지를 분배하여 자영농민으로 보호하며 이들로부터 조세를 징수하여 국가의 통치자금을 확보하는 봉건사회가 정착되었다.[21]

봉건사회의 고구려·백제·신라는 본격적으로 봉건지적제도를 운영하기 위한 수단으로 토지를 소유자별로 파악하고 측량하여 관리하는 것이 매우 중요한 국가사업이었다. 삼국시대 지적제도에 대한 직접적인 사료가 현존하지는 않지만, 「삼국사기」와 「삼국유사」 및 중국의 고문헌, 그리고 삼국시대 유적지에서 양전(量田)에 사용된 척(尺)이 발견되는 점 등으로 미루어 삼국시대에는 봉건지적제도가 구체적 형태로 전개되었던 것으로 짐작한다.

---

20 이런 역사적 배경을 잘 알고 있는 일제는 우리나라 역둔토정리 사업을 할 때 조상 대대로 소유해 왔던 정전(丁田)이 수조권의 관점에서 공전(公田)으로 분류되는 모순을 전혀 고려하지 않고 국유지로 편입하여 조선총독부 토지로 흡수하였다.

21 「삼국사기」 고구려 본기에 "장수왕 59년(AD 471)에 백성과 노비는 각 등급에 따라 각각 전택(田宅)을 하사하였다"는 기록이 있다.

2) 삼국시대 양전제도

① 양전척(量田尺) 사용

양전(量田)은 오늘날 토지측량과 같이 사용된 용어로써 삼국시대부터 조선시대 말까지 사용되었다.

삼국시대에 자(척)를 사용하여 광범위하게 양전을 했을 것으로 추론하지만 실제로 자를 사용하여 토지를 측량한 구체적 자료는 없다. 단지 「삼국사기」와 「삼국유사」에 촌(寸)·척(尺)·장심(丈尋)·필(匹)·리(里) 등 거리를 측량하는 단위가 등장하는 것을 통해서 자를 사용하어 토지를 측량했을 것으로 추정한다. 최근에 삼국시대 유적지에서 자(척)가 출토되었다. 또 신라가 남산신성비에 축성의 거리를 척과 촌으로 기록한 사실은 자를 사용하여 토지측량을 했다는 것을 암시한다. 이런 여러 자료를 통해 볼 때, 고구려에서는 고구려척(高句麗尺)을 사용했고, 백제는 동위척·기전척·양지척·주척을 사용했으며, 신라는 당대척(唐大尺)을 사용했던 것으로 추정된다.

* 자료 출처: 한양대학교 박물관
•그림 3-1• 이성산성에서 출토된 고구려자

* 자료출처: 국립부여박물관
•그림 3-2• 백제의 자

② 면적측량방법

삼국시대에 토지면적 단위로 고구려는 경무법(頃畝法),[22] 백제는 결부법(結負

---

22 경무법(頃畝法)은 중국에서 사용한 면적단위법이다. 중국은 전한(前漢) 이전에는 주척(周尺) 6자 평방을 1보(步)로 하여 100보를 1무(畝), 100무를 1경(頃) 또는 1부(夫)라 하였고, 전한 이후부터는 주척 5자 평방을 1보로 하여 240보를 1무, 100무를 1경으로 하였다. 경무법의 보, 무, 경은 순수하게 토지의 물리적 면적을 나타낼 때 사용된다.

法)[23]과 두락법(斗落法),[24] 신라는 결부법(結負法)을 사용하였다. 고구려가 사용한 경무법의 보(步)·무(畝)·경(頃)은 토지의 물리적 면적을 나타내는 단위이고, 반면에 백제와 신라가 사용한 결부법의 결(結)과 부(負)는 토지의 물리적 면적을 나타내는 단위가 아니라 조세징수단위이다. 즉 일정량의 곡물을 생산할 수 있는 토지면적 단위로서 1결 혹은 1부 단위로 조세를 징수할 뿐, 이에 대한 물리적 면적은 일정하지 않았다.

백제가 사용한 두락법도 결부제와 같이 조세징수단위로서의 면적단위이다. 두락(斗落)이라 함은 씨앗이 1두(한말)가 뿌려지는 토지면적을 의미하며, 1두락 단위로 일정한 조세를 징수한다.

이와 같이 조세징수단위에 해당하는 토지면적을 측량하는 결부법은 삼국시대에 도입하여 조선시대까지 사용되었다. 결(結)은 성인 남자 100명이 질 수 있는 곡식을 생산할 수 있는 토지의 면적을 나타내는 단위이며, 삼국시대부터 조선시대까지 1결을 단위로 조세를 부과했기 때문에 고대 지적제도에서 1결의 면적을 결정하는 것은 매우 중요한 문제였을 것으로 보인다.

• 표 3-4 • **삼국시대 토지면적 측량방법**

구분	측량 단위	특성	고구려	백제	신라
경무법	• 1步=5~6평방척 • 100步=1畝 • 100畝=1頃	• 경(頃), 무(畝)는 물리적 토지면적 단위	○		
결부제	• 10把=1束 • 10束=1負 • 100負=1結	• 결(結), 부(負)는 곡물 수확량에 따른 토지면적 단위 • 조세징수단위		○	○
두락제	• 10홉=1되=1升落 • 10되=1말=1斗落 • 20말=1石落	• 두(斗)는 뿌려진 씨앗의 양에 따른 토지면적 단위 • 조세징수단위		○	

---

23 결부법(結負法)은 수확되는 곡식을 양과 연결된 토지의 면적단위이며, 조세를 수취하는 토지면적 단위이다. 결부제에서 곡식 1악(握, 한줌)을 1파(把), 10파를 1속(束, 한단), 10속을 1부(負, 한 짐), 100부를 1결(結)이라 한다.

24 두락제(斗落制)는 백제에서 사용한 토지의 면적단위이며, 토지에 뿌려지는 씨앗의 양으로 면적을 표시하는 방법이다. 씨앗 1석(石, 20斗)이 뿌려지는 토지면적을 1석락(石落), 1두(斗)가 뿌려지는 토지면적을 1두락(斗落), 1되가 뿌려지는 토지면적을 1승락(升落), 1홉이 뿌려지는 토지면적을 1합락(合落)이라고 하였다.

③ 「구장산술」법

중국의 수학책 「구장산술」[25] 방전장에 기술되어 있는 토지측량 방법을 구장산
술법이라고 한다. 우리나라는 삼국시대에서 이 구장산술법을 도입하여 조선시
대 말 근대개혁기 이전까지 사용하였다.

「구장산술(九章算術)」 방전장(方田章)에 8가지 정형(定形)의 토지 면적을 계산
하는 방법을 기술하고, 이 정형(定形)에 맞지 않는 불규칙한 형상의 토지 면적
을 계산하는 방법이 예제와 함께 실려 있다.

「구장산술(九章算術)」 방전장(方田章)에 제시된 8가지 토지 정형(定形)은 정사
각형(방전, 方田), 직사각형(直田, 직전), 직각삼각형(句股田, 구고전), 이등변삼

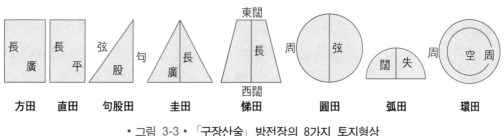

• 그림 3-3 • 「구장산술」 방전장의 8가지 토지형상

• 표 3-5 • 토지형상별 측량요소

정형(定形)	면적측정을 위한 측량 요소
정사각형(方田, 방전)	사각형 토지, 장(長)과 광(廣)
직사각형(直田, 직전)	직사각형 토지, 장(長)과 평(平)
직각삼각형(句股田, 구고전)	직사각형 토지, 구(句)와 고(股)
이등변삼각형(圭田, 규전)	이등변삼각형 토지, 장(長)과 광(廣)
사다리꼴(梯田, 제전),	사다리꼴 토지, 장(長)과 동활(東闊)과 서활(西闊)
원형(圓田, 원전)	원형의 토지, 원주(圓周)와 반경(半徑)
활형(弧田, 호전)	호형의 토지, 현장(弦長)과 시활(矢闊)
고리형(環田, 환전)	고리형 토지, 내주(內周)와 외주(外周)

---

25 「구장산술」은 중국의 전한시대(前漢時代, 서기전 206~서기 8)에 편찬된 것으로 추정되는 고대 수학서로서 총 9장
(方田, 粟米, 差分, 少廣, 商功, 均輸, 盈不足, 方程, 旁要)으로 구성되었다. 내용은 246개의 실용적 문제가 문제-답-
답을 얻는 풀이과정-주 순으로 기술되어 있다.

각형(圭田, 규전), 사다리꼴(梯田, 제전), 원형(圓田, 원전), 활형(弧田, 호전), 고리형(環田, 환전)이다. 이 정형의 토지에 대하여 장(長)과 광(廣), 장(長)과 평(平), 구(句)와 고(股), 동활(東闊)과 서활(西闊), 반원주(半圓周)와 반경(半徑), 현장(弦長)과 시활(矢闊), 내주(內周)와 외주(外周)의 길이를 측량하여 면적을 계산하는 방법을 설명하였다.

한편, 「구장산술(九章算術)」 방전장(方田章)에서 설명하고 있는 8가지 정형에 맞지 않는 불규칙한 형상의 토지 면적을 측량하는 방법은 넘치는 부분을 잘라내어 빈 부분을 메우는 이영보허(以盈補虛)의 원리이다. 이영보허(以盈補虛)의 원리란 불규칙한 토지형상을 모두 사각형으로 정형화해 놓고, 넘치는 부분을 잘라내어 빈 부분 메우는 '절보(折補)' 또는 '절장보단(折長補短)' 원리로 불규칙한 형상의 토지 면적을 측정하는 방법이다.

토지 면적을 계산하는 것은 국가 경영과 직결되는 문제이기 때문에 일찍부터 「구장산술(九章算術)」법과 같은 셈법이 고안되었다. 우리나라는 삼국시대에 「구장산술(九章算術)」법을 도입한 이래, 현실의 다양한 전답 모양에 따라 더 많은 불규칙한 토지의 면적을 측량하기 위한 연구가 이루어졌던 것으로 보인다. 이 결과로 조선시대에 경선징(慶善徵)이 「묵사집산법(默思集算法)」이라는 수학책을 통하여 「구장산술」에서 다루지 않은 쇠뿔모양(牛角田) · 눈썹모양(眉田) · 장구모양(腰鼓田) · 큰북모양(大鼓田: 정육각형) · 곱자모양(曲尺田: 'ㄱ'자형) · 엽전모양(錢田) 등을 더 다루었다.

그러나 정형(定形)의 가짓수를 아무리 늘려도 현실적으로 부합하지 않는 불규칙한 형상의 토지가 많기 때문에 조선시대 정약용(丁若鏞)은 「경세유표(經世遺表)」에서 「구장산술(九章算術)」법의 이영보허(以盈補虛)의 원리를 활용한 '모눈 활용법'을 토지측량방법으로 고안하였다.

「구장산술(九章算術)」법의 이영보허(以盈補虛)의 원리를 그림으로 설명하면, 그림 (A)의 경우 면적 '갑(甲)'을 잘라다가 면적 '을(乙)'로 옮기고, 면적 '병(丙)'을 잘라다가 면적 '정(丁)'으로 옮겨 놓음으로써 삼각형 자축인(子丑寅)을 면적이 같은 사각형 묘신사오(卯辰巳午)로 변환하여 사각형의 장(長)과 평(平)을 측정하여 면적을 산출하는 원리이다. 그림 (B)의 사다꼴은 면적 '갑(甲)'을 잘라다가 '을(乙)'로 이영보허(以盈補虛)하여 직사각형의 면적을 계산할 수 있다. 또

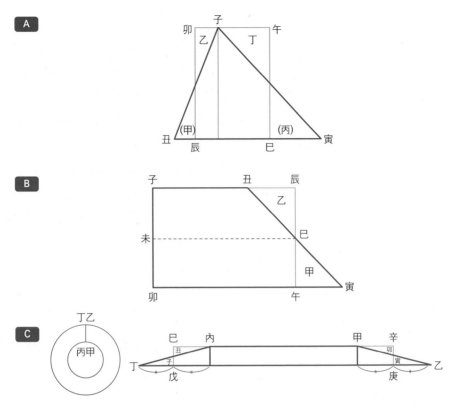

* (A), (C)자료 출처: https://blog.naver.com/islmoa/220662393729
* (B)자료 출처: Kang Min Jeong, 2015, *"Understanding <Jiuzhang suanshu> through <Kujang sulhea>"*, Journal for History of Mathematics, Vol. 28, No. 5, p.225.

• 그림 3-4 • 「구장산술」 법의 이영보허(以盈補虛) 원리

그림 C의 고리형 토지는 선분 갑을(甲乙)로 잘라 펼치면 갑을병정(甲乙丙丁)의 사다리꼴이 되는데, 면적 자(子)를 축(丑)으로, 연(寅)을 묘(卯)로 옮겨 사각형 무기경신(戊己庚辛)으로 변환해도 면적에 변화가 없는 직사각형으로 변환하여 면적을 계산할 수 있다.

3) 지적업무 담당조직

삼국시대에 고구려·백제·신라는 중앙집권적 관료체계를 정비하고, 토지를 측량하여 기록하는 지적업무조직을 체계화하였다.

- 고구려

  고구려에서는 토지의 측량과 기록, 왕명의 출납, 국가의 장부관리를 모두 지적업무에 포함시키고 이를 담당할 중앙관직과 지방관직을 두었다. 이 관직명은 시기에 따라 변화하여 다양하다. 이 다양한 관직명이 중국의 역사서 위지(魏志)[26]·주서(周書)·수서(隨書)·당서(唐書)·한원(瀚苑) 등에 기록되어 있다. 이 문헌에 따르면 고구려에는 지적업무를 담당하는 중앙관직을 주부(主簿)·오졸(烏拙)·울절(鬱折)이라고 했고, 지방관직은 지방의 족장급(族長級)에게 지적업무를 총괄하는 직무를 부여하고 이들의 관직을 사자(使者)·태대사자(太大使者)라고 하였다. 태대사자(太大使者) 밑에는 여러 하위등급의 관직이 편성되었던 것으로 추정된다.

• 표 3-6 • 고구려의 지적업무 담당관직

구분	중국의 역사서				
	위지(魏志)	주서(周書)	수서(隨書)	당서(唐書)	한원(瀚苑)
중앙 관직	주부(主簿)	오졸(烏拙)		울절(鬱折)	
지방 관직	사자(使者)	태대사자(太大使者)			
		대사자(大使者) 소사자(小使者)		대사자(大使者) 상위사자(上位使者) 소사자(小使者)	대사자(大使者) 발위사자(拔位使者) 상위사자(上位使者)

- 백제

  「삼국사기」 백제본기에 백제는 국가의 조세업무와 토지측량과 같은 지적업무를 위하여 중앙집권적 조직을 편성하였다는 기록이 있다. 한성(漢城) 시대에는 중앙의 내두좌평에서 지적업무를 총괄하였고, 사비(泗批) 시대에는 중앙의 곡내부(穀內部)와 점구부(點口部)에서 지적업무를 총괄하였다.

  중앙의 내두좌평 밑에 국학(國學)이라는 교육기관을 설치하고, 산학박사(算

---

26 「위지(魏志)」는 중국 진(晋)의 진수(陳壽)가 편찬한 「삼국지(三國志)」 속에 들어 있는 사서(史書)이다. 「위지(魏志)」의 「동이전」은 부여(扶餘)·고구려·동옥저(東沃沮)·읍루(挹婁)·예(濊)·마한(馬韓)·진한(辰韓)·변한(弁韓) 등 한민족(韓民族)의 고대 생활에 관한 내용이 기록된 최고(最古)의 사서(史書)이다.

學博士)27를 두어 구장산술 측량방법을 연구하고 교육하였으며, 여기서 토지측량을 담당하는 서사(書師)·산사(算師)와 지적도면을 작성하는 화사(畵師)를 양성하고 지방에 파견하여 실무를 담당하게 하였다.

• 표 3-7 • 백제의 지적업무 담당조직

구분	한성시대	사비시대
중앙 조직	내두좌평: 지적업무(재무, 회계, 토지측량) 총괄	곡내부: 토지측량 총괄 점구부: 호구, 조세업무 총괄
	중앙의 국학(國學)에서 산학박사(算學博士)가 측량담당자 양성	
지방 관직	양전담당관직: 서사(書師), 산사(算師) 도면작성 담당관직: 화사(畵師)	

• 신라

신라는 통일 전·후로 구분하면, 통일 전에는 중앙행정기구 가운데 품주(稟主)에서 국가의 중요한 문서작성·왕명 출납업무·토지측량 및 조세업무와 같은 국가 재정업무 전반을 총괄하였다.

그러나 통일신라에서는 중앙행정기구를 재편하고 품주가 총괄하던 토지측량과 조세징수에 해당하는 지적업무는 조부(調部), 국가창고관리 등 국가재정 전반적 업무는 창부(倉部)로 분리하였다.

중앙행정기구에서 지적업무를 담당하는 중앙 관직으로는 창부영(令)·창부경(卿)·대사(大舍)·사지(舍知)을 두었고, 지방 관직으로는 각 주·군·현에 도독(都督)·태수(太守)·현령(縣令)을 두었다. 관직을 수행할 인력을 양성하기 위하여 백제와 같이 중앙에 국학을 설치하고 산학박사(算學博士)가 토지측량 등 지적업무 교육을 담당하였다.

---

27 고대의 전문 학자 및 기술자에게 주던 벼슬 이름. 「삼국사기」에 의하면, 신라는 신문왕(神文王) 때(682년) 중앙교육 기관으로 국학(國學)을 설치하고, 각종 유학(儒學) 경전과 문학·역사를 가르쳤으며, 각 분야별로 산학박사(算學博士), 누각박사(漏刻博士), 의학박사(醫學博士), 천문박사(天文博士), 율령박사(律令博士), 통문박사(通文博士) 등을 두었다.

• 표 3-8 • 신라의 지적업무 담당조직

구분		통일 전	통일 후
중앙 기구		• 품주(稟主): 국가재정 전반의 업무와 함께 토지측량, 조세업무 등 지적업무를 총괄	• 조부(調部): 토지측량과 조세징수에 해당하는 지적업무 담당 • 창부(倉部): 창고관리 등 국가재정업무 담당
중앙 기구		중앙의 국학(國學)에서 산학박사(算學博士)가 지적업무 담당자 양성	
관직	중앙	창부영(令), 창부경(卿), 대사(大舍), 사지(舍知)	
관직	지방	도독(都督), 태수(太守), 현령(縣令)	

4) 토지기록부 작성

중앙집권적 왕조국가의 면모를 갖춘 고구려·백제·신라는 군현제를 정비하고, 토지사유제를 바탕으로 조세를 징수할 목적으로 지방의 군·현마다 중앙관리를 파견하여 토지소유현황을 파악하여 조세대장에 해당하는 토지기록부를 작성하였다.

• 고구려

고구려는 오늘날 토지대장과 같은 토지기록부를 작성했을 것으로 추측되지만, 구체적 실물이 전해지는 것은 없다. 고구려에서 작성한 토지도면으로는 1953년에 평안남도에서 발견된 요동성총도[28]가 있는데. 여기에는 요동성의 지형·성벽·도로·하천·주요건물 등이 상세히 그려져 있다. 또 고구려에서 작성한 토지도면은 지형지물 간의 거리와 지명 등을 상세히 표기한 고구려 전도(全圖)에 해당하는 봉역도[29]가 있다.

• 백제

「삼국유사」 남부여 조(條)에 백제에는 화사(畵師)가 있어 도적(圖籍)이라고 하는 토지도면을 제작했다는 기록이 있다. 현재 전해지고 있는 근강국수소간전도(近江國水沼墾田圖)를 이 화사가 제작한 도적으로 추정하며, 이것은 세

---

28 4~5세기경에 축조된 고구려 무덤의 벽화에 요동성(遼東城)의 지도가 그려져 있고, 『삼국사기』에 "요동성은 수나라의 침략에도 함락되지 않았던 난공불락의 요새이며, 중국의 모진 침략을 다 물리쳤던 고구려의 보루이다"는 기록이 있다.
29 「삼국사기」에 "고구려 영류왕 11년(628) 9월에 고구려의 봉역도를 작성하여 당(唐)나라에 보냈다"는 기록이 있다.

계에서 가장 오래된 지적도(地籍圖)로 평가된다.

• 신라

신라는 「삼국사기」에 고구려·백제와 같은 토지도면을 작성하여 활용했을 것으로 추측할 수 있는 기록이 있다. 즉 문무왕(671년)이 삼국을 통일하고 전국의 행정구역을 정비할 때 지도를 사용하였다는 기록과 당나라에서 돌아온 관리가 삼국통일을 위하여 지도에서 신라와 백제의 경계를 살폈다는 기록이 있다. 그리고 통일신라시대에 건립한 전남 담양군 남면 학선리 개선사지 석등에 사표(四標)30가 기록되어 있는 사실들을 종합해 볼 때, 신라도 토지도면을 작성하여 사용했을 것으로 추정된다.

한편 신라는 산학박사가 토지를 측량하고, 부책형식의 양전 장적(帳籍)이라는 토지기록부를 만들고, 여기에 토지분급의 목적·이용 상태·경작 주체·토지의 소재 등을 기록하였다.

5) 신라의 장적문서(帳籍文書)

통일신라는 강력한 왕권으로 토지소유의 불평등을 해결하고 자영농민을 보호할 목적으로 정전제와 함께 조세체계를 확립하였다. 그 결과 전국의 각 촌락마다 장적(帳籍)이라는 촌락문서를 작성하여 조세장부로 활용하였다.

통일신라의 장적문서는 현재 일본 정창원(正倉院)에 보관되어 있는데, 이것은 경덕왕(755년) 때 작성된 것으로, 현재 청주시(당시 서원경) 주변에 위치하는 4개의 촌락마을(사해점촌, 살하지촌, 이름 미상의 2개 마을)에 대한 문서이다.

장적문서에는 촌락의 전체둘레·농가구 수·인구·농경지 면적·마전(麻田)의 면적·과실나무와 뽕나무 수·가축의 수 등 촌락의 자원현황이 상세히 기록되어 있다. 이것을 작성한 목적은 조세와 요역에 필요한 자료를 확보하기 위함이다.

장적은 3년마다 촌주가 개정하였고, 개정한 문서에는 농가·인구·우마·토지면적·과실나무 수 등 자원의 증감을 상세히 표기하였다.

역사학자들은 장적문서를 작성한 사실로 미루어 볼 때, 촌락별로 공동 조세징수를 했던 것으로 추정한다. 이에 조세액을 산출하는 방법은 촌장이 각 농가를

---

30 통일신라 진성여왕 5년(891)에 만들었다는 세운 석등으로 사표(四標)란 토지의 위치를 설명하는 방법으로 해당 필지의 동, 서, 남, 북 사방에 인접해 있는 토지의 상황(소유자, 지목 등)을 표시한 것이다.

토지와 노동력(가족 수)을 기준으로 9등급으로 등급을 나누고, 등급별로 조세의 가중치를 적용한 후에 촌락별 총 조세액을 산출하여 징수했던 것으로 추정한다.31

장적문서의 기록32을 보면, 촌락의 농경지를 공전(公田)과 사전(私田)으로 구분하고, 공전으로는 관모답(官謨畓)과 내시령답(內視令畓), 사전으로는 연수유답(烟受有畓)과 촌주위답(村主位畓)을 두었다. 그리고 촌락이 공동으로 이용할 수 있는 산림이나 목장용지 등 공유지와 마전(麻田)이 있다.

관모답(官謨畓)은 관청의 운영비로 충당하는 관유지(官有地)로써, 주민이 부역으로 공동경작하고, 그 수확물의 전부를 관청이 수거하였다. 관모답은 촌락마다 대략 3~4결을 분배했던 것으로 추정된다. 내시령답(內視令畓)은 지방에 파견한 지방관과 그를 수행하는 하급관리(내시령)의 직전(職田)으로 배분된 토지이다. 내시령답 역시 주민들이 부역으로 공동경작을 하였고, 촌락마다 대략 3~4결을 분배했던 것으로 추정된다.

촌락의 자영농민이 사유지로써 국가에 조세(租稅)를 납부하는 사전이 연수유답(烟受有畓)이다. 연수유답은 촌락마다 총 농경지의 약 90%이상을 차지하였다. 이것으로 통일신라시대 자영농민의 토지가 확대되었다는 것을 짐작할 수 있다. 또 다른 사전으로는 촌주위답(村主位畓)이 있다. 촌주위답은 장적문서를 작성하고 관리하는 촌주에게 직전(職田)으로 분배된 토지이다. 촌주위답은 국가에 조세를 납부했다는 측면에서 연수유전답과 같은 사전의 성격을 띤다. 그리고 촌락민이 땔감 등의 산림자원을 획득하는 삼림 공유지가 있었고, 촌락마다 대략 1~2결의 마전(麻田)을 두고 있었다.

그러나 장적문서에 기록대로 촌락의 토지소유와 이용체계가 통일신라시대 후

---

31 이영훈(https://www.hankyung.com/life/article/2018062252541)에 따르면, 농가를 상상, 상중, 상하, 중상, 중중, 중하, 하상, 하중, 하하 9등급으로 구분하고, 등급마다 조세 가중치 상상 9/6, 상중은 8/6, 상하 7/6, 중상 6/6, 중중 5/6, 중하 4/6, 하상 3/6, 하중 2/6, 하하 1/6을 부여하였다. 따라서 중하 농가가 4개, 하상 농가가 3개, 하하 농가가 5개 있는 마을이 공동으로 부담해야 하는 총 조세액은 4×4/6, 2×3/6, 5×1/6을 합해 4.5, 즉 4.5결에 대한 수확량을 조세로 납부해야 한다.

32 장적문서(帳籍文書)의 "合畓百二結二負四束(以其村官謨畓四結 內視令畓四結), 烟受有畓九十四結二負四束(以村主位畓十九結七十負) 畓田六十二結十負五束(並烟受有之) 合麻田一結九負" 기록에서 촌락별 토지이용상황을 자세히 알 수 있다. 이 기록에 따르면, 촌락 정체의 농경지는 102결 2부 4속이고, 이것은 관모답 4결, 내시령답 4결, 연수유답 94결 2부 4속(촌주위답 29결 70부 포함)이고, 미개간된 산림, 목장지 등 촌락공유지가 총 62결 10부 5속, 마전 1결 9부로 구분하여 시용되고 있다.

반까지 유지된 것은 아니다. 삼국을 통일한 신라가 자영농민을 확대하고 강력한 중앙집권적 왕권통치가 가능한 전성기에는 장적문서와 같은 구조로 토지이용이 이루어졌지만, 후기로 가면서 점점 촌주위답과 내시령답이 늘어나고 연수유전답이 축소되었다. 이로써 귀족관료들의 권세가 늘고 왕권이 약화되어 신라가 멸망하게 되었다.

• 표 3-9 • 장적문서(帳籍文書)에 나타난 촌락의 토지분류

지목 분류			내용
농경지	공전(公田)	관모답(官謨畓)	관청의 유지관리 비용을 충당하기 위하여 주민들의 요역으로 경작하는 관유지(官有地)
		내시령답(內視令畓)	지방에 파견되어 조세업무를 수행하는 하급관리(내시령)의 직전(職田)
	사전(私田)	연수유답(烟受有畓)	촌락의 농가별 사유지, 국가에 조세를 납부하는 정전(丁田)
		촌주위답(村主位畓)	관료가 아닌 촌주(村主)의 직전(職田)
미개간지	촌락 공유지		산림, 목장용지, 마전 등

• 표 3-10 • 장적문서(帳籍文書)의 연수유답 현황 (단위: 결)

구분	총 면적	연수유답 면적(비율)	인구 수 (농가 수)	인당 연수유답 (농가당 연수유답)	장정 수 (인당 연수유답)
사해점촌	164	156(95%)	142(10)	1.09(15.6)	69(2.3)
살하지촌	183	179(98%)	125(15)	1.43(11.9)	79(2.3)
○○○촌	130	126(97%)	69(8)	1.82(15.8)	33(3.8)
사원경 ○○○촌	106	102(96%)	106(10)	0.96(10.2)	53(1.9)
합계	583	563(96%)	442(43)	1.27(13.09)	234(2.4)

* 자료 출처: 허종호, 조선 토지제도발달사

학습 과제

1 우리나라의 지적제도 발달사에서 고대지적제도가 발달한 사회적 환경에 대하여 설명한다.

2 원시공동체사회에서 토지소유방식이 변천한 과정을 설명한다.

3 원시부족국가시대에 토지의 사적소유에 개념이 변천한 과정을 설명한다.

4 고조선시대 고대지적제도의 발달과정을 설명한다.

5 삼국시대 왕토사상 및 토지국유제와 토지사유제가 공존하는 봉건적 지적제도의 원리에 대하여 설명한다.

6 고조선의 정전제와 통일신라시대 정전제의 차이를 설명한다.

7 고구려·백제·신라의 토지분봉제에 대하여 설명한다.

8 삼국시대 토지분봉제 실시와 관료지주 발달의 관계성을 설명한다.

9 삼국시대 식읍(食邑)·녹읍(祿邑)·관료전(僚制田)의 차이를 설명한다.

10 삼국시대 양전척·면적 측량단위·구장산술법에 대하여 설명한다.

11 삼국시대 지적업무를 담당한 국가조직에 대하여 설명한다.

12 삼국시대에 지적(토지기록부)의 목적과 내용을 설명한다.

13 신라의 장적문서(帳籍文書)의 토지종류에 대하여 설명한다.

14 삼국시대 토지의 소유권과 수조권의 개념을 설명한다.

15 삼국시대 토지의 소유권과 수조권에 대하여 설명한다.

제4장　중세지적제도의 발달과 전개

인류가 원시노예사회에서 봉건사회로 발전하는 과정에 봉건적 지적제도가 발
달하였다. 엄밀하게 말해서 우리나라는 삼국시대에 봉건사회로 진입하였고, 고
려시대에 봉건사회 최성기를 보내고 조선시대 말에 들어서 봉건사회가 쇠한
것으로 본다.

우리나라 봉건사회의 구조는 유럽의 영주제와는 차이가 있었다. 삼국시대부터
왕토사상을 바탕으로 모든 토지의 소유권을 국왕이 가졌고, 백성들에게는 국왕
에 대한 소작인 자격을 줘서 국왕과 백성의 관계가 지주-전호의 관계로 정당
화되었다. 그리고 중세 봉건사회에서 절대적 토지소유권을 갖는 왕이 그의 뜻
에 따라서 관리나 농민들에게 토지를 나눠주는 토지분급제도와 이를 바탕으로
왕이 통치비용을 수취하는 조세제도, 그리고 토지분급과 조세수취를 위한 지적
제도가 봉건시대 토지제도의 특징이다.

우리나라에서 중세 봉건사회가 최절정에 이르렀던 고려시대부터 조선시대 봉
건사회 쇠퇴기까지의 지적제도를 봉건지적제도로 규정하고, 이 시기의 지적제
도가 발달한 배경과 그 전개과정을 살펴본다.

제1절 | 고려시대 봉건지적제도

1. 고려시대 봉건지적제도의 발달배경

1) 전시과제도 도입

삼국시대부터 자유로운 토지거래와 사적 토지소유가 보편화되었고,[1] 고려시대
에는 토지소유권의 귀속에 따라서 토지를 공전(公田)과 사전(私田)으로 구분하
다. 대표적인 사전으로는 농가마다 조상대대로 세습돼 내려온 민전(民田)이 있
고, 왕실과 왕족이 소유한 내장전(內庄田)과 궁원전(宮院田), 귀족관료들이 민
전과 함께 소유한 대규모 공음전이 있다. 또 사원과 승녀계급은 사원전을 사전

• 표 4-1 • 토지소유권의 귀속에 따른 토지분류

토지 종류			특성
공전 (公田)	국가 직영지		전국에 분포하는 임야, 소택지, 황무지 등 미개간지
	관유지	둔전(屯田)	군량 확보를 위하여 군사요충지에 설치되고, 병졸들이 직접 개간·경작하는 토지
		학전(學田)	유학(儒學)을 가르치는 각 교육기관의 경비에 충당하기 위해 국가가 지급하거나 개인이 기증한 학교 소유지
		적전(籍田)	국왕이 농경의 시범을 보이기 위해 왕의 의례용(儀禮用)으로 설정한 토지
사전 (私田)	민전(民田)		국가의 직역(職役)이 없는 일반농민의 소유지이지만, 넓은 의미로는 양반·서리·향리·군인·노비 등의 소유지를 모두 포함하여 모든 백성의 소유지
	내장전(內庄田)		왕실 소유지
	궁원전(宮院田)		• 왕족과 비빈들이 거주하는 궁원 소유지의 총칭 • 궁수전(宮受田), 궁사전(宮司田)이라고도 함
	공음전(功蔭田)		특별한 공훈을 세운 고위관리에게 지급된 개인 소유지
	사원전(寺院田)		국가나 개인이 시납한 사찰이나 주지의 소유지

---

1 「고려사」에 보면, "고려 예종(1122)은 왕명으로 토지거래를 허용하고 토지거래를 증명할 수 있는 문서를 작성하여
보관하게 하였다. 자유로운 토지거래의 허용은 귀족관료들이 농민들이 개간한 토지를 저가로 매입하거나 점탈하기
에 유한 환경으로 작용하였다.

으로 소유하였다. 이렇게 확실한 토지사유제의 기반위에서 고려왕조는 지배계급을 대상으로 토지를 분급하는 전시과제도를 도입하였다.

2) 전시과제도의 전개

고려왕조는 후삼국을 통일하는 과정에서 통일신라시대 지방에서 성장한 호족들의 대토지를 국유지로 회수하였다. 따라서 몰수한 토지로 지배계급에게 토지분급하였다. 고려시대에 지배계급에게 토지를 분급한 제도는 식읍제도·역분전제도·전시과제도가 있다. 고려시대 토지분급제도는 후에 고려시대에 귀족관료 지주를 대거로 양산하며 토지제도의 혼란을 야기하는 원인이 되었다.

① 식읍제도

고려를 창건한 왕건은 민심을 수습하기 위하여 조세감면을 단행하였다. 그리고 지방의 할거세력을 회유할 목적 또는 특별한 공로가 있는 왕족이나 공신의 경제적 기반을 마련할 목적으로 식읍을 지급하였다.[2] 삼국시대와 동일하게 고려시대 전기까지 식읍은 토지와 주민에 대한 완전한 토지의 지배권을 허용하는 영지(領地)의 개념은 아니었다. 식읍은 단지 해당 토지에 대한 수조권(收租權)을 분급한 것으로 반봉건적 토지분급제도라고 할 수 있다. 반봉건적 형태로 식읍을 분급한 것은 국왕의 입장에서 공신을 회유하면서도 국가재정의 원천이 되는 자영농민을 국왕이 직접 중앙집권적으로 통치하기 위한 것이다.

② 역분전제도

태조는 후 삼국을 통일할 때 공을 세운 신민과 장군을 포상하기 위해 역분전(役分田)이라는 녹읍(祿邑)을 분급하였다. 역분전은 전시과제도가 실시되기 전에 관등(官等)을 전혀 고려하지 않고 인품(충성도)과 전쟁공로만 고려하여 분급하였다.[3]

---

2 「고려사」에 "태조가 즉위하자 먼저 전제(田制)를 바로잡아 백성들에게 걷어냄이 절도가 있다. ⋯ 집집마다 유족하여 성세를 이루었다"는 기록이 있다.

3 「고려사」에 "태조 23년 처음으로 역분전을 제정하고, 후삼국을 통합할 때 함께한 조정대신들과 군사들에게 벼슬등급에 관계없이 본인의 품행의 선악, 공로의 대소에 따라 차등 있게 수조권을 주었다"고 기록되어 있다.

「고려사」 기록에 따르면, 역분전으로 최대 200결의 녹읍(祿邑)을 지급할 만큼 태조는 고려왕조 건립에 공을 세운 사람들을 토지분급으로 우대하였다. 역분전 제도는 친 왕조세력을 우대하는 한편, 통일 이전의 호족세력을 견제하고자 했다는 점이 식읍제도와 다른 점이다.

③ 전시과제도

고려시대 전시과제도는 왕토사상의 이념에서 실시된 토지분급제도이다. 이것은 국왕이 국가의 모든 토지에 대한 절대적 소유권을 행사한 구체적 사례이자 귀족관료의 신분을 세습하여 대대로 유지하기 위한 제도라고 할 수 있다. 이것은 당나라의 반전제도(班田制度)를 모방한 제도로서 토지분급을 통해서 지배계급을 경제적으로 안정시켜서, 강력한 왕권 통치의 기반을 구축하겠다는 의지가 내포되어 있는 것이다.

그러나 전시과제도는 관리들에게 토지소유권을 분급한 것은 아니고, 보수에 해당하는 과전(科田)처럼 조세를 수취할 수 있는 수조지(收租地)를 분급하는 것이다.

전시과제도에서 분급된 수조지는 원칙적으로 세습이 불가하였고, 5품 이상 고급관리에게 분급한 공음전만 세습을 허락하여, 대부분 공음전을 통하여 귀족관료의 신분세습이 이루어졌다. 또 6품 이상 관리의 자제 가운데 관직이 없는 사람에게 한인전을 지급하여 우대한 것도 귀족관료의 신분세습을 위한 목적으로 이해할 수 있다. 이외에 군역의 대가로 지급한 군인전도 군역과 함께 세습이 가능했고, 하급 관리 및 군인의 유가족에게 구분전을 지급하는 것도 전시과제도가 지배계급에게 유리한 토지분급제도라는 것을 의미한다.

그리고 관청의 경비를 충당하기 위한 공해전과 왕실의 운영경비를 충당하기 위한 내장전, 그리고 사원에 지급되던 사원전 등이 생겨나 전시과제도에서 분급된 수조지의 면적을 점점 증가시켜 고려시대 후기에는 국가재정을 위협할 만큼 비대해졌다.[4]

---

4 「고려사」 기록에 "개경과 지방의 총 아문 수는 358개, 총 관료는 4,355명이고, 총 토지면적은 62만 7,000결이고, 이 중에서 국왕을 비롯한 고려 왕조의 관료들이 받은 전이 30만여 결로 전제 토지의 절반을 차지하였다"는 기록이 있다.

전시과제도는 경종 원년 976년에 시정 전시과로 시작하고 목종(998년)이 개정
전시과, 문종(1076년)이 경정전시과로 개정하며 지급대상과 지급방법을 변경
하였다.

- 시정전시과

  경종이 처음 실시한 시정전시과에서는 문무백관(文武百官)에서 말단의 부병
  (府兵)과 한인(閑人)에 이르기까지 국가의 관직에 복무하거나 직역을 담당하
  는 모든 벼슬아치들에게 관품과 인품을 모두 고려하여 차등적으로 전(田)과
  시(柴)를 분급하였다. 시정전시과에서는 현직관료뿐 아니라 전직관료에게도
  전시(田柴)를 분급한 것이 특징이다. 이것은 당나라의 반전제도(班田制度)를
  모방한 것으로 본다.

- 개정전시과

  목종이 시정전시과를 개정전시과로 개정하고, 토지를 분급하는 기준에서 인
  품을 빼고 관품만 고려하여 18등급으로 나누고 등급에 따라 차등 있게 전시
  (田柴)를 분급하였다. 그리고 지급대상을 더 확대하여 하급관료와 하급 직업
  군인(마군, 보군)까지 전시과제도에 포함하였다. 이런 의미에서 시정전시과를
  양반전시과제도라고 한다면 개정전시과를 양반·군인전시과제도라고 한다.
  개정전시과에서는 새로 임직되는 신진관료들에게 토지를 분급하기 위하여
  진적관료(산관)들에게 분급하던 수조지를 축소하고, 세습을 금지하였다. 개정
  전시과에서 18등급으로 구분하여 차등적으로 전시(田柴)를 분급하는 방법은
  4색 공복제5를 기준으로 하였다. 4색 공복제의 문반과 잡업 모두에게 품위에
  따라서 차등적으로 전(田)과 시(柴)를 분급하였다. 그러나 문반과 잡업 모두
  품계에 따라서 분급의 차등을 두지는 않았다. 또 비삼의 상위 품위가 단삼의
  하위 품위보다 높은데, 이것은 품계가 절대적 분급 기준이 아니고 각 품계마
  다 품위가 고려되었다는 것을 의미한다. 따라서 개정전시과에서는 품계를 기
  본으로 차등적으로 토지를 분급하되, 같은 품위 내에서 품계에 따라서는 차
  이를 두지는 않았다.

---

5 고려시대 관직을 자삼(紫蔘), 단삼(丹衫), 비삼(緋衫), 녹삼(綠衫) 4색으로 구분하는 관료체계를 말한다.

• 표 4-2 • 4색공복제도와 개정전시과의 토지분급체계　　　　　　　　　　　　　　　(단위: 결)

자삼(紫衫) 품위	자삼 전	자삼 시	문반 단삼(丹衫) 품위	문반 단삼 전	문반 단삼 시	문반 비삼(緋衫) 품위	문반 비삼 전	문반 비삼 시	문반 녹삼(綠衫) 품위	문반 녹삼 전	문반 녹삼 시	잡업 단삼(丹衫) 품위	잡업 단삼 전	잡업 단삼 시	잡업 비삼(緋衫) 품위	잡업 비삼 전	잡업 비삼 시	잡업 녹삼(綠衫) 품위	잡업 녹삼 전	잡업 녹삼 시	무반 단삼(丹衫) 품위	무반 단삼 전	무반 단삼 시	한외과(限外科) 전	한외과 시
1	110	110																							
2	105	105																							
3	100	100																							
4	95	95																							
5	90	90																							
6	85	85																							
7	80	80																							
8	75	75																							
9	70	70																							
10	65	65	1	65	55							1	60	55							1	65	55		
11	60	60	2	60	50							2	–	–							2	60	50		
12	55	55	3	55	45							3	55	45							3	55	45	15	–
13	50	50	4	50	42	1	50	40				4	50	42	1	–	–				4	50	42		
14	45	45	5	45	39	2	45	35	1	45	35	5	45	39	2	45	35	1	–	–	5	45	39		
15	42	40	6	42	30	3	42	30	2	42	33	6	42	30	3	42	30	2	42	32					
16	39	35	7	39	27	4	39	27	3	39	31	7	39	27	4	39	27	3	39	31					
17	36	30	8	36	24	5	36	20	4	36	28	8	36	24	5	36	20	4	36	28					
18	32	25	9	33	21	6	33	18	5	32	25	9	33	21	6	33	18	5	33	25					
			10	30	18	7	30	15	6	30	22	10	30	18	7	30	15	6	30	22					
						8	27	14	7	27	19				8	27	14	7	27	19					
									8	25	16							8	25	16					
									9	23	13							9	22	13					
									10	21	10							10	21	10					

* 자료출처: http://contents.history.go.kr

• 경정전시과

문종이 개정한 경정전시과에서는 전직관료(산관)에 대한 전시(田柴) 분급을 중단하였다. 그리고 개정전시과에 포함되지 않은 각종 잡류·서리·향리를 포함하여 국가 직역자를 모두 전시과제도로 통합하여 전시과제도의 범위를 최대로 확대하였다.

• 표 4-3 • 전시과제도의 변천과정

구분		시기	분급대상(기준)	특성
역분전 제도		태조 (940)	개국공신 (인품)	벼슬등급에 관계없이 본인의 품행, 공로 정도에 따라 차등 있게 수조권을 분급
전시과 제도	시정전시과	경종 (976)	전직, 현직 관료 (관품과 인품)	문무백관(文武百官)에서 말단의 부병(府兵)과 한인(閑人)을 포함하여 관품과 인품에 따라서 차등있게 전토(田土), 시지(柴地) 분급
	개정전시과	목종 (998)	전직, 현직 관료 (관품, 18등급)	문무백관 외에 하급관료와 직업군인(마군, 보군)을 포함하여 18등급으로 관품을 나눠서 차증 분급
	경정전시과	문종 (1076)	현직 (관품, 18등급)	18등급 관품(벼슬아치)에 포함되지 않은 잡직, 서리, 향리를 전시과제도에 포함. 전직관료(산관) 제외하고 현직관료에게만 분급

3) 전시과제도와 분급토지의 유형

전시과제도에서는 개인 관리뿐만 아니라 중앙과 지방의 관청에도 수조지를 분급하였다.6 국가관청에 분급된 수조지를 공전(公田), 개인 관리에게 분급된 수조지를 사전(私田)으로 구분하였다.

① 공전

• 공해전(公廨田)

「고려사」 식화지(食貨志)에 따르면, 고려시대 전시과제도에서 공해전에 해당하는 수조지를 지급하였다. 공해전은 관청의 경비조달을 위해 분급한 수조지이다. 관청에 지급한 공해전은 중앙 관청에 지급된 중앙공해전과 지방 관청에 지급된 지방공해전으로 구분하는데, 대부분의 공해전은 지방관청의 운영경비를 조달하고 관리들의 식사(오료, 午料) 및 몸종(조례, 皂隸) 같은 천인들의 보수를 충당하기 위한 목적으로 지급되었다.

고려시대 전시과제도에서 지방의 주(州)·부(府)·군(郡)·현(縣)·관(館)·역

---

6 「고려사」 식화지(食貨志)에 장택(庄宅), 궁원(宮院), 백사(百司), 주현(州縣), 관역(館驛)에 차등적으로 공해전을 지급하였다는 기록이 있다.

(驛)·향(鄕)·부곡(部曲) 등에 지급한 공해전의 규모는 관청의 지위에 따라 차등이 있었고, 대표적인 지방공해전으로는 지방관의 보수와 기타 경비를 충당하기 위해 지급한 공수전(公須田), 지방관청에서 소비하는 종이·붓·먹 등의 소모품 비용을 충당하기 위한 지전(紙田), 관역장(館驛長)의 공비(公費)를 충당하기 위한 장전(長田) 등이 있었다.

공해전은 주로 국가의 공유지에 설정하고, 촌락농민의 요역노동(徭役勞動)이나, 해당관청에 예속된 관노비의 노동력으로 경작한 것으로 보인다.

• 내장전(內莊田)

고려시대 왕실의 재정을 충당하기 위해 분급된 토지로서 왕실이 소유한 사유지와 수조권을 분급 받은 수조지를 합한 것이 내장전(內莊田)이다. 고려 왕실은 전시과제도가 실시되기 전부터 방대한 왕실사유지를 가지고 있었고, 내장택7에서 관리하였다. 이것은 소작 또는 노비를 사역하여 경작하였다. 노비를 사역하여 직영할 경우는 수확량 100%가 왕실에 귀속되었지만, 소작으로 경작할 경우에는 1/4의 지대를 수취하였다.

전시과제도 이후에서 임금이나 왕후의 무덤(능침, 陵寢)과 왕실 운영비를 관리하는 창고나 궁사(宮司)에도 장(庄), 처(處)8를 왕실공해전을 분급하고, 내장택(內莊宅)에서 관리하였다.

왕실 공해전과 관련하여 특이한 점은 다른 관청 공해전은 모두 국가공유지에 설정했던 데 비하여 왕실 공해전은 장(庄), 처(處)의 민전(民田)에 설정하고 민전을 3과 공전(三科 公田)9으로 분류하여 경작농민으로 하여금 1/10 조세에서 1/4의 조세까지 차등있게 징수하였다. 이것은 사실상 오랫동안 자영

---

7 고려 초기부터 내장택(內莊宅)은 왕실 소유지인 내장전(內莊田)과 왕실에 속한 장(莊)·처(處)의 재원을 관리하기 위하여 설치한 특별기구이다. 1308년 충선왕 이후에 내장택 대신 요물고(料物庫)에서 왕실재정을 관리하면서 내장택의 기능이 축소되었다.

8 고려시대 전시과제도에서 궁원·사원에 수조지를 촌락 단위로 지급하였고, 이렇게 수조지로 설정된 촌락 단위를 장(莊)·처(處)라고 하였다. 장·처의 촌락민은 대부분 민전을 소유한 자영농민들이다.

9 고려시대 전시과제도에서 국가기관에 지급한 수조지로서의 공전(公田)은 그 유형을 3과로 구분하였는데, 내장택(內莊宅)에 속한 왕실소유지(내장전)를 1과공전, 둔전(屯田)·학전(學田)·적전(籍田) 등 공해전을 2과공전, 왕실 및 궁원(宮院) 또는 사원(寺院)에 지급한 수조지로서의 내장전을 3과공전으로 구분하였다. 3과공전은 일반 농가의 민전을 왕실 및 궁원(宮院), 사원(寺院)의 공해전(公廨田)로 지급하므로 사실상 오랫동안 유지해 온 자영농민의 지위가 공해전의 소작인으로 전락시킨 경우를 발생시킨 것이다. 이것은 전시과제도에서 지급한 수조권이 원래 있던 토지소유권보다 상위 개념으로 인정되었다는 의미이고, 왕토사상에 근거한 봉건적 토지제도의 구체적 실현으로 볼 수 있다.

농민의 지위를 유지해 온 농민들이 전시과제도로 인하여 공해전의 소작인으로 전락시켰다는 것을 의미한다. 즉 전시과제도에서 지급한 수조권이 자영농민의 토지소유권보다 상위 권한이었고, 이것이 왕토사상에 근거한 봉건적 토지제도의 특징이라고 할 수 있다.

- 둔전(屯田)

  고려시대에는 북방정책의 일환으로 군량을 확보하기 위해 북쪽변방의 미개간지에 둔전이라는 공전을 설치했다. 둔전병(屯田兵) 또는 방수군(防戍軍)을 두어 경작했고 고려 말기에는 지역 농민들에게 경작시키며 귀족관리들이 겸병하는 형태로 변질되었다.

- 학전(學田)

  고려시대 전시과제도에서 유학(儒學)을 가르쳤던 교육기관의 운영경비에 충당하기 위해 지급된 수조지를 학전이라고 한다. 고려시대 성종 11(992)년에 국자감(國子監)을 세우고 전장(田庄)을 지급했다는 기록이 있는데, 이것이 고려시대 학전 지급의 시초로 추정한다.

② 사전

- 양반전

  전시과제도에서 문무관리에게 분급된 수조지가 양반전이고 이것은 세습을 불허하였다. 그리고 전시과제도에서 분급한 수조지가 아니라 관리가 이미 소유하고 있던 사유지로 조세(租稅)를 면제받는 토지도 양반전에 포함된다. 사유지로써의 양반전은 관리가 죄를 범하면 그 특권이 소멸되어 조세를 납부해야 하고, 소작제로 경영되었으며, 전주(田主)는 전호(田戶)로부터 수확량의 1/2 전세(田稅)를 수취하였다. 양반전은 조선시대 과전법에서 과전(科田)으로 변경되었다.

- 공음전(功蔭田)

  고려시대 5품 이상 고위 관리 혹은 특별한 공훈이 있는 관리에게 분급한 수조지로서 세습이 가능한 영업전(永業田)의 성격을 갖는 것이 양반전과 다른 점이다. 이것은 고려 개국공신들에 지급한 역분전(役分田) 또는 음서제도와 같이 특혜성이 매우 높은 분급 토지이다.

- 한인전(閑人田)

한인전은 벼슬을 했으나 뚜렷한 관직을 맡지 못한 한인(閑人)에게 분급한 수조지이다. 분급 대상과 규모에 대해서는 자세히 밝혀진 것이 없지만, 관직을 수행하지 못하는 벼슬아치들에게 특혜로 분급한 구분전(口分田) 성격의 수조지이다. 관리가 사망한 후에 그 유가족에게 분급한 수신전·휼량전 등과 유사하게 귀족관료계급을 우대하기 위한 분급토지이다.

- 군인전(軍人田)

군인전은 고려시대 하급 직업군인에게 계급에 따라 차등적으로 분급한 수조지이다. 고려시대에는 하급군인으로 마군·보군·감문군을 선발하였고, 이들의 생계와 군복·군량·무기(말)를 마련할 명목으로 군인전을 분급하였다.

군인전을 분급할 때는 군인가족이 이미 소유하고 있는 사유지를 군인전에 포함시켜 군인전으로 분류하였다. 소유하고 있는 사유지가 빈약할 경우에만 군인전의 명목으로 수조지를 추가로 분급하였다. 군인전은 가족이 경영하기도 하고 소작제로 운영할 수도 있었다.

군인전을 분급 받은 군인이 60세가 넘으면 그 군직과 군인전을 함께 자식에게 세습할 수 있었는데 이 경우에는 군직과 함께 군인전을 세습할 수 있었다.

- 사원전

사원전이 등장한 것은 삼국시대부터이지만, 고려시대에는 숭불정책에 따라서 특별히 사원전의 규모가 크게 확대되었다.[10] 고려시대의 사원전은 그 성격에 따라 국왕·귀족 및 일반 백성들이 기증한 시납전(施納田)과 국가가 공적으로 사원에 분급한 수조지(收租地)에 사원이 본래부터 소유했던 사유지까지를 모두 포함한다.

사원전에 대해서는 면세의 특혜가 있었고, 승려에 대해서는 요역(徭役)의 의무가 면제되었으며, 일반농민을 대상으로 소작제 운영을 한 것으로 본다.

---

10 고려 말기에 사원전의 수조지의 면적은 대략 10만결 정도로 추산되는데, 당시 전국 실전의 총결수가 62만여결이었으므로 전국 토지의 약 1/6이 사원전이었다는 셈이 된다.

- 향리전(鄕吏田)

  고려시대 전시과제제도에서 지방의 향리(하급관리)에게 지급한 수조지가 향리전이다. 고려시대 향리는 지방의 실정을 잘 모르는 지방관을 도와 실제로 지방 정사에 참여한 권위있는 토호 세력이다. 고려왕조는 이들을 회유하여 통치인력으로 활용하고 그 대가로 수조지를 지급하였다.[11]

  향리 가운데 향직(鄕職)이나 무산계(武散階)를 받는 경우 전시과(田柴科)의 규정에 따라 지위가 높은 호장(戶長)은 직전(職田)을 받았고, 퇴직한 안일호장(安逸戶長)은 호장 직전의 절반을 받았다. 그러나 부호장(副戶長) 이하의 하급 향리들에게는 고려 후기에 외역전을 지급하였다. 외역전이란 진척(津尺)·역자(驛子) 등 하급향리에게 구분전의 의미로 분급한 수조지로 읍리전(邑吏田)이라고도 한다.

- 별사전(別賜田)

  경정전시과(更定田柴科)에서 도입된 별사전시과(別定田柴科)에 따라 승직(僧職)·풍수지리업자(地理業者) 등 특별한 기능자를 우대하기 위하여 분급한 수조지가 별사전이다. 이 제도는 고려 후기에 전시과제도의 붕괴와 함께 소멸되었다.

- 투화전

  발해 등에서 귀화한 사람들에게 지급한 수조로 투화전을 지급하였다. 귀화인이 대동하고 온 신료들에게는 작(爵)을 내리고 또 군사들에게는 차등을 두어 전택(田宅)을 지급하였는데, 특히 고려 초기에는 그 수가 수천, 수만 명이어서 투화전은 고려의 토지제도에서 무시할 수 없는 규모였다.

- 궁원전(宮院田)

  왕후나 왕적자(王嫡子)가 아닌 비첩(妃妾)에게 분급한 수조지이다. 내장전이 왕실이라는 관청에 분급한 공전이라면, 궁원전은 왕족이나 비첩 등 개인에게 분급한 사전이다.

  고려 중기 이후 각종 별궁과 함께 궁원전도 늘어났고, 각 궁원별로 국왕으로

---

11 「高麗史」食貨志에 향리에게도 직전(職田)에 해당하는 수조지를 지급했다는 기록이 있다.

부터 사패(賜牌)를 받아 황무지를 개간하거나 혹은 민전을 침탈하는 방식으로 궁원전의 규모가 확대되었다. 궁원전의 확대는 고려 후기의 토지제도 문란의 한 요인이 되었다.

• 표 4-4 • 전시과제도의 분급토지 유형과 특성

분류		특성
공전 (公田)	공해전(公廨田)	• 중앙 및 지방 관청 운영경비 명목으로 분급한 수조지
	내장전(內莊田)	• 왕실과 왕실재정을 관리하는 관청에 분급한 수조지
	둔전(屯田)	• 북쪽 변방지역 주둔군의 군량확보를 목적으로 미개간지를 개간하여 둔전병(屯田兵) 또는 방수군(防戍軍)이 경작한 공전
	학전(學田)	• 국자감(國子監) 등 유학(儒學) 교육기관 운영경비 명목으로 분급된 수조지
사전 (私田)	양반전(兩班田)	• 문무관리의 녹봉 성격으로 지급한 수조지와 관리가 이미 소유한 사유지를 면세지로 전환하여 토지 포함 • 세습 불가 과전법의 과전(科田), 직전(職田)과 동의 토지
	공음전(功蔭田)	• 5품 이상 고위관리나 특별한 공훈이 있는 관리에게 왕이 하사한 수조지 • 세습 가능한 영업전(永業田) 성격의 분급 토지
	한인전(閑人田)	• 관직을 받지 못한 벼슬아치에게 분급한 구분전(口分田) 성격의 수조지로 사망한 관리의 유가족에게 분급되는 수신전·휼량전 다른 분급 토지
	군인전(軍人田)	• 하급군인(마군·보군·감문군)의 생계와 군복·군량·무기(말) 조달 명목의 분급한 수조지와 군인가족이 이미 소유한 사유지를 면세지로 전환한 토지 포함
	사원전(寺院田)	• 국가가 공적으로 사원에 분급한 수조지(收租地), 시납전(施納田), 사원이 이미 소유한 사유지를 면세지로 전환한 토지 포함
	향리전(鄕吏田)	• 지방 향리에게 분급한 수조지 • 호장(戶長) 급의 직전(職田)과 하급 향리의 외역전, 읍리전(邑吏田) 포함
	별사전(別賜田)	• 별정전시과(別定田柴科)에 따라 승직(僧職)·풍수지리업자(地理業者) 등 기능자에게 분급한 수조지
	투화전(投化田)	• 귀화한 외국인에게 분급한 수조지
	궁원전(宮院田)	• 왕후나 왕적자(王嫡子)가 아닌 비첩(妃妾) 개인에게 분급한 수조지

4) 전시과제도의 폐단

① 봉건지주제 확대

초기 전시과제도의 도입기에는 토지 전체를 경작지(田)와 미개간지(柴)로 구분할 경우에 미개간지는 대부분 국유지, 경작지는 사유지로 구분되었다. 그리고 토지소유권의 측면에서 토지를 공전과 사전으로 구분할 경우에 사전의 대부분은 민전(民田)이 차지하였다.

민전은 통일신라시대에 정전제(丁田制)를 통하여 토지소유권을 인준 받은 완전한 사유지에 해당한다. 민전의 대부분은 자영농민이 소유하며, 생산량의 1/10을 조세를 국가에 납부하지만, 민전을 소유하지 못한 무토(無土) 빈농(貧農)의 전호(田戶)는 국유지나 관유지 혹은 식읍·녹읍·전시과제도에서 분급한 수조지의 소작인이 되어 생산량의 1/4에 해당하는 전세를 부담해야 한다.

이와 같이 대부분의 농경지가 민전으로 할당된 상황에서 고려는 식읍제도·역분전제도·전시과제도 등 토지분급제도를 실시하였다. 그리고 귀족관료들에게 식읍이나 과전(科田)을 분급할 때는 국유지를 분급하는 것을 원칙으로 하였으나 국유지의 대부분이 미개간지인 관계로 자영농민이 소유한 민전으로 분급하는 경우가 많았다. 특히 전시과의 범위가 점점 확대되면서 증가하는 수조지를 점점 자영농민의 민전으로 충당하므로, 1/10의 조세를 국가에 납부하던 자영농민들은 전시과제도에 따라서 1/4의 전세를 수조권자에게 납부하므로 소작인의 전세와 같은 수준으로 조세부담이 가중되는 모순이 생겼다.

따라서 전시과제도를 실시한 결과 고려시대 말에는 자영농민이 축소되고 국가재정과 왕권이 약화된 반면에 귀족관료들은 막대한 부와 토지를 축적하며 봉건 지주제가 최전성기를 누리게 되었다.

② 자영농민의 몰락

전시과제도를 발판으로 대지주로 성장한 귀족관료들의 세력이 점점 커지고 상대적으로 약화된 왕권 수습을 위하여 왕실 측근과 무신관료들에게 사패(賜牌)와 사패전(賜牌田)을 지급하였으나12 이 역시도 귀족관료들이 자영농민의 민전

12　사패란 개간한 토지에 대한 수여하는 사여증서인 동시에 개간허가증이다. 사패제도는 사전제도(賜田制度)의 한 형

을 약탈하는 수단으로 활용되었고, 심지어 지방관리(사심관, 향리, 서리)와 토호까지 가세하여 민전을 약탈하고 수조지를 사유화하였다.

고려시대 말에 사패제도를 근거로 왕실과 사원 및 귀족관료들이 민전 위에 설정된 수조지를 사유화하며, 자영농민을 전호로 전락시키는 사례가 빈번히 발생하였다. 이에 따라 남은 자영농민들에게는 더 큰 조세부담이 돌아왔고, 이를 감당하지 못한 농민들은 자신의 민전을 지주들에게 투탁하고 스스로 소작인의 지위를 선택하는 경우까지 생겨나면서 자영농민은 극도로 위축되며 토지제도가 문란해졌다.

고려 말에 문란한 토지제도를 바로 잡고 몰락하는 자영농민을 구제하기 위한 다음과 같은 특별 조치를 단행하였다.

- 전민변정도감 설치

  고려 말에 권세가에게 점탈된 자영농민의 민전을 되찾고 전시과제도를 바로 세우기 위하여 노력하였다. 원종(1269년)은 붕괴위기에 처한 전시과제도를 바로세우기 위하여 전민변정도감이라는 임시 개혁기관을 설치하고, 민전의 약탈과 토지겸병을 막고자 하였으나 큰 효과를 보지 못하였다.

- 녹과전(祿科田) 제도

  녹과전(祿科田)이란 신진관리들에게 최소한의 생계를 보장하기 위한 구분전 수준의 과전(科田)을 말한다. 고려 말 원종은 경기도지역에서 사패로 지급한 토지를 회수하여 신진관리들의 녹과전으로 활용하는 녹과전 제도를 실시하였으나, 이 역시 귀족관료 지주들의 반발로 성공하지 못하였다.

③ 사전개혁과 과전법 제정

과전법은 이성계 중심의 신진 개혁파가 온건파를 누르고 사전(私田)의 개혁을 단행하고자 제정한 법률이다. 과전법의 목적은 고려후기에 문란해진 토지제도를 개혁하여 기성 관료세력의 비대한 토지소유를 타파하고 자영농민을 보호하여 새 왕조의 경제기반을 확립하는 데 있었다.

이성계는 1389년에 창왕을 폐위하고 공양왕을 옹립하며 사전개혁을 단행하였다.

태로서 「고려사」에 왕의 측근과 권세가에게 사패를 하사하고 사패전을 지급하였다는 기록이 있다.

사전개혁으로는 고려왕실에서 기부한 사원전과 북방변방의 사전을 회수하였다. 그리고 전국을 다시 양전(量田)하여 불법적으로 겸병하고 있는 귀족관료들의 토지를 몰수하고 새로운 수조지(收租地) 분급 기준으로 과전법을 마련하였다. 수조지 분급에 대한 규정이라는 점에서 과전법은 전시과와 유사하다고 할 수 있으나, 특징적인 것은 수조권자들이 수조지에서 받을 수 있는 지대를 국가의 조세율과 같이 1/4에서 1/10로 낮춘 것과 수조지로 분급하는 토지를 경기도 내 토지로 한정한 것이다. 그러나 이와 같은 과전법의 시행으로 새롭게 수조권을 받은 관리들의 부당한 토지 침탈은 어느 정도 제어할 수 있을지라도 이미 전국적으로 만연된 지주제의 폐단을 근본적으로 해결할 수 있는 사전개혁은 아니었다.

2. 고려시대 봉건지적제도의 전개

1) 고려시대 양전규정

고려시대에는 조세징수를 목적으로 사유지에 대한 소유자와 면적을 조사하는 양전사업(量田事業)을 전국적으로 실시하였다. 양전에서 길이의 단위는 척(尺)을 사용하였다. 면적단위는 초기에 경무법을 사용하였으나, 전시과제도를 실시한 이후 문종(1069년)은 양전척과 1결에 대한 표준을 제정하고 결·부를 단위로 토지를 양전하였다. 「고려사」 식화지 기록에 따르면, 문종은 6촌(寸)[13]을 1분(分)으로 하고, 10분(分)을 1척(尺)으로, 그리고 6척(尺)을 1보(步)로 양전척을 표준화하였고, 가로·세로 33보(步)의 면적을 1결로 표준화 하였다.[14]

고려시대 중기까지는 문종이 제정한 표준 양전척을 사용하여 구장산술법으로 1결의 토지면적을 양전하였다. 고려 중기까지는 토지의 등급에 상관없이 하나의 양전척을 사용하여 토지를 양전하는 단일양전척(單一量田尺)으로 결·부의 면적을 계측하였으나, 고려시대 후기에는 단일양전척을 수등이척(隨等異尺)으로 전환하여 결·부의 면적을 계측하였다.

---

13 寸자는 '마디'나 '촌수'를 뜻하는 글자이다. 寸자는 손끝에서 맥박이 뛰는 곳까지 손의 길이를 뜻한다. 그러니 寸자에 있는 '마디'라는 뜻은 손가락 마디가 아닌 손목까지의 마디를 뜻하는 것이다. 그러다 보니 이전에는 寸자가 길이의 기준으로 쓰였다.

14 「고려사」 식화지에 "定量田步數 田一結 方33步(6寸爲1分 10分爲1尺 6尺爲1步)' 기록에서 토지 1결을 사방 33步로 규정하였다."는 기록이 있다.

① 단일양전척(單一量田尺)

「고려사」 식화지 기록에 따르면, 고려 초기 성종(992년)은 조세율을 1/4로 높이고, 토지를 수전(水田)과 한전(旱田)으로 구분하여 조세율에 차등을 두었다. 그리고 문종(1054년)은 휴한(休閑)을 기준으로 전품(田品)을 휴한없이 매년 경작하는 상전(上田), 1년씩 휴한하는 중전(中田), 2년씩 휴한하는 하전(下田)으로 구분하였다. 그러나 토지를 측량할 때 사용하는 척(자)의 길이는 전품에 상관없이 단일양전척(單一量田尺)을 사용하여 1결의 면적을 동일하게 양전한 후에 전품별로 1결에 대한 조세율에 차등을 두었다. 고려시대 중기까지 이렇게 단일양전척(單一量田尺)으로 1결의 면적을 양전하였다.

② 수등이척(隨等異尺)

토지의 등급에 따라서 길이가 다른 척을 사용하여 1결의 면적을 양전하는 방식을 수등이척제라고 한다. 따라서 수등이척으로 양전한 결과는 토지등급에 따라서 1결의 크기가 다르고, 크기가 다른 1결에 대하여 동일한 조세를 징수하는 것이다.

「고려사」 식화지와 「고려도경」, 「속자치통감장편」 등의 기록15을 통하여 고려 중기까지는 경무법(頃畝法)과 일등양전척으로 절대적 면적에 해당하는 1결을 양전했으나, 고려 말에는 수등이척을 사용하여 1결의 토지등급에 따라서 면적을 다르게 양전하였다. 즉 1결의 면적을 상등전은 25.4무(畝), 중등전은 39.9무(畝), 하등전은 57.6무(畝)로 하였다. 또 고려 말에는 토지의 비옥도를 기준으로 토지를 상전·중전·하전으로 분류하고, 이 등급별로 수등이척을 사용해 1결의 면적을 양전하였다.

또 수등이척은 보척(步尺)이 아니라 지(指) 척16을 사용하여 1등급 토지의 1尺

---

15 「고려도경」은 1123년(인종 1) 고려 중기 송나라 사절의 한 사람으로 고려에 왔던 서긍(徐兢)이 지은 책으로서, 1123년 휘종(徽宗)의 명을 받고 사절로 고려에 와서 견문한 고려의 여러 가지 실정을 그림과 글이 수록되어 있다. 「속자치통감장편」는 중국 북송(北宋)의 태조(太祖)에서 흠종(欽宗)까지의 9조(朝)에 대한 편년체 사서(編年體史書)이다. 「고려도경」에는 고려시대 토지 1결이 사방 150보, 「속자치통감장편」에는 고려시대 토지 1결이 사방 400보로 기록되어 있다.

16 남자 장정의 10개 손가락을 옆으로 붙인 폭을 사용한 길이 척도이다. 남자 장정의 손가락(10指) 10개를 붙여놓고 가운데 마디를 옆으로 연결한 길이를 1尺으로 하고(10指 1尺), 사방 6.4척을 1步, 1步는 1把의 곡식을 생산할 수 있는 토지면적으로 계량하였다. 이렇게 결정된 1步를 현대 남자 장정의 손가락 굵기로 측정하면 약 19.5cm가 된

을 10지(指), 2등급 토지의 1尺을 12.5지(指), 3등급 토지의 1尺을 15지(指)로 양전하기도 하였다.

2) 고려시대 양전사업

고려왕조는 통일신라가 토지제도의 문란으로 멸망한 사실을 교훈으로 삼고, 건국 초기부터 양전업무에 국가적 관심을 기울였다. 양전을 실시하여 토지소유자와 토지경계 및 면적을 정확하게 확정하여 양안(量案, 토지기록부)을 작성하고 조세징수에 활용하고자 하였다. 「고려사」 식화지에 기록에 따르면, 고려시대에는 여러번 토지 면적과 경계를 정확하게 확정하는 양전사업이 실시되었다.

고려시대에는 양전사업을 위하여 중앙에서 지방으로 양전사(量田使)와 산사(算使)를 파견하였다. 중앙에서 파견된 양전사(量田使)와 산사(算使)는 지방의 수령과 향리가 미리 작성해 놓은 토지조사자료를 바탕으로 양안(量案)을 작성하는 일을 주로 했던 것으로 보인다.

3) 고려시대 조세제도와 답험손실법

• 조(租)·용(庸)·조(調)의 조세체계

고려시대에는 토지국유제를 원칙으로 하면서도 현실적으로는 토지의 매매와 상속이 자유로운 토지사유제가 시행되었기 때문에 사유지에 대한 조(租)·용(庸)·조(調)의 조세체계를 정비하였다. 고려시대 조제체계의 특징은 귀족관료들이 소유한 사유지에 대해서 원칙으로 조세부담을 면제하였고,[17] 국가에 조세를 납부하는 계급은 자영농민에 한정되었다.[18]

고려 태조는 국가재정의 원천이 되는 자영농민의 민전(民田)에 대하여 수확량의 1/10 전조(田租)를 적용하여 자영농민의 조세부담을 경감하였고 지역 특산물이나 공예품에 해당하는 공납(貢納)과 부역(負役)을 부담하도록 하였다.

그러나 고려시대에 농촌마을의 모든 농가가 자영농민층에 해당한 것은 아니었다. 생계가 가능할 만큼의 민전을 소유하지 못한 영세농민이 많았다. 고려

다. 따라서 이 당시에 1把 의 곡식을 생산할 수 있는 1步의 면적은 (19.5cm×6.4)²=(124.8cm)²= 1.558㎡이다.

17 고려시대 전시과제도에서 양반관료들에게 토지를 분급했다는 것은 실제로 양반관료들이 이미 소유하고 있는 사유지에 대한 조세 면제를 허락하는데서 출발한다.

18 「고려사」에 "토지가 있는 자들로부터 전조를 받아내고,"라는 기록이 있다.

시대 광종(973년)은 이들 영세농민들을 대상으로 전국에 버려진 진전(陳田)[19] 경작을 독려하였고, 국가재정을 확대하기 위하여 「진전개간법」을 제정하여 '진전을 경작하는 사람은 사전(私田)의 경우 경작 첫해의 수확량 모두를 갖고 2년차부터 전주(田主)와 1/2씩 나눈다. 또 공전(公田)의 경우에는 경작 3년차까지는 수확량을 모두 갖고 4년차부터는 국가에 1/4의 조세를 납부' 하도록 하였다. 이것은 당시에 사유지에 대한 1/2의 병작반수제나 개인 귀족관료의 수조지의 1/4 지대원칙을 고려해 볼 때, 영세농민을 부양하기 위한 것임을 알 수 있다.

「고려사」 식화지에 기록되어 있는 고려시대에 조세제도 정비에 대한 내용을 요약하면 다음과 같다.

- 광종(973년)은 「진전개간법」을 제정하여 진전을 개간하여 경작하는 사람(소작인)에게 사전의 경우에는 토지소유자에게 1/2의 지대를, 공전의 경우에는 국가에 1/4 지대원칙을 공포하였다.
- 태조의 뜻에 따라서 경종(977)은 전시과제도를 실시하고, 사유지에 대하여 1/10 조세준칙을 공포하였다.
- 성종(992년)은 사유지에 대한 조세율을 1/4로 높이고, 토지를 수전(水田)과 한전(旱田)으로 구분하여 각각 차등적인 조세원칙을 공포하였다.
- 문종(1054년)은 모든 토지를 전품에 따라 3등급[20]으로 구분하여 각각 차등적인 조세원칙을 공포하였다.
- 문종(1069년)은 또 양전척의 표준을 정하고, 1결의 표준면적을 사방 33보(步)로 표준화하였다.

- 답험손실법(踏驗損失法)

답험손실법(踏驗損失法)[21]은 해마다 농사작황을 현장조사(답험) 방식으로 조

---

19 진전(陳田)은 토지대장에는 등록되어 있으나 실제로는 경작하지 않는 토지. 이미 개간된 농경지가 진전화된 이유로는 ① 지나친 조세부담으로 잉여생산물을 남길 수 없는 경우, ② 전쟁 등 사회적 혼란으로 노동력의 투입에 이루어질 수 없는 경우 등을 들 수 있다. 이유가 무엇이든 토지의 진전화는 국가의 조세수입의 손실과 직결되는 문제이므로 진전을 경작하게 하는 진전정책은 불가피하였다.

20 토지의 3등급제는 상전(上田, 매년경작이 가능한 옥토), 중전(中田, 1년 휴경 1년 경작지), 하전(下田, 2년 휴경 1년 경작지)으로 구분하였다.

21 답험손실법은 자연재해로 인한 작물의 피해정도를 관료가 현지에서 확인하여 그 피해를 판정하고, 그 피해정도에

사하여 조세액을 결정하는 조세제도로써 고려 중기 이후부터 조선 초까지 사용된 조세징수방식이다.

공전(공전)에 대한 답험은 수령이 1차로 답험하여 관찰사에게 보고하였고, 보고를 받은 관찰사가 임시 관원과 위관(委官)을 보내서 2차 답험을 한 후에 마지막으로 중앙에서 감사수령관(監司首領官)을 파견하여 3차 답험을 실시하는 3심제로 진행하였다. 그러나 사전에 대한 답험은 지주나 수조권자가 직접 답험하는 전주답험제(田主踏驗制)로 진행하였다.

고려 왕조가 답험손실법을 도입한 취지는 흉작을 입은 농민들의 부담을 덜어줄 목적이었으나 실제로는 관리들의 부정행위로 오히려 농민에게 부담을 가중시키는 결과를 가져왔다. 이것은 전주답험제로 답험하는 사전의 경우에 대부분의 전주들이 작황 손실을 인정하지 않았고, 공전의 경우는 1심 답험자인 수령이 그 임무를 지역 향리에게 맡겨서 향리들의 부정이 만연하였고, 또 2심을 하는 위관이나 3심을 하는 감사수령관들이 수령·향리들과 결탁하여 여전히 부정을 일삼았기 때문이다.

4) 지적업무조직

① 중앙 조직

고려시대에 양전을 실시하여 양안을 작성하고, 이를 바탕으로 조세를 징수하는 업무를 지적업무로 정의하는데, 이를 위하여 중앙에 상시조직을 설치하고, 필요에 따라서 여러 임시조직을 만들어서 운영하였다.

고려시대 전기에는 중앙의 상서성(尙書省) 밑에 6부(部) 중 호부(戶部)에서 호구관리와 조세징수와 같은 지적업무를 총괄하였다. 그리고 후기에는 상서성을 첨의부로 변경하고 첨의부 밑에 4개의 사(司)를 두었고, 이 중 판도사(版圖司)에서 전국의 지적업무를 총괄하였다.

중앙의 지적담당부서에서 전국의 양전사업과 양안작성을 관장하며, 호구(戶口)·반전(班田)·공부(貢賦)·전량(錢糧)[22] 관리업무를 총괄하였다. 지방에서 이루어

따라서 수확량의 1/4로 정해진 전조를 감면해주는 조세법이다. 그러나 그 과정이 복잡하고 피해판정의 기준이 모호하여 실제로 농민들에게 전조감면의 도움을 주지는 못하였다.

22 호구(戶口)는 주민관리, 반전(班田)은 토지분배, 공부(貢賦)는 공물과 세금징수, 전량(錢糧)은 재산과 곡물을 관리하

• 표 4-5 • 고려시대 지적업무 담당조직

구분		전기	후기
중앙 조직	최고 집행기관	상서성(尙書省)	첨의부(僉議部)
	지적업무 담당기관	호부	판도사
	관원	판서(判書) 시랑(侍郎): 총랑(摠郎) 낭중(郎中): 정랑(正郎), 직랑 원외랑(員外郎): 좌랑(佐郎), 산랑	
	지적업무	호적과 토지 현황파악, 세무, 재정 업무	
지방 · 조직	중앙의 파견관리	양전 및 양안작성 실무	양전사 · 계리심사 · 임도대감	양전사 · 산사 (전민계정사 · 농사 · 채방사 대동)
	지방관과 지방 향리	토지조사	총괄: 관찰사(觀察使), 목사(牧使), 현령(縣令) 등 지방관 보조: 토착 향리(촌주)
		조세징수	집행: 지방관 자료작성: 지방 향리(호장, 부호장)
		사창(司倉) 관리	지방 향리(창정, 부창정)

지는 양전사업과 양안작성을 감찰하기 위하여 여러 임시기구를 설치하여 운영하는데, 「고려사」에 기록되어 있는 그 임시기구는 급전도감·방고감전별간·정치도감·찰리변위도감·절급도감·화자거집전민추고도감 등이 있다.

② 지방 조직

지방에서 실시되는 양전사업과 양안작성 업무는 모두 중앙집권방식으로 이루어졌다. 고려 전기에는 중앙에서 양전사(量田司)와 계리심사·임도대감을 파견하였고, 후기에는 양전사와 전민계정사·무농사·채방사 등이 산사(算使)를 대동하고 지방으로 내려가 각 지방의 수령과 지방 향리(지심사·임도대감·촌주)가미리 준비한 토지조사자료를 바탕으로 양전과 양안작성을 작성하거나, 양전사가 직접 양전하기도 하였다.[23]

는 업무이다.

23 「삼국유사」에 991년(성종 10년)에 양전사 조문선이 수로왕릉의 위전 30결을 측량했다는 기록이 있다.

고려 전기에 건립된 경상북도 칠곡군 약목면의 '정두사5층석탑조성기'에는 부분적으로 고려시대 양전과 양안작성에 대한 내용이 기록되어 있다. 이에 따르면, 광종(955년) 때 송량경(宋良卿)이 양전하여 도행(導行)이라는 토지장부를 작성하여 사창(司倉)에 보관했는데, 이런 지적업무에 양전사 전창수, 부경 예언, 하전 봉휴, 산사 천달 등이 참여했다고 기록되어 있다.

이로써 고려시대에 양전업무와 양안작성 및 양안의 보관 등 모든 지적업무는 중앙에서 파견한 양전사에 의해 이루어졌고, 양전사(良田使)가 부경·하전 등 양전 보조원을 대동하여 양전을 실시하였으며, 산사가 이 양전결과를 토대로 구장산술 원리를 이용해 토지면적을 계산하여 양안을 기록하는 3인 1조 체제로 지적업무가 수행된 것으로 추정된다.

지방의 토착 향리에 해당하는 호장(戶長)과 부호장(副戶長)이 「식목도감」 규정에 따라 조세징수를 수행했고, 주·현마다 사창(司倉)을 설치하여 조세로 수취한 곡물과 물품을 보관하며 필요시에 출납하였다. 사창을 관리하는 업무는 창정(倉正)·부창정(副倉正)·창사(倉史) 등 토착 향리직이 담당하였다.

③ 임시 조직

고려시대에는 지적업무를 위하여 여러 임시기구를 수시로 설치했다 폐지했던 것으로 보인다. 문종(1046년) 때 처음 설치한 임시기구는 급전도감이다. 급전도감은 전시과제도를 원활히 추진하기 위하여 설치한 임시기구로서 수조지 분급과 양전을 담당하였으나 고려 말에 전시과제도의 붕괴로 제 기능을 상실하였고, 공양왕(1392년) 때 폐지되었다.

고려 후기에 원종(1269년)은 귀족관리들이 자영농민에게 부당하게 침탈한 토지를 조사하여 농민에게 되돌려주고자 개혁기관인 전민변정도감을 설치하였으나 큰 성과를 거두지 못하였다. 또 원종(1273년)은 방고감전별감을 설치하고 관원을 배치하여 내장전·궁원전과 같은 공전의 양안과 별고노비(別庫奴婢)의 문서관리업무를 전담하였다.

충숙왕(1317년)은 제폐사목소(除弊事目所)에 해당하는 찬리변위도감을 설치하고 힘 있는 관료들이 불법으로 차지한 민전을 찾아내서 원주인에게 돌려주는 일을 추진하였으나 관리들의 반발로 곧 폐지되었다. 또 충숙왕(1320년)은 화자거집전민추고도감이라는 임시기구를 설치하고 고려 후기 환관의 비리를 바로

• 표 4-6 • 고려시대 지적업무와 관련된 임시기구

임시기구	담당 업무
급전도감(給田都監)	문종(1046년)이 전시과제도의 수조지분급과 양전의 전담기구로 설치. 관원으로 녹사(錄事)·기사(記事)·기관(記官)
전민변정도감(田民辨整都監)	원종(1269년)이 처음 설치한 개혁기관. 권세가들이 불법으로 침탈한 민전을 조사하여 농민들에 되돌려주는 업무 수행
방고감전별감(房庫監傳別監)	원종(1273년)이 설치하여 관원을 배치하고 내장전, 궁원전의 토지공안(土地公案)과 별고노비(別庫奴婢) 문서관리
찰리변위도감(拶里辯違都監)	충숙왕(1317년)이 설치한 개혁기관. 권세가들이 토지의 불법 침탈행위를 감시하고 바로잡기 위하여 설치한 기관
화자거집전민추고도감 (火者據執田民推考都監)	충숙왕(1320년)이 설치한 개혁기관, 고려 말에 환관의 불법 토지 점탈을 바로 잡는 업무
정치도감(整治都監)	충목왕(1347년)이 설치한 사회 개혁기구, 권세가들의 불법 토지 침탈, 고리대(高利貸)와 농민착취를 응징, 시정
절급도감(折給都監)	우왕(1382년)이 설치한 사전 개혁기관, 양전업무와 병행하여 토지의 균등분급 업무 추진

잡고자 하였다.

충목왕(1347년)은 정치도감을 설치하고, 고려 말에 사회전반에 퍼져있는 패악을 바로 잡고자 하였다. 특히 정치도감에서 가장 큰 관심을 가졌던 것은 지방에 관리를 파견하여 권세가들이 불법으로 토지를 점령해 농장을 설치하고, 그것을 근거로 고리대(高利貸)를 자행하며, 양민을 협박해 노비로 삼는 일을 응징하고 시정하고자 하였으나 곧 폐지되었다.

마지막으로 고려 우왕(1382년)이 절급도감을 설치하고 균등한 토지분급을 실시하여 고려 말에 권세가들의 비대한 토지소유문제를 바로잡고자 양전사업과 병행하여 토지를 다시 분급하는 업무를 추진하였다. 이것은 고려 말에 실시된 사전개혁의 일종으로 추정된다.

5) 양안(量案) 작성

고려시대 양안이 완전한 형태로 지금 남아 있는 것은 없다. 단지 「고려사」 식화지기록에 따르면, 고려시대에는 도정전(都田丁)·전적(田籍)·전안(田案) 등의 양안을 작성한 것으로 보인다.

경상북도 칠곡군 약목면의 '정두사5층석탑조성기'는 고려시대 양전방식과 양안의 내용을 알 수 있는 중요한 사료이다. 여기에는 고려 광종 6년(955)이 양안을 작성하기 위하여 실시한 양전과 양안의 기록내용이 소상히 기록되어 있기 때문이다. 즉 중앙에서 정기적으로 양전사(量田使)가 하전(下典)·산사(算士) 등을 대동하고 내려가 도행(導行)이라는 양안의 소유자·지목·등급·형상·양전의 방향·면적·사표·결 수 등을 다시 조사하고 갱신하여 사창(司倉)에 보관하였다는 내용이 기록되어 있다.

고려시대에 양안의 내용과 형식을 추정할 수 있는 또 다른 사료로는 고성(高城) 삼일포매향비가 있다. 고려시대 말 충선왕(1308년) 때 건립한 강원도 고성 삼일포매향비(三日浦埋香碑)[24] 금석문 4면의 전권(田券)에는 통주부사 김용경과 양주부사 박전이 매향비 건립을 위하여 토지를 시납하였다는 사실과 시납 토지의 세목이 기록되어 있는데, 시납 토지의 세목을 양안에 근거하여 기록했을 것으로 추정한다. 매향비 금석문 탁본에 토지의 소유자·소재·지목·결 수·등급·형상·사표(四標)·진기(陳起) 등이 기록되어 있다. 이로서 고려시대 양안에 기록된 내용은 정두사5층석탑조성기와 고성 삼일포매향비에 기록된 내용을 근거로 추론할 수 있다.

사표(四標)는 토지마다 동서남북 방향에 인접한 토지의 세목으로 '서백정천달기답(西白丁千達起畓)', '동북주군진답(東北州軍陳畓)', '남군○○(南軍○○)', '서미륵사답(西彌勒寺畓)'와 같이 인접한 토지의 소유자와 진기의 여부를 표기하였다. 양안에 토지의 사표를 기록한 것은 통일신라시대부터[25] 시작되었고, 근대

---

24 삼일포매향비는 고려 충선왕 원년에 강원도 고성군 삼일포 단서암(丹書岩)에 세운 매향비이고, 현재 비석은 없지만 비문의 탁본이 전해지고 있다. 매향(埋香)은 미륵불(彌勒佛)의 용화회(龍華會)에 공양할 매우 귀한 향·약재(香·藥材)인 침향(沈香)을 마련하기 위하여 향목(香木)이나 송목(松木)·진목(眞木)·상목(橡木) 등을 갯벌에 묻는 의식이며, 이를 기념하기 위하여 건립한 비석이 매향비이다. 매향비에 주관자 직명, 매향유래, 매향처와 수량과 함께 양안(量案)의 내용을 참고로 대한 내용이시납전답(施納田畓)의 양과 위치를 상세히 기록되어 있다.

25 통일신라의 토지기록물 이것은 개선사 석등기 비문과 장적문서를 근거로, 우리나라에서 사표(四標)를 기록하기 시작한 것은 통일신라시대로 추정한다. 통일신라시대의 보물로 지정된 전남 담양군 개선사 석등기 비문의 "南池宅土西川 東令行土北同"기록은 "주택의 남쪽은 연못, 서쪽은 하천, 동쪽과 북쪽은 도로가 있다"는 기록이 있다. 이 석등은 통일신라(891년, 眞聖王 5년)에 걸립되었고, 석등에 10행의 명문(銘文)이 새겨져 있는데, 이 중 1~6행까지는 석등을 건립하게 배경과 과정에 대한 내용이고, 7~10행까지는 승려 입운(入雲)이 석등의 유지비를 충당하기 위하여 사유지를 매입한 사실에 대한 기록이다. 특히 7~10행까지 매매대금, 매매일자, 매수자 및 매도자의 거주지와 이름,

지적도를 제작하기 전 조선시대까지 이어졌다.

6) 정전제(丁田制)와 자호제(字號制) 도입

고려시대 말 공양왕(1391)은 문란해진 토지제도를 바로 잡기 위하여 전제개혁
책으로 전국의 토지를 정(丁) 단위로 구분하는 정전제(丁田制)와 각각의 정(丁)
마다 자호(字號)를 부여하는 자호제(字號制)를 도입하였다. 즉 하나의 읍(邑)을
여러 개의 정(丁) 단위로 구획하고, 각 정(丁)마다 자호(字號)를 부여하여 양안
에 표기한 것이다.

자호는 오늘날 지번에 해당하는 개념이며, 사실상 최초의 지번제도라고 할 수
있다. 고려 말에 도입한 정(丁)은 당시의 최말단행정구역인 읍(邑)보다 하위단위
로서 조세구역으로의 의미를 갖는다. 대략 1정은 17결 정도가 되었던 것으로 추
정되며,26 1정마다 부여하는 자호(字號)는 천자문을 사용하였다. 양안에 자호(字
號)로 정(丁)을 표기하는 형식은 'ㅇㅇ邑 千字丁' 'ㅇㅇ邑, 也字丁'이었다. 이와
같은 고려시대 정전제와 자호제가 조선시대 일자오결제도(一字五結制度)로 발전
하였다.

7) 지목분류

고려시대 전기에 작성된 기록27에는 전(田)·대(代)·거(渠) 등의 지목이 등장
한다. 여기서 대(代)는 현재 대지(垈地)이고, 거(渠)는 구거이다. 삼일포매향비
의 금석문28에는 답(畓)·도로(道)·하천(川)·제방(吐) 등의 지목이 기록되어
있다. 그리고 전시과제도에서는 분급 토지를 전(田)과 시(柴)로 구분하고 전
(田)은 농경지, 시(柴)는 임야 혹은 미개간지를 의미한다. 따라서 고려시대에
지목을 분류하여 사용한 것은 분명한 사실이지만, 하나의 지목을 분류했다는
근거는 없다.

거래토지의 위치·지목(地目)·면적(面積)·경계(境界) 등 일종의 토지매매문서에 대한 내용이다.

26 「고려사」 병지(兵志)에 "전 17결을 1족정으로 하여 군인 1정(丁)에게 지급하였다(國家以田十七結 爲一足丁 給軍一
丁)"는 기록이 있다.

27 "代下田.... 北能召田南東梁西葛頭寺田 承孔伍收租地"에서 전(田), 대(代), 거(渠) 등의 지목이 표기되어 있다.

28 "...東北陳畓...攘原代下坪員畓...南道...東南吐...西陳地... 北種尹川"에서 답(畓), 도로(道), 둑(吐) 등의 지목이 표기되어
있다.

제2절 | 조선시대 봉건지적제도

1. 조선시대 봉건지적제도의 발달배경

고려시대 말에 토지제도의 문란으로 자영농민의 토지가 감소하고 국가재정과 왕권이 약화되는 대혼란에 직면하자 이성계가 주도하는 신진개혁파가 전제개 혁을 단행하여 전국적으로 광범위하게 존재하는 은결을 찾아 국유지로 흡수하고, 구(久) 전적(田籍)을 불태우고 새로 전적을 정비하였다. 이렇게 고려 말 신 진개혁파에 의해 권문세가들의 대농장이 혁파되었다. 그리고 신진개혁파의 주 도로 공양왕 3년(1391년)에 새로 과전법을 제정하고, 1392년에 조선왕조를 건 국하였다.

그러나 「과전법」은 고려시대에 전시과제도와 마찬가지로 조선시대를 양반관료 중심의 봉건지적제도를 발전시키는 결과를 가져왔다. 조선왕조 초기에는 자유 로운 토지거래를 승인하되, 토지소유권을 취득할 시에는 반드시 국가에 신고하 고 토지소유증명서를 받도록 규정하는 등 토지제도의 문란을 방지하고자 노력 했으나 중기이후부터 여전히 자영농민의 토지가 축소하고 대지주가 득세하는 봉건사회의 한계를 드러내며 조선왕조의 경제기반은 붕괴하기 시작하였다.

1) 「과전법」 시행

과전법은 전시과제도와 유사한 토지분급법으로써 분급대상과 분급량에 대한 규정·지대 규정·전주(田主)와 전객(佃客)에 관한 규정·토지관리 규정 등이 포함되어 있었다.

초기 과전법의 가운데 핵심은 국정 운영에 참여한 대가로 문무양반 등 직역자 (職役者)에게 그 직책의 품(品)에 따라서 과전(科田)을 분급하는 것이다. 이에 대한 과전법의 규정은 다음과 같다.

- 첫째, 문무관리에게 경제적 기반을 보장하기 위해 현직자와 퇴직자 및 대기발령자를 모두 포함하여 18과(科)로 구분하여 과(科)에 따라서 15~ 150결의 토지를 차등적으로 분급하였다.
- 둘째, 과전법은 고려시대 전시과제도에 비해서 매우 긴축적으로 토지를

분배하였다. 즉 최대한 관료수조지(收租地)를 축소하고 국가수조지를 확보하기 위해 노력한 것이다. 그리고 관리들에게 과전 혹은 공신전으로 분급하는 토지를 경기도 내의 토지로 한정하고, 경기도 외 지방에서는 지방의 한량관들에게 이미 소유하고 있는 본전(本田)의 많고 적음에 따라서 5~10결 범위의 수조지를 탄력적으로 분급하였다.

- 셋째, 과전은 원칙상 세습할 수 없고, 수신전(守信田)·휼양전(恤養田) 등 사전은 세습을 허용하였다.[29]

- 넷째, 과전법은 수조권자가 절대적 권한을 행사하지 못하도록 수조권보다 토지소유권에 더 권위를 두어 민전(民田)[30]에 대한 자영농민의 토지소유권을 보장하고자 하였다.

- 다섯째, 공전·사전을 막론하고 수조권자가 징수할 수 있는 지대율은 1결 당 1/10로 곡물 30두(斗)로 규정하고, 이 30두(斗) 가운데 2두(斗)를 국가 조세로 납부하도록 하였다. 그리고 매년 생산량을 기준으로 조세액을 산정하기 위하여 농사 작황을 조사하는 답험손실법(踏驗損實法)을 진행하였다.

2) 과전법의 변천과정

① 직전법(職田法)

세조 12년(1466)에 과전법을 직전법(職田法)으로 개정하고 현직자에게만 직전(職田)에 해당하는 수조지를 분급하였다. 직전법의 특징은 다음과 같다.

- 첫째, 토지분급 대상에서 체아직[31]과 산직자(散職者)가 제외되고, 관료의

---

29 과전법에서 분급한 토지로는 수조권이 개인 관리에게 귀속되는 사전 형태로는 과전(科田)·공신전(功臣田)·외관직전(外官職田)과 한량관(閑良官) 등에게 준 군전(軍田), 그리고 향(鄕)·진(津)·역(驛)의 이(吏)에게 준 외역전(外役田)과 군장(軍匠)·잡색(雜色)의 위전(位田) 등을 두었다. 그리고 수조권이 공공 기관에 귀속되는 공전의 형태로는 군자시(軍資寺) 소속의 군자전과 왕실 소속의 능침전(陵寢田)·창고전(倉庫田)·궁사전(宮司田), 그리고 공공 기관 소속인 사사전(寺社田)·신사전(神祠田) 등이 있었다.

30 백성들이 조상대대로 전래하여 경작하는 사유지로서, 고려·조선 시대 일반 농민들은 자기들의 소유지인 민전을 경작하여 국가에 일정한 양의 조세를 부담하면서 자신의 생계를 유지시켜 나갔다. 넓게는 일반 백성뿐만 아니라 양반·서리(胥吏)·향리·군인·노비 등 모든 계층의 소유지를 포함하기도 하지만, 이들이 국가의 입장에서는 모두 민(民)으로 인식된다는 의미이고, 실제로 민전은 관직이나 직역과 관련이 없는 일반 농민층의 사유지가 중심이다.

31 조선시대에 운영된 관직 제도로서, 정상적인 녹봉을 받는 정직(正職)과 비교하여 실제로 근무한 기간에만 녹봉을

미망인이나 유자녀에게 준 수신전·휼양전의 제도도 폐지하였다.

- 둘째, 수조지의 분급규모를 과전법에서 최고 150결을 분급하던 것을 최고 110결로 축소하였다. 직전법에 따른 토지의 긴축분배는 관료들이 퇴직 또는 사망 후에 유족들의 생계용 수조지가 없어진데 대한 심리적 불안 때문에 오히려 재직 중에 과도하게 불법으로 직전세를 착취하는 경우가 많았다.

② 관수관급제(官收官給制)

과전법에서는 본래부터 과전에 대하여 관리들이 병작반수와 같이 과도하게 조세징수를 하지 못하도록 1/10조세율을 원칙으로 정하였으나 이대로 지켜지지 않았다. 이에 대한 농민들의 항거가 발생하자, 성종 1년(1470)에 직전세의 징수방법을 관수관급제(官收官給制)로 전환하였다. 관수관급제는 국가가 전주(수조권자)를 대신하여 전객(농민)에게 직전세의 명목으로 곡물을 직접 수거하여 전주에게 지급하는 방식이다.

③ 녹봉제(祿俸制)

조선 중기에는 거듭되는 흉년과 전란으로 점점 토지제도가 문란해지자 명종 11년(1556)에 직전법을 완전히 폐지하고 녹봉제로 전환하였다.

조선시대 중기에 직전법을 폐지하고 녹봉제로 전환하므로 사실상 우리나라 토지제도 역사에서 수조지 분급제도가 완전히 사라지게 되었다. 조선시대 직전법을 폐지하고 녹봉제를 실시하므로 토지의 소유권과 수조권이 양립하는 토지지배구조의 2중성이 사라지고, 오직 토지소유권의 귀속여부에 따라서 공전(公田)과 사전(私田)을 구분하게 되었다. 녹봉제 시행에 따라서 지주와 전호의 관계가 주종관계가 아니라 상호보완적인 관계로 재인식되었고, 민전(民田)이 자영농민의 사유지로 확실히 자리잡게 되었다. 민전의 경영방식도 농민이 경작하는 자영형, 노비와 전호에 의해 경작되는 농장형, 전호에 의해 경작되는 병작형으로 다양해졌다.

받는 일종의 순환 보직이라고 할 수 있다.

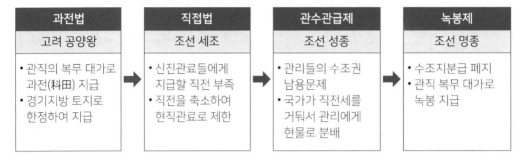

과전법	직접법	관수관급제	녹봉제
고려 공양왕	조선 세조	조선 성종	조선 명종
• 관직의 복무 대가로 과전(科田) 지급 • 경기지방 토지로 한정하여 지급	• 신진관료들에게 지급할 직전 부족 • 직전을 축소하여 현직관료로 제한	• 관리들의 수조권 남용문제 • 국가가 직전세를 거둬서 관리에게 현물로 분배	• 수조지분급 폐지 • 관직 복무 대가로 녹봉 지급

• 그림 4-1 • **과전법의 변천과정**

3) 과전법과 분급토지의 유형

고려시대에서 조선시대까지 중세 봉건사회에서는 토지의 사적소유가 인정되었음에도 불구하고 왕토사상에 의한 토지국유제를 원칙으로 하기 때문에 자연농민의 민전에서부터 공신전(功臣田)·별사전(別賜田) 등 국왕이 특별히 토지소유권을 하사한 사전(私田)까지도 개념상 토지소유권이 확실히 보장된 것은 아니다. 또 과전법에는 개인 관리에게 분급된 수조지는 사전(私田), 관청에 분급된 수조지를 공전(公田)으로 분류하였고, 이런 맥락에서 조선시대 과전법체제에서는 토지를 수조권의 귀속에 따라서 공전과 사전으로 유형을 분류하고, 각각 목적에 따라서 다음과 같은 다양한 종류의 수조지를 분급하였다.

① 공전(公田)

• 국가수조지(國家收租地)

공전 가운데 국가수조지는 경작 농민들에게 조세를 징수할 수 있는 조세권을 국가, 즉 국왕이 가지고 중앙 국고(國庫)에서 직접 수취하는 토지이다. 조선시대 국가수조지에 해당하는 토지는 고궁전(庫宮田),[32] 녹봉전(祿俸田),[33] 군자위전(軍資位田),[34] 각사위전(各司位田)[35] 등이 있다. 조선말에는 국가가

---

32 수조권을 왕실재정을 관리하는 내수사(內需司) 또는 왕실과 관련된 궁(宮)에 분급된 수조지. 궁방전(宮房田), 궁장토(宮庄土), 사궁장토(司宮庄土) 등. 조선말에 비정상적으로 확대됨.

33 수조권이 국내외적 환란(정벌, 봉기, 정변 등)을 진압하기 위하여 책봉된 공신에게 분급된 수조지.

34 중앙정부를 방위하기 위하여 군비를 축적하는 군자감창(軍資監倉)에 수조권이 분급된 수조지.

35 중앙관청의 운영비를 충당하기 위하여 각 중앙기관에 수조권이 분급된 수조지.

궁방전(宮房田)[36]을 확대하여 자영농민의 민전을 잠식하였다.

- 공처절급전(公處折給田)

  중앙 국고(國庫)에서 조세를 수취하지 않고, 개별 관청 또는 관청에 소속되어 있거나 부역자에게 자경무세하도록 분급한 토지를 모두 공처절급전이라고 총칭하였다.

  조선 말에는 불합리한 공처절급전을 확대하여 자영농민의 민전을 잠식하였고, 그 대표적인 사례가 역전(驛田)과 둔전(屯田)이었고, 귀족관료들이 이를 확대·설치하여 사유지처럼 이용하였다.

  조선시대에는 제사용전(祭祀用田)[37], 공해전(公廨田)[38], 학전(學田)[39], 주현전(州縣田)[40], 역전(驛田)[41], 원전(院田)[42], 도전(渡田)[43], 참전(站田)[44], 관둔전(官屯田)[45], 수군구분전(水軍口分田)[46], 향화전(向化田)[47] 등 다양한 명목의 공처절급전이 설치되었다.

---

36 궁방전은 궁중에 소속된 토지를 총칭하는 것으로, 내수사(內需司)·제궁(諸宮)·제방(諸房)에 분산하여 소속돼 있었다.

37 각종 제사비용을 충당하기 위하여 분급된 신농(神農)과 후직(后稷)을 제사지내기 위한 적전(籍田), 각종 신사(神社)의 사당(祠堂)을 모시기 위한 제위전(祭位田), 능·원·묘를 관리하고 제사하기 위한 묘위전(墓位田), 기타 제사의례를 위해 분급된 잡위전(雜位田) 등이 해당됨.

38 각 관청에 속한 관리들의 소비제와 사무용품비로 분급된 수조지.

39 중앙과 지방의 교육기관에 분급된 성균관전(成均館田), 향교전(鄕校田), 사학전(私學田) 등 수조지.

40 주현 관청의 수령 및 서리, 향리에게 수조를 허가한 아록전(州縣衙祿田: 지방 관아·도진(渡津)·수참(水站)의 인건비와 경비 충당 명목), 주현공수전(州縣公須田; 지방관청 유지경비 충당 명목), 인리위전(人吏位田: 지방 향리에게 지급된 수조지) 등 수조지.

41 공문서와 진상품을 전달 및 수송하고 사신(使臣)을 영송하는 역로(驛路)의 운영비 명목으로 분급된 역공수전(驛公須田), 인리위전(人吏位田), 마분전(馬分田) 등 수조지. 이것은 조선말에 확대됨.

42 역(驛)과 역(驛) 사이에 설치한 원(院: 숙소)의 운영경비 명목으로 원주(院主)에게 분급된 수조지.

43 강나루 천역인(賤役人: 뱃사공)에게 자경무세(自耕無稅)로 분급한 도승아록전(渡丞衙祿田), 진부전(津夫田) 등이 해당됨.

44 수운판관(水運判官: 한강 등 대 수운을 담당하던 벼슬관직)에게 분급한 아록전(衙祿田)과 수부(水夫: 선원)에게 자경무세(自耕無稅)로 분급한 수부전(水夫田) 등이 해당됨.

45 둔전(屯田)의 본래 개념이 변질된 것으로, 지방 관청의 운영경비를 보충할 목적으로 분급된 주현관둔전(州縣官屯田), 영진관둔전(營鎭官屯田) 등. 이것은 조선말에 확대됨.

46 해전에 참전한 수군(水軍) 가족에게 자경무세지(自耕無稅)로 분급한 수조지.

47 투화한 외국인에게 지급한 토지로 고려시대 투화전(投化田)과는 달리 수조지가 아니라 일정 기간 자경면세지(自耕無稅)로 지급.

- 국둔전(國屯田)

  조선시대 국둔전은 고려시대 둔전에서 유래하였다. 고려시대 북방정책에 따라 군량 확보를 위하여 변방지역에서 둔전병(屯田兵) 또는 방수군(防戍軍)들이 차경차전(且耕且戰)한 토지가 둔전이다. 고려시대 둔전은 권세가들이 토지를 겸병하는 통로가 되어 고려 말기에 신진개혁파가 주목한 전제개혁의 주요 대상이 되었다.

  조선왕조 초기에는 둔전이 폐지되었으나, 성종 때(1469~1494년)에 국방문제와 군량 확보의 필요성이 다시 대두되어 국둔전(國屯田)이라는 이름으로 부활하게 되었다. 특히 세조가 지방군사조직을 진관체제(鎭管體制: 분권체제)로 재편성하고, 영문(營門) 둔전과 아문(衙門) 둔전을 전국적으로 확대·설치하며 민전을 잠식하였다.

  이렇게 확대된 국둔전은 본래의 취지와는 다르게 귀족관리들이 사유지처럼 농민을 상대로 병작반수제[48]로 경영하였다. 그러나 조선 말 갑오개혁 후에 의정부 탁지아문·궁내부·탁지부 등에 귀속되었다가 1908년 일제 통감부(統監府)의 역둔토 정리에서 국유지로 편입되었다.

- 군자전(軍資田)

  고려시대에는 부병제[49]의 원칙에 따라서 군역을 감당할 수 있는 사람에게 스스로 군사비용을 충당하도록 분급된 토지를 군전이라고 하였다. 조선시대 과전법(科田法)에서는 이것을 축소하여 공전으로 귀속시키고 군자전이라고 불렀다. 따라서 과전법체제의 군자전은 군수(軍需)·군량(軍糧) 확보를 위해 설정된 국가수조지(國家收租地)로서 경작한 농민들이 전조(田租)를 각 지방의 군자시(관청)에 납부하였다.

---

48 조선시대 지대법(地貸法)의 한 형태이며, 타조법이라고도 한다. 중세 봉건사회에서 토지분급제도를 바탕으로 많은 토지를 소유한 관료지주들이 직접 토지를 경작하지 않고 농민과 지주-전호(소작인) 관계를 형성하고 수확량의 1/2 지대를 수취하는 것을 병작반수제라고 한다. 이것은 수확량에 따라서 지주에게 돌아가는 지대가 달라지기 때문에 전호는 지주로부터 가혹한 간섭에 시달려야 하는 매우 불리한 불합리한 제도이다. 따라서 조선 후기 도조법으로 전환되었다.

49 부병제(府兵制)는 병농일치(兵農一致)의 병역제도이다. 중국의 당나라에서 발전된 제도로 우리나라에서는 고려시대에 실시되었다고 『고려사』에 전하고 있다. 부병은 병기(兵器)·장비(裝備)·식량·군마를 스스로 마련하여 일정기간 순환제로 복부하였다. 따라서 복무기간 중에는 조(租)·용(庸)·조(調)·잡요의 의무가 면제되었고, 평상시에는 집에서 농경에 종사하지만 동절의 농한기에는 절충부에서 군사훈련을 받았다.

② 사전(私田)

• 과전(科田)

국정 운영에 참여한 문무관리 등 직역자(職役者)에게 그 직책의 품계(品階)에 따라서 분급된 수조지를 과전이라고 하고, 이것은 과전법체제의 대표적인 사전(私田)이다. 과전법은 현직·산직 관리들에게 경기지역 내의 토지에 한하여 과전을 분급하였다.

• 직전(職田)

1466년(세조 12)에 과전법을 직전법(職田法) 체제로 전환하고, 산관(散官)을 제외한 현직 관리에게만 분급한 수조지를 과전(科田)과 구별하여 직전(職田)이라고 하였다.

• 공신전(功臣田)

조선왕조 개국과 왕위 계승 과정에 발생한 정변(政變) 등에서 공로를 세운 공신에게 지급한 공신전은 과전법(科田法)과 「경국대전」 규정에 따라서 상속을 허용하였다.

• 별사전(別賜田)

왕이 국가나 왕실에 공훈을 세운 신하들에게 특별히 하사한 토지로써, 과전법이나 「경국대전」의 규정에 상관없이 왕의 특명으로 분급된다는 점이 과전(科田)·공신전(功臣田)과 다른 별사전의 특징이다. 경우에 따라서 토지의 소유권을 분급하기도 하고, 또 수조권으로 분급하기도 하는 등 왕의 뜻에 따라 다양하였다. 또 세습을 인정하는 경우와 당대로 한정하는 경우도 있고, 사패(賜牌) 형태로 지급하기도 하였다.

• 친시등과전(親試登科田)

과거시험에 합격하였으나 아직 국가로부터 직역을 받지 못한 사람에게 분급된 수조지를 친시등과전이라고 한다. 이것은 고려시대 도입하여 조선시대까지 계승된 수조지이다. 제술(製述)·명경(明經)·명법(明法)·명서(明書)·명산(明算)·의복(醫卜)·지리업(地理業) 등 여러 분야의 과거시험에 급제한 사람들에게 17~20결의 친시등과전을 분급하였다.

• 표 4-7 • 과전법의 토지분급유형과 특성

분류		특성
공전 (公田)	국가수조지 (國家收租地)	• 조세권을 국왕이 가지고 중앙 국고(國庫)에서 직접 수취하는 토지 • 고궁전(庫宮田), 녹봉전(祿俸田), 군자위전(軍資位田), 각사위전(各司 位田) 등이 해당
	공처절급전 (公處折給田)	• 중앙 국고(國庫)에서 조세를 수취하지 않고, 개별 관청에 분급되거나 관청에 소속되어 있거나 부역자에게 자경무세하도록 분급된 각종 토지 • 제사용전(祭祀用田), 공해전(公廨田), 학전(學田), 주현전(州縣田), 역 전(驛田), 둔전(屯田), 원전(院田), 도전(渡田), 참전(站田), 관둔전(官 屯田), 수군구분전(水軍口分田), 향화전(向化田) 등이 해당
	국둔전 (國屯田)	• 고려시대 둔전에서 유래하여, 조선왕조 초기에 국둔전(國屯田)으로 변경 • 영문(營門) 둔전과 아문(衙門) 둔전 등이 해당
	군자전 (軍資田)	• 고려시대 군전(軍田)에서 유래 • 군수(軍需)·군량(軍糧) 확보를 위해 설정된 수조지(收租地)로서 지방 의 군자시(관청)에 수조권을 부여
사전 (私田)	과전 (科田)	• 국정 운영에 참여한 문무관리 등 직역자(職役者)에게 그 직책의 품계 (品階)에 따라서 분급된 수조지 • 과전법체제에서 분급된 대표적인 사전(私田) • 현직·산직 관리들에게 경기지역 내 토지로 분급
	직전 (職田)	• 과전법을 직전법(職田法) 체제로 전환한 후, 산관(散官)을 제외하고 현직 관리에게만 분급한 수조지, 과전과 같은 유형
	공신전 (功臣田)	• 조선왕조 개국과 왕위 계승 과정에 발생한 정변(政變) 등에서 공로를 세운 공신에게 지급한 토지 • 과전법(科田法)과 「경국대전」에서 상속을 허용
	별사전 (別賜田)	• 국가나 왕실에 훈공을 세운 신하에게 왕의 특명으로 분급되는 수조지 • 토지소유권·수조권·사패(賜牌) 다양한 방법으로 분급 • 세습이 가능한 경우도 있음
	친시등과전 (親試登科田)	• 과거시험에 합격하였으나 국가로부터 직역을 맡지 못한 사람에게 분 급된 수조지

2. 조선시대 봉건지적제도의 전개

조선시대에는 법률을 제정하고 법에 따라서 양전을 실시하고, 이를 바탕으로 조세를 징수한 것이 특징이다.

조선시대 초기에 양전에 필요한 기준을 만들기 위해 가장 먼저 「경제육전」을 제정하였고, 이후에 조선시대 전 기간 동안 국정 전반에 적용될 「경국대전」을 제정하였다. 그리고 조선시대 중기 이후에는 「경국대전」의 별책으로 「속대전」과 「대전통편」 등을 편찬하였다.

조선시대에는 이와 같은 법률에 근거하여 양전와 조세징수가 이루어졌다는 점이 고려시대의 지적제도와 다른 점이고, 이것은 조선시대에 봉건지적제도가 한층 발전하였다.

1) 조선시대 양전규정

① 「경제육전」과 답험손실법

조선시대 양전제도에서는 고려시대의 전품3등제[50]를 계승하고 보완하였다. 「조선왕조실록」에 따르면, 태조는 최초로 「경제육전」[51]을 편찬하였는데, 이 법률에 답험손실법에 대한 조문에서 수록되어 있다. 즉 한전(旱田, 밭)과 수전(水田, 논) 또는 공전(公田)과 사전(私田) 등 종류에 상관없이 모든 토지에 대하여 1결당 곡물 30두의 조세를 받는 것을 원칙으로 하고 흉년으로 수확량이 감소할 경우에는 조세액을 감면하는 규정이다. 이 「경제육전」의 조세규정은 세종이 「공법」을 제정하기 전까지 사용되었다.

---

50 고려시대 초기 전시과제도에서는 휴경기간을 기준으로 전품을 상·중·하 3등급으로 나누어 등급별로 차등적으로 조세(組稅)를 징수하였으나, 후기에는 농업기술이 발달하여 휴경농법이 줄고 연작농법이 늘어남에 따라서 토지등급 분류기준을 휴경기간에서 토지비옥도로 변경하여 전품3등제(田品3等制)를 공식적으로 법제화하였다. 그리고 각 전품에 따라서 길이가 다른 척(尺)을 사용하여 양전하는 수등이척제(隨等異尺制)으로 전품마다 면적이 다른 결·부에 대하여 동일한 조세를 징수하는 조세법을 사용하였다.

51 현재 「경제육전」은 원본이 존재하지는 않고 「조선왕조실록」을 통해서 그 존재와 내용을 추정할 수 있다. 이에 따르면 태조 6년(1397)에 최초로 「경제육전」이라는 법전을 편찬하였고, 이 법전에는 고려 공양왕 3년(1391)에 시행하기 시작한 답험손실법의 규정이 조문으로 등록되어 있다.

② 「공법」과 전품6등제·연분9등제

세종은 고려시대의 결부법, 3등전품제(三等田品制), 답험손실법(踏驗損實法)에 따른 폐단이 심각하다고 판단하고, 1430년에 이를 개선할 수 있는 조세법 제정에 착수하였다. 이를 위해 세종은 여러 차례 의정부와 호조 중신들의 의견을 수렴하여 「공법」을 새로 제정하였다. 이 공법은 다음과 같이 「상정공법(詳定貢法)」·「경정공법」·「공법수세법(貢法收稅法)」의 개정단계를 거쳐서 최종적으로 전분6등제(田分6等制)와 연분9등제(年分9等制)를 완성하였다.

• 「상정공법」

「공법(貢法)」은 1436년(세종 19년)에 총 7조문의 「상정공법(詳定貢法)」으로 처음 제정되었다. 「상정공법」에서는 답험손실법에 대한 규정은 없고, 토지의 전품을 구분하는 방법을 규정하고 있다. 먼저 전국 8도를 전품에 따라서 상등도·중등도·하등도로 구분하여 충청도·경상도·전라도를 상등도, 경기도·강원도·황해도를 중등도, 함경도·평안도를 하등도로 분류하고, 다시 각 도별 토지를 상전·중전·하전으로 구분하였다.

이렇게 분류된 전품에 따라서 차등적으로 조세를 징수하였다. 그러나 이 「상정공법(詳定貢法)」의 전품분류와 전품별 조세액에 대한 불만과 논란이 발생하여 이를 「경정공법(更定貢法)」으로 개정하였다.

• 「경정공법(更定貢法)」

「경정공법」에서는 전품과 함께 작황을 고려하여 조세액을 결정하였다. 1결의 면적은 경무법(頃畝法)으로 측정하고, 도(道) 구분 없이 전국의 모든 토지를 전품5등제로 분류하였다. 그리고 작황에 대해서는 답험손실법 대신에 연분9등제를 적용하였다. 이와 같은 「경정공법(更定貢法)」의 기준에 따라서 전국

• 표 4-8 • 「상정공법」의 전품별 조세액

구분	상전	중전	하전
상등도(충청도·경상도·전라도)	20두	18두	16두
중등도(경기도·강원도·황해도)	18두	16두	14두
하등도(함경도·평안도)	15두	14두	12두

토지의 전품을 새로 분류하고, 각 전품별로 합리적인 조세액을 결정하기 위하여 임시로 전제상정소(田制詳定所)를 설치하고 공법연구를 진행하여 「경정공법」을 「공법수세법」으로 개정하였다.

- 「공법수세법(貢法收稅法)」

전제상정소가 새로 제정한 공법이 「공법수세법(貢法收稅法)」이다. 「공법수세법」에서는 1결의 면적을 경무법(頃畝法)이 아니라 결부제(結負制)로 측정하고, 양전척은 수지척(手指尺)[52]이 아닌 주척(周尺)[53]을 사용하였으며, 토지의 전품에 따라 전분5등제가 아니라 전분6등제를 적용하였다.

③ 「경국대전」의 전분6등제와 수등이척제

세종이 「공법」을 제정한 후에 세조가 즉위하여 「경국대전」[54]편찬하였다. 「경국대전」에서 양전과 관계되는 조문이 호전(戶典) 편인데, 이 호전 편에 전제상정소가 완성한 「공법수세법」의 전분6등제와 수등이척제(隨等異尺制)의 양전 규정을 조문화하였다.

「경국대전」에 전분6등제와 수등이척제 원리에 따른 토지등급별 양전척의 길이

• 표 4-9 • 「경국대전」의 전분6등제와 수등이척제 양전규정

전품	주척 길이	1결의 면적(평방 척)	1결의 면적(척관법)
1등전	4척 7촌 7분 5리(4.775척)	4.775×4.775=22.800	2753.1평
2등전	5척 1촌 7분 9리(5.179척)	5.179×5.179=26.822	3246.7평
3등전	5척 7촌 0분 3리(5.703척)	5.703×5.703=32.524	3931.9평
4등전	6척 4촌 3분 4리(6.434척)	6.434×6.434=41.396	4723.5평
5등전	7척 5촌 5분 0리(7.550척)	7.550×7.550=57.002	6897.3평
6등전	9척 5촌 5분 0리(9.550척)	9.550×9.550=91.202	11035.5평

* 자료: 한국민족문화대백과사전(田分六等法)의 내용을 토대로 저자가 정리하였음.

---

52 상전 1척의 길이는 농부의 손가락 2개로 열 번 잰 길이로 하고, 중전은 손가락 2개로 다섯 번과 손가락 3개로 다섯 번 잰 길이, 하전은 손가락 3개로 10번 잰 길이로 양전하는 방법이다.
53 주례(周禮)에 규정된 자로서 그 실제 길이에 대해서는 다양하게 추정한다.
54 세조가 즉위하면서 육전상정소(六典詳定所)를 설치하고 조선시대 6조 통치업무 전반에 대한 법전으로 「경국대전」을 편찬하였다.

를 규정하였다. 1등전 1결의 타량(打量)에 사용되는 양전척의 길이는 4.775척, 2등전은 5.179척, 3등전은 5.703척, 4등전은 6.434척, 5등전은 7.550척, 6등전은 9.550척으로 규정한 것이다. 이렇게 타량된 1결의 면적을 척관법으로 환산하면 1등전은 2753.1평, 2등전은 3246.7평, 3등전은 3931.9평, 4등전은 4723.5평, 5등전은 6897.3평, 6등전은 11035.5평이 된다.

④ 「경국대전」의 연분9등제 조세규정

한편 「경국대전」 호전 편에서 전제상정소가 완성한 「공법수세법」의 연분9등제에 근거하여 조세율을 규정하였다. 토지의 등급이 같다고 할지라도 풍작의 수준을 연분9등제(年分九等制)로 구분하여 매해마다 1결에 대한 조세율을 다르게 산출하도록 한 것이다.

먼저 모든 토지의 1결당 기본 수확량에 대한 1/20의 조세를 징수하도록 규정하고, 가장 풍년이 든 상상년에 1결당 기본 수확량을 400두로 정하고 이에 대한 1/20에 해당하는 20두(斗)로 조세를 징수하였다. 그리고 흉년이 들어서 연분(年分)이 1등급이 낮아질 때마다 기본 수확량을 10%씩을 감축하여, 감축된 수확량의 1/20 조세를 징수하도록 하였다.

따라서 가장 풍년인 상상년(上上年)에 400두에 대한 1/20에 해당하는 20두의 조세를 징수한다면, 상중년에는 380두에 대한 1/20에 해당하는 18두의 조세를 징수할 수 있다. 그리고 같은 원리로 가장 흉년이 든 하하년에는 수확량이 80두에 감축되어 4두를 징수하게 된다.

또한 「경국대전」 호전 편에서 연분(年分)을 조사하는데 대한 규정도 마련하였다. 연분조사는 면단위로 수령이 담당하고, 매년마다 9월에 실질 심사방법으로 작황을 조사하여 연분을 매기고, 이를 도 관찰사에게 보고하면 관찰사가 이를 다시 심사하여 의정부와 육조에 보고한다. 그리고 의정부와 육조의 대신들이 각 도 관찰사들로부터 올라온 연분자료를 검토하여 왕에게 보고하고 최종 조세액을 결정하도록 하였다.

• 표 4-10 • 「경국대전」의 연분9등제 조세규정

구분	전답 1결당			비고
	기본 수확량	조세율	조세액	
상상년	400두		20두	
상중년	360두		18두	
상하년	320두		16두	
중상년	280두		14두	작황에 따라
중중년	240두	1/20	12두	수확량과 조세액이
중하년	200두		10두	일정하게 감소.
하상년	160두		8두	
하중년	120두		6두	
하하년	80두		4두	

⑤ 「속대전」과 영정법 조세규정

임진왜란 후, 인조 13년(1635)에 「경국대전」 호전 편을 영정법(永定法)으로 개정하였다. 이것은 「경국대전」의 별책인 「속대전」[55]조문에 등록되어 있다. 영정법은 「공법수세법」에서 규정한 연분9등제와 상관없이 1결마다 일정하게 4두(斗)의 조세를 정액제로 징수하는 조세법이다.

조선시대 후기에 인조가 「공법수세법」의 연분9등제를 폐지하고 영정법으로 개정한 배경은 관리들이 연분9등제의 원리를 이해하기 어렵고 풍흉조사에 많은 시간이 소요되기 때문에 연분을 사실대로 정확하게 조사하는 것이 어렵기 때문이다. 또 한편에서는 임진왜란으로 황폐해진 토지에 대한 농민들의 조세부담을 덜어주기 위한 목적도 있다.

인조는 임진왜란 후에 영정법을 시행하기 위하여 수등이척제 양전을 위한 양전척을 갑술척(甲戌尺)으로 바꾸고, 갑술척에 따라서 1등전 1결을 사방 100척으로 하여, 3200평으로 타량하였다. 이를 기준으로 2등전은 3764평, 3등전은 4571평, 4등전은 5818평, 5등전은 8000평, 6등전은 12800평으로 타량하였다.

---

55 「속대전」은 영조 22년(1746)에 편찬한 것으로서, 「경국대전」의 별책으로 편찬된 법전이다. 이 법전에 영정법(永定法)이 등록되어 있다.

• 표 4-11 • 「속대전」 영정법의 조세규정

구분	등급별 1결의 면적(평)	조세액	비고
1등전	$3200 \times (100/100) = 3200$		
2등전	$3200 \times (100/85) = 3764$		
3등전	$3200 \times (100/70) = 4571$	4두	작황에 상관없이 수등이척제로 1결을 타량하여 일정한 조세액 징수
4등전	$3200 \times (100/55) = 5818$		
5등전	$3200 \times (100/40) = 8000$		
6등전	$3200 \times (100/25) = 12800$		

그리고 풍흉에 따른 수확량의 차이를 고려하지 않고, 수등이척제로 타량한 1결에 대하여 일정하게 4두의 조세를 징수하므로, 사실상 인조가 연분9등제 조세법을 폐지한 셈이 된다. 그리고 조선 말 효종 4년(1653)에는 수등이척제 양전법을 없애고 일등양전척(一等量田尺)[56] 사용을 공식화하였다.

⑥ 「대전통편」과 비총법 조세규정

조선시대 말 정조 9년(1785)에 「속대전」과 기타 여러 준수책[57]을 통합·보완하여 「대전통편」[58]이라는 법전을 편찬하였는데, 여기에 비총법(比摠法)이라는 조세법이 수록되어 있다.

비총법이란, 매년 필요한 국가재정의 총액과 이를 위해 수취할 총 조세액을 미리 정해놓고, 이를 각 지방으로 할당하여 소세를 수취하는 조세법이다. 비총법에서는 작황에 대한 실질조사 없이 지방의 수령과 향리가 임의로 유사 작황을 기준하여 조세액을 산정하였고, 이것은 조선말에 관리들의 조세비리와 농민들의 불만을 더욱 가중시키는 원인이 되었다.

---

56 일등양전척(一等量田尺)이란, 전품에 따라서 길이가 다른 자를 사용하던 불편함을 없애고 종전의 1등전 주척(4척 7촌 7분 5리) 하나로 통일하여 전품에 상관없이 사용하는 양정법이다.

57 준수책 또는 사목(事目)이라고도 하며, 공공사업을 하는데 대한 제반 규칙과 절차를 정하는 일종의 특별법이다.

58 정조 9년(1785)에 「경국대전」과 별책으로 편찬한 「속대전」 및 여러 준수책을 모두 통합하고 조문을 당시 사회에 맞게 개정하여 편찬한 법전이다. 이 법전에 비총법(比摠法)이 등록되어 있다.

2) 지적업무 조직

조선시대 중앙통치조직은 의정부와 육조를 중심으로 편제되었고, 지방통치조직은 8도와 군현으로 편재되었다. 중앙에서 의정부 밑에 육조(이조·호조·예조·병조·형조·공조)를 중심으로 국가업무를 수행하고, 관리들을 감시하고 처벌하는 사헌부, 언론기관인 사간원(司諫院) 그리고 왕의 자문역할을 맡은 홍문관 3부와 왕권강화를 위한 직속 수사기구로 의금부, 왕명 출납을 담당하는 승정원(承政院)을 두었다. 그리고 서울의 행정과 치안을 담당하는 한성부와 역사서 편찬과 보관을 담당하는 춘추관, 최고 교육기관인 성균관 등이 중앙조직으로 편재되어 있었다.

지방조직은 전국을 8도(道)로 나누고 평안도와 함경도의 국경지대에는 양계(兩界)를 두어 전국을 하나의 중앙통치체계로 조직하였다. 이것은 지방에서 새로운 정치세력의 등장을 억제하고 효율적인 중앙통치를 지탱하며, 효과적으로 국방을 수행하기 위한 목적으로 편제된 중앙집권적 통치체제이다. 조선시대 지방행정조직은 관찰사(觀察使)와 군현제(郡縣制)가 핵심이다. 즉 지방관이 국왕과 백성 사이에서 연락 및 조정역할을 할 수 하도록 지방관의 재량권과 지위를 강화하였다. 전국의 지방조직은 외관(外官)이 파견되는 도(道)와 군현(郡縣), 그리고 외관이 파견되지 않는 면(面)과 리(里)로 구성된다. 도에는 관찰사(觀察使)를 파견하고, 군현59에는 수령(守令)60을 파견하였다.

① 군현 조직

조선시대에는 중앙의 6조 가운데 호조(戶曹)의 판적사(版籍司)61에서 전국의 지적업무를 총괄하였다. 판적사(版籍司)가 수행한 지적업무는 호구(戶口)·전지(田地)·조세(租稅)·부역(賦役)·공납(貢納)·진상(進上)·잠업(蠶業)·풍흉조사

---

59 조선시대 8도(道)를 구성하는 하위 행정구역으로 부(府), 대도호부(大都護府), 목(牧), 도호부(都護府), 군(郡), 현(縣)이 있었고, 이를 군현(郡縣)으로 통칭하였다.

60 조선시대 중앙에서 군현에 파견하는 수령(守令)은 부윤(府尹), 대도호부사(大都護府使), 목사(牧使), 도호부사(都護府使), 군수(郡守), 현령(縣令), 현감(縣監) 등으로 다양하였고, 이를 모두 수령(守令)으로 통칭한다. 이 가운데 부윤(府尹)은 가장 높은 관직으로, 국왕을 대신하여 지방의 마을을 직접 다스리는 목민관(牧民官)에 해당한다.

61 조선시대 호조(戶曹)에는 판적사, 회계사. 경비사가 소속되어 있었고, 이 가운데 판적사에서 지적업무를 포함하여 국가의 재정·경제 관련한 업무를 전담하였다.

(豊凶調査)·진대(賑貸)·염산(鹽酸) 관리 등 국가의 재정·경제업무가 핵심이다. 그리고 전제상정소·육전상정소·양전청과 같은 지적업무와 관련한 특별 기구를 설치하여 운영하였다.

수령이 파견된 각 군현(郡縣)에서는 호조(戶曹) 판적사(版籍司)의 통제를 받으며 6방(房: 이방·호방·예방·형방·병방·공방) 가운데 호방(戶房)에서 호구(戶口)·전지(田地)·조세(租稅)·부역(賦役)·공납(貢納) 등 지적업무를 수행하였다.

중앙의 판적사에서는 각 군현마다 양전사(量田使)를 파견하고 농업권장·전답 측량·전품 결정·양안 작성 등 양전(量田) 사무를 감독하였다. 군현에 파견된 양전사들이 양전업무를 감독하는 방법은 직접 양전하기도 하였지만, 대부분 수령이나 향리(鄕吏)가 서리(胥吏)와 함께 양전하여 작성한 기초자료를 바탕으로 양안을 작성하는 업무를 수행한 것으로 추정된다.

또 중앙의 판적사에서는 지방 군현의 수령과 향리·서리의 양전업무를 감찰하기 위하여 불규칙하게 균전사(均田使)를 파견하기도 하였다.

② 한성부 조직

서울의 지적업무는 호조 판적사의 통제를 받지 않고 한성부가 직접 수행하였다. 즉 서울지역에 한하여 한성부의 호방(戶房)이 호구(戶口), 전지(田地), 조세(租稅), 부역(賦役), 공납(貢納) 등 지적사무를 직접 수행하는 분권적 형태를 취한 것이다.

③ 임시 조직

조선시대 세종이 「공법」 제정을 위하여 임시로 전제상정소를 설치하였고, 세조는 「경국대전」을 제정하기 위하여 임시로 육전상정소 설치하였다.

또 조선시대 말 숙종은 국가조세의 기본이 되는 농경지를 정확히 조사·측량하기 위한 특별 임시기구로 양전청(量田廳)을 설치하였다. 이 양전청에서 1719년부터 1720년에 하삼도(전라도, 경상도, 충청도)를 양전하는 경자양전(庚子量田)을 실시하였다. 양전청은 대한제국시대 양지아문의 전신이라고 할 수 있다.

• 표 4-12 • 조선시대 지적업무 조직

구분	중앙	지방 군·현	서울	임시기구	
담당 업무	호구·전지·조세·부역·공납 등 업무		조세제도	양전	
담당 조직	의정부 ↓ 호조 ↓ 판적사	양전사 ↓ 수령 ↓ 향리·서리 ↑ 균전사	한성부 호방	전제상정소 육전상정소	양전청

3) 양전도구

「세종실록」에 따르면, 조선시대에는 간의(簡儀), 규표(圭表)와 같은 천문관측기기와 함께 양전 줄·기리고차(記里鼓車)[62]·인지의(印地義) 등 양전도구를 사용하였다.

• 기리고차(記里鼓車)

기리고차(記里鼓車)는 1441년 세종 때 만든 거리측정도구로서, 중국에서 유학을 하고 돌아온 장영실이 세종의 뜻에 따라 제작한 것으로 추정한다.

이것은 수레 형태로 바퀴의 직경이 119.15㎝인 2개의 바퀴가 1백 번 회전할 때마다 북을 울려서 10리(里: 4km)를 주행한 것을 알리는 방법으로 거리를 측정할 수 있도록 제작되었다. 그러나 기리고차(記里鼓車)는 평지에서 주행거리를 측정할 때는 유용하지만, 산지와 같은 험지에서 사용하기는 어렵다는 한계가 있기 때문에 산간지대에서는 보수척(步數尺)의 줄을 사용하였다. 조선시대 문종 때 제방공사에서 기리고차를 사용하여 거리를 측량했다는 기록이 있고, 기리고차의 구조는 홍대용이 저술한 과학저서 「주혜수용」에 기록되어 있다.

---

62 세종 23년(1441년) 3월 17일, 왕과 왕비가 온수현으로 가는 중, ... 처음 말이 끄는 초거(軺車)를 탔는데, 이 행차에 처음 기리고(記里鼓)를 사용하여 수레가 1리를 가게 되면 목인(木人)이 스스로 북을 쳤다는 기록이 있다. 기리고차는 중국 진나라(265~316년)에서 먼저 제작하여 사용하였고, 기리고차의 거리측정원리와 제작은 중국의 사서 「송사(宋史)」에 기록되어 있다.

- 인지의(印地義)

  인지의(印地義)는 세조 때(1466~1468년) 제작한 평판측량기구이다. 이 실물
  의 크기와 구조를 알 수 있는 자료는 없고, 1467년에 인지의를 이용하여 한
  양성(漢陽城)을 측량했다는 기록만 있다.

4) 양전사업

조선시대에는 개간 등으로 토지가 늘어나기도 하고, 토지 생산량이 증가하기도
하고, 또 진전(陳田)이 생겨 토지가 줄어드는 경우도 있기 때문에 「경국대전」
에서 20년마다 양전하도록 법으로 규정하였다. 양전의 내용은 경작지의 전품,
토지의 장광척 수 등을 파악하여 조세단위인 결·부·수를 조사하고, 경작여부,
소유자, 위치 등을 조사하였다.

양전을 하므로 농민들은 진전(陳田)에 대한 부당한 납세를 피할 수 있었고, 국
가의 입장에서는 늘어나는 가경전(加耕田)이 은결로 누락되는 것을 막을 수 있
기 때문에 양전은 국가의 매우 중요한 업무이었다. 그러나 실제로 「경국대전」
의 규정대로 20년마다 전국적인 양전 사업을 실시하지는 못하였다.

사료에 따르면, 조선시대 초기에 전국양전으로 시행한 것은 을유양전(乙酉量
田)·무신양전(戊申量田)이 있었고, 조선시대 중·후기에는 계묘양전(癸卯量田),
삼남양전(三南量田), 갑술양전(甲戌量田), 경자양전(庚子量田) 등이 실시되었다.

- 초기 양전 사업

  조선시대 초기에는 전국적인 양전 사업이 어느 정도 실시되었다. 「태종실록」
  에 따르면, 태종 5년(1405)에 평안도와 함길도를 제외한 6도 지역에서 을유
  양전(乙酉量田)이 실시되었다. 그리고 「세종실록지리지」에 따르면 세종 10년
  (1428)부터 세종 14년(1432)까지 전국적인 무신양전(戊申量田)을 실시하였
  다. 이 양전의 결과 양안에 등록된 총 결 수가 1,600,000결을 넘었고, 이것은
  고려 말 양안에 등록된 토지보다 3배가 된다. 따라서 무신양전은 조선시대
  전체에서 가장 많은 등록 토지를 양전한 성공적 양전 사업으로 평가된다.

- 중·후기 양전 사업

  임진왜란 이후 실시된 대규모 양전 사업은 「선조실록」에 기록된 계묘양전
  (癸卯量田)과 광해군 5년(1613)에 삼남양전(三南量田), 그리고 인조 12년

(1634)에 갑술양전(甲戌量田)과 숙종 45년(1719~1720)에 실시한 경자양전(庚子量田)이 있다.

계묘양전(癸卯量田)은 선조 36년(1603)에 경기도, 황해도, 강원도, 평안도, 함경도 5도에서 실시된 양전 사업이다. 또 광해군 5년(1613)에 중앙에서 균전사를 파견하여 충청도, 경상도, 전라도에 대한 삼남양전(三南量田)을 실시하였으나, 모두 수령들의 부실한 양전과 이에 대한 농민들의 원성만 사는 실패한 양전으로 평가된다.

한편 인조 12년(1634)에 시행된 갑술양전(甲戌量田)은 광해군 5년에 삼남양전을 실패한 후에 다시 삼남지역을 양전한 것으로, 임진왜란 이전의 전결 수에 거의 상응하는 등록 전결 수를 확보할 만큼 성공적인 양전으로 평가된다. 갑술양전은 양전척(量田尺)을 세종대왕의 공법에서 사용한 주척(周尺)이 아니라 갑술척(甲戌尺)을 사용한 것이 특징이다.

또 숙종 45년(1719)에 실시한 경자양전(庚子量田)은 2년에 걸쳐서 국가 조세대장을 새로 갱신하고, 삼남 지역(경상도, 전라도, 충청도)을 대상으로 은결을 척결하고 부족한 국가재정을 확보할 목적으로 실시하였다. 그러나 경자양전 역시 양반지주층의 극렬한 반대에 부딪쳐서 목표했던 전결 수를 확보하지 못하고 중단한 실패한 양전 사업으로 평가된다.63

경자양안 이후 18세기에는 더 이상 전국규모의 양전 사업은 없었고, 19세기에 대한제국시대에 광무양전(光武量田)으로 이어졌다.

5) 양안(量案) 작성

① 양안의 작성 목적

양안(量案)은 국가가 토지를 조사하여 등록한 토지기록부로서 오늘날의 토지대장과 같은 문서이다. 조선시대에는 전국을 대상으로 전답(田畓)뿐 아니라, 노전(蘆田)·저전(苧田)·완전(莞田)·칠전(漆田)·죽전(竹田)·송전(松田)·과전(果田), 심지어 가옥이 위치한 대지(垈地)·채전(菜田)까지도 모두 양안(量案)에 등록하여 군·현·면에 보관하였다.

---

63 경자양전 실시에 대하여 은결을 지키려는 양반토호, 수령 등 기득권자들의 반대와 양전을 추진하려는 숙종과 중앙관료가 충돌하였다.

조선시대에 양안을 작성한 목적은 국가가 조세를 징수하기 위한 것이기 때문에 양안은 조세대장의 성격이 컸지만, 한편으로는 조세자료를 확보하는 것 외에 국민의 토지소유권을 보호하기 위한 위한 목적으로도 양안을 활용하기 시작하였다.

② 양안의 작성 규정

조선시대에 양안을 작성하는 방법은 「경국대전」과 「속대전」에 규정되어 있다.

• 「경국대전」의 규정

조선시대 「경국대전」에서 20년마다 한 번씩 전국적인 양전(量田)을 실시하고, 이를 토대로 양안을 작성하여 호조 및 해당 도와 읍에 각각 1부씩 보관하도록 규정하였다. 이것이 우리나라에서 양전과 양안작성에 대한 최초의 법률이라고 할 수 있을 것이다.

그러나 실제로 전국규모의 양전을 실시하는 데는 많은 비용과 인력이 필요하기 때문에 전국적인 양전을 「경국대전」의 규정대로 20년마다 실시하지는 못하였고, 필요에 따라 지역단위로 양전이 이루어졌다.

• 「속대전」의 규정

18세기에 편찬된 「속대전」에서는 식년64마다 마을 단위로 토지의 비옥도와 경작여부를 조사하여 양안을 갱신하도록 규정하였다. 이것은 토지의 비옥도와 경작의 변화를 파악하여 조세대장에 반영하겠다는 취지이다.

③ 양안의 종류

조선시대 양안은 군·현·면 단위로 양안을 작성하고 비치하는 관청에 따라서 모군(模郡) 양안·모현(模縣) 양안·모면(模面) 양안으로 구분하였다. 그리고 토지의 종류와 토지소유자에 따라서 양안의 명칭을 다양하게 붙였다. 왕이나 왕실의 궁방전에 대한 어람양안·궁타량성책이 있었고, 영문(營門) 둔전과 아문(衙門) 둔전에 대한 양안, 개별 사유지에 대한 모택(模宅) 양안 등 다양한 종류

---

64 식년마다란 3년마다를 뜻한다. 「속대전」에서 규정한 식년(式年)은 조선시대 국가적 행사(호구조사, 과거시험, 양전 등)를 거행하기로 위하여 미리 정해 둔 해를 말한다. 조선시대 식년(式年)은 「속대전」에서 12간지(十二干支: 子, 丑, 寅, 卯, 振, 巳, 午, 未, 申, 酉, 戌, 亥) 가운데 3년을 주기로 드는 자(子), 묘(卯), 오(午), 유(酉)가 드는 해를 말한다.

의 양안을 제작하였다. 또 노비가 경작하는 전답에 대한 양안을 노비타량성책(奴婢打量成册)이라고 하였고, 이 밖에 특수 목적의 역토(驛土) 양안, 목장토(牧場土) 양안, 사원전(寺院田) 양안, 능원묘위전(陵園墓位田) 양안 등을 작성하였다.

고문서에 등장하는 조선시대 양안의 명칭은 양안등서책(量案謄書册)·전안(田案)·양전도행장(己亥量田導行帳)·성책(成册)·양명등서차(量名謄書次)·전답결대장(田畓結大帳)·전답결타량정안(田畓結打量正案)·전답타량책(田畓打量册)·전답타량안(田畓打量案)·전답결정안(田畓結正案)·전답양안(田畓量案)·전답행심(田畓行審)·전도행장(量田導行帳) 등 매우 다양하다.

또 지역에 따라서 경상도에서는 전안(田案), 전라도에서는 양전도행장(己亥量田導行帳)이라고 하였고 시기에 따라서 조선시대 대한제국이전에 작성한 것은 구양안(久量案), 대한제국시대 양지아문(量地衙門)과 지계아문(地契衙門)에서 작성한 양안을 광무양안(光武量案) 또는 신(新) 양안이라고 하였다. 대한제국시대 이전에 작성한 것으로 현존하는 대표적인 양안이 경자양안(庚子量案)이다. 경자양안은 숙종 45년에 경상도와 전라도의 토지를 양전하여 작성한 것으로 현재 규장각에 광무양안(光武量案)과 함께[65] 보관되어 있다.

이 밖에 규장각에는 내수사(內需司)·명례궁(明禮宮)·선희궁(宣禧宮)·수진궁(壽進宮)·어의궁(於義宮)·용동궁(龍洞宮)·육상궁(毓祥宮) 등의 양안이 보관되어 있고, 둔전양안으로는 규장각·기로소·봉상시·수어청·장용영(壯勇營)·종친부·총융청·충훈부·친군영(親軍營)·화성부(華城府)·훈련도감 등의 양안이 보관되어 있다. 또 역토(驛土)·목장토(牧場土)·사위전(寺位田)·능원묘위전(陵園墓位田) 등에 대한 양안도 규장각에 보관되어 있다.

④ 양안의 기록내용

조선시대 양안에는 자호(字號)와 지번(地番)·양전 방향·토지 등급·전형(田形)과 척(尺) 수(數)·결부(結負) 수(數)·사표(四標)·진기(陳起)·주(主) 등을 등록하였다. 조선시대에 양안의 기록내용은 다음과 같다.

---

[65] 경자양안(庚子量案)에 대해서는 경자양전에서, 광무양안(光武量案)은 대한제국시대 지적제도의 발달에서 자세히 살펴보기로 한다.

- 일자오결제(一字五結制)에 따른 자호(字號)와 지번(地番)

  「세종실록」에 따르면, 조선시대에는 오늘날 지번처럼 경작여부와 상관없이 양안에 등록된 모든 토지에 대하여 자호와 지번을 부여하였다. 자호는 일자 오결제 방식으로 토지 5결을 묶어서 '천자문(千字文)' 한 자씩을 순서대로 부여하였고, 한 자의 자호 내에서 소유권 단위로 1정(丁)을 구획하여 아라비아 숫자로 일련번호를 부여하였다.

  일자오결제의 5결은 물리적으로 정확한 면적의 '5결'이 아니라 복수의 필지 를 묶은 일정범위가 대략적으로 '5결'에 이른다는 개념으로 5결안에는 토지 소유권 단위에 해당하는 '정(丁)'이 오늘날 필지와 같은 단위 토지가 여럿 포함되어 있었다.

  일자오결제의 자호는 군·현단위로 부여하였다. 군·현별 평균 토지면적은 약 2500결 정도이고, 1결의 면적은 약 10000평방 척이기 때문에 군·현마다 천자문 500개 한자가 자호로 사용되었던 것으로 추측한다.

  일자오결제(一字五結制) 방식으로 자호(字號)와 지번(地番)을 부여하는 것은 「속대전」과 「대전통편」이 편찬된 조선시대 후기 경자양안(更子量案)에서 처음 사용되었다.

- 양전 방향

  양전방향은 한 자호 안에서 특정 지번(地番)의 토지가 그 앞 지번을 기준으로 어느 방향에 위치하느냐에 대한 것으로, 동범(東犯)·서범(西犯)·남범(南犯)·북범(北犯)으로 구분하여 기록하였다.

- 토지 등급·척 수·결부 수

  토지의 등급은 전분6등제와 연분9등제로 분류하였고, 지형은 방전(方田畓)·직전(直田)·구고전·제전(梯田)·규전(圭田) 5가지로 구분하였다. 척 수는 양전척(量田尺)으로 측정하여 기록하였고, 결부 수는 토지등급에 따라서 수등이척제로 타량하여 기록하였다.

- 사표(四標)

  사표는 토지의 위치를 나타내는 것으로 대상토지의 동서남북에 인접한 토지를 동모답(東模畓)·서모답(西模畓)·남모답(南模畓)·북모답(北模畓)으로 구분하고, 그 각각에 대한 경작자(기주)와 하천·도로 등의 지목 등을 조사하여 기록하였다.

사표를 사용한 이유는 조선시대까지도 토지등급과 수등이척제 결부법으로 토지의 결(結)·부(負)를 타량하고, 일자오결제에 따라서 자호와 지번을 부여하기 때문에 토지의 등급이 변하면 1결의 면적이 달라질 수 있고 1결의 면적이 변함에 따라서 자호와 지번만으로 토지의 위치를 정확하게 설명될 수 없다는 문제를 보완하기 위하여 사표를 양안에 표기하게 되었다.

다시 말해서 오늘날처럼 고정된 면적을 대상으로 지번을 부여하는 것이 아니라 토지 생산력의 변동에 결·부의 범위가 바뀌고, 이에 따라 자호와 지번이 바뀌는 상황에서 사표는 토지의 위치를 표기한 또 다른 방법이며, 지목 변경 혹은 토지 소유권에 대한 분쟁이 발생하였을 때 참고 자료로 활용되었다.

• 진기(陳起)

진기는 토지의 경작여부와 이에 따른 조세의 징수 여부를 나타내는 것이다. 「경국대전」에서는 경작여부와 이에 따른 조세의 징수여부를 기준으로 정전(正田)·속전(續田)·강등전(降等田)·강속전(降續田)·가경전(加耕田)·화전(火田)으로 토지를 구분하였다.[66] 진기를 실질 조사하여 양안에 기록하고, 이를 바탕으로 조세를 징수하는 일은 마을의 수령이 맡았다.

• 주(主)

주(主)는 지주(地主, 소유자)와 기주(起主, 경작자)로 구분하는데, 대체로 양안에는 기주(起主)를 기록하였다. 기주가 양반일 경우에는 직함이나 품계를 적은 뒤 본인의 성명과 가노(家奴)의 이름을 기록하고, 평민일 경우에는 직역과 성명을, 천민일 경우에는 천역(賤役) 명칭과 이름만 기록하였다.

그러나 실제로는 조선시대 양안에는 일정한 원칙없이 주(主)가 다양하게 기록하였다. 군현 양안의 경우에는 지주만을 기입한 경우도 있었고, 또 조선시대 말에는 소작권이 자주 변동됨에 따라 지주와 기주를 모두 기재하기도 하

---

66 정전(正田)은 휴경 없이 항상 경작하여 항상 조세징수가 가능한 토지, 속전(續田)은 휴경과 경작을 교대하여 경작 때만 조세징수가 가능한 토지, 강등전(降等田)은 토질이 저하되어 조세감면이 이루어진 토지, 강속전(降續田)은 조세감면이 이루어진 강등전 가운데 경작이 이루어져 조세징수가 가능한 토지, 가경전(加耕田)은 양안에 등록되지 않은 새 개간지로 조세율을 결정해야할 토지, 화전(火田)은 불태워 개간한 면세지이다.

• 표 4-13 • 조선시대 양전의 기록내용

등록 항목	자호·지번	양전 방향	등급	지형	척	결부	사표	진기	주
항목별 기록 방식	일자오결제에 의한 천자문의 자호와 아라비아숫자 지번	동범· 서범· 남범· 북범	전분6등제 연분9등제	방전· 직전· 구고전· 규전· 제전	양전척	수등이척제	동모답· 서모답· 남모답· 북모답	정전· 속전· 강등전· 강속전· 가경전· 화전	지주· 기주

였다. 또 궁방전 양안에는 기주를 궁방으로 표기한 경우도 있었고, 경작자·
중답주(中畓主)·궁방전의 매도자를 모두 기재하는 경우도 많았다.

⑤ 경자양안(庚子量案)67 형식과 내용

조선시대 후기 경자양안은 일부가 현존하고 있기 때문에 그 내용과 형식을 정
확히 알 수 있다. 경자양안은 무엇보다도 조세대장의 기능과 동시에 토지소유
를 증명하는 참고자료로 기능을 했다는 것이 큰 특징이다. 그리고 경자양안에
는 토지의 형상도를 삽입하여 오늘날 토지대장과 지적도의 기능을 통합한 양
안이라는 점이 또 하나의 특징이다.

경자양안은 다음과 같은 3단계 작업을 거쳐서 완성하였다.

- 첫째, 삼남의 도(道) 마다 2명씩 균전사(均田使)를 파견하여 토지를 타량
(打量) 하는 단계
- 둘째, 양전한 내용을 토대로 양안의 초안(草案)을 작성하는 단계
- 셋째, 양안의 초안을 바탕으로 정안(正案)을 작성하는 단계

토지 타량은 면 단위로 실시하였고, 초안은 군현 단위로 작성하였으며, 최종
정안은 균전사가 있는 도회소(都會所)나 감영(監營)에서 작성하였다.

---

67 현재 남아 있는 경자양안(토지대장)을 보면, 1719년에 전라도에서 실시한 양전을 기해양전(己亥量田), 1720년에 경
   상도에서 실시한 양전을 경자개량(庚子改量)이라 불렀지만, 학계에서는 이를 경자양전으로 통칭한다. 또 전라도의
   경자양안을 기해양전도행장(己亥量田導行帳), 경상도의 경자양안을 경자개량전안(庚子改量田案)으로 다르게 불렀
   지만 모두 경자양안(庚子量案)으로 통칭한다.

• 표 4-14 • 경자양안의 형식과 내용

지번·방향·등급·형상·지목 (地番·方向·等級·形狀·地目)	동서남북 장축 (東西南北 長軸)	결부 수 (結負 數)	사표(四標)	구·신(舊·新) 기주(起主) 신분과 이름
天字				
第二·北犯·三等·梯·畓	南北長五十六尺	四負七束	南愛生畓 東德成畓 二方月先畓	舊奴 金伊 起主 今龍洞宮時乬手 金德先
加 二拾一·南犯·一等·直·畓	東西長七十尺	十二負	二方同人畓 北高老田 東士人田	起主 今與善牧時良 李元用

* 자료: 김영학 외, 「지적학」. 2015.

• 표 4-15 • 경자양안의 작성 방법

구분	1단계	2단계	3단계
행정구역	면(面) 단위	군현(郡縣) 단위	도(道) 단위
작업 내용	타량(打量) 및 야초(野草) 작성	초안(草案) 작성	도 단위 초안 검토 군현 단위 정안(正案) 작성
실무자	양전 실무자	산사(算士)· 서사(書寫)	균전사: 초안 검토 산사, 서사: 검토자료에 근거하여 정안 작성

먼저 면 단위에서 토지를 타량할 때는 실무자를 4~5명으로 편성하고, 이 중 면 단위의 면도감이 토지타량을 감독하여 야초(野草)를 작성하였다. 군현에서는 산사(算士)와 서사(書寫)가 야초를 바탕으로 도도감(都都監)의 감독을 받으며 군현용과 균전사용 2부의 초안을 작성하였다. 마지막으로 각 도에 파견된 균전사는 군현에서 작성한 초안을 갑술양안과 대조하여 그 정확성을 검토하고, 균전사의 검토를 마친 초안은 다시 군현으로 보내지고, 이 검토안을 바탕으로 정안을 작성하였다.

전라도와 경상도는 경자양전으로 양안 작성을 완료하였으나, 충청도는 경자양안 작성을 완료되지 못한 것으로 추정된다. 그러나 경자양전 이후 조선시대 말에는 오히려 양전의 폐단이 심화되어 은결 조사를 통한 재정 확충에 큰 성과를 얻지 못하고 환곡으로 국가 재정을 보충하는 방법을 택하게 되었다. 이로써 조선시대 양전제도는 결총(結總)을 유지하는 기조로 전환되었고, 광무양전까지 대규모의 양전사업은 없었다.

⑥ 조선시대 양안의 한계

조선시대 양안작성의 목적은 조세장부 작성에 두고, 군·현·면 단위로 양전을 실시하여 양안을 작성하였기 때문에 개인별 토지소유면적을 정확하게 파악하기는 어려웠다. 그리고 양전 자체가 정확히 이루어졌다고 볼 수 없다. 다시 말해서 전답의 등급을 수령과 향리가 자의적으로 판정을 하고, 진전(陳田)·기전(起田)·정전(正田)·속전(續田)의 구분과 은결(隱結)·누결(漏結)에 대한 문제도 정확히 파악하지 못하였다. 양안에 기록된 토지소유주(지주) 혹은 소작인(시작)이 모두 실명(實名)이라는 보장도 없다.

따라서 조선시대 양안이 중요한 조세대장으로 활용했지만 토지현황이나 경작자료가 정확하지 못하다는 한계가 있다.

6) 토지거래와 입안제도

① 입안제도 도입

조선시대에는 토지의 불법 점유나 불합리한 상속의 폐단을 막고, 토지의 사적소유를 보장하기 위하여 입안제도를 실시하였다. 입안제도(立案制度)는 관청이 개인의 청원에 따라 토지의 매매·양도·결송(決訟)·입후(立後) 등에 대한 사실관계를 확인하고 토지소유권의 정당성을 보증하기 위해 도입한 토지소유권 보증제도이다.

입안(立案)은 관청이 청원자가 접수한 소지(신청서)의 내용을 심사하고 공증절차를 걸쳐서 인증된 공적문서이다. 조선시대에는 토지거래가 있은 후에 관청에서 입안을 받도록 하였다. 그러나 조선시대에 토지거래에 관한 입안제도가 잘 활용된 것은 아니고, 사실상은 유명무실한 제도로 조선 후기 고종 2년에 폐지되었다.

② 입안제도와 법률규정

• 「대명률」의 입안제도

세종 6년(1424년)에 토지매매를 공식적으로 허용하고, 토지를 매수한 사람은 「대명률」의 규정에 따라 최초의 입안을 받도록 하였다. 「대명률」[68] 규정에 따라 시행된 입안제도는 세계과할(稅契過割)의 절차를 밝아야 한다. 세계과할 절차란 입안 수수료에 해당하는 세전(稅錢)을 납부하고, 전적(田籍)에 등록된 토지소유자의 명의를 변경하는 과할(過割)이라는 소정의 절차를 통하여 토지소유권을 공증 받는 절차이다. 이런 절차를 '입안' 또는 '관사(官斜)'라고 하였다. 「대명률」에서는 토지를 취득해도 입안을 받지 않은 토지는 몰수 하는 것을 원칙으로 하였다.

• 「경국대전」의 입안제도

세조가 즉위하여 「경국대전」을 편찬한 이후에는 이 규정에 따라서 입안제도가 시행되었다. 즉 토지를 매매할 경우에는 계약이 성사된 날로부터 100일 이내에 관청에 입안을 신청해야 하고, 상속의 경우에는 1년 이내에 입안을 신청해야 한다. 이때 토지 매수인은 소지에 신·구(新·舊) 문기를 첨부하여 지방관청의 호방(戶房)에서 입안을 신청한다. 이에 대하여 관청의 수령은 소지와 첨부한 자료의 내용을 검토하고, 매도인·증인·집필인으로부터 매매사실에 대한 진술을 듣고 난 후에 문제가 없으면 입안을 발급하였다. 입안을 받은 매수인은 토지면적에 따라 정해진 작지(作紙, 수수료)를 납부해야 했다. 토지거래에 대한 「경국대전」의 상세 규정을 요약하면 다음과 같다.

첫째 5년 이상 점유한 토지·가옥에 대해서는 심리(審理)하지 않는다. 그러나 도매(盜賣)이거나 소송이 미결인 경우, 부모의 토지나 가옥을 분배하지 않고 합집(合執)한 경우, 병작하던 토지나 셋집을 갈취한 경우에는 기간에 관계없이 철저히 심리하여 판결하도록 하였다.

둘째 타인의 토지나 가옥을 불법으로 점거하는 자는 곤장(棍杖) 100대와 3년의 노역(勞役)에 처하고, 그동안의 손실을 모두 배상하게 하였다.

---

68 중국 명나라의 형법전(刑法典). 당나라의 법률을 참고하여 편찬했으며, 명례율·이율·호율·예율·병률·형률·공률의 일곱 편으로 이루어졌다. 조선시대 태조가 이 법전을 현실에 맞게 개정하여 1395년(태조 4)에 『대명률직해(大明律直解)』로 편찬하여 약 500년간 형법전으로 활용하였다.

셋째 합집 혹은 불공평한 상속을 하는 경우에는 판결을 거쳐서 국유지로 몰수하였다. 부모가 사망한 후에는 자녀들에게 토지를 분할하여 상속하고, 상속받은 자는 1년 이내에 관청에 상속에 대하여 입안을 받아야 한다.

- 「속대전」·「대전통편」·「대전회통」과 입안제도

조선 후기 「속대전」에는 토지거래를 취소할 수 있는 규정을 두어 거래가 발생한 날로부터 15일 이내에 매도인이 매매를 취소할 수 있었다. 또 「대전통편」에서는 토지·가옥을 매매한 후, 15일 간의 법적 유예기간이 끝나면, 100일 이내에 관청에서 입안(立案)을 받도록 하였다.

이와 같이 조선시대에는 입안제도를 통하여 토지의 불법적 점유나 불합리한 상속의 폐단을 막고, 사적소유의 정당성을 국가가 보증하고자 하였으나, 백성들로부터 큰 호응을 얻지는 못하였다. 특히 임진왜란 이후에 입안 없이 사(私) 문기만으로 토지거래가 이루어지는 백문매매(白文賣買)가 보편화되었고, 급기야 고종 2년(1865)에 「대전회통(大典會通)」에서 입안에 대한 조문을 모두 삭제하므로 조선시대의 입안제도는 완전히 폐지되었다.

③ 문기(文記) 작성

- 문기의 작성 방법

조선시대 토지·가옥을 매매하는 경우에 매수인이 관청으로부터 토지소유권 취득을 인증받기 위해서는 「경국대전」의 규정에 따라 매수자와 매도자가 합의로 작성한 매매계약서를 첨부하여 관청에 입안(立案)을 신청해야 한다. 이때 매수자와 매도자가 합의하여 작성한 매매계약서를 문기(文記)·명문(明文)·문권(文券)이라고 한다. 또 개인 매수자와 매도자가 작성한 문서라는 의미로 사(私) 문기라고 하였다.

토지·가옥을 매매하고 문기를 작성할 때는 당사자 외에 증인과 필집인(筆執人)이 있어야 하고 증인을 증보(證保)라고도 하는데, 원래 관직에 있는 사람으로 2~3인을 증인으로 세우도록 되어 있었으나, 실제로는 근친 또는 이웃 사람이 대신하는 경우가 많았다. 그러나 증인은 보증인이 아니라 계약체결의 사실을 입증하는 단순 입회자일 뿐이다.

문기 작성은 당사자들이 작성할 수 없고 집필자에게 의뢰하여 작성하는 것을 원칙으로 하였다. 문기는 일정하게 정해진 형식은 없었고, 자유롭게 토지의 소재·면적·가격·자호·사표·거래 사유 등을 기재하여 작성하였다. 면적은 결부·두락·일경을 모두 기재하고, 매도인·증인·필집자가 기명하고 서명하였다.

- 문기의 기능

토지소유권분쟁 시에 문기는 거래사실을 입증할 수 있을 유리한 근거자료로 기능을 하였다. 따라서 토지매매가 아닌 상속·증여 등 모든 소유권 변동이 발생하는 경우에 사(私) 문기를 작성해야 하고, 토지거래를 성립시키기 위해서는 매도인이 새로 작성한 신문기(新文記)와 함께 구문기(舊文記)[69] 일체를 매수인에게 인도해야만 한다. 만약에 구문기를 분실한 경우에는 관청으로부터 입지(立旨)를 발급받아서 구문기로 대신할 수 있다.

조선시대 양반들은 토지거래와 같은 것을 천한 일로 취급하고 노비에게 위임하여 토지거래에 대한 가격흥정과 계약절차를 진행하는 경우가 많았다. 이런 경우에 위임장을 패지(牌旨) 또는 패자(牌子)라고 하고, 매도인은 신문기와 함께 이 패지도 매수인에게 인도해야 한다.

- 문기의 종류

문기의 종류에는 자손 또는 친족에게 증여할 때 작성하는 화회문기(和會文記)와 전세(傳貰) 문기, 토지의 일부분에 대한 매매 혹은 기타 거래가 있을 때 본래 사 문기 뒤쪽에 그 내용을 기록한 배탈(背脫)문기와 전당문기(典當文記), 소작 문기 등이 있다.

토지·가옥의 매매계약서로 작성하는 문기에는 거래 연월일·매수인·매도 사유·권리전승의 유래·소재지·지번·면적·사표(四標)·대금 수수 내역·영영방매(永永放賣) 표기·본문기의 인도 여부(인도하지 않을 경우의 그 사유 기록)·매매에 대한 규약 등을 기재한 후, 매도인·증인·필집 자가 기명하고 서명하였다. 특별히 가옥을 매매하는 경우에는 초가나 기와집을 표시하고, 가옥 칸 수·울안의 대지 칸 수를 모두 표시하였다. 가옥이 위치한 부지와 대지 위의 입목(立木)의 수·종수(種數)까지를 기재하였다.

---

69 이것은 토지에 대한 권리전승의 과정을 증명하는 일체의 문서로서, 그 내력이 사실과 다름이 없으며, 매도인이 진정한 소유권자임을 증명할 수 있는 권원증서(權原證書)로 기능한다.

• 표 4-16 • 조선시대 문기의 종류

구분		내용
사(私) 문기	문기(文記)	토지 매도자와 매수자가 토지거래를 합의하고 작성한 거래계약서. 명문(明文), 문권(文券)이라고도 함
	소지(所志)	개인이 토지소유 사실을 공증받기 위하여 관청에 제출하는 청원서
공(公) 문기	완문(完文)	토지·가옥의 소유권분쟁에 대한 판결문, 과세지에 대하여 천재지변으로 인하여 허가하는 면세증명서, 국유지 소작자에게 발급한 전세증명서(田稅 證明書, 임대증명서)등 관청이 확정하여 발급하는 토지문서의 통칭
	입지(立旨)	원 문기를 분실한 토지소유자의 요청에 따라 관청이 사실에 대하여 발급한 공증문서. 불망문기(不忘文記)라고도 함
	절목(節目)	토지거래 또는 토지소유와 관련하여 국가가 제정하여 공포한 법적 규정. 지방관청에서 조세·부역 등의 감세 혹은 면세를 알리는 문서
	입안(立案)	개인의 청원에 따라 매매·양도·결송(決訟)·입후(立後) 등의 사실을 관청 이 확인하고, 뎨김(題音)70을 소지(所志)의 좌변 하단에 기입해 돌려주는 공증문서

④ 기타 공문기

입안제도와 관련되는 토지문서는 개인이 작성한 사(私) 문기와 관청이 작성한
공(公) 문기로 대분류할 수 있다. 사 문기는 사인 간에 거래계약서로 작성한 문
기 외에 토지소유권을 주장하며 관청에 제출한 청원서에 해당하는 소지(所志)
가 있다. 그리고 관청에서 토지소유를 공증하기 위하여 작성한 공(公) 문기로
완문·입지·절목·입안 등이 있다.

7) 가계(家契)와 지계(地契) 제도

임진왜란 후, 조선시대 말에 입안제도가 유명무실해지고, 고종 30년(1893)에
한성부를 중심으로 가옥에 대한 새로운 소유증명서로써, 가계(家契)를 발급하
는 가계제도를 도입하였다. 이것을 개항지·개시지(開市地)로 확대하여 개항으

---

70 백성이 관청에 제출한 소지(소장·청원서·진정서)에 대하여 관청이 처분을 내리고 소지의 하단 여백에 간단히 표
기한 문구. 한자 '題音'이지만 '뎨김'으로 읽었다. 이것은 청원에 대한 판결과를 별도의 문서로 작성하지 않고, 소지
의 여백에 간단히 표기해 주는 방식으로 뎨김을 받은 민원서는 소송(승소) 자료 또는 권리·특전의 증거자료의 효
력을 갖는다.

로 유입해 정착한 외국인들의 가옥에 대하여 가계(家契)를 발급하였다.

1876년 강화도조약을 체결한 후에 한성(漢城)에 외국인들이 많이 유입하였고, 점차 전국에 외국인 유입인구가 증가하여 외국인의 가옥 매매가 급증하였다. 또 1893년에 한성부에서 가계제도와 함께 가쾌제도(家儈制度)도 도입하여 가쾌업(家儈業)을 허가하였다.[71]

3. 전제개혁과 양전개정론(量田改正論)

1) 전제개혁과 양전개정론의 배경

조선시대에는 「경국대전」 규정에 따라서 양전을 실시하고, 양안을 작성하여 활용하는 등 중세 봉건지적제도가 한층 발전하였다. 그러나 중기이후에는 귀족관료들의 부패로 토지제도가 문란해지자 지식인을 중심으로 양정개정론이 제기되었다.

조선말 토지제도의 문란은 귀족관료들의 토지겸병으로 자영농민이 축소되고, 특권층의 탈조세가 만연하여 국가재정과 왕권이 약화되는 현상으로 나타났다. 18세기 후반에 토지제도의 문란을 국가 위기로 본 실학자들은 토지의 분급제도를 혁파하고, 양전개정을 통하여 전제개혁을 단행해야 한다고 주장하였다. 여러 실학자들이 제안한 양전개정의 공통된 방향은 경자유전(耕者有田) 원칙에 따라서 토지소유의 편중문제를 개선하고, 결부제 폐지와 정확한 양전을 실시하는 것이다. 그러나 실학자들이 제안한 양전개정론은 실제로 현실화되지는 못하였다.

2) 실학자들의 전제개혁과 양전개정론

조선시대 말에 양전개정론을 제안한 대표적인 실학자는 유형원·이익·박지원·정약용·서유구·이기·유길준 등이다. 이들의 사상과 주장을 살펴보면 다음과 같다.

---

71 거래 대금의 1% 수수료를 받고 가옥거래를 중개하고 거래계약서를 작성해 주는 업(業)이 가쾌업이다. 이것이 오늘날 부동산중개업으로 발전하였다.

- 유형원의 전제개혁과 양전개정론

  유형원(1622~1673)은 그의 저서 「반계수록(磻溪隧錄)」에서 「경국대전」에 근거하여 시행된 조선시대 양전제도의 근본적인 폐단이 은결(隱結)의 증가와 특권층의 대토지 겸병(兼倂)에서 비롯되었다고 진단하였다. 그리고 이를 해결하기 위해서는 결부제(結負制)와 토지사유제를 전면적으로 금지하고, 공전제(公田制)를 기반으로 하는 균전제(均田制)와 한전제(限田制)를 제안하였다. 유형원이 제안한 전제개혁론의 골자는 토지국유제를 의미하는 공전제(公田制)와 경자유전(耕者有田)을 기본원칙으로 모든 농가마다 1경(40두락)의 토지를 균등하게 분배하는 균전제(均田制)와 1경의 토지에서 얻어지는 소득의 1/10 조세를 징수하는 것이다. 그리고 누구나 일정 양(量) 이상의 토지를 더 소유할 수 없도록 하는 한전제(限田制)를 제안하였다.

  한편 유형원이 제안한 양전개정론의 핵심은 관리가 품계에 따라 최고 12경(頃)에서 최하 2경의 토지를 소유할 수 있으나, 소작경영은 금지하고, 관리와 일반백성을 불문하고 사망하면 받은 토지를 그대로 국가에 반납도록 한다. 또 이사를 가면 토지를 반납하고 새로운 지역에서 다시 분배받는다. 토지를 지급하거나 환수할 때는 증빙문서를 작성하고, 토지대장을 작성하여 관계 관청에서 보관하며, 엄격하게 관리하여 토지제도의 문란을 해결하자는 것이다.

- 이익의 전제개혁과 양전개정론

  이익(1681~1763)은 「성호사설(星湖僿說)」을 통하여 유형원의 균전제와 같이 토지를 재분배하려면 먼저 관료지주들의 토지를 몰수해야 하는 현실적 어려움이 있다고 지적하고, 점진적인 전제개혁안으로 새로운 한전제(限田制)를 제안하였다.

  이익이 제안한 한전론은 모든 농가에 최소한의 영업전(永業田)을 정해서 분배하는 방법이다. 이 영업전은 매매를 금하고, 영업전 이상의 토지를 매입할 때는 허락을 받도록 하며, 양안(量案) 작성을 바탕으로 문권(文券)을 발급하는 것이다. 즉 매매로 인하여 토지소유권의 이동이 발생하면 먼저 그 내용을 양안(量案)에 등록하고, 이를 바탕으로 문권(文券)을 발급하는데 대한 규정을 만들어 준수하도록 한다.

그러나 이익의 한전론으로는 이미 만연한 대토지 겸병문제를 해결할 수 없고, 경자유전의 원칙에도 맞지 않는다는 비판을 받았다.

- 박지원의 전제개혁과 양전개정론

박지원(1737~1805)은 「열하일기」를 통해서 「한전법(限田法)」 제정을 주장하였다. 즉 국가가 전국의 토지와 호구를 조사하여 1농가 당 평균 경작지 규모를 산출하여 균등하게 분배하고, 그 이상의 토지소유를 금지하는 법 제정을 제안하였다.

그러나 이것은 이미 소유하고 있는 토지소유권은 그대로 인정하고, 새롭게 토지를 더 소유하는 것을 금지하는 것으로, 유형원과 이익의 한전제(限田制)와 같은 비판을 받았다. 단지 토지소유를 제한하는 기준을 유형원과 이익은 영업전(營業田)의 규모로 한 반면, 박지원은 별도로 토지소유의 절대적 상한선을 정하고, 이를 넘어서 무제한적으로 토지를 소유하는 것을 막는 취지의 한전제를 제안하였다.

- 정약용의 정전제(井田制)·여전제(閭田制)

정약용(1762~1836)은 유형원, 이익, 박지원 등의 실학자들이 주장한 균전제(均田制)와 한전제(限田制)가 기존의 토지소유권을 그대로 인정하는 제도이기 때문에 토지소유의 불평등문제를 해결할 수 있는 전제개혁이 아니라고 주장하고, 정전제(井田制)와 여전제(閭田制)를 통하여 철저히 경자유전(耕者有田)의 원칙에 따른 전제개혁의 단행을 주장하였다.

그리고 「목민심서(牧民心書)」를 통해서 결부제(結負制)의 폐단을 지적하였고, 「경세유표(經世遺表)」에는 새로운 양전법으로 방량법(方量法)과 어린도(魚鱗圖)72 작성을 제안하였다. 어린도 작성을 위해서 각 농가별로 소유한 토지의 경계를 그리고 지번, 소재지, 지목, 면적, 조세 부담액, 토지 소유자 및 경작자의 이름을 기재하여 보고하도록 하고, 이것을 통합하여 전국 총도(總圖)에 해당하는 어린도(魚鱗圖)를 작성하자는 것이다. 그리고 이 어린도

---

72 어린도(魚鱗圖)는 중국의 「어린도책(魚鱗圖冊)」에서 유래하였다. 「어린도책(魚鱗圖冊)」 중국의 송(宋)대 이후, 명(明)·청(淸)대에 토지소유상황을 파악하여 조세를 징수할 목적으로 만들어진 토지도면이다. 이 「어린도책(魚鱗圖冊)」 머리에 총도(總圖)가 제시되어 있는데, 여기 그려진 필지(筆地)의 배열패턴이 물고기 등의 비늘 모양과 닮아서 어린도(魚鱗圖)로 부른다. 어린도 내부 일필지마다 자호, 두락 및 결부, 소유자를 기재하였다.

를 바탕으로 사방(四方) 1000보(步: 약1.8km)의 방전(方田)을 구획한 도면을 작성하는데, 이것을 휴도(畦圖)라고 하였다.73 휴도의 1방전(方田)을 1결(結)로 간주하고, 비옥도에 따라서 5등급으로 나누어 조세를 징수하며, 이런 양전 방법을 방전균세법(方田均稅法), 방량법(方量法), 방전법(方田法)이라고 하였다.

* 자료: 김륜희 외, 2010.
• 그림 4-2 • 정약용이 제안한 어린도

• 표 4-17 • 조선시대 실학자들의 전제개혁론과 양전개정론

구분	유형원	이익	박지원	정약용	서유구	이기	유길준
저서	「반계수록」	「성호사설」	「열하일기」	「경세유표」	「의상경계책」	「해학유서」	「서유견문」
전제 개혁론	균전제, 한전제	한전제	한전제	여전제, 정전제	둔전제	–	소유권증명제
양전 개정론	–	–	–	결부제 폐지, 어린도 제작	결부제 폐지, 방량법	망척제, 도면작성	전통도면 제작

정약용의 전제개혁은 「전론(田論)」의 여전제(閭田制)와 「경세유표」의 정전제(井田制)가 핵심이다. 그 내용을 요약하면 다음과 같다.

- 첫째, 여전제(閭田制)는 경자유전(耕者有田)의 원칙에 따라서 농사를 짓지 않는 관리나 상공인의 토지소유를 금지하는 것이다. 이를 위해서 30가구 내외의 자연부락, 즉 '여(閭)'를 단위로 협동농장을 구성하고, 여장(閭長)의 통솔 하에 공동 노동을 하며 생산물의 1/10 조세와 여장(閭長)의 월급을 제외한 나머지를 노동력에 비례하여 배분하는 방식이다.

---

73 휴도(畦圖)에서 휴(畦)는 경위선 방향으로 그려진 방전(方田)의 경계이고, 휴(畦)는 다시 25개 무(畝)로 구획되며, 무(畝) 안에 전답의 필지를 점선으로 그린다.

– 둘째, 정전제는 고대 중국의 하·은·주 시대에 시행된 고전 정전제(井田制)를 조선의 형편에 맞게 수정한 토지분배제도이다. 이것은 자연부락단위로 토지를 정(井) 자(字) 대열의 9필지로 구획하고, 중앙의 1필지 공전(公田)은 공동으로 경작하여 수확량의 100%를 조세로 납부하고, 주변의 8필지를 사전(私田)으로 분배하여 개별 경작과 개별 소유하는 방식이다.

정약용이 제안한 조선의 정전제(井田制)의 내용은 다음과 같다.

– 첫째, 산림이 많고 평야가 적은 우리나라의 지세(地勢)를 고려하여 고전 정전제(井田制)와 같이 정(井) 자(字) 형상으로 토지를 배분하는 것은 불가능하고, 정전제의 개념을 적용하여 10결(結)마다 1결의 공전(公田)과 9결의 사전(私田)을 분배하여 9농가가 1공전(公田)을 공동 경작하여 조세로 납부한 방법이다.
– 둘째, 1공전(公田)·9사전(私田)의 정전제(井田制) 운영에 대한 감시기구로 경전사(經田司)를 설치하여 음결(陰結)을 색출하여 저가로 매입한 후 공전으로 등록하는 것이다.
– 셋째, 주인이 없는 땅, 황무지, 궁방전, 위록전(衛祿田), 공수전(公須田), 내수사(內需司)가 소유하고 있는 토지, 지방 하위직에게 준 토지 등을 법을 만들어서 점진적으로 회수하도록 제안하였다.

• 서유구의 둔전제(屯田制)

서유구(1764~1845)는 「의상경계책(疑上經界策)」을 통하여 결부제의 폐단을 지적하고, 정약용과 같이 어린도(魚鱗圖) 제작과 방전법(方田法) 양전을 주장하였다. 그리고 소수 특권층을 중심으로 하는 지주전호제를 혁파하기 위한 전제개혁론으로 국영농장 형태의 둔전제(屯田制)을 제안하였다. 서유구가 제안한 양전개정론과 전제개혁론을 요약하면 다음과 같다.

– 첫째, 결부제를 폐지하고 정확한 양전을 위하여 방전법(方田法)으로 양전할 것을 제안하였다. 즉 전국을 일관되게 1방전(方田)을 1결(結)로 하는 구(區)를 확정하고, 이를 위해 양전전담기구를 설치하고 수리에 밝은 전문양전관리를 배치할 것을 제안하였다.
– 둘째, 전제개혁론으로 둔전제는 기존의 지주제를 완전히 철폐해야 하는

현실적 어려움을 고려하여 감조론(減租論)과 균병작론(均並作論)을 제안하였다. 감조론(減租論)은 지주전호제의 개선책으로 국가가 개입하여 소작료를 낮추는 것이고, 균병작론(均並作論)은 국가 개입하여 소작지를 소작인에게 균등하게 배분하는 방법이다.

- 이기의 망척제(網尺制)

  이기(1848~1909)는 「해학유서(海鶴遺書)」에서 수등이척제에 대한 개선책으로 망척제(網尺制)와 도면작성을 제안하였다. 망척제(網尺制)는 정방형의 격자망을 씌워서 토지면적을 양전하는 방법으로, 토지에 덮인 격자의 수를 계산하여 면적을 계산하는 방법이다.

- 유길준의 전통제(田統制)·전통도(田統圖)

  유길준(1856~1914)은 개화파의 인물로, 전면적인 양전을 실시하고, 토지소유권을 정확하게 파악하여 새로 등록하는 전제개혁을 제안하였다. 그리고 소유자가 변동될 때마다 지속적으로 지권(地券)을 발급하여 토지소유상황을 정확히 파악할 것을 주장하였다.

  양정개정론으로는 전통제(田統制)를 제안하였다. 즉 전국을 리(里) 단위로 양전하고, 전, 답, 임야, 하천, 도로, 취락 등 지목을 기재한 전통도(田統圖)를 작성하고, 이것을 종합하여 전국 지적도(地籍圖)를 제작하자는 것이다. 이렇게 제작한 전국의 지적도는 매년 지방관들이 관련 내용을 조사하고, 5년마다 군단위 지적도를 갱신하고, 10년마다 중앙의 지적도를 갱신할 것을 제안하였다.

학습 과제

1   고려시대에 전시과제도가 실시되기 이전 토지제도의 특성을 설명한다.

2   고려시대에 실시한 토지분급제도인 식읍제도·역분전제도·전시과제도의 특성을 각각 설명하고, 상호 차이점을 비교·설명한다.

3   전시과제도의 변천과정에서 시정전시과, 개정전시과, 경정전시과의 차이를 설명한다.

4   전시과제도에서 분급된 토지의 종류를 유형화하고, 각각의 특성을 설명한다.

5   전시과제도의 폐단에 대하여 원인과 내용으로 구분하여 설명한다.

6   고려 말에 사전개혁과 과전법이 등장한 배경에 대하여 설명한다.

7   고려시대 양전제도에 사용한 단일양전척(單一量田尺)과 수등이척(隨等異尺)의 특성을 비교·설명한다.

8   고려시대 조(租)·용(庸)·조(調)의 조세제도와 답험손실법(踏驗損失法)에 대하여 설명한다.

9   고려시대 지적업무 조직을 전기와 후기, 중앙과 지방으로 구분하여 설명한다.

10   고려시대 지적업무와 관련하여 임시조직을 설치한 동기와 내용을 설명한다.

11   고려시대 양안의 내용을 추정할 수 있는 역사적 자료와 그 내용을 설명한다.

12   고려시대에 도입한 정전제(丁田制)와 자호제(字號制)에 대하여 설명한다.

13   조선시대 과전법의 배경과 내용을 설명한다.

14   과전법이 직전법(職田法), 관수관급제(官收官給制), 녹봉제(祿俸制)로 변천하는 과정을 설명한다.

15   과전법체제에서 분급된 토지의 종류를 유형화하고, 각각의 특성을 설명한다.

16   조선시대 조세법에 해당하는 「공법」의 변천과정과 전품6등제·연분9등제에 대하여 설명한다.

17   「경국대전」의 전분6등제와 수등이척제 양전규정에 대하여 설명한다.

18   「경국대전」의 전분6등제와 조세규정에 대하여 설명한다.

19   「속대전」의 영정법 조세규정과 「대전통편」의 비총법 조세규정을 비교·설명한다.

20   조선시대 양안작성에 대한 「경국대전」의 규정과 「속대전」의 규정을 비교·설명한다.

21   조선시대 양전에 기록한 내용과 기준에 대하여 설명한다.

22 조선시대 경자양전과 경자양안에 대하여 설명한다.

23 조선시대 입안제도와 가계(家契)·지계(地契) 제도의 특성을 설명한다.

24 조선시대 문기 등 입안제도와 관련되는 문서의 종류와 특성을 설명한다.

25 조선시대 양전개정론이 등장한 배경·대표학자·학자별 주장 내용을 설명한다.

제5장 근대지적제도의 발달과 전개

제5장 왼쪽 라벨: <u>제5장</u>

근대시대라 함은 강화도조약으로 개항을 한 이후부터 일제식민지시대까지를 말한다. 여기서는 이 기간 동안의 지적제도를 근대지적제도로 분류하고, 근대 개혁기·대한제국시대·한일합방시대 지적제도의 특성을 살펴보기로 한다.

제1절 │ 근대개혁기 반봉건적(反封建的) 지적제도

1. 반봉건적(反封建的) 지적제도의 발달배경

- 개항과 근대문화의 유입

  1876년 강화도조약에서부터 1894년 갑오개혁까지 근대개혁기에 미국·영국·독일·러시아·프랑스 등 구미지역의 열강들과 외교관계를 맺고, 서구 자본주의가 우리나라 시장에 유입하기 시작하였다. 조일수호조약으로 치외법권(治外法權)을 획득한 일본은 부산·원산·인천 등을 차례로 개항하고, 개항장을 통해 우리나라의 미곡과 금을 싼 가격으로 수입해가면서 영국산 면제품을 비싼 값으로 판매하는 중개무역으로 경제적 이익을 얻어가기 시작하였다. 이렇게 자본주의 문화가 유입하는 시점에서 조선시대 양반관료·서리·향리 등 지배계급은 사치와 탐욕을 일삼고, 매관매직를 하며 불법·부당한 무명잡세로 농민들의 조세부담을 가중시켰다.

- 농업자본가의 등장

  근대개혁기에는 절대적 왕권통치와 지주제 토지소유구조, 숙명적인 지배−종속의 신분관계, 유교사상이 지배하던 중세 봉건사회의 구습에 저항하는 반봉건적 내부 환경에서 서구 자본주의 문화가 유입되기 시작되었다.

근대개혁기에는 중세 봉건적 토지소유관계, 즉 사회적 신분과 결합된 토지소유관계에서 벗어나서 순수한 경제적 목적에 따라서 형성되기 시작하였다. 또 토지이용패턴이 수확량에 대한 곡물지대를 부담하는 전통적인 소작제에서 벗어나서 도지법1과 화폐지대2를 부담하며 소대규모 농업활동을 전개하는 농업자본가가 등장하기 시작했다.

• 동학농민운동과 갑오개혁

동학농민군은 전제개혁과 관료지주제의 폐지를 요구하였다. 동학운동 선언문에서 '국토는 왕토(王土)이고, 왕토는 공유지이므로 누구나 공평하게 분배받아 경작할 수 있어야 한다.'고 균전론을 요구하였다. 그러나 동학농민군은 정부군과 일본군의 진압으로 자진해산하였다. 이를 계기로 일본군이 우리나라에 계속 주둔하며 친일개화파로 구성된 김홍집 내각과 내통하며, 1894년 6월 25일 군국기무처가 갑오개혁을 단행하였다.

2. 갑오개혁과 근대지적제도의 발달

1) 중앙 지적업무조직

1894년에 친일정권이 추진한 갑오개혁은 중앙행정관제를 의정부와 궁내부로 구분하여 재편하였다.3 의정부 밑에 외부·내부·탁지부·군부·법부·학부·농상공부 등 7부를 편성하고, 이 가운데 내부가 인구와 토지를 관리하는 지적업무를 담당하였다.

---

1 도지법은 일정 금액을 소작료로 정하여 부담하는 임대료 방식으로 봉건시대 생산량을 기분으로 부담하는 분익제(分益制) 병작형태와 대립되는 개념이다. 도지법은 소작(임대) 기간이 반영구적이며, 소작(임대)인의 뜻에 따라 재계약을 할 만큼 소작(임대)인의 자율권이 확대된 소작형태이다. 이것은 주로 역토, 둔토, 궁방전 등 국유지를 대상으로 중답주(中畓主)가 등장하여 높은 화폐지대를 얻는 근대적 소작방식이다. 그러나 후에 통감부가 역둔토정리사업을 실시하여 중답주를 없애고 국가가 직접 조세를 징수함으로 도지법은 사실상 소멸되었는데, 이것은 우리나라가 근대자본주의적 토지경영을 지연하는 원인이 되었다.

2 지대(地代)는 남의 땅을 빌려서 사용하고 내는 대가로서 고대시대 노예제 노동지대, 봉건시대 병작제 생산물지대에서 근대시대에는 화폐지대로 전환하였다. 1894년 갑오개혁을 통해서 국가 지세도 화폐지대로 전환하였다.

3 중앙부처를 의정부와 궁내부로 재편한 것은 국가업무와 왕실업무를 구분하기 위한 취지이다. 이전까지 조선왕조의 중앙행정은 왕실업무와 국가업무가 구분 없이 수행되었다.

「내부관제」에 따라서 내부를 주현국·토목국·판적국·위생국·회계국 5국으로 나누고, 이 중 판적국(版籍局)을 다시 호적과와 지적과로 구분하여 의정부-내부-판적국-지적과가 지적업무를 전담하게 되었다. 이것으로 우리나라 역사상 최초로 '지적(地籍)'이라는 용어가 중앙행정관제에 등장하게 되었다.

이런 관점에서 우리나라는 갑오개혁을 근대지적제도의 태동기라고 한다. 이 당시 「내부분과규정」에 따라서 판적국-지적과가 담당한 업무는 다음의 3가지이다.

- 지적(地籍)에 관한 사항
- 세금이 없는 관유지의 처분 및 관리에 관한 사항
- 관유지의 명목변환에 관한 사항

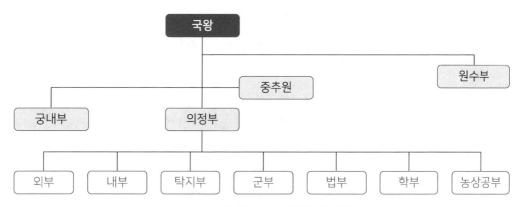

• 그림 5-1 • **갑오개혁으로 재편한 중앙행정관제**

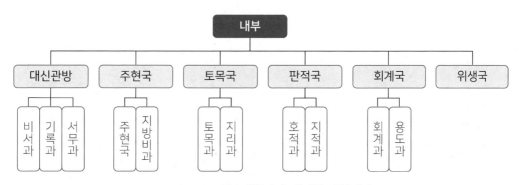

• 그림 5-2 • **갑오개혁에서 재편한 내부관제**

2) 조세개혁

갑오개혁에서는 전제개혁에 앞서서 1895년 8월 25일에 「지세 및 호포전에 관한 건」의 법률을 제정하고 지세개혁(地稅改革)을 단행하였다. 그 내용은 다음과 같다.

- 일체 무명잡세를 없애고 모든 지세를 하나로 통일하였다.4
- 지세와 지대를 금납화5하고 미곡상(米穀商)을 통하여 현금으로 식량을 유통시켰다.
- 1결을 단위로 지세를 징수하는 호포제6를 도입하여 봉건적 신분제에 따른 조세의 불공정성을 차단하였다.

그러나 이상의 갑오개혁으로 국가의 조세수입은 증가하였으나7 소작농민의 조세부담은 가중되었고, 그 내용은 다음과 같다.

- 첫째, 갑오개혁은 새로운 양전과 양안작성을 하지 않고 구 양안에 기초하여 허결·가결·은결을 그대로 유지한 채로 지세를 부과하는 방법만 개혁했기 때문에 오히려 소작농의 지세부담이 커진 것이다.
- 둘째, 토지소유자가 지세를 납부하지 않았고, 소작인이 지대와 지세를 2중으로 부담하는 불합리한 문제가 그대로 유지되었다.
- 셋째, 갑오개혁은 일본의 간섭으로 추진된 근대개혁의 하나로 반일저항에 부딪쳐 조세개혁을 넘어서 전제개혁으로까지는 진행할 수 없었고, 이로 인하여 을미사변과 아관파천 같은 대혼란을 겪게 되었다.

---

4 갑오개혁 전에 규정에 없는 무명잡세가 10여종에 달했다.
5 세액 산정은 종전과 같이 1결당 곡물생산량을 기초로 결정한(결렴화) 후에 이것을 화폐로 변환하였다.
6 세금으로 포(옷감)를 가구(호) 단위로 걷는 조세제도이다. 호포제는 조선 후기 흥선 대원군이 실시한 것으로, 당시 일반 백성들은 삼정(전세·군포·환곡)의 문란으로 큰 고통을 받고 있었는데, 이 중 군포와 관련해 시행한 것이 호포제이다. 종래까지 군포는 일반 양인 남성에게만 부과하였으나 호포제 도입으로 양반층을 포함한 모든 농가에 군포를 동등하게 부과하고자 한 것이다. 그러나 양반층의 반대로 완벽하게 시행되는 못하였다.
7 허종호, 2권, P.224. 1896년 국가 지세수입총액이 1,477,681원에서 1909년에 6,434,483원으로 4.4배 증가하였다. 농민이 부담해야 조세는 평균 100냥에서 30냥으로 줄었다.

3) 갑오개혁이 근대지적제도 발전에 미친 영향

갑오개혁으로 근대지적제도가 발달할 수 있는 발판이 마련되었다고 볼 수는 없다. 이것은 갑오개혁이 조선시대의 부정확한 양전과 양안을 정비하여 허결·가결·은결 등을 색출하여 농민들에게 부당하게 부과된 조세 문제를 해결하지는 못했기 때문이다.

조선시대 말에 토지개혁을 단행하여 새로운 양전을 실시하고 새 양안을 작성하고 이를 바탕으로 근대지적제도가 발달할 수 있는 발판을 마련한 것은 대한제국시대 광무개혁이다.

제2절 | 대한제국시대 근대지적제도의 발달

1. 대한제국시대 근대지적제도 발달배경

1) 광무개혁과 광무양전

갑오개혁에 대한 내부 저항의 후유증으로 을미사변과 아관파천을 겪은 고종은 1897년에 대한제국정부를 선포하였다. 독립 국가의 연호를 광무로 하고, 황제로 즉위한 고종황제는 강한의지를 가지고 광무개혁이라는 근대개혁을 단행하고, 조선왕조를 새롭게 재건하고자 하였다. 고종이 단행한 광무개혁의 제1과제는 전제개혁, 즉 토지제도의 개혁이었다. 이를 위해 토지측량을 전담하는 독립관청으로 양지아문을 설치하고, 전국을 새롭게 양전하여 새 양안 작성을 추진하였다. 인조 12년(1634년)에 갑술양전을 실시한 이후로 오랫동안 전국적인 양전이 제대로 이루어지지 못한 상태에서 조선왕조가 마지막으로 실시한 대규모 개혁이 광무개혁이다. 이를 통하여 근대적 지적제도와 토지소유권증명제도를 확립하고자 하였다.

2) 광무양전의 「양전사목」

광무개혁을 위해 대한제국 정부는 「양전사목」을 제정하고, 양지아문과 지계아문을 설치하여 양전과 토지개혁을 단행하였다.

광무양전의 목적은 단순히 양안의 오류를 바로잡는 수준을 넘어서 토지소유관계의 정당성을 조사하여 토지소유권증명제를 확립하는 것이다. 따라서 대한제국은 1898년에 광무양전에 필요한 「양전사목」을 제정하였는데, 이 「양전사목」의 기본이념이 구본신참이다. 구본신참이란 토지소유자를 정확히 파악하여 부당한 토지소유관계를 바로잡는 것을 기본목표로 하기보다는 기존의 토지소유관계는 그대로 인정한 상태에서 토지의 소유경계와 면적을 새로 정하는 것이다. 구본신참의 「양전사목」에 따른 광무양전의 특징은 2가지로 요약할 수 있다. 하나는 양안에 시주(소유자)와 시작인(소작인)을 모두 등록하는 것이고, 또 하나는 양안에 토지의 형상도(形狀圖)를 등록하는 것이다. 토지의 형상도는 양전 현장에서 모든 필지의 형상을 양안에 그려넣고 주변에 접한 토지의 현황을 사표로 기재하는 방식으로 작성하였다.

광무양전은 한성에서 시작하여 점차 지방으로 확산하며, 기존의 양안에 등록된 토지면적의 증감을 정확히 조사하여 바로잡는데 중점을 두었다.

2. 대한제국시대 근대지적제도 전개

1) 양안전담기구 설치

① 양지아문

대한제국은 1898년에 「양지아문직원 및 처무규정」을 공포하고, 탁지부 산하에 광무양전을 전담할 독립관청으로 양지아문(量地衙門)을 설치하고 지적업무를 내부 판적국 지적과로부터 이관하였다. 양지아문을 설치한 목적은 전국적으로 토지의 소유자와 경작자를 재조사하여 조세제도를 정비하기 위한 것이었다.

양지아문의 중앙본부에 내부대신·탁지부대신·농상공부대신 3명을 총재관으로 하고, 2명의 부총재관을 두었다. 측량기술인력으로 3명의 기사원, 10명의 기수보, 6명의 행정담당자 서기를 두었다. 3명의 기사원 중 1명의 수기사(首技師)를 미국 측량기술자로 초빙하여 한성부 측량8과 전국의 측량인력양성9에 활용하

---

8   1899년 4월 1일부터 한성부 측량을 실시하여 1900년에 한성부지도를 완성하였다.

9   1898년 7월 14일 양지아문 총재와 미국인 크럼(Raymond Edward Leo Krumm, 한국 이름 거렴)이 초빙계약서에 서명하고, 1899년부터 4월 1일부터 서울에서 근대적 측량으로 한성부지도를 작성하며 양지아문의 수강생들을 교

고자 하였으나 중추원의 반대와 국가재정문제에 봉착하여 오래 지속하지는 못하였다.

양지아문은 각 도(道)에 1명의 양무감리를 파견하여 지방의 양전실무를 총괄하고, 견습생들이 양안을 작성하여 중앙의 양지아문에 제출하도록 하였다. 각 군현에는 1~4명의 양무위원을 두고 양전실무를 수행하였다.

양지아문을 통해 1897년부터 1901년까지 전국 124개 군의 토지를 새로 양전하고 양안을 작성하였다. 그러나 1902년에 지계아문을 설치하여 양전업무를 통합하고 양지아문을 폐쇄하였다.

② 지계아문

지계아문(地契衙門)은 토지소유자에게 지계(地契)라는 토지소유증명서를 발급할 목적으로 설치하였다. 토지소유자에게 지계를 발급한다는 것은 국가가 토지소유권을 공인함과 동시에 토지소유권의 변동을 법적으로 관리하는 근대적 토지소유권 공시제도를 도입한다는 것을 의미한다.

1901년에 지계아문을 처음 설치할 당시에는 양지아문에서 양전하여 작성한 양지아문 양안에 근거하여 지계만 발급할 목적이었으나, 사실상 양전과 지계 발급이 밀접히 연관성을 갖는 업무이기 때문에 1902년에 양지아문의 양전업무를 기계아문으로 통합하고 양지아문을 폐쇄하였다.

지계아문의 중앙관직에는 총재관 1명·부총재관 2명·위원 8명·기수 2명을 두고, 각 도마다 1명의 지계감리는 파견하였다. 지계감리는 지방의 수령(부윤·목사·군수·현령)을 통치하는 관찰사10와 같은 지위를 부여하고, 양전과 양안 작성 및 지계 발급에 대한 실무를 총괄하였다.

2) 광무양전과 광무양안

① 광무양전의 실적

1908년에 간행된 「증보문헌비고」에 따르면, 양지아문과 지계아문을 통하여 전

육하였다.

10 관찰사는 조선시대 중앙에서 각 도에 파견한 지방 행정의 최고 책임자로써, 임금을 대신하는 지방 장관으로 도내의 군사와 행정을 지휘 통제하였다.

• 표 5-1 • 「증보문헌비고」에 나타난 광무양전 실적

도	양지아문 실시	지계아문 실시	합계
경기도	15	5	20
충청북도	17	10	27
충청남도	22	16	38
전라북도	14	12	26
전라남도	16	–	16
경상북도	27	14	41
경상남도	10	21	31
강원도	–	16	16
황해도	3	–	3
합계	124	94	218

체 9도 218개 군에 대한 양전을 완료하였다. 이것은 평안도와 함경도를 제외한 총 273군 가운데 80%에 해당하는 실적이다. 또 지계아문에서는 전국 100여 개 학교에서 지적측량 교육도 진행하였다.

② 광무양안의 형식과 내용

• 광무양안의 형식

광무양전은 양지아문과 지계아문을 통하여 이루어졌고, 그 결과를 바탕으로 작성된 광무양안은 현재 규장각 등에 보관되어 있다. 양지아문에서 읍·면의 양전실무자들이 작성한 중초본을 군현의 양무위원이 검토하고, 이 검토 자료를 넘겨받은 견습생들이 양안의 정서본을 작성하였다.

한편 지계아문에서는 양전실무자들이 직접 양안의 정서본을 작성하였다. 필지별로 작성하는 양안의 정서본은 한 면에 2부를 작성한 후 절취하여 1부를 중앙에 보관하고 1부는 지방의 읍·면으로 보내 지적장부로 활용하였다.

양지아문 양안은 4단(段)으로 작성하였고, 지계아문 양안은 7단으로 작성하였다. 그리고 양지아문 양안은 가로로 긴 서식이고, 지계아문 양안은 세로로 긴 서식으로 작성하였으며, 면(面) 단위 부책으로 편철하여 보관하였다.

• 표 5-2 • 양지아문 양안의 4단 구조

자호·양전방향·전형·지목·야미수(칠, 座)		사표·사표도형·장광척수	면적척수·전품·결부수	시주·시작 명
漁	第九 北犯·兩直田·田, 十칠	東路 / 南 二炳 一田 · 西李鐘元田 · 北 愼寧元 田 · 五十三柒 · 五十二伍	六百三十一· 肆等·玖負貳束	時主 李象圭·作
	第十二 北犯·梯帶直田·田·一座	東山 / 南 李象圭 田 · 西李炳甲田 · 北 愼寧元 田 · 二十三 九十七 · 肆十五	三千二伯九十八· 肆等·拾柒負伍束	時主 愼寧元·作

* 자료: 김영학 외, 지적학. 2015.

• 표 5-3 • 지계아문 양안의 7단 구조

자호·양전방향·전품·전형·지목·야미수(칠, 座)	장광척수	면적척수·결부수	두락, 일경 수	동서 사표	남북 사표	시주명
光						
第1 東犯·三等·直畓 十五 칠	南長 一白四十尺 廣長 十九尺	積 貳千六百六十尺 結 壹拾捌負陸束	伍斗三升落	東渠· 西金士守畓	南山· 北文時中畓	時主 極樂菴
第3 北犯·肆等·直畓· 二十七 칠	南長 一白十尺 廣長 二十五尺	積 二天七百五十尺 結 拾伍負拾壹束	伍斗伍升落	東河洛元畓 西渠	南河景善畓 北仝人畓	時主 韓善可

* 자료: 김영학, 지적학. 2015.

- 광무양안의 내용

4단 구조의 양지아문 양안은 1단에 자호·양전방향·전형·지목·야미수(배미)를 기록하였고, 2단에 사표·토지 형상도·장광척 수을 기록하였다. 그리고 3단에는 면적척 수·전품·결부 수, 4단에는 시주와 시작의 이름을 기록하였다. 그리고 7단 구조의 지계아문 양안은 1단에 자호·양전방향·전형·지목·야미수를, 2단에 장광척 수, 3단에 면적척 수·전품·결부 수, 4단에 두락·일경 수, 5단에 동서방향의 사표, 6단에 남북방향의 사표, 7단에 시주의 이름을 기록하였다. 양지아문 양안과 지계아문 양안의 특성을 비교하면 다음과 같다.

- 첫째, 양지아문 양안에는 토지의 형상도를 묘사한 반면에 두락·일경 수를 등록하지 않았다. 반면에 지계아문 양안에는 토지의 형상도를 묘사하지 않고 두락·일경 수를 표기한 것이 특징이다.
- 둘째, 양지아문 양안에는 시주(時主)와 시작(時作), 대주(垈主)와 가주(家主), 전주(田主)·답주(畓主)와 작인(作人)을 모두 기재한 반면, 지계아문 양안에는 시작(時作)을 기재하지 않고 시주(時主)만 기재한 것이 특징이다. 단 지계아문 양안의 경우 기관이나 궁방에 속한 토지에 대해서는 시

· 표 5-4 · 양지아문 양안과 지계아문 양안의 비교

구분	양지아문 양안				지계아문 양안			
규격	35.9cm × 62.3cm				47.6cm × 39.5cm			
합철·분철 단위	1면 당 → 1권의 책				1면 당 → 1~2권의 책			
등록항목	자호, 양전방향, 전형, 지목, 야미수 (집, 座)	사표, 사표도형, 장광척 수	면적척 수, 전품, 결부 수	시주, 시작 명	자호, 양전방향, 전형, 지목, 야미수 (집, 座)	장광척 수	면적척 수, 전품, 결부 수	
					두락, 일경 수	동서 사표	남북 사표	주인 명
주인 및 작인 이름	時主–時作, 垈主–家主, 田主·畓主–作人				時主, 作(기관 토지)			
진전 여부	주인 란에 진전(陳田), 응탈(應頉) 표기				주인 란에 진주(陳主), 락주(落主), 진무주(陳無主) 표기			

작(時作)을 기재하였다.

- 셋째, 양지아문 양안에는 진전(陳田, 오래 묵혀둔 땅)·응탈(應頉, 재해지역 땅)의 경우에는 토지현황과 진주(陳主)를 기재하지 않았다. 그러나 지계아문 양안에는 진주(陳主)·락주(落主)·진무주(陳無主) 등 진전에 대해서도 소유자를 기재하였다.

지계아문 양안은 지계(地契) 발급을 염두에 두고 작성한 양안이기 때문에 토지소유권과 관계없는 항목을 과감하게 생략한 반면에 진전(陳田)까지도 토지소유자를 기재할 만큼 토지소유권에 관한 내용은 양지아문 양안에 비해서 매우 상세히 파악하여 기재하였다.

3) 지계제도

① 지계(地契)와 지계제도

1901년에 지계아문(地契衙門)을 설치하고 「지계아문 직원 및 처무규정」을 제정하여 지계를[11] 발행하였다. 이때 구 양안이나 구 문기 상의 토지소유권을 그대로 인정하는 구본신참(舊本新參) 원칙에 따라서 지계를 발급하였다. 이것이 광무개혁이 부정하고 불평등한 조선시대 토지소유관계를 해결하는 토지개혁으로 평가받지 못하는 이유이다.

지계는 한 면에 3부를 작성하고 중앙의 절취선에 관인을 찍어 절취한 후에 지계아문, 지방의 읍·면, 토지소유자에게 1부씩 수령하였다. 지계제도는 그 목적이 조선시대 입안제도와 유사하지만 내용과 방법에서는 한층 더 발전한 근대적 토지소유권 증명제도로 평가된다.

② 지계의 내용과 형식

지계에는 토지의 소재·자호·면적·결수·사표와 소유자의 사항을 기록하였다. 그리고 지계발급이 이루어진 후에 토지매매가 발생하면 토지매매증명서를 작성하고, 지계와 함께 이 매매증명서를 매입자와 지방관청이 보관하도록 하였다. 지계작성과 관련해서는 「지계감리응행사목」을 제정하여 준수하였고 토지소유

---

11 지계는 토지소유권증명서로서 관계·공전·지권·계권·문권(文券) 등으로 다양하게 불렸다.

자를 시주(時主)로 통일하여 표기하였다.[12] 광무양안에 시주(時主)로 기록된 사람이면 누구나 그 소유배경이나 토지규모 또는 토지소유자의 사회적 신분에 상관없이 지계를 발급하였다.

따라서 대한제국시대에 중소지주들은 물론, 소규모 자영농민에 이르기까지 소유한 토지에 대해서 법적 소유권을 확실하게 보증되는 환경이 조성되어서 더 이상, 권세가들로부터 토지를 강매·도매 당하는 일이 없게 되었다. 이런 의미에서 지계제도는 근대적 토지소유권증명제도로로 평가된다.

한편 「지계감리응행사목」에 따라 대한제국은 외국인에게 지계 발급을 허용하지 않았다. 이것으로 외국인들이 우리나라에서 토지를 소유할 수 없게 하기 위한 것이었으나, 1904년에 일본과 한일의정서를 체결하면서 지계제도가 폐지되고, 이 규정도 무효가 되었다.

• 표 5-5 • 대한제국의 지계 서식

契地土田韓大								
日	月		年		光武			
	時主		結數		字		所在	
各地方測地契監理	漢城則地契總裁官	住	結負束	形 等 積 落 耕	號 四表 東西 南北	府署 群芳 面契	第印官號	
		道郡面里	府署坊契					
姓名官長	姓名官長							

契地土田韓大								
日	月		年		光武			
	時主		結數		字		所在	
各地方測地契監理	漢城則地契總裁官	住	結負束	形 等 積 落 耕	號 四表 東西 南北	府署 群芳 面契		里
		道郡面里	府署坊契					
姓名官長	姓名官長							

* 자료: 허종호, 「조선토지제도발달사」, 1992.

---

12 광무양전 전까지 양안에 기록한 토지소유자는 진(陳, 땅을 묵혀둠)·기(起, 땅을 경작함)의 여부에 따라서 진주(陳主, 경작하지 않는 토지의 소유자)·기주(起主, 양안에 등록된 소유자)·시주(時主, 현재 소유자) 등이 복잡하게 기록되었다.

1904년에 한일의정서에 합의하므로 근대적 지적제도와 토지소유권증명제도를 확립하고자 했던 대한제국의 광무계획은 무산되고 말았다.

• 표 5-6 • 대한제국의 토지매매증명서 서식

大韓土田賣買証						
光武　　年　　月　　日						
地方則郡守　府則府尹　地方則書記	漢城則判尹　牧則牧使　漢城則署主事長　姓名	價金	契地坵　買受主　賣渡主　道府　郡署　里坊	字　號　四表　東　西　南　北	所在　府署　群芳　面契　里	第印官號

大韓土田賣買証					
光武　　年　　月　　日					
地方則郡守　府則府尹　地方則書記	漢城則判尹　牧則牧使　漢城則署主事長　姓名	價金	契地坵　買受主　賣渡主　道府　郡署　里坊	字　號　四表　東　西　南　北	所在　府署　群芳　面契　里

* 자료: 허종호, 「조선토지제도발달사」, 1992.

• 표 5-7 • 조선시대 입안제도와 지계제도의 비교

구분	입안제도	지계제도
시기	조선시대	대한제국시대
기능	토지소유권증명서	
문서 작성 방법	서술식	개조식
토지소유자	토지소유자를 통일되게 표기하지 않고, 이름과 주소를 불명확하게 표기	토지소유자를 시주(時主)로 통일하고, 이름과 주소를 명확히 표기
토지의 표시	토지의 소재지, 사표, 면적, 형상에 대한 부정확한 표기	토지의 소재지, 사표, 면적, 형상의 정확한 표기
관리 주체	토지소유자	토지소유자와 국가

3. 근대토지조사사업의 기반조성

1904년 일본과 한일의정서를 체결하고 1905년에 통감부 설치와 내정간섭이 시작되면서부터 일본에 의해 근대지적제도와 토지소유권증명제도를 도입하기 위한 준비가 시작되었다.

일제 통감부는 한일합방 후에 조선토지조사사업을 계획하고, 대한제국의 마지막 5년간을 이를 위한 사전준비기간으로 활용하였다. 이 기간 동안에 통감부는 사전준비로 중앙의 일행관제를 개편하고, 역둔토정리사업·시범사업을 실시하였다. 그리고 대구시가지토지측량규정제정·삼림법 제정 등을 통하여 토지조사와 임야조사에 대비하였다. 이와 동시에 결수연명부와 과세지견취도작성 등 토지조사를 완료하기 전까지 임시 조세장부를 준비하였다. 또 조선토지조사사업을 위하여 토지조사국 설치 및 토지조사법 제정 등을 추진하였다.

1) 중앙관제와 지적담당조직 개편

일제 통감부는 한일합방 준비 작업으로 1904년에 지계아문을 폐지하고 지적업무를 탁지부 양지국으로 이관하였다. 그리고 1905년에 「탁지부 양지국 관제」를 제정하고, 탁지부를 관방·사세국·사계국·이재국·임시재원조사국으로 편성하고, 임시재원조사국에서 지적업무와 토지조사업무를 주관하였다.

임시재원조사국을 제1과(총무과), 제2과(측량과), 제3과(세무조사과)로 분류하고, 제1과에서 지적행정에 관한 총무업무를 맡고, 제2과에서 지적측량과 지적장부작성업무를 담당하였으며, 제3과 채무조사과에서 역둔토정리 사업을 추진하였다.

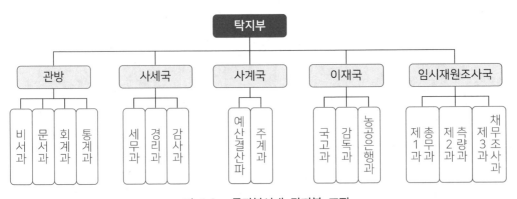

• 그림 5-3 • **통감부시대 탁지부 조직**

2) 역둔토정리 사업

• 역둔토정리 사업의 목적

통감부는 탁지부 임시재원조사국 채무조사과를 중심으로 역둔토(驛屯土) 정리 사업을 추진하였다. 이를 위해 1908년에 「역둔토 관리규정」을 제정하였다. 이 규정에 따라 그동안 여러 관청에 흩어져 있던 역토(驛土)13와 둔전(屯田)14 및 궁방전을 모두 역둔토로 통합하여 국유지로 편입시켰다.

통감부가 역둔토정리 사업을 추진한 목적은 최대한 넓은 국유지를 확보하기 위한 것이다. 조선시대 후기에 역졸이나 군병이 직접 개간한 무세 유토(有土)의 관둔전과 수조지에 해당하는 무토(無土) 관둔전이 있었다. 여기에 과도한 조세부담에 시달리던 자연농민들이 자신의 민정을 관둔전에 투탁하는 경우가 많았다. 그런데 역둔토정리 사업에서는 이 투탁전을 모두 국유지로 편입하였다. 이런 배경으로 역둔토에 포함된 자영농민의 민전을 대상으로 한일합방 이후에 조선총독부가 추진한 토지조사사업에서 많은 소유권분쟁이 발생하였다.

• 역둔토대장과 역둔토도 작성

역둔토정리 사업은 1907년부터 1908년까지 추진되었고, 이를 통해서 왕실과 여러 관청에 속한 역토(驛土)·둔토(屯土)·궁장토(宮庄土) 등을 조사하여 국유지(國有地)로 편입하고, 이에 대한 역둔토대장과 역둔토도를 작성하였다.

   – 역둔토대장: 「역둔토 관리 규정」에 따라 역둔토대장을 작성하였다. 역둔토대장에 등록되는 토지는 전·답·대·잡종지 4종으로 구분하였고, 필지별로 소재·지목·지번·면적·사표·토지의 종류(둔토·역토·궁장토 등..)·토지 등급·소작료·소작인의 주소와 이름 등을 기재하였다.

     토지면적의 단위는 평(坪)을 사용하였고, 역둔토 소작인이 제출한 1필 1매

---

13 역토는 역참에 부속된 토지로, 역의 일반 경비와 소속 이원(吏員)의 봉급 및 말을 양육하는 데 필요한 비용을 마련할 수 있도록 일정한 부속지로, 관리의 숙박에 소요되는 경비를 충당하는 공수전(公須田), 행정에 쓰이는 지전(紙田), 역장의 수당에 충당하는 장전(長田) 등이 포함된다.

14 둔전은 중앙 및 지방의 각 병영과 행정관청의 군수 및 경비에 충당하도록 설정된 토지이며 방벌군(防伐軍)이나 인근 농민·노비 등에 의하여 지주소작제로 경영되었다. 둔전은 원래 변경이나 군사요지에 설치하여 군량을 충당하는 의미의 국둔전(國屯田)이었으나 조선 후기에 이르러 새롭게 나타난 영문둔전(營門屯田: 軍門屯田이라고도 함.)과 아문둔전(衙門屯田)이 관청경비를 보충하는 관둔전(官屯田)이 생겨났고, 주로 중앙의 관청에서 설치하였다.

의 신고서를 바탕으로 역둔토대장을 작성하였다. 동리단위로 지번을 부여하였으며, 지번 순으로 200매씩 역둔토대장을 편철하여 면단위로 관리하였다.

- 역둔토도: 1909년에 탁지부 훈령에 따라서 역둔토를 포함한 전국 국유지에 평판측량을 실시하고, 역둔토도에 해당하는 국유지실측도를 작성하였다. 축척은 1:1200으로 면단위로 제작하였다. 역둔토는 이 국유지실측도를 투명지에 투사하여 소도를 만들고, 그 소도에서 역둔토가 아닌 필지를 말소(소거)하는 방법으로 작성하였다. 역둔토도에는 등급·지목·소작인의 이름과 주소를 연필로 기재하였다. 그리고 소도 위에 붉은 색으로 역둔토의 필지 경계를 표시하였다.

3) 근대토지조사사업을 위한 시범사업

• 대구시가지 토지측량시범사업

통감부는 한일합방과 동시에 조선토지조사사업을 추진할 목적으로 대구시가지를 대상으로 토지측량시범사업을 추진하였다. 시범사업에 적용하기 위하여 1907년에 「대구시가지토지측량규정」과 「대구시가지토지측량에 관한 타합사항」, 「대구시가지토지측량에 대한 군수로부의 통달」을 제정하였다.

- 「대구시가지토지측량규정」: 행정경계와 도근점의 제도방법, 도근측량과 세부측량 및 면적계산 방법에 대한 규정이고, 이것은 우리나라 최초의 지적측량규정이며, 근대지적제도의 기틀을 마련한 모법(母法)의 의미를 갖는다.

- 「대구시가지토지측량에 관한 타합사항」: 1필지 측량에 필요한 행정경계, 지목 분류, 1필지의 조건과 경계구획 방법, 양입지 처리 등에 관한 우리나라 최초의 규정이다.

- 「대구시가지토지측량에 대한 군수로부의 통달」: 경계표지의 설치와 관리 및 토지측량 입회에 관한 규정이다.

• 서울시 지적도제작 시범사업

1908년에 탁지부에서 서울 광화문 앞 육조(六曹) 거리를 측량하여 관청의 정확한 크기와 위치를 표시한 1/500 축척의 한성부 지적도를 제작하였다. 이 중 29매가 현재 서울시 종합자료실에 보존되어 있다. 이 한성부 지적도는 가로 450cm·세로 300cm로 가로가 길 직사각형 도곽의 채색본으로 제작하였다. 동 이름, 지번, 지목, 경계, 전차길, 동간 행정구역 경계선 등을 기재하였다.

- 경기도 부평군 지적공부제작 시범사업

  1909년에는 경기도 부평군 지역에서 세부측량과 도근측량에 대한 시범사업을 실시하고 토지대장과 지적도제작을 시범 작성하였다.

4) 「산림법」 제정과 임야소유권제도 도입

통감부는 1908년에 「산림법」을 제정하고, 1911년까지 임야소유권을 신고하도록 하였다. 이를 위해서 임야소유자들은 개별적으로 임야를 측량하여 임야면적과 민유임야약도를 작성하고, 이를 첨부한 '지적보고서(地籍報告書)'을 부·군을 통해서 농상공부대신에게 제출하도록 하였다. 이 보고서가 제출하지 않은 산림은 모두 국유지로 편입되었다. 이로써 우리나라의 최초 임야소유권제도가 도입되었다.

민유임야약도는 우리나라 최초의 임야실측도이며 채색으로 작성하였다. 범례, 등고선, 소재, 면적, 소유자, 축척, 사표, 측량연월일, 방위, 측량자의 이름 등을 기재하고 날인하였다. 그러나 민유임야약도에는 지번은 기록하지 않았고, 일정하게 정해진 기준없이 측량자가 임의로 축척을 결정하여 작성한 것이 특징이다.

그리고 1918년 한일합방시대에 「조선임야조사령」에 따라서 조선임야조사사업을 실시하면서 대한제국시대에 '지적보고서(地籍報告書)'를 제출하지 않아 국유지로 귀속되었던 민유임야에 대한 소유권을 다시 민간에게 회복시켰다.

5) 결수연명부 작성

통감부는 1907년 「결수연명부 규칙」을 제정하고, 구 양안을 바탕으로 민유지에 대한 조세대장으로 결수연명부(結數連名簿)를 작성하였다. 결수연명부는 부·군·면단위로 토지소유자가 아니라 소작인을 중심으로 작성하였다.

이 결수연명부는 한일합방 후에 토지조사사업을 실시하여 새 토지대장 작성을 완료할 때까지 소작인에게 조세를 징수하기 위해 임시로 사용하기 위해 제작한 조세대장이다. 따라서 조선총독부가 토지조사사업을 실시하여 새 토지대장 작성이 완료된 후 토지대장을 바탕으로 새로운 조세대장인 지세명기장(地稅名 寄帳)이 비치될 때까지 이 결수연명부를 사용하였다.

결수연명부에는 토지의 소재·자호·지목(전·답·택지·잡종지 등)·면적·결수· 결당 지가·지세액·소작인의 주소와 이름을 상세히 기록하였기 때문에 조세대 장으로 사용하는 것 외에 조선총독부가 조선토지조사사업에서 기초자료로도 활용하였다.

6) 토지조사국 설치와 「토지조사법」 제정

• 토지조사국 설치

통감부는 1910년 3월에 「토지조사국관제」를 제정하고, 이 규정에 따라서 탁 지부(度支部) 산하에 전국 토지조사사업을 총괄하는 중앙기구로 토지조사국 을 설치하였다.

토지조사국의 중앙조직은 서무와 회계를 담당하는 총재관방과 토지소유자 조사와 지적장부를 작성하는 조사부, 삼각측량과 측지측량을 실시하고 지적 도를 작성하는 측량부로 편성하였다. 토지조사국의 인적구성은 총재와 부총 재 각각 1명, 부장 2명, 서기관 3명, 사무관 5명, 기사 7인, 주사 128명, 기수 278명 등 총 425명으로 조직하고, 지방(대구·평양·전주·함흥)에 토지조사국 출장소를 두었다.

• 「토지조사법」 제정

토지조사국 설치와 함께 토지조사사업에 필요한 사항을 규정하기 위하여 「토지조사법」을 제정하였다. 이 법을 통해 전국 토지조사사업의 필요성과 취지를 고시하였다. 즉 토지소유권을 명백히 조사하여 지적장부에 등록하므 로 토지소유권을 보호하고, 동시에 정확한 토지가격을 조사하여 공평과세를 실현하기 위한 목적으로 전국 토지조사사업을 실시한다고 고시한 것이다. 그러나 사실상 토지조사사업을 추진한 가장 주된 목적은 조선총독부가 소유 할 토지를 확보하기 위한 데 있었다고 할 수 있다.

「토지조사법」은 총 15개 조문으로 구성되었고, 그 주요 내용은 다음과 같다.

－ 필지별 지번을 부여에 대한 규정

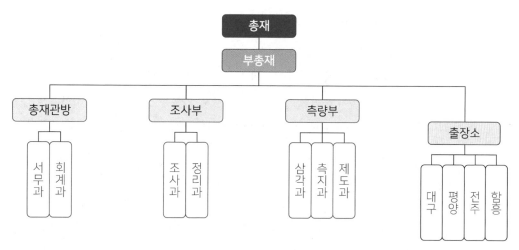

• 그림 5-4 • 대한제국 토지조사국 조직

- 지목을 18종(전·답·대·지소·임야·잡종지·사사지·분묘지·공원지·철도용지·수도용지·도로·하천·구거·제방·성첩·철도선로·수고선로)으로 구분하여 부여하는데 대한 규정
- 토지측량단위에 대한 도량형법 통일 규정
- 토지조사사업에서 토지소유자가 토지신고서 제출하는데 대한 규정
- 토지소유자 및 토지경계에 대한 사정(査定) 방법과 절차에 대한 규정
- 토지소유자 및 토지경계의 사정(査定)에 대한 이의신청과 재심에 대한 방법과 절차에 대한 규정
- 토지조사를 통한 토지대장 및 지적도 작성 방법 및 토지소유권의 발행에 관한 규정
- 토지조사사업과 관련한 벌금 규정
- 토지조사사업의 대상 토지에 대한 규정
- 이 법률시행에 필요한 「토지조사법 시행규칙」·「고등토지조사위원회규칙」·「지방토지조사위원회규칙」 제정에 관한 규정

7) 토지가옥증명제도 도입

조선시대 처음으로 토지·가옥의 소유권 증명제도로 도입된 것이 입안제도이다. 이것이 대한제국시대에 가계·지계제도로 발전하였고 다시 통감부체제에서

토지가옥증명제도로 전환되었다.

- **토지가옥증명제도의 배경**

  갑오개혁을 통해서 외국인의 토지 소유를 금지하였으나 개항과 함께 유입한 일본인들이 불법으로 우리나라의 토지·가옥을 점유하기 시작하였다.[15] 대한제국은 1901년에 지계아문(地契衙門)을 설치하고 지계발급을 시작하였으나, 개항장이 아닌 곳에서 외국인이 토지를 소유할 경우에는 지계를 발급하지 않았다. 그러나 1904년에 통감부가 지계아문의 업무를 탁지부 양지국(量地局)으로 이관하고 지계제도를 폐지한 후부터 토지가옥증명제도를 도입하고 일본인들이 우리나라의 토지·가옥을 자유롭게 소유할 수 있도록 합법화하였다. 대한제국의 통감부는 토지소유권증명제도와 관련하여 1906년 「토지가옥증명규칙」을 제정하고, 이 규정에 따라서 토지와 가옥의 소유를 증명하는 '토지가옥증명서'를 발급하였다. 그리고 토지나 가옥을 매매·증여·교환·전당할 때는 이 증명서에 통장 또는 동장을 거쳐서 군수 또는 부윤의 인증을 받으면 외국인도 토지가옥증명서를 받을 수 있게 되었다.

  그리고 1908년에는 「토지가옥증명규칙」을 「토지가옥소유권증명규칙」으로 개정하고, 이 규정에 따라서 그 이전에 토지·가옥을 취득한 사람에게도 '토지가옥증명서'를 발급하였다.

- **「토지가옥증명규칙」 제정**

  1906년에 통감부는 「토지가옥증명규칙」을 제정하여, 내국인과 외국인을 구분하지 않고, 누구나 토지·가옥을 매매·증여·교환·전당할 수 있게 하였다. 이 규칙에 따라 누구든 '거래계약서'에 통수(統首) 또는 동장의 인증을 받은 후에 군수 또는 부윤으로부터 토지소유권 증명을 받는 것으로 토지·가옥소유에 대한 완전한 권한 취득이 완료되는 효력이 발생하게 되었다.

- **「토지가옥소유권증명규칙」 제정**

  「토지가옥증명규칙」으로 소유권의 귀속을 증명하는데 한계가 있다는 판단에

---

15 강화도조약에서 국제통상조약에 따라서 외국인은 조계지 밖의 토지 및 가옥을 점유할 수 없었으나 이 조약을 어기고 우리나라의 농경지와 산림을 점유하였다. 심지어 약장사, 박물학자로 가장한 측량대를 파견하여 곤충채집, 광물 탐사를 한다는 명목으로 우리나라 각지를 돌아다니며 측량을 실시하고 토지조사사업에 필요한 기초자료를 수집하였다.

따라서 1908년 새로 제정한 것이 「토지가옥소유권증명규칙」이다.

이 새 규칙에 따라서 토지·가옥에 대한 매매·증여·교환·상속·신축 등 어느 것이든 적법하게 토지·가옥소유권을 취득할 수 있고, 부윤 또는 군수가 토지가옥소유권증명서를 발급하되, 2개월의 이의신청 기간을 두고 이의가 없으면 이 증명서를 발급받을 수 있도록 하였다.

그러나 이 규칙 역시 토지가옥대장을 기초로 한 것이 아니라, 토지거래 사실에 기초한 제도라는 점에서 「토지가옥증명규칙」과 큰 차이가 없지만, 이것은 조선총독부가 「조선부동산증명령」을 제정할 때까지 시행되었다.

제3절 | 한일합방시대 근대지적제도 확립

한일합방시대 조선총독부가 전국적으로 실시한 토지조사사업은 중세 봉건지적제도를 청산하고 근대지적제도로 전환하는 계기가 되었다고 할 수 있다. 이하에서 한일합방시대에 조선총독부가 추진한 토지조사사업과 이에 따른 근대지적제도의 전개과정을 살펴본다.

1. 조선토지조사사업

1) 토지조사사업의 준비

① 토지조사사업의 목적

조선총독부가 한일합방과 함께 우리나라 전국의 토지조사사업을 실시하고 1필지에 대한 토지소유자와 면적·지목·지가 등을 조사하여 지적대장에 등록하여 공시하므로 근대지적제도가 확립되었다고 할 수 있다. 조선총독부가 토지조사사업을 추진한 구체적 배경과 목적은 다음과 같다.

- 첫째, 근대 토지소유권제도를 확립하기 위함이다. 통감부체제에서 토지가옥소유증명제도를 도입하여 토지·가옥에 대한 소유권증명서를 발급했지만, 토지의 절대면적이나 위치 등이 여전히 불명확한 상태로 남아 있었고, 특히

결부제(結負制)에 기초하여 토지의 절대면적이 부정확하고, 토지의 위치를 지정하는 지번부여도 체계적이지 못하였다. 따라서 필지별로 정확한 면적과 위치를 파악하고 토지소유권에 대한 법적 권한을 보장하기 위한 것이다.

 – 둘째, 국유지를 확대하기 위함이다. 중세 봉건사회에서 수조지를 분급하는 토지분급제도에서는 국유지와 사유지에 대한 구분이 모호하였고, 이 둘을 명확히 구분하기 위해 역둔토 정리사업을 실시하는 등으로 최대한 국유지를 확대하여 조선총독부의 토지를 확보하기 위함이다.

 – 셋째, 조세확대와 관련된다. 수령과 향리가 전담하던 조선시대 조세체계로는 효과적인 조세수취가 어렵다고 판단하고, 국가가 직접 납세자와 납세액을 관리할 수 있는 조세체계를 정비하기 위함이다.

② 임시토지조사국 설치

조선총독부는 대한제국시대에 설치했던 탁지부 산하의 토지조사국을 폐지하고, 1910년 9월 조선총독부 산하에 임시토지조사국을 설치하였다.

임시토지조사국은 국장 밑에 정무총감(일본인)을 두고, 총무과·기술과·조리과·

· 표 5-8 · **임시토지조사국 조직**

부서 편재			담당 업무
임시 토지 조사국	총무과	비서계	기밀문서, 직원관리, 직원 복무, 관인관수, 사무원 및 기술인 양성
		회계계	예산, 결산, 출납, 용도, 관유재산관리, 청내단속, 고용원의 감독, 영선
		계정지계	분쟁지조사 및 심사
		서무계	의안, 기타 문서심사, 토지조사위원회 사무, 인쇄, 문서의 수발, 보존, 편찬, 통계보고 및 국보 발행, 지방경제 및 관습조사
	기술과	삼각계	삼각측량의 계획과 실행
		지형계	삼각, 도근, 세부측량 및 제도의 감독
	조리과		면, 리, 동의 명칭 및 강계조사, 지위등급조사
	측지과		도근, 세부측량계획실시, 토지소유자신고서 검사
	지도과		지적도 작성, 토지면적 산출
	정리과		토지대장 및 기타 부속장부 작성, 이동지 정리

측지과·지도과·정리과 6분과로 편재하였다. 이 임시토지조사국의 중앙 본부에서 전국 토지조사사업을 총괄하고, 임시토지조사국장이 토지소유권에 대한 최종 사정(査正) 권한을 가졌다.

지방에 임시토지조사국의 지국과 출장소를 두고 토지조사업무를 진행하고 1918년에 전국 토지조사사업을 모두 완료한 후에 임시토지조사국을 폐국하였다.

토지조사사업을 위하여 임시토지조사국 산하에 다음과 같이 위원회를 설치하였다.

- 지주위원회: 가장 말단에서 토지조사업무를 지원하는 조직이다. 토지소유자들이 접수한 토지신고서와 대한제국시대에 작성한 지계 및 양안을 종합적으로 활용하여 토지소유권 확정에 필요한 기초자료 작성을 주로 하였다. 또 토지신고서를 제출한 지주들에게 자호, 사표, 지목 및 지주명 등을 기재한 측량표지 막대를 강계 주변에 세우고 실지토지조사에 입회하도록 안내하는 일도 맡았다. 위원회는 임시토지조사국에서 파견한 조사과장을 중심으로 부윤, 군수, 면장 및 면단위 토지조사요원, 헌병, 순사, 지주총대, 일본인 지주, 우리나라 지주 등으로 구성되었다.

- 지방토지조사위원회: 도 단위에 설치한 토지조사사업의 자문기구로써 주로 임시토지조사국장의 토지소유권 사정에 필요한 현지정보를 지원하였다. 그리고 분쟁지에 대한 최종 토지조사자료를 임시토지조사국에 제출하기 전에 1차로 분쟁을 조정하는 역할도 하였다. 위원장은 도지사가 맡고, 5명의 심사위원으로 구성되었다.

- 고등토지조사위원회: 임시토지조사국장의 최종 토지소유권 사정에 불복하여 재결을 요청하는 분쟁지에 대한 재결기구이다. 임시토지조사국장을 총재로 총독부의 고위관리(농상공부장관, 고등법원장, 내부부장관, 한성지방법원장, 총무국장 등)를 위원으로 구성되었다.

③「토지조사령」제정

1912년 8월에 대한제국 탁지부 토지조사국에서 제정한「토지조사법」을 폐지하고, 토지조사사업에 적용할 세부 법령으로 새「토지조사령」을 제정하였다.「토지조사령」은 토지조사에 필요한 모든 사항을 규정한 법령으로 토지신고서 작성 및 토지관습조사 등 준비조사에서부터 일필지조사, 분쟁지 조사, 토지소유권 사정까지 그 절차와 방법에서 이 법을 준용하였다.

④ 과세견취도 작성

토지조사사업을 진행하는 1911년에 대한제국시대 통감부에서 작성한 결수연명부에 등록된 토지의 대략적 위치와 형상을 파악할 목적으로 과세지견취도(課稅地見取圖)를 작성하여 임시 조세 보조 자료로 활용하였다.

⑤ 측량기준점 설치 및 측량인력 양성

통감부는 우리나라의 중앙에 대삼각본점을 설치하고 이를 기점으로 전국에 대·소삼각점과 도근점을 설치할 계획이었으나 임시토지조사국이 이 계획을 수정하여 일본 대마도의 삼각본점(어악과 유명산) 2점을 연결하는 변(邊)을 기선(基線)으로 하여 우리나라 남해 절영도와 거제도에 각각 대삼각본점을 설치하고, 이를 기점으로 전국 대·소삼각점과 도근점을 설치하였다.

따라서 임시토지조사국이 대·소삼각점과 도근점을 이용하여 측판측량법으로 세부측량을 할 수 있는 인프라가 구축되었다. 그리고 약 6개월 간 대·소삼각측량과 토지조사에 필요한 인력도 양성하였다.

2) 토지조사사업의 추진

조선총독부 임시토지조사국이 실시한 토지조사사업의 핵심조사내용은 토지소유권 조사, 토지가격 조사, 지형지모(地形地貌) 조사이고, 이 사업의 조사자료를 바탕으로 토지대장·지적도 등 근대 지적대장을 작성하는 것까지가 사업내용에 포함된다.

① 토지소유권 조사

토지소유권조사는 사전 준비조사·일필지조사·분쟁지조사 순으로 진행되었는데, 이에 대한 내용은 다음과 같다.

• 준비 조사

  토지소유권조사는 신고주의 방식을 채택하고, 토지소유자가 자신의 사유지에 대한 토지신고서를 제출하도록 하였다. 따라서 토지조사사업의 준비조사 단계에서는 토지소유자들로부터 토지신고서를 수집하고, 조선시대 양안 등 토지조사와 관련한 각종 자료를 수집하였다.

토지신고서는 결수연명부에 등록된 토지소유자를 중심으로 제출받았고 결수 연명부에 등록되지 않은 토지는 모두 국유지로 편입하여 토지신고서를 제출 받지 않았다. 토지신고서는 신고서 양식이 배포된 날로부터 30－90일 이내에 제출하도록 하였고, 이 토지신고서를 배포하고 접수하는 업무는 군·면·동(리)단위로 지주총대16를 선발하여 전담시켰다. 토지소유자들에게 토지신고서를 제출받는 일은 토지조사사업의 준비조사에서 가장 중요한 일이었다. 또 하나의 준비조사는 조선시대의 지계를 기초로 토지에 대한 관습조사(慣習調査)를 하는 것이다. 이상의 준비조사를 위해 다음과 같은 일을 진행하였다.

- 면장 및 동(리)장의 입회하에 군·면·동(리) 단위의 행정경계 및 행정지명을 명확히 하고, 경계표지를 설치
- 면·동(리)별 토지 약도(과세견취도) 작성
- 토지신고서와 지계 자료를 바탕으로 동(리)별 토지의 강계 및 관습적 자료 작성
- 토지신고서와 결수연명부의 토지소유자를 대조하여 결수연명부에 등록되어 있지 않은 토지를 색출하여 국유지로 편입
- 토지신고서를 동(리)별 단위로 소유자 순으로 편철
- 토지신고서를 제출받은 후에 소유자 변동 및 토지의 분할·합병·지목변경이 발생한 토지에 대해서는 면장의 승인을 받아 토지신고서를 재 작성

또 관습조사에서는 다음과 같은 내용을 중심으로 조사하였다.

- 토지의 지형지세, 교통여건, 지질(地質) 기반상태, 수리상태, 인구분포, 경작 가능성
- 토지의 매매·양도·상속·전당에 관한 내용과 연혁
- 지주와 소작인 관계
- 조세납수 내역

---

16 지주총대는 부윤(군수) 면단위로 지역의 지주 가운데서 선정하여 임명하였다.

• 표 5-9 • 토지신고서 서식

지목		토지 소재	소유자 주소	토지신고서
자호		○ 군		
사표				
등급				
면적		○ 면	소유자 이름	지주총대 확인도장
결수				
특이사항 (소유권분쟁 여부 등)		○ 리(동)		

- **일필지조사**

  일필지조사는 토지소유자가 제출한 토지신고서를 바탕으로 「토지조사령」에 따라서 지주위원회가 실질 현장에서 조사하는 것을 말한다. 일필지조사에서는 토지소유자·강계[17]·지목[18]·지번을 핵심내용으로 조사하였다.

  한편, 토지신고서가 접수되지 않은 토지는 일필지조사를 실시하지 않고, 모두 국유지로 편입하였다. 또 토지의 경제적 가치가 낮거나 조사가 어려운 다음과 같은 토지도 일필지조사에서 제외시켰다.

  - 임야 혹은 임야지역에 끼어있는 토지
    - 임야와 접속된 도로·구거·하천·제방·성첩(城堞)·철도선로·수도선로
    - 일시적 경작지로 이용되고 있는 30° 이상 경사의 화전(火田)
    - 지소(池沼)·분묘지·포대용지·등대용지·사사지(私寺地)·봉산(封山) 또는 금산(禁山)에 속한 토지

17　강계는 사정선이라고도 하며, 소유자가 서로 다른 토지와 토지 사이의 경계로써, 본 사업에서는 토지소유자와 지목이 동일하고 지면이 연속된 일필지의 경계를 경계라고 불렀다. 이것은 지적도에 등록하는 1필 구획선 혹은 지적선에 해당한다.

18　18종의 지목을 다시 ① 과세지(전·답·대·지소·임야·잡종지) ② 면세지(사사지·분묘지·공원용지·철도용지·수도용지), ③ 비과세지(도로·하천·구가·제방·성첩·철도선로·수도선로)으로 구분하여 조사하였다.

• 표 5-10 • 일필지조사 내용

구분	기준 및 조사방법
소유자조사	• 특별한 문제가 없는 한, 신고주의 원칙에 따라서 토지신고서를 제출한 토지 소유자를 실소유자로 인정하였다 • 토지소유권에 관한 분쟁이 있을 경우에는 상호 화해를 유도하고, 화해가 여의치 않을 경우에는 분쟁지심의위원회로 송부하여 처리하게 하였다
강계조사	• 토지신고자는 사방 토지경계에 표항(標杭)을 설치하고, • 지주위원회가 지주총대를 중심으로 토지의 강계(경계)를 조사하는 현장에 입회하도록 하였다
지목조사	• 토지의 용도에 따라서 지목을 18종으로 구분하고, • 18개 지목을 다시 과세여부에 따라서 과세지·면세지·비과세지(도로, 구거, 하천 등)로 구분하여 조사하였다
지번조사	• 지번은 동(리)별로 북동기번방식으로 부여하였고, • 도로·구거·하천 등 비과세지에는 지번을 부여하지 않았다

• 분쟁지 조사

토지신고서가 2명 이상으로부터 접수되거나 또는 토지경계에 문제가 있어 분쟁이 발생한 토지에 대해서는 먼저 사실관계를 조사하고, 당사자 간 합의로 토지소유권을 결정하도록 유도하였다, 그러나 상호 합의가 어려운 경우에 분쟁지심사위원회로 인계하여 처리하도록 하였다.

– 분쟁지의 현황: 본 사업에서 토지소유권이 확정된 총 19,107,520필지 가운데 분쟁지로 분류되어 분쟁지심사위원회에서 재조사를 실시한 토지는 총 70,203필지에 달하였다. 이것 대부분이 민유지와 국유지를 둘러싼 분쟁이었다. 민유지와 국유지를 둘러싼 분쟁지는 조선시대까지 왕토사상을 바탕으로 실시한 수조지분급제도에서 자영농민의 민전을 관리의 수조지로 분급하므로 민유지와 국유지의 구분이 모호해진데서 기인하는 경우가 많았다.[19] 즉 조선총독부가 조선시대 전시과제도에서 수조지를 분급할 때 국유지를 분급하는 것이 원칙이었으나 대부분의 국유지가 미개간지인

---

19 농민들이 대대로 소유해온 민유지에 국가가 둔전, 역전, 궁방전 등의 수조지를 설정하여 하나의 토지에 소유권과 수조권이 이중적으로 존재하였고, 조선시대 말에는 투탁전까지 존재하여 민유지와 국유지의 구분이 모호하였다.

• 표 5-11 • 분쟁지 현황

구분			경작	특징
둔전	둔전	국유지(유토)	군인	변방군인이 차경차수, 군비 충당
	관둔전		농민	1/3 생산물지대 징수, 관청의 공용경비 충당
	민둔전	국유비(유토)	농민	1/3 생산물지대 징수, 군비 충당
		민유지(무토)		1/10 생산물 조세 징수, 군비 충당
역전		국유지(유토)	역졸	역졸의 자경무세, 급여 충당
		민유지(무토)	농민	군현 역공수전, 장전, 부장전 1/10 생산물 조세 징수, 역비용 충당
궁장토		왕실 사유지(유토)	농민	1/3 생산물지대 왕실경지로 충당
		민유지(무토)		투탁전에 해당

관계로 자영농민의 민전을 수조지로 분급하므로 조선시대 국유지와 민유지 구분이 모호해졌다는 역사적 사실을 알고, 이 모호함을 이용하여 민전에 설정된 수조지 역둔토·궁장토·투탁전·국유개간지[20] 등을 역둔토 정리 사업에서 민전을 국유지로 편입한 것이다. 이에 대대로 조상으로부터 받은 민전을 소유해온 자영농민 입장에서 엄연한 사유지가 국유지로 편입되는데 대하여 크게 반발하며 분쟁이 촉발된 것이다.

- 분쟁지의 조사 방법: 분쟁지에 대해서는 도단위로 구성된 분쟁지심사위원회가 맡아서 재조사를 실시하고 토지조사부를 작성하여 임시토지조사국장이 토지소유권을 다시 사정하도록 하였다. 이때 분쟁지심사위원회 재조사에 불복하면 고등토지조사위원회에 재심으로 청구할 수 있다. 그러나 당시의 자료에 따르면 전체 재심 분쟁지 가운데 0.37%에 해당하는 약 7만 필지만이 분쟁을 통해 민전의 소유권을 회복하고, 99.63%가 그대로 국유지로 몰수당했다.[21] 분쟁지 소유권은 외압조사, 내압조사를 걸쳐서 소유권사정으로 확정하였다.

---

20 1907년에 공포된 「국유미간지이용법」에 따라서 임야, 황무지, 소택지, 간석지 등 국유미간지에 대하여 개간하여 일정기간 경작한 민간에게 토지소유권을 부여하였지만, 대장에는 국유미간지로 기록되어 있는 경우가 많았다.

21 허종호, 제2권, p.322.

• 표 5-12 • 분쟁지조사 절차

절차	내용 및 조사방법
외업조사	• 지주위원회가 분쟁지에 대한 실질조사부를 재작성하기 위하여 토지신고서, 소유자 진술서, 양안, 결수연명부 등을 토대로 소유자와 납세자에 대한 준비조사 및 일필지조사를 다시 실시한다
내업조사	• 지주위원회가 외업자료를 바탕으로 분쟁지심사위원회에 상정할 분쟁지 조서(調書) 작성한다
소유권 사정	• 분쟁지심사위원회가 검토한 분쟁지조서를 바탕으로 임시토지조사국장이 토지소유권을 사정한다 • 이에 불복할 경우에 60일 이내에 고등토지조사위원 재심을 청구한다

• 토지소유권 사정

토지소유권 사정(査定)은 임시토지조사국장의 고유권한이다. 즉 일필지조사로 수집된 토지소유자·강계·지목·지번 등의 자료를 정리한 토지조사부를 바탕으로 임시토지조사국장이 최종 토지소유권을 사정한다.

임시토지조사국장의 토지소유권에 대한 사정은 행정처분(行政處分)에 해당하기 때문에 임시토지조사국장이 사정하여 확정한 토지소유권에 대해서는 어떤 사법적 다툼도 성립될 수 없다. 심지어 허위 신고 또는 그 어떤 착오나 과오가 있다 할지라고 변경할 수 없는 절대적 사실로 인정되었다.

임시토지조사국장이 사정하여 확정한 토지소유권은 원시취득(原始取得)의 효력을 갖고, 그 이전의 어떤 토지소유관계도 완전히 무효화 시킬 수 있는 절대적 결정이다. 단 토지소유권 사정의 결과는 반드시 공시해야 하고, 공시된 사실에 이의가 있는 사람은 이의신청을 할 수 있다. 이의신청이 접수된 토지에 대한 소유권은 고등토지조사위원회에서 재결하며, 이의 공시 절차와 이의신청 절차는 다음과 같다.

- 공시: 임시토지조사국장이 토지의 소유자 및 경계에 대한 행정처분을 내리면, 즉시 토지조사부의 내용을 토지소재의 부·군에 비치하고 토지소유자 및 이해관계자가 공람할 수 있도록 30일간 공시해야 한다. 공시는 사정이 종료됨과 동시에 하는 것을 원칙으로 하고, 사정지역(주소), 도부 공람장소(행정관청), 공람기간, 불복신청방법 등을 함께 조선총독부 관보

에 게재하였다.

- 이의신청과 재결: 임시토지조사국 총재의 '토지소유권 사정'에 이의가 있는 사람은 공시기간 만료 후 60일 이내에 고등토지조사위원회에 재결을 신청할 수 있다. 이 경우에 고등토지조사위원회는 해당 토지에 대한 소유권을 재결하여 최종 확정하게 되는데, 이 고등토지조사위원회의 재결권 역시 행정처분(行政處分)의 권한에 해당하며, 재결로 확정된 토지소유권은 원시취득(原始取得)의 효력을 갖는다.

본 토지조사사업에서는 토지소유권의 취득일은 일필지조사 단계에서 지주위원회가 토지소유자와 강계를 측량한 날로 하고, 자연인 외에 법인 혹은 이와 유사한 법령상 또는 관습상의 토지소유자가 되는 서원·문중 등을 토지소유자로 인정하였다. 토지소유자가 상속자를 정하지 않은 채로 사망했을 경우에는 사망자의 명의로 토지소유권 사정을 완료한 후에 상속하도록 하였다.

• 지적공부 작성

임시토지조사국장의 '토지소유권 사정' 혹은 '고등토지조사위원회의 재결'로 토지소유권이 확정된 토지에 대해서는 토지소유자·지번·지목·면적 등을 토지대장에 등록하고, 지적도를 작성하였다.

• 등기부 창설

토지소유권조사를 바탕으로 토지소유자가 확정된 토지에 대하여 등기부를 창설하였다. 이를 위해 1912년에 「조선민사령」을 제정하여 토지의 물권을 새로 취득·상실·변경할 경우에는 이를 등기부에 등기하도록 하고, 1914년에는 「조선부동산등기령」을 제정하여 토지소유권조사가 완료되는 대로 등기부에 일괄 등기하였다.

3) 토지가격 조사

• 「수확량등급 및 지위등급조사규정」과 지위등급조사

토지가격 조사는 토지의 수확량과 가치를 조사하여 토지의 매매·저당 등 정당한 금융활동을 지원하는 동시에 조세수입을 확대할 목적으로 실시하였다. 이를 위해 임시토지조사국은 1911년에 「수확량등급 및 지위등급조사규정」을 제정하고 민유과세지에 대한 가치를 평가하였다. 토지가치는 토지의 지위등급을 기준으로 결정하는데, 농경지의 경우에는 100평당 수확량을 기준으로 지위등급을 결정하였다. 그리고 대지의 경우에 비시가지에서는 임대가격으로, 시가지에서는 매매가격을 기준으로 지위등급을 결정하였다.

지주위원회가 토지의 지위를 조사하기 위하여 먼저 토지소유자의 의견을 청취한 후에 필지별 수확량·지세·지질·수리적 조건·교통의 편리성·시장접근성·수확물의 품질 등 토지의 지위등급을 평가하기 위한 준비조사를 실시하였다. 그리고 수집된 자료를 미리 선정한 지역별 표준지의 수확량과 비교하여 토지의 지위등급을 부여하였다. 표준지의 수확량은 최근 5개년간의 평균수확량을 채택하되 그중 풍년이나 흉년인 해는 제외하였다.

• 표 5-13 • 토지 지위등급조사 내역

대지		농경지	합계	
시가지	비시가지			
매매가격	임대가격	100평당 수확량	필지 수	토지가격
총 115등급	총 53등급	총 132등급	18,057,140(98%)	939,203,459원

• 「지가산출규정」과 과세표준 마련

「수확량등급 및 지위등급조사규정」에 따라서 조사된 필지별 지위등급을 지목별로 구분하여 '토지등급조사부'를 작성하고, 토지등급을 기준으로 토지가격을 결정하는 법적 기준을 마련하기 위해 1914년에 「지가산출규정」을 제정하였다. 이 규정에 따라서 전국의 모든 토지의 필지별 토지가격표를 작성하고 민유과세지에 대한 과세표준을 마련하였다.

• 「지세령」과 과세표준

1914년에 제정한 「지가산출규정」에 따라서 작성된 전국의 토지의 과세표준에 따라 토지세를 부과하기 위하여 1918년 「지세령」을 제정하였다. 이로써 삼국시대부터 사용했던 결부제방식의 조세징수가 사라지고, 지가를 기준으로 하는 토지세부과제도가 확립되었다. 「지세령」에 따라서 지세율을 지가의 1.3%로 했는데, 이것은 특별한 기준이라기보다는 조선총독부가 징수해야할 총 조세액과 총 민유지 면적을 고려하여 총량법으로 계산된 지세율이다.

4) 지형지모 조사

지형지모 조사는 식민통치와 군사전략에 필요한 국토자료를 확보하기 위하여 실시한 것으로, 토지를 측량하여 지형도를 작성하였다. 지형도에 도로·하천 등 여러 지형지물을 표기하여 지표의 물리적 현황도를 작성하는 것이다. 이를 위한 토지측량은 이미 1887년부터 시작하였고, 1909년에 경기도 부평군 일부지역을 대상으로 구소삼각측량에 대한 시범사업을 실시한 후에 전국적으로 확산하였다.

5) 조선임야조사사업 추진

조선임야조사는 1891년에 「산림령」을 공포하고 국유지로서의 임야를 정리하는 사업에서부터 시작되었다. 이후, 1918년에 「조선임야조사령」을 제정하고 임야조사사업으로 추진하였다. 임야조사사업에서는 토지조사사업에서 제외했던 임야와 임야에 개재된 토지를 조사대상으로 하였다. 임야조사방법은 토지와 마찬가지로 신고주의원칙으로 하였다. 임야조사사업의 결과 경제적 가치가 인정되는 총 1,600만 정보의 임야 가운데 1,300만 정보가 국유지로 편입되고, 300만 정보가 민유임야로 확정되었다.

① 임야조사사업의 목적

임야조사사업의 목적은 임야 및 임야지역에 개재된 토지의 소유자와 필지 경계를 조사하여 임야에 대한 소유권증명제도를 확립하고, 이를 통하여 임야를 효율적으로 관리함과 동시에 조세대상을 토지에서 임야로 확대하기 위한데 있었다. 임야조사사업은 토지조사사업에서 축적된 기술과 방법으로 시간과 비용을 현저히 단축할 수 있었고, 또 임야조사는 토지조사에 비해서 정밀하게 조사하지 않고, 임야도를 1/6,000, 1/3,000의 소축척으로 제작하였다. 지형도는 1/5만 소축척으로 제작하였다.

② 임야조사사업의 사업추진체계

임야조사사업은 도 단위로 도지사를 주체로 추진하였다. 도지사가 임야조사사업을 총괄하며 민유임야의 소유자를 최종확정하는 사정권한까지 도지사에게 부여하였다. 도지사를 주체로 하여 실제로 임야조사사업을 수행한 것은 부·

면장이었고, 사업을 위하여 다음과 같은 위원회를 구성하여 운영하였다.

- 동(리)단위 조사위원회 구성

  임야조사를 위하여 동(리)단위로 지역상황에 정통한 실제 임야 소유자와 국유임야 연고자 가운데 2명 이상을 지주총대로 선정하여 부윤(군수)·면장과 함께 조사위원회를 구성하였다. 지주총대는 부윤(군수), 면장을 보좌하며 실제 임야조사에 참여하여 주민들에게 임야조사사업의 취지와 조사일정을 알리고, 신고서를 접수받고, 경계표를 설치·관리하고, 신고서와 경계표에 기재된 성명 및 지목 등을 대조하며 서류를 정리하고, 민유임야소유자와 국유임야 연고자 및 이해관계자가 조사현장에 입회하도록 소환·안내하고, 기타 부윤(군수)·면장이 필요로 하는 일을 보조하는 등의 업무를 수행하였다.

- 도임야심사위원회 구성

  도지사의 임야소유권 사정결과에 불복하여 이의신청을 할 경우에 이를 재결하기 위한 기구로 도마다 임야심사위원회를 설치하였다. 도임야조사위원회는 그 직무가 민사재판과 유사한 점을 고려하여 행정관과 법조인으로 구성하였다. 위원장은 조선총독부에서 파견한 정무총감으로 하고, 위원은 판사 및 고등관 중에서 내각이 임명하였다. 도임야심사위원회는 면장을 거쳐서 부윤(군수)이 제출한 임야조사부를 심의하여 분쟁지에 대한 정당한 소유권을 재결하는 역할을 하였다.

③ 「임야조사령」 제정

임야조사사업 추진을 위하여 1918년에 「임야조사령」을 제정하고, 이 법에 따라서 임야조사사업을 추진하였다. 임야조사사업은 소유자나 연고자가 확실한 민유임야와 확실하지 않은 임야에 대한 소유권을 조사하고, 그 경계를 확정하는 것을 핵심내용으로 한다. 단 토지에 사이에 끼여 있는 5만평(16.529㎡)이하의 낙산임야(落山林野)는 토지조사사업에 포함되었기 때문에 임야조사사업에서 제외하였다.

임야 내에 개재된 전·답·대지·지소·사사지·분묘지·도로·하천·구거·성첩·철도선로·수도선로 등에 대해서는 1/1,200 혹은 1/600의 부호도를 작성하여 지적도와 동일하게 사용하였다.

④ 임야조사 절차

• 준비조사

　－ 임야신고서 작성

　　임야조사사업은 토지조사사업과 동일하게 소유자 신고원칙에 따라서 각 부윤 또는 면 단위로 민유임야의 소유자 또는 국유임야의 연고자가 임야 신고서를 제출하도록 하였다.

　－ 경계표지 설치

　　임야신고서를 제출한 민유임야소유자 또는 국유임야의 연고자는 경계표지에 소유자의 주소·성명·임야의 명칭 등을 기재하여 정해진 기한 내에 해당 임야의 경계표지를 설치하여 정확한 경계측량이 이루어지도록 협조하였다.

　　경계표지 설치는 임야조사가 실시되기 전에 동(리)장 및 지주총대의 입회하에서 정확한 경계를 조사하여 설치하고, 표지에는 번호와 동(리) 행정구역명칭을 기재하고, 동리계를 측정하여 동리경계가 부(군)·면의 경계와 일치할 때에는 양쪽의 부윤(군수)·면장이 모두 입회하여 경계를 조사하였다.

• 소유권 조사

　－ 소유자 조사

　　임야조사사업에서는 민유임야에 대한 소유권조사는 임야신고서 작성·관습조사·임야측량을 실시한 자료를 바탕으로 임야조사부를 작성하고, 이를 근거로 임야소유권에 대하여 도지사가 사정(查定)하였다.

　　조선시대 「경국대전」에서는 모든 임야를 무주공산(無主公山)으로 보고 개인 소유를 금지하였으나, 대한제국시대에 「삼림법」과 「미간지이용법」을 제정하여 개인이 임야를 사용·수익·처분할 수 있는 임야소유권을 인정하게 되었다. 그리고 한일합방시대 조선총독부가 임야조사사업을 실시하여 민유임야에 대한 법적 소유권을 확실하게 보장받게 되었다.

　　임야조사사업에서는 특별한 문제가 없는 한, 임야신고서를 제출한 사람을 임야소유자로 인정하였고, 이들로 하여금 임야경계에 말목을 세우고 동(리)장·소유자·연고자·대리인 등과 함께 경계측량에 입회하도록 하였다.

－ 연고자 조사

국유임야에 대하여 법적 소유권을 행사하는 사람을 연고자라고 한다. 이들은 민유임야의 소유자와 같은 지위를 가지고 국유임야에 대하여 이용과 수익을 취할 수 있는 권한을 갖는다. 대부분의 국유임야 연고자는 대한제국의 「삼림법」 시행 이전부터 국유임야를 점유 또는 이용하고 있던 사람들로써 이들은 임야조사사업에서 국유임야에 대한 연고자 조사를 하여 민유임야 소유권과 같은 소유권을 인정받았다.

• 임야 측량

「조선임야조사령」 규정에 따라서 임야신고서를 제출한 소유자 혹은 연고자는 측량현장에 입회해야 하고, 정당한 사유 없이 입회를 하지 않으면 사정결과에 대한 이의신청을 할 수 없다.

임야조사사업에서는 측량한 임야면적을 도지사의 사정 대상으로 하지 않고, 동(리)단위로 측량을 실시하여 사정절차 없이 면적측정부에 그대로 기록하였다. 면적측량은 3회 반복하여 평균값으로 사용하였고, 임야면적의 단위는 무(畝)로 하였다. 동(리) 단위로 작성한 면적측정부는 검사원에 제출하여 정확도를 검증받았다.

• 분쟁지 조사

분쟁지란 임야소유권에 대한 분쟁과 경계설정에 대한 분쟁으로 구분할 수 있다. 이 가운데 임야소유권 분쟁의 대부분은 국유임야와 민유임야 간의 다툼이었다. 경계설정에 대한 분쟁은 민유임야 사이에서 분묘설치·점유·매매 등의 관계로 발생하였다.

특히 임야소유권에 대한 분쟁이 많았는데, 이것은 조선시대까지 임야소유권을 증명할 수 있는 입지(立旨)·입안(立案)·완문(完文) 등의 문서가 전혀 정비되지 않았던 것이 원인이다. 다시 말해서 임야소유권에 대하여 부윤 혹은 면장 등의 의견이 다르거나, 근거자료가 불충분한 경우를 모두 분쟁지로 분류하였다.

임야소유권 분쟁지에 대해서는 각 면단위로 별도 관련 자료조사와 현장조사를 병행하여, 분쟁지조서를 작성하고 도지사에게 제출하였다. 그리고 분쟁조서를 제출받은 도지사가 이를 바탕으로 임야소유권을 사정하여 확정하였다.

- 소유권 사정

「조선임야조사령」에 따라서 도지사가 임야와 임야에 개재된 토지에 대한 소유자와 연고자의 법적권한을 사정(査定)으로 확정하였다. 다시 말해서 각 부·면단위로 임야를 조사·측량하여 임야조사서와 임야도를 작성하고, 도지사가 이를 검토하여 임야에 대한 소유권 또는 연고권을 확정할 수 있는 사정권을 행사하였다.

「조선임야조사령」에서 도지사의 임야소유권에 대한 사정권한은 행정처분의 효력이 있기 때문에 이에 대한 어떤 사법적 다툼도 할 수 없으며, 이것으로 이전의 모든 소유관계는 완전히 무효화되는 것이다.

임야소유권 혹은 연고권에 대하여 도지사가 사정한 결과는 30일간 소재지 부·군 게시판에 공시해야 하고, 이에 불복하는 사람은 30일간의 공시기간이 만료 후 60일 내에 도임야조사위원회에 재결을 청구할 수 있다.

2. 근대지적제도의 확립과 전개

조선총독부의 토지조사사업으로 전국을 대상으로 일관된 형식의 토지(임야)대장·지적(임야)도 및 공유지연명부 등 근대 지적공부(public cadastral record)를 창설하고 근대지적제도를 확립하였다. 근대지적제도와 관련한 내용은 다음과 같다.

1) 근대지적제도의 주요용어

- 필지(筆地)와 지적선(地籍線)

필지(筆地, parcel)는 지적제도를 구성하는 기본요소이다. 우리나라 지적제도에서 '필지'라는 용어가 처음 등장한 것은 대한제국시대 「대구시가지토지측량에 관한 타합사항」이다. 이 타합사항 제5조에서 지목과 소유자가 동일하고 지반이 연속된 토지를 인위적으로 구획한 토지를 '1필지'로 정의하였고, 또 도로·하천·구거·제방·해안절벽 등의 지형지물에 의해 자연적으로 구획된 토지도 서로 다른 1필지로 규정하였다. 필지와 필지를 구획하는 자연적·인위적 경계를 지적도에 등록했을 때, 이것을 법적 효력을 갖는 지적선(地籍線)이라고 한다.

또 필지는 조선총독부의 「토지조사령」 제2조에서 지번을 부여하는 '1구역'으로 정의하였고, 그리고 현행 관계법에서는 '토지의 등록단위'로 정의한다.

- 강계선·지역선·경계선

토지조사사업에서 토지소유권의 사정으로 확정되어 지적도에 등록하는 1필지 구획선을 강계선(疆界線)이라고 하였다. 강계선은 1913년에 제정한 「세부측량실시규정」에서 처음 사용하였고, 「토지조사령」에서는 토지를 조사·측량하여 임시토지조사국장이 토지소유권 사정(査定)을 완료한 1필지의 구획선으로 정의하였다.

한편, 토지조사사업에서는 강계선과 다른 개념의 필지 구획선으로 지역선(地域線)이라는 용어를 사용하였다.

구체적으로 다음과 같은 경우의 필지 구획선을 지역선이라고 하였다.

- 토지소유자는 같지만 지목이 다르거나 지반이 연속되지 않아서 분필(分筆)할 경우에 분필지의 구획선
- 토지소유자가 특정되지 않는 국유지에 연접된 필지의 구획선
- 토지조사사업의 미시행지역 즉 임야와 연접된 필지의 구획선

또한 임야조사사업에서 도지사가 사정(査定)하여 임야도에 표기한 1필지 구획선은 경계선(境界線)이라고 하였다.

그러나 토지조사사업에서 약간 다른 개념의 필지 구획선으로 사용된 강계선, 지역선, 경계선은 해방 후 「지적법」 규정에 따라서 모두 하나의 지적선(地籍線)으로 통합되었다.

2) 근대지적제도의 관계법령

우리나라 최초의 근대지적 관계법은 1907년 대한제국에서 제정한 「대구시가지토지측량규정」이다. 이에 이어서 「대구시가지토지측량에 관한 타합사항」과 「대구시가지토지측량에 대한 군수로부의 통달」을 제정하여 대구시가지 토지측량시범사업을 실시하였다.

그리고 대한제국시대 통감부가 「삼림법」·「토지조사법」을 제정하여 근대토지

조사사업을 추진하기 위한 법적 근거를 마련하였고, 한일합방 후에 근대토지조사사업을 추진하고, 근대지적제도를 확립하기 위하여 목적으로 다음과 같은 법령을 제정하여 시행하였다.

- 「측량표규칙」
대한제국시대 탁지부 토지조사국에서는 근대토지조사사업을 추진하기 위하여 「토지조사법」을 제정하였고 이 법에 근거하여 지적측량에서 필요한 측량표를 설치하기 위하여 「토지측량표규칙」을 1910년 9월에 제정하였다. 여기서 말하는 측량표라 함은 삼각점과 수준점의 표석 및 경계표지를 말한다.

- 「토지조사령」
1910년 9월에 조선총독부가 공포한 「조선총독부임시토지조사국관제」에 따라서 조선총독부 밑에 임시토지조사국을 설치하고 이를 통해 토지조사와 지적측량업무를 추진하기 위하여 1912년 8월에 대한제국시대 탁지부 토지조사국에서 제정하여 공포한 「토지조사법」을 「토지조사령」으로 개정하였다. 이 규정은 토지조사사업의 모든 절차와 방법을 정한 법령이다.

- 지적측량 세부규정
조선총독부는 토지조사사업의 지적측량과 관련하여 「도근측량실시규정」·「세부측량도실시규정」·「제도적산실시규정」 등 세부규정을 제정하여 시행하였다.
  - 「도근측량실시규정」: 도근점과 보조삼각점 설치방법 및 계산, 오차에 관한 규정
  - 「세부측량도실시규정」: 지목 및 강계 조사·토지신고서 작성 및 정리, 1필지 측량, 지적원도 작성에 관한 규정
  - 「제도적산실시규정」: 도회·주기·장식 등 지적도 작성에 관한 사항과 면적산정에 관한 규정

- 「지세령」
조선총독부가 토지조사사업을 추진하는 데는 통치에 필요한 조세수입을 확대하는 것이 매우 중요했다. 따라서 조선총독부는 토지조사사업의 추진과 동시에 1914년 3월에 지세의 부과방법과 절차에 대한 규정으로 「지세령」을

제정하여 시행하였다. 이 법령에 따라서 부·군마다 토지대장 혹은 결수연명부를 비치하고 지세자료로 활용하였다.

- 「토지대장규칙」

토지조사사업을 수행한 결과를 바탕으로 지적공부를 작성하기 위하여 1914년 4월에는 지적공부를 작성하는 절차와 방법에 대한 「토지대장규칙」을 제정하여 시행하였다. 이 규칙의 핵심 내용은 토지대장과 지적도의 등록사항·비치기관·열람 및 등본교부·분할 등 토지이동의 정리에 관한 절차와 방법에 관한 규정이다.

- 「조선임야조사령」

토지조사사업에 이어서 추진된 임야조사사업을 위하여 1918년 5월에 「조선임야조사령」을 제정하여 시행하였다. 이 법령에 따라서 전국의 임야와 임야에 개재된 토지를 조사하고 임야대장과 임야도 및 관계 지적공부를 작성하였다.

- 「임야대장규칙」

1920년 8월에는 임야조사사업의 결과로 임야대장과 임야도를 작성하기 위해 「임야대장규칙」을 제정하여 시행하였다. 핵심 내용은 임야대장과 임야도의 등록사항·비치기관·열람 및 등본교부·분할 등 토지이동정리에 필요한 규정이다.

- 「토지측량규정」

「토지측량규정」은 이제까지 시행되던 모든 지적측량관련규정을 하나로 통합한 지적측량에 필요한 사항을 규정한 법령이다.

- 「조선지세령」

조선총독부는 이제까지 시행해 온 「지세령」과 지적관련 여러 규정을 하나로 통합하여 1943년 3월에 총 81조의 「조선지세령」을 새로 제정하여 시행하였다. 이 「조선지세령」은 지세 부과와 관련된 사항과 지적공부 정리 및 지적측량에 관한 사항을 모두 포함하고 있는 법령이다.

• 표 5-14 • 근대지적제도확립과 관련된 법령

법령		내용	비고
「대구시가지토지측량규정」 (1907.05)		지적측량에 관한 최초의 규정으로 근대지적제도의 기틀을 마련한 모법(母法)	대한제국시대 통감부
「대구시가지토지측량에 관한 타합사항」(1907.05)		지적측량에 필요한 1필지 개념 정립 및 필지획정방법 규정	
「대구시가지토지측량에 대한 군수로부의 통달」(1907.05)		1필지측량에 필요한 경계표지 설치·관리 및 입회에 대한 규정	
「삼림법」(1908.01)		우리나라 최초의 산림관리 법	
「토지조사법」: 1910.08 「토지조사법시행규칙」(1910.08)		조선토지조사사업을 추진하기 위한 법적 근거. 토지조사방법에 대한 규정	
「토지측량표규칙」(1910.09)		측량표지 및 측량기준점 설치와 관리에 대한 규정	
「토지조사령」(1912.08)		대한제국 「토지조사법」의 일부개정 법	
토지조사 규정	「도근측량실시규정」 (1913.10)	도근점·보조삼각점 설치·계산·오차 규정	조선총독부 임시토지조사국
	「세부측량실시규정」 (1913.10)	지목·강계조사 등 지적원도 작성 규정	
	「제도적산실시규정」 (1914.06)	지적도 작성과 면적산출 규정	
「지세령」(1914.03)		지세 대상 및 부과 절차 규정	
「토지대장규칙」(1914.04)		토지대장·지적도의 등록사항·비치·열람·등본교부·토지이동처리 규정	
「조선임야조사령」(1918.05)		임야조사방법에 대한 규정	
「임야대장규칙」(1920.08)		임야대장·임야도의 등록사항·비치·열람·등본교부·토지이동처리 규정	
「토지측량규정」(1921.03)		토지조사사업 기간에서 사용한 토지조사규정을 개정한 것으로 지적(임야)도·토지(임야)대장의 관리·신규등록 등 토지이동처리 규정	조선총독부 임시토지조사국
「조선지세령」(1943.03)		토지조사사업 기간에서 사용한 지적관련 각종 령·규칙과 「지세령」을 통합한 법령. 지세·지적공부정리·지적측량에 관한 규정	

3) 근대등기제도의 관계법령

토지소유권증명제도와 관련한 최초의 법률이 1906년 대한제국이 제정한「토지가옥증명규칙」이다. 이 규정에 따라서 관청이 토지와 가옥의 소유자를 증명하는 '토지가옥증명'을 발급하고, 토지와 가옥을 매매·증여·교환·전당할 때는 이 증명서에 통장 또는 동장의 인증을 걸쳐서 군수 또는 부윤의 인증을 받았다.

1908년에는 이「토지가옥증명규칙」을「토지가옥소유권증명규칙」으로 개정하고,「토지가옥증명규칙」이 시행되기 이전에 토지·가옥을 취득하여 소유한 사람에게도 '토지가옥증명서'를 발급하였다. 대한제국의 이 토지가옥증명제도가 조선총독부의 부동산등기제도로 발전하였다.

한일합방 후 조선총독부는「부동산등기령」을 제정하고, 이 법령에 근거하여 등기부를 작성하고 등기부등기제도를 확립하였다. 등기부는 토지조사사업을 통해 소유자가 확정된 토지에 한하여 작성해 나갔고, 따라서 1918년에 전국 토지조사사업이 모두 완료된 시점에서 토지가옥증명제도가 부동산등기제도로 완전 전환하였다.

4) 근대지적제도의 업무조직

① 탁지부 토지조사국

1910년 대한제국에 탁지부 토지조사국에서 지적측량규정을 제정하고 대구시가지 토지측량시범사업을 시행한 것이 우리나라 근대토지조사사업과 근대지적제도를 확립하는 시작이라고 할 수 있다.

② 조선총독부 임시토지조사국

1910년 9월 30일에 조선총독부가「조선총독부 임시토지조사국관제」에 따라서 대한제국 탁지부 토지조사국을 폐지하고 임시토지조사국을 설치하여 토지의 조사 및 측량에 관한 사무를 관장하게 하였다.

임시토지조사국은 1918년까지 전국 토지조사사업을 완료하고 토지대장과 지적도 등 지적공부를 작성하여 토지 소재의 부(府)·군(郡)·도(道)로 인계한 후에는 폐지되었다.

③ 조선총독부 농상공부

1918년까지 임시토지조사국을 폐지하고, 중앙의 농상공부가 총괄하여 전국의 임야조사사업을 추진하였다. 임야조사사업은 1924년까지 각 도지사가 주관하여 완료하였다.

④ 조선총독부 재무국 세무서

토지조사사업과 임야조사사업을 모두 완료한 후에는 일체의 지적공부(토지대장·임야대장·지적도·임야도·공유지연명부)를 지방행정기관으로 인계하고 1925년부터 지방행정기관에서 지적행정업무를 수행하였다.
지방의 지적행정업무를 총괄하는 중앙행정부처는 조선총독부 재무부이었다. 1934년 5월에「조선총독부 세무관서관제」을 제정하고, 이에 따라서 각 시·군마다 세무서를 설치하고, 이 세무서에서 지적공부를 기반으로 세무업무와 함께 지적공부관리업무를 수행하였다.

5) 근대적지적제도의 토지측량규정

① 지적측량기준점 설치

대한제국이 수립한 제1차 토지조사사업 계획에서는 우리나라 국토 중앙에 대삼각 본점을 설치하고, 이를 기점으로 전국에 대·소 삼각점과 도근점을 설치할 계획이었으나, 조선총독부 임시토지조사국이 이 계획을 수정해서 일본 대마도의 삼각본점 2점(어악과 유명산)을 연결한 변(邊)을 기선(基線)으로 대한해협을 넘어 남해 절영도와 거제도에 2개의 대삼각 본점을 설치하였다. 그리고 이 대삼각 본점을 기점으로 전국에 대·소 삼각점과 도근점을 설치하여 세부측량에 활용하였다.

② 지적측량인력 양성

조선총독부 임시토지조사국은 늘어나는 측량인력 수요에 대처하기 위하여 1912년에「임시토지조사국 사무원 및 기술원양성소규정」을 제정하고, 이 규정에 따라서 지적측량인력을 양성하였다. 이때 한국인 약 3600명의 지적측량인력을 양성하였고, 토지조사사업을 완료한 1925년부터는 사립측량학교를 설립하여 지적측량인력을 지속적으로 양성하였다.

6) 근대지적제도의 지적공부

조선총독부 임시토지조사국은 토지조사사업과 임야조사사업을 수행하여 지적
공부를 작성하였다. 이것이 현 지적제도의 지적원부로 사용되고 있고, 이때 임
시토지조사국에서 작성한 지적공부는 다음과 같다.

• **토지대장과 지적도**

「토지조사령」에 따라서 임시토지조사국장이 토지조사를 실시하고, 사정절차
를 통해서 토지소유자를 확정하거나 또는 고등토지조사위원회의 재심을 걸
쳐서 토지소유자가 확정된 토지에 한하여 토지대장과 지적도를 작성하였다.
토지조사사업을 통하여 작성한 토지조사부, 등급조사부, 토지가격조사부를
바탕으로 토지대장에 토지의 소재·지번·지목·면적 등 토지 표시사항과 토
지등급·임대가격·기준수확량 등 토지의 가격정보, 그리고 사정 연월일과
소유자의 주소·이름(명칭)을 등록하였다. 토지대장은 1필지마다 1매로 작성
하고, 동(리)별 지번 순으로 200매씩 부책으로 편철하여 관리하였다.

지적도에는 1필지 구획선에 해당하는 강계선과 도로·하천·구거·삼각점·도
근점을 표기하고, 지적도에 표시된 모든 필지의 내부에 지번과 지목 부호를
아라비아숫자와 한글로 표기하였다. 지적도에 등록된 1필지가 너무 작아서
그 내부에 지번과 지목 부호를 표기할 수 없을 경우에는 해당 필지를 확대
하여 지적도 여백에 별도의 부호도(符號圖)를 그려 삽입하였다. 이 부호도는
지적보조장부가 아니라 법적 효력을 갖는 지적도의 한 부분으로 취급하였다.
또 지적도에 임야 등 토지조사사업의 조사대상 토지가 아닌 임야와 토지는
지적도에 그 형상을 묘사하지 않고, 한자로 산(山)·해(海)·호(湖)·도(道)·
천(川)·구(構) 등으로 표기만 하였다. 지적도의 축척은 1/1200을 기본으로
작성하였지만, 특별한 지역에서는 1/600 또는 1:2400 등으로 축척을 지역에
따라서 다양하게 작성하였다. 도곽 형태는 남북으로 1척 1촌(33.33cm), 동서
로 1척 3촌 7분 5리(41.67cm)로 동서로 긴 직사각형의 형태로 제작하였다.

• **임야대장과 임야도**

임야대장과 임야도 역시 토지대장과 지적도와 동일하게 1필 1매를 작성하여

동(리)마다 200매씩 부책으로 편철하여 관리하였다.

임야도의 축척은 1/3000, 1/6000으로 제작하고, 도곽은 남북으로 1척 3촌 2리(40cm), 동서로 1척 6촌 5리(50cm)로 작성하였다. 임야도에는 임야경계와 지번·지목·행정구역 경계 및 명칭·도로·철도·하천·구거·호수·해안·도근점과 삼각점을 기재하였다.

- 간주지적도와 산토지대장

임야조사사업을 통하여 임야 속에 개재되어 있는 토지, 즉 임야지역에 불연속적으로 분포하는 전·답·대지 등을 조사하여 작성한 지적도를 간주지적도(看做地籍圖)라고 하였다. 그리고 간주지적도에 등록된 토지에 대한 토지대장을 산토지대장(山土地臺帳)으로 일반 토지대장과 구별하였다. 조선총독부의 특별 고시에 따라서 임야 속에 개재되어 있는 토지는 「토지대장규칙」에 맞춰서 간주지적도와 산토지대장을 작성하여 부·군·도에 비치하였다. 이것을 편철한 부책을 산토지대장 혹은 별책토지대장, 을호토지대장이라고 불렀다.

처음에는 토지조사업의 대상토지에서 제외했던 임야지역에 개재된 토지를 추가로 조사하여 「토지대장규칙」에 따라서 토지대장과 증보도22라는 이름으로 지적도를 추가로 작성하였다. 그러나 토지의 위치가 토지조사사업 시행지역에서 너무 멀리 200간(364m) 이상 떨어져 있는 토지의 경우에는 추가로 조사하지 않고 임야조사사업을 통하여 조사하고 「임야대장규칙」에 따라서 임야도와 임야대장을 작성한 후에 지목만 전·답·대지 등으로 수정한 것이 간주지적도와 산토지대장이다. 간주지적도와 산토지대장은 1975년에 「지적법」 개정으로 일반 토지대장과 지적도로 통합되었다.

- 간주임야도

임야조사사업에서 특별히 험준한 고산지대의 국유임야는 지적측량과 임야도를 제작하지 않고, 1/50,000과 1/25,000 지형도 상에 지적경계선만 표시하였다. 이것을 간주임야도(看做林野圖)라고 한다. 간주임야도는 경제적 이용가

---

22 토지조사시행지역에서 약 200간(364m) 이내에 위치한 임야 내 개재지를 조사·측량하여 작성하거나 혹은 국유지 개간 및 공유수면매립 등으로 토지조사사업을 완료한 후에 추가로 토지대장을 작성해야 하는 경우에 「토지대장규칙」에 따라 새로 작성한 지적도를 증보도(增補圖)라고 한다.

치가 낮아서 소유권분쟁의 소지가 거의 없고, 지적측량을 실시하기 어려운 지형적 한계를 고려하여 고산지대의 국유임야를 대상으로 작성하였는데 일반 임야도와 동일한 법적 지적공부로 취급되었다.

간주임야도의 임야면적은 지적측량이 아니라 지형도상에서 계측한 면적으로 표기하였기 때문에 정확도가 떨어지고, 행정구역경계(도·군·면·리 등의 경계)와 지번도 표기하지 않았다.

- 공유지연명부

1필지의 토지를 2인 이상이 소유하는 경우에 그 소유자별로 토지의 소유지분을 기록한 공유지연명부를 작성하였다. 공유지연명부는 토지대장과 임야대장을 바탕으로 작성하는 별도의 지적공부이다.

7) 근대지적제도의 기타 토지문서

- 토지신고서

토지신고서는 「토지조사령」에 따라서 토지조사사업을 실시하기 위한 준비조사 단계에서 민유지에 대한 소유자가 일정한 양식에 맞춰서 토지의 자호·사표·지목·소유자 이름과 주소 등을 기록하여 임시토지조사국에 제출한 토지문서이다.

토지신고서 양식을 토지소유자들에게 배포하고, 작성한 토지신고서를 수합하는 업무는 지주총대가 담당하였다. 토지소유자가 작성한 토지신고서는 지주총대가 수합하여 날인하고, 동(리)에 제출하면, 부윤(군수)과 면장을 거쳐서 임시토지조사국에 제출되었다.

민유지의 소유자로 인정되어 토지신고서를 작성하는 사람은 먼저 결수연명부에 등록된 사람으로 하고, 토지신고서에 기록하는 내용도 결수연명부에 등록된 내용을 기초로 작성하였다. 국유지에 대한 신고서는 국유지 관리관청이 작성하였다.

- 토지실지조사부

토지실지조사부는 토지신고서를 바탕으로 1필지조사를 실시한 토지조사위원이 토지소유자와 토지현황을 기록한 토지문서이다. 동(리)단위로 지번 순으로 편철하였다.

- 토지조사부

  토지조사부는 토지실지조사부를 기초로 작성된 문서이다. 이것은 임시토지조사국장이 최종적으로 토지소유권을 사정하는 사정원부인 동시에 각 읍(면)에서 토지대장 등의 지적공부를 작성하는 원천자료가 되는 토지문서이다.

- 이동지조사부

  지적공부가 작성된 토지나 임야에서 분할·합병 등 토지이동이 발생할 때마다 「토지대장규칙」 또는 「임야대장규칙」에 따라 토지를 새로 조사·측량하여 토지의 이동조사부를 작성하였다. 그리고 이를 바탕으로 지적공부를 새로 정리하였다. 이와 같은 토지의 이동조사부는 지속적으로 발생하는 토지이동과 관련하여 작성하는 토지문서이다.

- 소도(素圖)와 측량원도

  소도(素圖)와 측량원도는 측량을 위한 준비도에 해당한다. 즉 세부측량을 위한 기초도면으로 사용하기 위하여 지적도와 임야도를 동일한 축척으로 등사한 후에 세부측량을 할 해당 필지만 표시한 것을 소도라고 하고, 이 소도에 세부측량 결과를 표기한 것이 측량원도이다.

- 일람도

  일람도는 지적도와 임야도의 도엽 간 연결성을 쉽게 알 수 있도록 작성한 색인에 해당하는 보조도면이다. 동·리의 행정구역도 위에 지적도와 임야도의 도엽경계를 표시하고 지적도 번호를 색인함으로 지적도 활용의 편의를 제공할 수 있다. 일람도는 원도의 1/10 축척으로 작성하였다.

8) 근대지적제도와 조세장부

- 결수연명부

  대한제국시대에 일제 통감부가 토지의 소작인을 중심으로 작성한 조세대장이 결수연명부이고, 한일합방 후에 조선총독부는 이것을 토지소유자 중심으로 수정하였다. 그러나 결수연명부는 실제로 토지소유권을 조사하여 작성한 것이 아니라, 은결 등의 문제가 해결되지 않은 조선시대 양안, 문기 또는 토지조사사업에서 작성한 토지신고서를 바탕으로 작성한 임시 조세대장으로 토지조사사업이 완료되기 전까지 사용되었다.

결수연명부에는 전·답·대·잡종지로 지목을 구분하였고, 부·군·면에 비치하여 지세대장으로 활용하였다. 그리고 1913년부터 토지조사사업을 추진하는 대로 토지대장에 근거한 지세명기장을 작성하여 교체하였다.

• 과세견취도

조선총독부는 장부에 등록되지 않은 은결을 색출하여 국유지로 편입하기 위하여 1911년에 결수연명부에 등록된 토지의 개형(槪形)을 묘사한 과세지견취도(課稅地見取圖)를 작성하였다. 과세지견치도를 작성한 목적은 필지의 개형을 묘사하므로 지적의 상황을 쉽게 파악하기 위한 것이다. 과세지견취도 작성을 위하여 토지소유자로 하여금 지목·자호·면적·결수·소유자의 주소 및 이름을 기재한 표시물을 세우고 조사에 적극 협조하도록 하였다.

• 지세명기장

조선총독부는 토지조사사업을 통하여 토지소유권조사를 완료한 민유 과세지에 대하여 지세명기장이라고 하는 지세대장을 만들었다. 그리고 1915년에 「지세령」을 제정하여 결수연명부의 결수(結數)를 기준으로 조세를 부과하는 전근대 조세제도에서 지세명기장의 지가(地價)를 기준으로 조세를 징수하는 근대지적제도로의 전환을 시작하였다.

학습 과제

1 근대개혁기 토지제도측면의 특성에 대하여 설명한다.

2 갑오개혁의 중앙행정관제와 지적업무조직에 대하여 설명한다.

3 갑오개혁의 특성과 갑오개혁이 근대지적제도 발달에 미친 영향을 설명한다.

4 광무개혁의 사회적 배경과 광무개혁으로 추진된 전제개혁의 특징을 설명한다.

5 대한제국시대 광무개혁에서 양지아문과 지계아문을 설치한 목적에 대하여 설명한다.

6 대한제국시대에 양지아문과 지계아문에서 작성한 양안(量案)의 내용을 비교·설명한다.

7 조선 말 일제 통감부가 개편한 중앙관제와 지적담당조직에 대하여 설명한다.

8 조선 말 일제 통감부가 실시한 역둔토정리 사업의 목적과 결과를 설명한다.

9 조선 말 일제 통감부가 실시한 대구시가지 토지측량시범사업의 목적과 내용을 설명한다.

10 조선 말 일제 통감부가 「산림법」에 따른 임야소유권제도를 도입한데 대한 내용을 설명한다.

11 조선 말 일제 통감부가 토지조사국을 설치하고, 「토지조사법」을 제정한 목적과 내용을 설명한다.

12 조선시대 입안제도, 대한제국시대 지계제도, 일제 통감부체제에서 도입한 토지가옥증명제도를 비교·설명한다.

13 조선총독부가 우리나라의 전국 토지를 대상으로 근대토지조사사업을 실시한 배경과 목적을 설명한다.

14 조선총독부가 근대토지조사사업을 실시하기 위해 설치한 임시토지조사국에 대하여 설명한다.

15 조선 말 일제 통감부가 작성한 결수연명부와 조선총독부가 작성한 과세지견취도(課稅地見取圖)에 대하여 설명한다.

16 조선총독부가 근대토지조사사업을 위하여 설치한 측량기준점에 대하여 설명한다.

17 조선총독부의 임시토지조사국이 실시한 토지소유권 조사의 사전조사, 일필지조사, 분쟁지조사, 소유권 사정(査定) 절차에 대하여 설명한다.

18 조선총독부의 임시토지조사국이 근대토지조사사업에서 실시한 토지가격 조사의 「수확량등급 및 지위등급조사규정」과 지위등급조사, 「지가산출규정」과 「지세령」

의 과세표준에 대하여 설명한다.

19 조선총독부의 임시토지조사국이 근대토지조사사업에서 지형지모(地形地貌) 조사를 실시한 목적으로 설명한다.

20 조선총독부가 실시한 조선임야조사의 특징을 토지조사사업과 비교하여 설명한다.

21 임시토지조사국이 근대토지조사사업에서 사용한 강계선·지역선·경계선의 차이를 설명한다.

22 임시토지조사국이 근대토지조사사업을 실시하고 근대지적제도를 확립하기 위하여 제정한 근대지적관련 법률의 종류와 내용을 설명한다.

23 임시토지조사국이 근대토지조사사업을 실시한 결과를 바탕으로 작성한 근대 지적장부의 종류와 내용을 설명한다.

24 임시토지조사국이 근대토지조사사업을 실시하고 근대 지적장부를 작성하기 위한 기초자료로 작성한 토지문서의 종류와 내용을 설명한다.

제3부

현대지적제도와
지적행정

제6장 지적공부의 작성과 관리

제1절 | 지적공부 작성

1. 지적공부의 법적 근거

지적공부(地籍公簿)는 국가가 토지의 물리적 현황을 등록하여 공시할 목적으로 작성하는 토지등록부로 '토지 표시'와 해당 토지의 소유자 등을 기록한 대장 및 도면(정보처리시스템을 통하여 기록·저장된 것을 포함한다)으로 정의된다. 지적공부와 관련한 모든 필요한 사항은 「공간정보의 구축 및 관리 등에 관한 법률」과 이 법 시행령 및 시행규칙에 따라서 토지대장, 임야대장, 지적도, 임야도, 공유지연명부, 경계점좌표등록부, 지적전산화일, 연속지적도, 부동산종합공부 10개의 지적공부가 작성된다.

이 가운데 연속지적도와 부동산종합공부는 실제지적측량을 실시하여 작성된 것이 아니고 지적정보를 활용하기 위하여 편집한 토지기록부이다.

2. 지적공부의 변천과정

우리나라 지적공부의 원본은 한일합방시대 조선총독부가 근대토지조사사업을 실시하여 작성한 것이다. 조선총독부가 「토지조사령」과 「임야조사령」에 따라 근대적 토지조사를 추진하고, 「토지대장규칙」과 「임야대장규칙」에 근거하여 토지(임야)대장·지적(임야)도·공유지연명부 5개의 지적공부를 작성하였다.

그리고 해방 후 1950년에 「지적법」을 제정하고, 이 법에 따라 지적공부를 관리하였으며, 1970년대에 「지적법」을 개정하고 변화하는 토지의 가치와 이용환경에 맞춰 대지권등록부·경계점좌표등록부·지적전산파일(대장파일)을 추가하여

9개의 지적공부를 작성하게 되었다.

이 후 2009년에는 국가공간정보정책에 따라서 「지적법」, 「측량법」, 「수로조사법」을 하나로 통합하여 「측량·수로조사 및 지적에 관한 법률」로 제정하고, 이법에 따라서 연속지적도를 작성하였다. 그리고 2008년 지적제도를 국가공간정보제도와 통합하고, 「측량·수로조사 및 지적에 관한 법률」을 「공간정보의 구축 및 관리 등에 관한 법률」로 개정하였다. 이 법에 따라 부동산종합공부를 추가하여 10개의 지적공부를 작성하게 되었다.

우리나라의 경우에 근대지적제도의 도입을 처음 계획한 시점은 조선시대 말, 1895년 3월 26일에 내부관제(칙령 제53호)를 제정하고, 이 관제에 따라서 내부 판적국 지적과를 설치한 시점으로 볼 수 있다. 그리고 조선총독부가 전국토지조사사업을 실사하여 5개의 지적공부를 창설하므로 근대지적제도가 확립되었다. 따라서 근대지적제도가 확립된 상황에서 우리나라는 일제로부터 해방을 맞았고, 1950년에 「지적법」을 제정하여 근대지적제도를 운영하며 현재에 이르고 있다. 해방 후에는 수차례 「지적법」을 개정하면서 근대지적제도를 현대지적제도로 발전시켰다.

• 표 6-1 • 법률과 지적공부의 변천과정

연도	1912~1945	1950~2008	2009~2014	2015~현재
관계 법령	「토지조사령」 「토지대장규칙」 「임야조사령」 「임야대장규칙」	「지적법」	「측량·수로조사 및 지적에 관한 법률」	「공간정보의 구축 및 관리 등에 관한 법률」
지적 공부	토지대장 임야대장 지적도 임야도 공유지연명부	토지대장 임야대장 지적도 임야도 공유지연명부 대지권등록부(신) 경계점좌표등록부(신) 지적전산파일(신)	토지대장 임야대장 지적도 임야도 대지권등록부 공유지연명부 경계점좌표등록부 지적전산파일 연속지적도(신)	토지대장 임야대장 지적도 임야도 대지권등록부 공유지연명부 경계점좌표등록부 지적전산파일 연속지적도 부동산종합공부(신)

* (신)은 새로운 법률 개정에 따라서 추가로 작성·관리하게 된 지적공부임.

• 표 6-2 • 「공간정보의 구축 및 관리 등에 관한 법률」에서 규정한 지적공부

지적공부	목적	비고
토지(임야)대장	토지(임야)의 표시 정보, 소유자 정보, 토지등급, 개별공시지가 등 토지의 물리적 사실을 등록하는 지적공부	
공유지연명부	1필지에 대한 토지 소유자가 2인 이상인 토지의 경우에 소유자별 소유지분을 등록·관리하기 위하여 토지대장·임야대장과 별도로 작성하는 지적공부	
대지권등록부	부동산등기법에 따라서 대지권등기가 되어 있는 토지에 대하여 대지권비율을 등록·관리하기 위한 지적공부	지적공부
경계점 좌표등록부	지적측량으로 취득한 필지 경계점의 좌표를 등록·관리하기 위한 지적공부 * 2002년 「지적법」 개정에 따라서 도시개발사업 등 대규모사업에서 지적확정측량을 하거나 또는 축적변경을 위해 지적확정측량을 할 때는 경계점의 좌표를 취득하여 경계점좌표등록부에 등록해야 한다.	
지적(임야)도	토지(임야)대장에 등록된 토지의 도형정보(위치와 형상)를 등록·관리하는 도면형식의 지적공부	
연속지적도	지적측량을 하지 아니하고 지적(임야)도의 전산파일을 이용하여, 도면의 경계점들을 연결한 도면. 이것은 측량에 활용할 수 없고, 토지 관련 정책의 자료로 이용할 목적으로 작성한 토지기록부	토지·부동산 기록부
부동산종합공부	지적공부에 등록된 '토지 표시'와 소유자에 관한 사항, 건축물의 표시와 소유자에 관한 사항, 토지의 이용 및 규제에 관한 사항, 부동산의 가격에 관한 사항 등 부동산에 관한 종합토지정보관리체계로 관리되는 토지기록부	

1) 「지적법」과 지적공부

해방 후, 1950년에 조선총독부가 지적과 조세업무에 공동으로 적용하기 위해서 제정한 「조선지세령」을 「지적법」과 「조세법」으로 분리하므로 비로소 조세업무를 제외한 지적업무에만 적용할 독자적인 법률기반을 마련하였다. 이 당시 「지적법」의 주요 내용은 다음과 같다.

- 「지적법」의 조문은 총 4장 36조로 구성
- 지적공부는 토지대장, 지적도, 임야대장, 임야도, 공유지연명부. 총 5개

- 지목은 21개 항목으로 분류
- 지적업무담당부서는 세무서
- 지번부여지역은 동·리·로·가 단위
- 토지의 면적 단위는 평(坪), 임야의 면적 단위는 무(畝)로 서로 다르게 사용
- 토지이동 정리는 토지소유자의 신청을 전제로 하고, 토지이동이 발생한 후 30일이 경과해도 토지소유자가 신청하지 않으면 국가가 직권으로 처리. 단 신규등록에 한해서는 토지소유자의 신청기한을 3년으로 규정.

이상 「지적법」은 1950년 이후 제정되어 「측량·수로조사 및 지적에 관한 법률」로 변경되기 전까지 총 19번의 개정이 이루어졌다. 「지적법」을 개정하는 취지는 다음과 같다. 첫째 지적제도가 시대적 요구에 맞게 중요한 부분을 변경·신설하는 '전부개정', 둘째 지적제도가 가지고 있는 불합리한 문제를 개선하기 위하여 일부의 내용을 변경하는 '일부개정', 셋째 「지적법」과 관련되어 있는 다른 법률개정에 따라서 용어, 기관명칭, 행정구역명칭 등을 변경하는 '타법개정', 넷째 타 법률을 폐지하고 「지적법」으로 통합하여 새로운 법률로 개정하는 '타법폐지'이다. 이에 대한 상세내용은 다음과 같다.

- 제1차 개정(일부개정): 1961년 12월 8일 개정, 1962년 1월 1일 시행, 국가의 세제개편에 따라 국세였던 지세(地稅)를 지방세(재산세, 농지세)로 전환함에 따라서 지적업무담당부서를 재무부 산하의 세무서에서 내무부 산하의 특별시와 시·군으로 이전하기 위하여 개정하였다.

- 제2차 개정(전부개정): 1975년 12월 31일 개정, 1976년 5월 7일 시행, 2차 「지적법」 개정은 지적전산화의 기반조성을 목적으로 이루어진 전면개정이며, 이것을 계기로 우리나라의 지적제도가 획기적으로 발전하고 선진화되었다고 평가된다. 이후 매년 5월 7일을 '지적의 날'로 지정하여 기념하고 있다. 주요 개정내용은 다음과 같다.
  - 첫째, 지적공부의 합리적 관리를 위하여 지적공부 보관 및 반출에 대한 규정 보완
  - 둘째, 지적행정의 효율을 위하여 한자 위주의 북동기번방식으로 지번부

여방법을 아라비아숫자의 북서기번방식으로 전환

- 셋째, 척관법에 따른 평(坪, 토지)가 무(畝, 임야)의 면적단위를 미터법 (㎡)으로 전환
- 넷째, 지적전산화에 대비하여 코드번호가 될 토지소유자의 등록번호를 등록 규정 보완 및 부책식 토지대장을 카드식으로 전환
- 다섯째, 토지이용계획에 대한 정보로써 일필지별 용도지역을 등록하는 규정 보완
- 여섯째, 도해지적제도를 수치지적제도로 전환하기 위하여 수치지적부 (현재 경계점좌표등록부) 작성·비치 규정 보완
- 일곱째, 지적측량의 정확도 향상을 위하여 전파기 또는 광파기측량 및 사진측량 등 새로운 측량방법에 대한 규정 보완
- 여덟째, 지적측량자격을 기술계와 기능계로 구분하는 규정 보완
- 아홉째, 지목체계의 통폐합과 신설하여 21개 지목에서 24개 항목으로 변경(과수원, 목장용지, 공장용지, 학교용지, 공장용지, 운동자, 유원지 신설)
- 열 번째, 지적측량의 정확성 제고 및 지적제도의 신뢰성 증진을 위하여 지적위원회(중앙지적위원회, 지방지적위원회) 설치

• 제3차 개정(일부개정): 1986년 5월 8일 개정, 1986년 11월 9일 시행, 3차 개정에서는 지적소관청이 등록전환, 지목변경, 등록사항 정정 등 토지의 이동정리를 한 경우에 지적소관청이 관할등기소에 등기촉탁을 할 수 있도록 일부개정을 하였다.

• 제4차 개정(일부개정): 1990년 12월 31일 개정, 1991년 1월 1일 시행, 4차 개정에서는 지적전산화사업이 완료됨에 따라서 전산정보처리조직에 의하여 입력된 전산등록파일을 지적공부로 규정하고, 이 전산등록파일의 정리와 관리방법에 대한 규정을 제정하고 지적공부의 열람과 등본교부를 전국 어디서나 할 수 있는 온라인 지적민원행정을 하는데 필요한 사항 등을 위하여 일부개정을 하였다.

• 제5차 개정(일부개정): 1991년 11월 30일 개정, 1992년 1월 1일 시행, 지적공부의 등록을 대장과 전산등록파일에 이중으로 등록하던 것을 전산등록파

일에만 등록할 수 있도록 일부 개정하였다. 즉 수작업으로 등록하던 토지대장과 임야대장을 지적사고에 보관하고, 실제 토지이동, 소유권변동, 토지등급 수정 등 등록사항에 변동이 있을 경우에 전산등록파일만 정리하도록 개정하였다. 이로써 지적소관청에서 대장 없는 지적업무를 수행하게 되었다.

- 제6차 개정(일부개정): 1991년 12월 14일 개정, 1992년 2월 1일 시행:「부동산등기법」의 개정에 따라서 합병하고자하는 토지의 지번부여지역, 지목, 토지소유자가 서로 다르거나, 또는 합병하고자 하는 토지에 소유권, 지상권, 전세권, 임차권 및 승역지에 관한 지역권의 등기, 이외의 등기가 있는 경우에는 합병할 수 없고, 또 합병하고자 하는 토지 전부에 등기원인, 등기 연월일, 등기 접수번호가 동일한 저당권에 관한 등기가 있는 경우에는 합병이 가능하도록 일부개정을 하였다.

- 제7차 개정(일부개정): 1995년 1월 5일 개정, 1995년 4월 1일 시행, 7차「지적법」개정은 다음과 같은 조문의 일부를 개정한 일부개정이며, 주요 개정내용은 다음과 같다.

  - 전산등록파일을 지적파일로 명칭 변경하고, 이것을 지적공부로 규정
  - 대행업자가 지적도와 임야도를 복제하여 지적약도를 간행·판매할 수 있도록 규정
  - 지적소관청이 수행하는 지적사무는 국가사무임을 명확하게 규정
  - 지적측량에서 위성측량방법 도입
  - 지적측량기준점에 지적삼각보조점 추가
  - 지적측량기준점성과의 전면공개제도 시행
  - 기초점을 지적측량기준점, 지번지역을 지번설정지역, 지번경정을 지번변경, 조제 및 대조제를 작성 및 재작성으로 용어 변경

- 제8차 개정(타법개정): 1997년 12월 13일 개정, 1998년 1월 1일 시행,「정부조직법」개정에 따라서「지적법」에 등장하는 부처의 명칭 혹은 행정구역의 명칭을 변경하기 위한 개정이며,「지적법」에서 '서울특별시, 직할시'를 '특별시, 광역시' 변경하여 개정하였다.

- 제9차 개정(일부개정): 1999년 1월 18일 개정, 1999년 4월 19일 시행, 제9

차 개정을 통해서 지적약도 등 간행판매업을 지정승인제에서 등록제로 변경하였다. 그리고 토지분할·지목변경 등 토지이동에 따른 신청의무 기간을 완화하고, 지번변경과 지적공부의 외부 반출에 대하여 장관(당시 행정자치부장관)가 승인하던 것을 도지사 승인사항으로 변경하여 토지소유자의 편의를 도모할 수 있도록 개정하였다.

- 제10차 개정(전부개정 2차): 2001년 1월 26일 개정, 2002년 1월 27일 시행, 제10차 개정은 정보화 시대에 부합하는 지적제도로 변화하기 위한 목적으로 이루어진 전부개정이며, 주요 개정내용은 다음과 같다.

  - 지적공부와 관련하여 공유지연명부와 대지권등록부를 지적공부로 추가하고, 경계점을 새 용어로 추가하고 수치지적부를 경계점좌표등록부로 명칭 변경
  - 시·도지사가 지역전산본부에서 보관·운영하던 지적전산파일을 지적민원을 직접 수행하는 지적소관청에서 보관·운영하도록 변경
  - 24개 지목을 28개 지목으로 변경(주차장, 주유소용지, 창고용지, 양어장 신설)
  - 지형 변화 등으로 말소된 토지에 대하여 토지소유자가 지적공부의 말소를 신청하지 않고, 일정기간이 지나면 지적소관청이 직권으로 말소하도록 변경
  - 아파트 등 공동주택의 부지를 분할, 지목변경 등을 하는 경우에 사업시행자가 토지이동을 신청할 수 있도록 신청 대위 규정을 신설
  - 미등기 토지의 소유자의 사항(이름, 명칭, 등록번호, 주소 등)이 지적공부에 잘못 등록된 경우에 공신력 있는 관계서류(호적등본, 주민등록등본 등)에 근거하여 정정할 수 있도록 규정
  - 지번변경, 등록 말소 및 회복등록, 축척변경, 등록사항정정, 행정구역변경 등의 토지이동으로 발생한 '토지 표시' 변경에 관하여 등기관청에 반드시 등기촉탁을 하도록 규정
  - 지번으로 토지의 위치를 찾기 어려운 지역의 도로와 건물에 도로명과 건물번호를 부여하여 관리하는 규정 신설
  - 지적측량과 관련하여 측량의 오차 범위 및 처리방법을 신설
  - 국토교통부장관(당시 행정자치부장관)은 전국의 지적, 주민등록등본, 공

시지가 자료, 지적위성측량기준점관측자료를 통합관리하며 공동이용하기 위하여 지적정보센터를 설치·운영할 수 있도록 규정을 신설
- 시·도지사가 지방지적위원회에 지적적부심사에 의결을 신청할 수 있고, 토지소유자가 의결내용에 불복할 경우 재심을 청구할 수 있도록 규정

- 제11차 개정(타법개정): 2002년 2월 4일 개정, 2003년 1월 1일 시행, 「토지수용법」과 「공공용지의 취득 및 손실보상에 관한 특례법」을 통합하여 「공익사업을 위한 토지 등의 취득 및 보상에 관한 법률」로 개정한데 따른 개정이다.

- 제12차 개정(타법개정): 2003년 5월 29일 개정, 2003년 11월 30일 시행, 「주택건설촉진법」이 「주택법」으로 개정됨에 따른 용어 변경에 따른 개정이다.

- 제13차 개정(일부개정): 2003년 12월 31일 개정, 2004년 1월 1일 시행, 지적측량업을 영위하고자 하는 자는 지적행정 중앙부처(현 국토교통부, 당시 행정자치부)에게 등록하도록 규정하고, 등록된 지적측량업자 및 대한지적공사(현재 한국국토정보공사)가 지적측량업무를 수행하도록 규정하여 지적측량업을 개방하였다. 그리고 지적측량업자로 등록된 자는 경계점좌표등로부가 비치된 지역과 도시개발사업 등이 완료된 지역에서 실시되는 지적확정측량을 수행할 수 있도록 하고, 대한지적공사를 특수법인[1]으로 전환하였다. 대한지적공사를 특수법인으로 전환한 것은 이를 통해서 지적재조사사업을 시행할 수 있는 법적 기반을 마련하기 위한 것이다.

- 제14차 개정(타법개정): 2005년 3월 31일 개정, 2006년 4월 1일 시행, 「채무자 회생 및 파산에 관한 법률」에서 '파산자'를 '파산선고를 받은 자'로 개정됨에 따라서 개정하였다.

---

1 특수법인은 국가정책상 공공이익을 위해 특별법에 기초하여 설립된 법인을 총칭하는 것이다. 좁게는 재정경제면이나 경영관리 및 운용상의 이유에 따라 특정한 공익사업을 원활할 목적으로 설립된 회사 형태의 법인을 의미한다. 특수법인 설립은 정부 및 지방 공공단체가 자금의 전부 또는 일부를 출자하여 설립하므로 최고경영진과 임원의 선임 및 임명, 사업계획의 보고 및 승인, 결산보고 등을 정부 내 주무부서의 특별관리 아래 실행된다. 한국산업은행, 한국전력공사, 한국증권거래소 등이 여기에 속한다.

- 제15차 개정(일부개정): 2006년 9월 22일 개정, 2006년 9월 22일 시행, 지적측량업의 등록결격사유를 보완하기 위한 개정으로 지적측량업의 등록결격사유 중 '파산자로 복원되지 않은 자'를 삭제하여 '파산선고를 받은 자'도 지적측량업 등록이 가능하도록 개정하였다.

- 제16차 개정(타법개정): 2006년 10월 4일 개정, 2007년 4월 5일 시행, 「도로명주소 등 표기에 관한 법률」 개정에 따라 지적소관청은 지번으로 위치를 찾기 어려운 지역에서 도로와 건물에 도로명과 건물번호를 부여하고, 지적도·지형도 등을 기초로 별도의 도로명·건물번호도면을 작성·관리해야 하는 규정을 삭제하였다. 이 규정은 제10차 「지적법」 개정으로 생긴 규정이다.

- 제17차 개정(타법개정): 2007년 5월 17일 개정, 2008년 1월 1일 시행, 「가족관계의 등록 등에 관한 법률」에서 '호적·제적'을 '가족관계기록사항에 관한 증명서'로 개정하기 위하여 개정하였다.

- 제18차 개정(일부개정): 2008년 2월 29일 개정, 2008년 2월 29일 시행, 「정부조직법」 개정으로 전국의 지적업무총괄을 행정자치부(현재 행정안전부)에서 국토해양부로 이관됨에 따라서 관련 용어를 '행정자치부'에서 '국토교통부'로 변경하기 위하여 개정하였다.

- 제19차 개정(타법폐지): 2009년 6월 9일 폐지 공포, 2009년 12월 10일 폐지, 2009년 6월 9일에 「지적법」 폐지와 새로운 「측량·수로조사 및 지적에 관한 법률」 제정을 결정하고, 같은 해 12월 10일자로 「측량·수로조사 및 지적에 관한 법률」을 시행하였다.

2) 「측량·수로조사 및 지적에 관한 법률」과 지적공부

측량과 지적 및 수로업무 분야에서 서로 다른 법률의 기준과 절차에 따라 토지를 측량하여 국가 기본도에 해당하는 지형도·지적도 및 해도가 서로 불일치하여 국가공간정보산업의 발전에 지장을 초래하는 문제가 발생하였다. 이를 해결하기 위하여 「측량법」, 「지적법」, 「수로업무법」을 하나로 통합하여 「측량·수로조사 및 지적에 관한 법률」을 제정하였다.

이 「측량·수로조사 및 지적에 관한 법률」은 기존의 「측량법」, 「지적법」 및

「수로업무법」의 측량의 기준과 절차를 일원화하였다. 이를 통해서 측량성과의 신뢰도 및 정확도를 높이고 국토의 효율적 관리, 항해의 안전 및 국민의 소유권 보호에 기여하고, 나아가 국가공간정보산업의 발전을 도모하고자 하였다. 이 법률은 총 5장 111개 조문으로 구성되어 있으며, 「측량수로지적법」으로 약칭되었다. 이 법에 따라 연속지적도가 새로운 지적공부로 추가되었다.

이 법률은 2009년 6월 9일에 타법폐지로 제정된 후, 총 8차에 걸쳐 법률 개정이 이루어졌고, 그 내용은 다음과 같다.

- 제1차 개정(타법개정): 2011년 3월 30일 개정, 2011년 4월 1일 시행, 「국유재산법」의 일부개정에 따라 국유재산 관련 정책여건의 변화를 반영하기 위하여 개정하였다.

- 제2차 개정(타법개정): 2011년 4월 12일 개정, 2011년 10월 13일 시행, 「부동산등기법」 전부개정에 따른 부동산 등기부 전산화사업이 완료되어 등기사무 처리가 전산정보처리조직으로 수행됨에 따라서 종이등기부를 전제로 한 용어(등기용지, 기재, 날인 등)를 전산등기부와 부합시키는 용어로 개정하였다.

- 제3차 개정(타법개정): 2011년 9월 16일 개정, 2012년 3월 17일 시행, 기존의 지적공부를 수치지적에 의한 지적공부로 전환하였다. 이것은 토지의 실제상황과 일치하지 않는 지적공부의 등록사항을 바로잡기 위한 지적재조사사업 시행을 위한 「지적재조사에 관한 특별법」이 제정된 데 따른 개정이다.

- 제4차 개정(일부개정): 2012년 12월 18일 개정, 2012년 12월 18일 시행, 해양 및 항로 등에 관하여 측량·관측 및 조사한 결과인 수로조사성과를 공표하도록 규정하여 해상교통안전을 향상시키고, 측량 등을 위하여 타인의 토지에 출입하는 경우에 제시하여야 하는 증표 및 허가증을 허가증으로 일원화하는 등 현행 제도의 운영상 미비점을 일부 개선·보완하였다.

- 제5차 개정(타법개정): 2013년 3월 23일 개정, 2013년 3월 23일 시행, 「정부조직법」 전부개정으로 '국토해양부'가 '국토교통부'로 변경됨에 따라 관련 조문을 변경하였다.

- 제6차 개정(타법개정): 2013년 5월 22일 개정, 2014년 5월 23일 시행, 건설

기술의 경쟁력을 강화하고 관련 분야의 산업발전을 도모하기 위하여 「건설기술관리법」을 「건설기술 진흥법」으로 개정함에 따라서 따른 측량기술자의 범위를 결정하는 근거법의 명칭을 변경하기 위하여 개정하였다.

• 제7차 개정(일부개정): 2013년 7월 17일 개정, 2014년 7월 1일 시행, 지적제도의 불합리한 부분을 개선할 목적으로 이루어진 일부개정에 해당하고, 주요 개정내용은 다음과 같다.

  - 토지대장, 임야대장, 지적도, 건축물대장 등 현행 부동산과 관련된 18 종류의 공적공부를 하나의 공부로 통합한 부동산종합공부를 관리·운영하는데 대한 규정을 신설
  - 지적측량 적부심사(適否審査)에 한정된 중앙지적위원회의 기능을 지적 관련 정책 개발 및 업무 개선에 관한 사항, 지적기술자에 대한 제재처분 등으로 확대
  - 측량기술자와 측량업자는 측량협회를, 지적기술자와 지적측량업자는 지적협회를 설립할 수 있도록 하고, 협회를 설립하기 위해서 필요한 발기인의 수를 정하는 등 협회설립절차를 규정
  - 지적소관청은 토지의 이동에 따라 지상경계를 새로 정할 때, 토지의 소재, 지번, 경계점 좌표 등을 등록한 지상경계점등록부를 작성·관리하도록 규정을 신설

• 제8차 개정(제명 개정): 2014년 6월 3일 개정, 2014년 12월 4일 시행, 2014년 6월 3일에 「측량·수로조사 및 지적에 관한 법률」을 「공간정보의 구축 및 관리 등에 관한 법률」으로 명칭을 변경하고, 같은 해 12월 4일부터 「공간정보의 구축 및 관리 등에 관한 법률」을 시행하였다.

3) 「공간정보의 구축 및 관리 등에 관한 법률」과 지적공부

국가공간정보정책에 따라서 측량, 지적, 공간정보업무의 융합을 추진하고, 이에 맞게 관계법령을 정비하였다. 이를 배경으로 2014년 6월 3일자로 「측량·수로조사 및 지적에 관한 법률」을 「공간정보의 구축 및 관리 등에 관한 법률」로 변경하였고, 이에 대한 상세한 배경은 다음과 같다.

- 첫째, 기존의 법률은 공간정보의 구축을 위한 측량 및 수로조사의 기준 및 절차와 지적공부의 작성 및 관리 등에 관한 사항을 규정한 것이므로, 명칭을 「공간정보의 구축 및 관리 등에 관한 법률」로 변경하는 것이 다 합리적이라는 판단.
- 둘째, 측량업정보를 효율적으로 관리하기 위한 측량업정보 종합관리체계를 구축·운영하고, 측량용역사업에 대한 사업수행능력을 평가하여 공시하도록 하여 공공발주 시 측량업체선정의 객관성을 확보할 수 있도록 개선의 필요성
- 셋째, 측량업의 등록질서를 확립하기 위해 고의적으로 폐업한 후 일정기간 내 재등록할 경우 폐업 전 위반행위에 대한 행정처분 효과의 승계는 물론 위반행위에 대해 행정처분이 가능하도록 함과 동시에 자진폐업을 한 경우에도 폐업 전에 수행중인 측량업무를 계속 수행할 수 있도록 개선의 필요성
- 넷째, 공간정보산업의 건전한 발전을 도모하기 위해 현행법의 "측량협회"와 "지적협회"를 「공간정보산업 진흥법」에 의한 "공간정보산업 협회"로 전환함과 동시에 현행법에서 협회 관련 조문을 삭제. 또 "대한지적공사"의 공적기능을 확대하고 공공기관으로의 위상변화에 맞게 "한국국토정보공사"로 명칭을 변경하며 그 설립근거를 이 법에서 삭제하고 「국가공간정보에 관한 법률」로 이관하기 위함.

이상의 「공간정보의 구축 및 관리 등에 관한 법률」은 2014년 12월 4일부터 시행된 후, 2020년까지 총 10차례 개정되었고, 이 법에 따라 부동산종합공부가 새로운 지적공부로 추가되었다. 그 내용은 다음과 같다.

• 제1차 개정(일부개정): 2015년 2월 29일 개정, 2015년 12월 20일 시행, 이 법률에 따라 '피성년후견인 또는 피한정후견인'이 측량업에 등록되어 있는 경우는 등록을 취소하고, 등록취소가 있은 후 2년간 측량업에 다시 등록을 할 수 없도록 규정하고 있으나 이것이 규제이기 때문에 법률 개정을 통해서 '피성년후견인 또는 피한정후견인'을 이유로 측량업 등록이 취소되었으나 행위능력이 회복된 자에게는 측량업등록이 가능하도록 측량업등록의 결격사유를 개선하기 위하여 일부개정이 이루어졌다.

- 제2차 개정(타법개정): 2015년 2월 29일 개정, 2015년 12월 20일 시행,「제주특별자치도 설치 및 국제자유도시 조성을 위한 특별법」전부개정에 부합하도록 지적소관청의 대상을 개정하였다.

- 제3차 개정(타법개정): 2016년 1월 19일 개정, 2016년 9월 1일 시행,「부동산 가격공시 및 감정평가에 관한 법률」을「부동산 가격공시에 관한 법률」로 개정함에 따라서 부동산종합공부에 대한 정의를 개정하였다.

- 제4차 개정(타법개정): 2017년 7월 26일 개정, 2017년 7월 26일 시행,「정부조직법」일부개정으로 '미래창조과학부'가 '과학기술정보통신부'로 변경된 데 따라 기본측량성과의 국외 반출에 규정을 개정하였다.

- 제5차 개정(일부개정): 2017년 10월 24일 개정, 2017년 10월 24일 시행, 제5차 개정은 지적제도의 불합리한 부분을 개선하기 위한 일부개정으로 주요 개정 내용은 다음과 같다.

  - 기본측량성과의 국외 반출 심의를 위한 협의체에 민간전문가 1인 이상을 포함하도록 의무화하고, 민간전문가를 공무원으로 대신할 수 있도록 규정 신설
  - 중앙지적위원회 및 지방지적위원회 위원 중 민간위원에 대하여는 업무상 공정성과 책임성을 담보하기 위하여 공무원으로 대신할 수 있도록 규정 신설
  - 측량기술자가 경력 등을 신고하는 경우 신고서의 기재사항 및 구비서류에 흠이 없고 관계 법령 등에 규정한 형식상의 요건을 충족하면 신고서가 접수기관에 도달된 때에 신고된 것으로 간주한다는 규정 신설
  - 지적정보의 접근성을 향상시키기 위하여 국토교통부장관 등의 승인 절차를 폐지하고 개인정보가 없는 지적전산자료에 대하여는 관계 중앙행정기관의 심사를 생략할 수 있도록 개정

- 제6차 개정(일부개정): 2018년 4월 17일 개정, 2018년 10월 18일 시행, 측량업자로 등록한 법인의 임원에게 결격사유가 발생한 경우 유예기간 없이 바로 측량업자의 등록을 취소하도록 한 규정에 대하여, 해당 법인에 대한 측량업자의 등록을 취소하기 전에 그 사유를 해소할 수 있도록 3개월의 유예

기간을 부여함으로써 임원 개인의 결격사유 발생으로 인한 법인의 과도한 책임을 합리적으로 완화하기 위하여 개정하였다.

- 제7차 개정(타법개정): 2018년 8월 14일 개정, 2018년 12월 13일 시행, 「건설기술 진흥법」 일부개정에 따라서 측량기술자의 범위에 대한 규정에서 '건설기술자'를 '건설기술인'으로 변경하기 위하여 개정하였다.

- 제8차 개정(일부개정): 2019년 12월 10일 개정, 2020년 3월 11일 시행, 8차 개정은 지적제도 개선을 위한 일부개정으로 다음과 같은 내용을 개정하였다.

  - 내실 있고 실효성 있는 측량기본계획 및 연도별 시행계획이 수립될 수 있도록 측량기본계획에 따라 수립·시행하는 연도별 시행계획의 추진실적을 평가하고 그 평가결과를 측량기본계획 및 연도별 시행계획에 반영하도록 규정

  - 공간정보의 정확성을 향상시키기 위하여 특별자치시장, 특별자치도지사, 시장·군수 또는 구청장은 관할구역 내 지형·지물의 변동 여부를 정기적으로 조사하고, 조사 결과 지형·지물의 변동사항이 있는 경우에는 이를 국토교통부장관에게 통보하도록 규정

  - 국가지명위원회, 시·도 지명위원회, 시·군·구 지명위원회 민간위원의 책임성을 강화하기 위하여 해당 위원회 위원 중 공무원이 아닌 위원을 두는 등을 규정

- 제9차 개정(타법개정): 2020년 6월 9일 개정, 2020년 6월 9일 시행, 법률용어 정비를 위한 국토교통위원회 소관 78개 법률의 일부개정에 따라서 조문에 활용되는 조건문, 부사, 조사 등을 통일하기 위하여 개정하였다.

- 제10차 개정(타법개정): 2020년 2월 4일 개정, 2020년 8월 9일 시행, 「부동산등기법」 일부개정에 따라서 이 법률에서 합병할 수 없는 토지를 '등기원인(登記原因) 및 그 연월일과 접수번호가 같은 저당권의 등기가 있는 토지'로 규정했던 것을 '「부동산등기법」의 등기사항이 동일한 신탁등기[2]가 있는 토

---

2 신탁등기는 특정의 재산권을 타인으로 하여금 일정한 자의 이익 또는 일정한 목적을 위하여 그 재산권을 관리, 처분하게 하는 것을 말한다. 이 경우에 등기하여야 할 재산권의 신탁은 등기해야 제3자에게 대항할 수 있는데 이때

지'로 변경하기 위하여 개정하였다.

3. 지적공부의 등록사항

1) '토지 표시' 사항

「공간정보의 구축 및 관리 등에 관한 법률」 제2조에서 토지의 소재, 지번(地番), 지목(地目), 면적, 경계, 좌표 6가지 요소를 '토지 표시'로 정의하고 있다. '토지 표시'는 1필지 토지를 특정할 수 있는 토지의 물리적 현황이고 지적공부에 등록하는 가장 핵심사항이다.

우리나라는 지적국정주의 원칙에 의거하여 국가가 직접 '토지 표시'를 조사·측량하여 지적공부에 등록하여 공시할 수 있는 권한을 가지고 있다. 그러나 국가가 이 권한을 지적소관청에 위임하고, 각 지적소관청이 관한 구역 내 토지의 '토지 표시'를 조사·측량하여 지적공부에 등록·공시하도록 한다. 이하에서 지적소관청이 조사·측량하여 지적공부에 등록·공시하는 '토지 표시'에 대하여 살펴본다.

① 소재

지적공부에 등록하는 토지의 소재는 토지가 위치한 행정구역과 지적제도에서 부여한 지번으로 구성된 '지번주소'로 등록한다.

② 지번

지번을 부여하는 일반적 방법은 다음과 같은 방법이 활용되고 있다.

- **북서기번법과 북동기번법**

  한 지번부여지역3 내에서 기번(起番) 방향에 따라서 북서기번법과 북동기번법이 있다. 전자의 경우는 지번부여지역의 북서쪽에서부터 기번을 시작하여 남동쪽을 향해 대각선 방향으로 기번하는 방법이고, 후자는 지번부여지역의

하는 등기를 신탁등기라 한다. 부동산의 신탁등기는 수탁자를 등기권리자로 보고 위탁자를 등기의무자로 본다. 수탁자가 단독으로 부동산의 신탁등기를 신청 할 수 있다. 수익자나 위탁자 또한 수탁자를 대위하여 신탁등기를 할 수 있다.

3 「공간정보의 구축 및 관리 등에 관한 법률」에 따라 우리나라는 지번부여지역을 법정 동(리)로 한다.

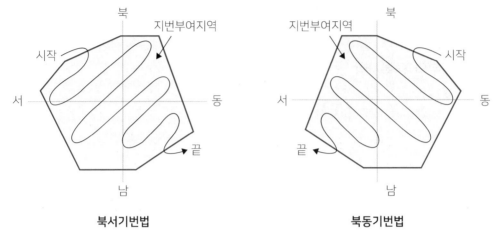

북서기번법   북동기번법

* 자료: 김영학, 지적학. 2015.

• 그림 6-1 • 기번방향에 따른 방법

북동쪽에서부터 기번을 시작하여 남서쪽을 향해 대각선 방향으로 기번하는
방법이다.

• 사행식 · 기우식 · 단지식

지번을 분류하는 일반적 방법으로는 사행식, 기우식, 단지식이 있다. 필지의
형태와 배열이 불규칙한 지역에서 일정한 방향성 없이 자유롭게(뱀이 기어가
는 형상처럼) 지번을 부여하는 방법을 사행식(蛇行式)이라고 한다. 반면에 필
지의 형태와 배열이 규칙적인 지역에서 도로를 기준으로 좌·우의 필지에 교
대로 홀수 지번과 짝수 지번을 부여하는 방법을 기우식(교호식)이라고 한다.
또 한 단지에 하나의 본번을 부여하고 단지 내 개별 필지마다 시계방향으로
부번을 부여하는 방법을 단지식이라고 한다.

• 도엽단위법 · 지역단위법 · 단지단위법

지번을 부여하는 공간단위에 따라서 도엽단위법·지역단위법·단지단위법으
로 분류한다. 도엽단위법은 지적도·임야도의 도엽단위로 개별필지의 일련번
호를 부여하는 방법으로 이것은 행정구역이 넓어서 도엽과 필지 수가 너무
많은 경우에 사용한 방법이다. 지역단위법은 행정구역으로 설정된 지번부여
지역단위로 개별필지의 일련번호를 부여하는 방법이고, 단지단위법은 지번
부여지역을 여러 단지로 구획하여 단지단위로 개별필지의 일련번호를 부여

하는 방법이다. 단지단위법은 대규모 도시개발사업 등이 시행된 지역에서 많이 활용되는 방법이다.

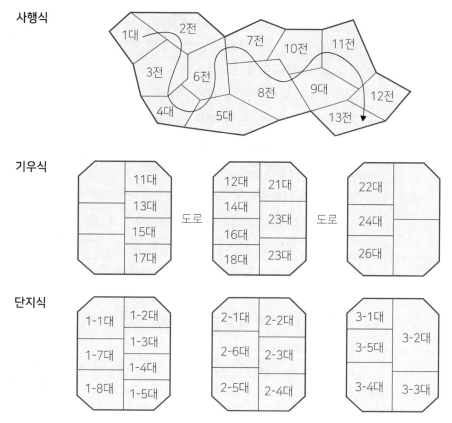

* 자료: 김영학, 지적학. 2015.

• 그림 6-2 • 지번부여 순서

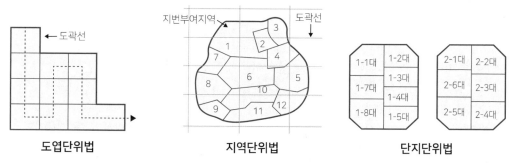

* 자료: 김영학, 지적학. 2015.

• 그림 6-3 • 지번부여 단위

- 우리나라 법정 지번부여 원칙

일필지의 지번을 결정하여 부여하는 주체는 지적소관청이고, 지번을 부여하는 단위는 법정 동(리) 또는 이에 준하는 지역으로 한다. 지번(地番)의 표기는 아라비아숫자로 하되, 임야의 경우에는 지번 앞에 '산'자를 붙인다. 지번은 본번(本番)과 부번(副番)으로 구성하고, 본번과 부번 사이에 '-'을 표시하고, 읽을 때는 '의'로 읽는다.

기번 방향은 북서기번법을 채택하고, 지번부여 순서는 필지형상과 배열이 불규칙한 산지지역에서는 사행식, 필지형상과 배열이 규칙적인 도시나 평야지역에서는 기우식·단지식을 채택한다.

한편 지적소관청은 지적공부에 등록된 토지의 지번의 전체 혹은 일부를 변경할 필요가 있을 때, 시·도지사의 승인을 얻어 새로 지번을 부여할 수 있다. 또 지적소관청은 지번부여지역 내에 결번이 생기면 지체 없이 그 사유를 결번대장에 등록하여 영구히 보존해야 한다. 결번이 발생하는 원인은 필지 합병·행정구역의 변경·지번 변경·축척 변경·지번 정정·등록전환·해면성 말소·도시개발사업·농지개량사업·지적공부의 정리·토지(임야)조사사업 당시 오류로 생길 결번 등 다양하다. 그러나 필지 분할에 의해서는 결번이 발생하지 않는다.

'토지 이동'4에 따라서 새로이 지번을 부여하는 법정 원칙은 다음과 같다.

- 표 6-3 • 우리나라 법정 지번부여 방법

구분		우리나라 지번부여 방법	비고
기번 방향	북서기번법	○	
	북동기번법		
지번부여단위	지역단위법	○	
	도엽단위법		
	단지단위법	○	도시개발사업 등 시행지역
지번부여 순서	사행식	○	
	기우식	○	도시개발사업 등 시행지역
	단지식	○	도시개발사업 등 시행지역

4 토지이동에 대한 상세한 내용은 제3절에서 기술함.

– 신규등록 및 등록전환의 경우에 해당 지번부여지역 내의 인접토지의 본 번에 부번을 붙여 부여하는 것을 원칙으로 한다. 그러나 대상 토지가 그 지번부여지역 내의 최종 본번의 토지에 인접해 있거나, 대상 토지가 기 존에 등록된 토지와 너무 멀리 떨어져 위치하는 관계로 등록된 본번에 부번을 부여하는 것이 불합리한 경우, 법 지번을 부여할 대상필지 수가 많을 경우에는 지번부여지역의 최종 본번의 다음 본번으로 부여한다.

– 분할의 경우에 분할한 필지 중 하나는 분할 전 지번으로 부여하고, 나머 지 필지는 지번부여지역 내에서 본번에 붙인 최종 부번 다음 부번부터 차례로 부여한다. 또 분할된 필지 가운데 주거나 사무실 등의 건축물 부 지가 되는 필지가 있을 경우에는 이 필지에 분할 전의 지번을 우선하여 부여한다.

– 합병의 경우에 합병할 여러 필지의 지번 가운데 선순위의 본번을 합병토 지의 지번으로 부여한다. 그러나 합병하기 전의 필지 가운데 주거·사무실 등의 건축물의 부지가 있을 경우에는 그 건축물이 위치한 필지의 지번을 합병 후의 지번으로 부여해야 한다.

– 지적확정측량을 실시한 새로운 필지에 지번을 새로 부여할 때는 본번으 로 부여하는 것을 원칙으로 한다. 그러나 부여할 수 있는 본번의 수가 새 로 지번을 부여해야 할 필수 수보다 적을 때에는 구역을 설정하여 구역 에 하나의 본번을 부여하고 개별 필지에 부번을 부여하거나, 그 지번부 여지역의 최종 본번 다음 본번부터 차례로 본번을 부여할 수 있다.

③ 지목

• 지목분류의 일반적 방법

지목(land category)은 일정한 기준에 따라 분류된 토지의 종류이며, 일필지 단위로 부여한다. 지목을 분류하는 방법은 국가마다 다르지만, 일반적으로 지목을 분류하는 기준에 따라서 지형지목, 토성지목, 용도지목 등의 유형이 있다. 또 지목을 분류하는 기준의 수에 따라서 단식지목과 복식지목으로 분 류한다.

또 지목의 유형은 지역에 따라서 농촌형지목(비도시지목), 도시형지목(도시

• 표 6-4 • 우리나라 법정 지목분류 방법

지목분류 방법		우리나라의 지목분류 방법	비고
토지 특성	지형지목	×	
	토성 지목	×	
	용도 지목	○	
고려한 토지특성의 수	단식 지목	○	
	복식 지목	×	
지역 특성	농촌형 지목	×	
	도시형 지목	×	
산업발달단계	1차 산업형 지목	×	
	2차 산업형 지목	×	
	3차 산업형 지목	×	
국가경제발달 단계	후진국형 지목	×	
	선진국형 지목	×	
대상 공간	지표 지목	○	
	지상 지목	×	
	지하 지목	×	

지목), 산업 활용에 따라서 1차 산업형 지목, 2차 산업형 지목, 3차 산업형 지목으로 분류한다. 국가별 지목분류 방법을 비교하는 관점에서 후진국형 지목, 선진국형 지목으로 구분하기도 한다. 최근 3차원 지적제도와 관련하여 지표 지목, 지상 지목, 지하 지목으로 분류하는 경우도 있다.

• 우리나라 지목분류 방법

우리나라에서는 1912년 근대토지조사사업 당시부터 토지의 주된 사용목적을 기준으로 18개의 지목으로 분류하는 용도지목을 채택하였다. 이후 1950년 「지적법」에서 21개 용도지목으로 분류하였고, 1975년 「지적법」을 개정하여 24개 용도지목으로 분류하였다. 그리고 「측량·수로조사 및 지적에 관한 법률」제정 이후 현재까지 28개 용도지목으로 분류하고 있다. 지목은 효율적인 토지이용 및 국토관리, 또 토지세 산정 등 공공 토지행정에서 중요한 자료로 활용된다.

- 우리나라 지목의 종류

  우리나라의 현행 법정지목 28개는 전·답·과수원·목장용지·임야·광천지·염전·대(垈)·공장용지·학교용지·주차장·주유소용지·창고용지·도로·철도용지·제방(堤防)·하천·구거(溝渠)·유지(溜池)·양어장·수도용지·공원·체육용지·유원지·종교용지·사적지·묘지·잡종지이고, 각각의 상세기준은 다음과 같다.

  - 전: 물을 상시적으로 이용하지 않고 곡물·원예작물(과수류는 제외한다)·약초·뽕나무·닥나무·묘목·관상수 등의 식물을 주로 재배하는 토지와 식용(食用)으로 죽순을 재배하는 토지
  - 답: 물을 상시적으로 직접 이용하여 벼·연(蓮)·미나리·왕골 등의 식물을 주로 재배하는 토지
  - 과수원: 사과·배·밤·호두·귤나무 등 과수류를 집단적으로 재배하는 토지와 이에 접속된 저장고 등 부속시설물의 부지. 다만, 주거용 건축물의 부지는 "대"로 한다.
  - 목장용지: 축산업 및 낙농업을 하기 위하여 초지를 조성한 토지, 가축을 사육하는 축사 등의 부지와 이들 토지나 부지와 접속된 부속시설물의 부지, 다만, 주거용 건축물의 부지는 "대"로 한다.
  - 임야: 산림 및 원야(原野)를 이루고 있는 수림지(樹林地)·죽림지·암석지·자갈땅·모래땅·습지·황무지 등의 토지
  - 광천지: 지하에서 온수·약수·석유류 등이 용출되는 용출구(湧出口)와 그 유지(維持)에 사용되는 부지. 다만, 온수·약수·석유류 등을 일정한 장소로 운송하는 송수관·송유관 및 저장시설의 부지는 제외한다.
  - 염전: 바닷물을 끌어들여 소금을 채취하기 위하여 조성된 토지와 이에 접속된 제염장(製鹽場) 등 부속시설물의 부지. 다만, 천일제염 방식으로 하지 아니하고 동력으로 바닷물을 끌어들여 소금을 제조하는 공장시설물의 부지는 제외한다.
  - 대: 영구적 건축물 중 주거·사무실·점포와 박물관·극장·미술관 등 문화시설과 이에 접속된 정원 및 부속시설물의 부지,「국토의 계획 및 이용에 관한 법률」등 관계 법령에 따른 택지조성공사가 준공된 토지

- 공장용지: 제조업을 하고 있는 공장시설물의 부지, 「산업집적활성화 및 공장설립에 관한 법률」 등 관계 법령에 따른 공장부지 조성공사가 준공된 토지, 이들 부지 혹은 토지와 같은 구역에 있는 의료시설 등 부속시설물의 부지
- 학교용지: 학교의 교사(校舍)와 이에 접속된 체육장 등 부속시설물의 부지
- 주차장: 자동차 등의 주차에 필요한 독립적인 시설을 갖춘 부지와 주차전용 건축물 및 이에 접속된 부속시설물의 부지. 다만, 노상주차장 및 부설주차장, 자동차 등의 판매 목적으로 설치된 물류장 및 야외전시장은 제외
- 주유소용지: 석유·석유제품, 액화석유가스, 전기 또는 수소 등의 판매를 위하여 일정한 설비를 갖춘 시설물의 부지, 저유소(貯油所) 및 원유저장소의 부지와 이에 접속된 부속시설물의 부지, 다만, 자동차·선박·기차등의 제작 또는 정비공장 안에 설치된 급유·송유시설 등의 부지는 제외한다.
- 창고용지: 물건 등을 보관하거나 저장하기 위하여 독립적으로 설치된 보관시설물의 부지와 이에 접속된 부속시설물의 부지
- 도로: 일반 공중(公衆)의 교통 운수를 위하여 보행이나 차량운행에 필요한 일정한 설비 또는 형태를 갖추어 이용되는 토지, 「도로법」 등 관계법령에 따라 도로로 개설된 토지, 고속도로의 휴게소 부지, 2필지 이상에 진입하는 통로로 이용되는 토지, 다만, 아파트·공장 등 단일 용도의 일정한 단지 안에 설치된 통로는 제외한다.
- 철도용지: 교통 운수를 위하여 일정한 궤도 등의 설비와 형태를 갖추어 이용되는 토지와 이에 접속된 역사(驛舍)·차고·발전시설 및 공작창(工作廠) 등 부속시설물의 부지
- 제방: 조수·자연유수(自然流水)·모래·바람 등을 막기 위하여 설치된 방조제·방수제·방사제·방파제 등의 부지
- 하천: 자연의 유수(流水)가 있거나 있을 것으로 예상되는 토지
- 구거: 용수(用水) 또는 배수(排水)를 위하여 일정한 형태를 갖춘 인공적인 수로·둑 및 그 부속시설물의 부지와 자연의 유수(流水)가 있거나 있

을 것으로 예상되는 소규모 수로부지

- 유지(溜池): 물이 고이거나 상시적으로 물을 저장하고 있는 댐·저수지·소류지(沼溜地)·호수·연못 등의 토지와 연·왕골 등이 자생하는 배수가 잘 되지 아니하는 토지

- 양어장: 육상에 인공으로 조성된 수산생물의 번식 또는 양식을 위한 시설을 갖춘 부지와 이에 접속된 부속시설물의 부지

- 수도용지: 물을 정수하여 공급하기 위한 취수·저수·도수(導水)·정수·송수 및 배수 시설의 부지 및 이에 접속된 부속시설물의 부지

- 공원: 일반 공중의 보건·휴양 및 정서생활에 이용하기 위한 시설을 갖춘 토지로서 「국토의 계획 및 이용에 관한 법률」에 따라 공원 또는 녹지로 결정·고시된 토지

- 체육용지: 국민의 건강증진 등을 위한 체육활동에 적합한 시설과 형태를 갖춘 종합운동장·실내체육관·야구장·골프장·스키장·승마장·경륜장 등 체육시설의 토지와 이에 접속된 부속시설물의 부지. 다만, 체육시설로서의 영속성과 독립성이 미흡한 정구장·골프연습장·실내수영장 및 체육도장과 유수(流水)를 이용한 요트장 및 카누장 등의 토지는 제외한다.

- 유원지: 일반 공중의 위락·휴양 등에 적합한 시설물을 종합적으로 갖춘 수영장·유선장(遊船場)·낚시터·어린이놀이터·동물원·식물원·민속촌·경마장·야영장 등의 토지와 이에 접속된 부속시설물의 부지. 다만, 이들 시설과의 거리 등으로 보아 독립적인 것으로 인정되는 숙식시설 및 유기장(遊技場)의 부지와 하천·구거 또는 유지[공유(公有)인 것으로 한정한다]로 분류되는 것은 제외한다.

- 종교용지: 일반 공중의 종교의식을 위하여 예배·법요·설교·제사 등을 하기 위한 교회·사찰·향교 등 건축물의 부지와 이에 접속된 부속시설물의 부지

- 사적지: 문화재로 지정된 역사적인 유적·고적·기념물 등을 보존하기 위하여 구획된 토지. 다만, 학교용지·공원·종교용지 등 다른 지목으로 된 토지에 있는 유적·고적·기념물 등을 보호하기 위하여 구획된 토지는 제외한다.

- 묘지: 사람의 시체나 유골이 매장된 토지,「도시공원 및 녹지 등에 관한 법률」에 따른 묘지공원으로 결정·고시된 토지 및「장사 등에 관한 법률」 제2조제9호에 따른 봉안시설과 이에 접속된 부속시설물의 부지. 다만, 묘지의 관리를 위한 건축물의 부지는 "대"로 한다.
- 잡종지: 갈대밭, 실외에 물건을 쌓아두는 곳, 돌을 캐내는 곳, 흙을 파내는 곳, 야외시장 및 공동우물, 변전소, 송신소, 수신소 및 송유시설 등의 부지, 여객자동차터미널, 자동차운전학원 및 폐차장 등 자동차와 관련된 독립적인 시설물을 갖춘 부지, 공항시설 및 항만시설 부지, 도축장, 쓰레기처리장 및 오물처리장 등의 부지, 그 밖에 다른 지목에 속하지 않는 토지, 다만, 원상회복을 조건으로 돌을 캐내는 곳 또는 흙을 파내는 곳으로 허가된 토지는 제외한다.

- 우리나라 지목분류의 법정원칙

  우리나라는 지목법정주의를 채택하고 있다. 지목분류에 대한 법정원칙으로 일필지마다 지목을 부여하는 일필일목주의, 토지의 주된 용도에 따라서 지목을 부여하는 주지목추정주의, 일시적 토지 용도를 고려하지 않는 일시사용불변주의를 채택하고 있다.

- 우리나라 지목분류의 문제점

  어느 국가나 근대화 이후 지목의 수는 계속 증가하는 경향을 보인다. 이와 같은 경향은 산업화에 따라서 토지이용패턴이 점점 다양해진 결과이다. 우리나라의 경우에는 1950년에 21개 지목에서 현재 28개 지목으로 지목 수가

· 표 6-5 · 우리나라 지목분류의 법정원칙

구분	내용	비고
지목법정주의	법률에 정한 규정대로 지목을 분류해야 하는 원칙	
일필일목주의	일필지마다 하나의 지목을 설정해야 하는 원칙	
주지목추정주의	일필지에 둘 이상의 토지이용이 이루어질지라도 주된 용도에 따라 지목을 설정해야 하는 원칙	
일시사용불변주의	일시적 또는 임시적으로 사용되는 토지의 용도는 지목에 반영하지 않는다는 원칙	

• 표 6-6 • 지목과 사회지표의 변천

구분	지목 수	인구 수	가구 수	도시화율
1950~2003	21	2000만	380만	25%
2004~현재	28	4800만	1500만	89%
증가율	33%	140%	290%	60%

약 33% 증가하였다. 그러나 이것을 같은 기간에 인구 증가율 140%, 가구 수 증가율 290%, 도시화율 60%와 비교하면 지목 수의 증가율이 상대적으로 낮다는 것을 알 수 있다. 이것은 현재 28개 지목으로 실제 토지이용상황을 충분히 반영하지 못하는 한계가 있다는 것을 의미한다. 따라서 현실 토지이용상황을 잘 반영할 수 있도록 지목분류체계를 개선할 필요가 있다.

④ 경계

• 등록경계와 지상경계

지적제도에서 경계는 지적(임야)도에 등록된 선 또는 수치지적부에 등록된 좌표의 연결선에 해당하는 등록경계와 지상에 설치된 담장, 울타리 등의 지상경계를 구분하여 이해할 필요가 있다. 이론상 이 두 경계는 마땅히 일치해야 하지만, 실제로 이 두 경계가 일치하지 않는 경우가 많고, 이것이 경계분쟁의 원인이 된다.

• 등록경계 결정의 법적원칙

지적제도에서 토지분할 등으로 등록경계를 새로 결정할 때는 지상건축물을 걸리지 않도록 하는 것이 원칙이다. 그러나 다음의 경우에는 지상건축물을 걸리게 결정할 수 있다.

- 법원의 확정판결이 있는 경우
- 공공의 목적사업 등에 해당하는 토지를 분할하는 경우
- 도시개발사업 등에 따라 토지를 분할하는 경우

「지적측량 시행규칙」에 의거하여 지적공부에 토지경계를 등록할 때는 합병의 경우를 제외하고는 반드시 새로 지적측량을 실시하고, 이 결과에 따라서

경계를 결정하여 등록해야 한다. 그리고 등록경계 결정에 대한 법정원칙으로 경계직선주의·경계불가분의 원칙·축척종대의 원칙을 준수해야 한다. 또 도로·하천·구거 등 지형지물이 토지경계가 되는 경우에는 그 지형지물의 중앙선을 등록경계로 해야 한다. 단 지적소관청이 특별히 결정한 경우는 예외로 할 수 있다.

- **지상경계의 등록규정**

  지적소관청은 분할·합병 등으로 토지의 이동이 발생하여 지상경계를 새로 정할 때는 소재·지번·경계점 좌표(경계점좌표등록부가 있는 경우)·경계점 위치 설명도 등을 등록한 지상경계점등록부를 작성하여 관리해야 한다. 이 경우에 폭이 있는 지형지물을 등록경계로 등록할 때는 다음의 법적 기준에 따라야 한다.

  - 연접되는 토지 간에 높낮이 차이가 없는 경우: 지상경계 구조물의 중앙
  - 연접되는 토지 간에 높낮이 차이가 있는 경우: 지상경계 구조물의 하단부
  - 도로·구거 등에 절토(땅깎기)된 부분이 있는 경우: 절토 경사면의 상단부
  - 토지가 해면 또는 수면에 접하는 경우: 최대만조위 또는 최대만수위
  - 공유수면매립지의 제방 등을 토지에 편입할 경우: 제방의 바깥 어깨선

  단 지상경계에 해당하는 지형지물에 대한 별도의 소유자가 있을 경우에는 그 소유권에 따라 지상경계를 결정한다. 또한 도시개발사업 등의 사업시행자가 사업지구의 경계 결정 등을 위하여 토지분할을 할 경우에는 담장·제방 등의 구조물로 지상경계를 설치하지 않고 경계점표지를 설치할 수 있다.

⑤ 면적

지적공부에 등록한 토지의 면적은 수평 면적으로 하고, 토지면적의 단위는 1975년 지적법 개정으로 척관법에서 미터법으로 변경되었다.

지적공부에 토지 면적을 등록할 때는 반드시 새로 지적측량을 실시하는 것을 원칙으로 한다. 따라서 지적공부의 복구·신규등록·등록전환·분할·지적확정측량·축척변경측량, 그리고 등록된 토지의 면적 또는 경계에 오류가 있어 이를 정정하는 등 어떤 경우일지라도 지적측량을 실시하고 그 결과에 따라 등록

해야 한다. 단 합병, 지목변경, 지적도의 재작성, 위치정정, 경계복원측량 등의 경우에는 새로 지적측량을 실시하지 않고 지적공부에 이미 등록되어 있는 토지면적을 그대로 등록한다.

⑥ 좌표

좌표는 지적측량기준점 또는 토지의 경계점에 대한 절대 좌표로써 평면직각종횡선 수치로 표시되는 TM좌표이며, 경계점좌표등록부에 등록한다.

• 표 6-7 • 지적공부에 등록할 법정 토지 표시 사항

토지 표시	내용
소재	필지가 소재하는 법정동·리와 지번으로 등록
지번	본번과 부번의 아라비아숫자로 등록하고, 임야대장에는 아라비아숫자의 지번 앞에 '산'을 등록
지목	토지의 주된 용도에 따라 분류된 토지 종류를 등록
좌표	필지 경계점에 대하여 취득된 TM좌표 등록
경계	지적(임야)도에 등록한 선 또는 수치지적부에 등록된 좌표의 연결선
면적	m²단위로 산출된 필지의 수평면상 넓이를 등록

2) 토지소유자 사항

• 토지소유자 등록 기준과 방법

지적공부에 토지소유자에 대한 사항으로는 성명(법인명칭)·주소·주민등록번호(법인등록번호)을 등록한다. 이 경우에 토지소유자 사항은 등기관서에서 발행한 등기필증, 등기완료통지서, 등기사항증명서 또는 등기전산정보자료 등에 등록된 사실을 근거로 등록해야 한다.

그러나 신규등록의 경우에는 '선등록후등기(先登錄後登記)'[5]의 원칙에 따라서 지적소관청이 '토지 표시' 사항과 함께 토지소유자에 대한 사항도 직접 조사

---

5 우리나라 토지등록제도에서는 선등록후등기 원칙을 채택하고 있다. 이것은 최초의 토지등록의 경우에 먼저 지적소관청이 '토지 표시'를 결정하여 지적공부에 등록하여 1필지로 특정된 토지에 한해서 토지소유권을 등기할 수 있도록 한 원칙이다.

하여 지적공부에 등록해야 한다.

이외 토지소유자와 관련하여 지적공부에 등록하는 상세 규정은 다음과 같다.

- 등기 표제부에 등록된 '토지 표시'가 지적공부의 내용과 일치하지 않을 경우, 지적소관청은 지적공부의 내용을 기준으로 등기 표제부의 '토지 표시'를 변경하도록 등기 촉탁해야 한다. 등기 표제부와 지적공부의 '토지 표시'가 일치하지 않을 경우에는 등기부에 등록된 토지소유자를 지적공부에 토지소유자로 등록할 수 없다.
- 지적소관청은 수시로 등기관서의 등기부를 모니터링하여 지적공부에 등록된 소유자가 등기부에 등록된 소유자와 일치하는지의 여부를 확인해야 한다. 이 경우에 등기부의 열람 또는 등본발급에 필요한 수수료는 무료이다.
- 지적공부에 등록된 소유자가 등기부의 소유자와 일치하지 않을 경우에는 지적소관청의 직권으로 지적공부의 소유자를 변경하거나, 혹은 토지소유자나 그 밖의 이해관계인이 변경을 신청을 하도록 요구할 수 있다. 이 경우에도 등기부의 토지소유자와 지적공부에 등록된 토지소유자가 다를 경우에는 지적공부의 토지소유자를 등기부의 토지소유자로 변경해야 한다.
- 한편 국가재산을 총괄하는 중앙부처(기획재정부) 혹은 국회의 사무총장, 법원행정처장, 헌법재판소의 사무처장 및 중앙선거관리위원회의 사무총장 등 중앙관서의 장이 국유재산(소유자 없는 토지)에 대한 소유자를 등

• 표 6-8 • 지적공부에 등록한 토지소유자

구분	내용
소유권 변동내역	• 변경 날자는 등기접수 일자로 등록 • 국유지의 경우는 소유자정리결의 일자 혹은 매립준공일로 등록 • 변경 원인은 신규등록·분할·합병 등 법률로 규정된 원인을 등록
소유권 지분	• 1필지를 2명 이상이 공유하는 경우에 각각의 소유지분을 분수로 등록 • 공유지연명부에 등록
대지권 비율	• 「부동산등기법」에 따라 건물등기부에 등기된 대지권 비율 등록 • 대지면적과 대지권 비율로 나눈 값을 구분소유자별 대지권 지분을 등록

록하고자 지적소관청에 신청할 경우에는 지적공부에 등록된 소유자가 없어야 한다.

- 토지소유권 사항

  토지소유권과 관련하여 지적공부에 등록하는 사항은 소유권 변동내역, 소유권 지분, 집합건물 부지에 대한 대지권 비율이 있다.

3) 기타 사항

'토지 표시' 사항과 토지소유자 사항 외에 국토교통부장관령에 따라 지적공부에 등록하는 기타 사항은 대장형식의 지적공부(토지대장, 공유지연명부, 대지권등록부 등)에 등록하는 토지의 고유번호, 도면번호, 장 번호, 축척, 토지등급(기준 수확량 등급), 개별공시지가, 전유부분의 건물표시, 건물명칭 등이 있다. 그리고 지적(임야)도 및 경계점좌표등록부와 같은 도면형식의 지적공부에 등록하는 기타 사항으로는 부호, 부호도, 색인도, 도곽선과 수치, 경계점 간 거리 등이 있다.

• 표 6-9 • **지적공부에 등록하는 기타 사항**

구분	내용
고유번호	• 고유번호(19자리) 구성: 행정구역 코드 10자리 – 대장유형 – 지번 | 1	2	3	4	5	6	7	8	9	0	–	1					–				
시·도		시·군·구		읍·면·동		리					대장	지번(본번)					지번(부번)				 * 행정구역코드는 공공데이터 포털(www.data.go.kr)에서 제공 * 토지대장:1 임야대장:2 경계점좌표등록부:3 * 1975년 지적행정전산화사업부터 대장형식의 지적공부에 등록 * 해당토지의 행정구역과 지번외에 임야 또는 토지 어디에 해당하는지 알 수 있는 정보
도면번호	• 해당 필지가 위치한 지적(임야)도의 번호 • 토지(임야)대장에 등록
장 번호	• 해당 필지의 대장번호 • 토지(임야)대장, 공유지연명부, 대지권등록부에 등록

구분	내용

축척	• 해당 필지가 위치한 지적(임야)도의 축척<시행규칙 제69조>⑥
	  지적도: 1/500, 1/600, 1/1000, 1/1200, 1/2400, 1/3000, 1/6000
	  임야도: 1/3000, 1/6000
	• 토지(임야)대장, 지적(임야)도 등록

토지등급 (기준수확량등급)	• 토지를 양도·취득하는 경우에 「지방세법」에 따라서 양도세·취득세를 부과하기 위해 공시지가를 이용하여 환산취득가액을 산출 $* \text{환산취득가액} = \text{양도실거래가} \times \dfrac{\text{취득당시기준시가}}{\text{양도당시기준시가}}$ • 그러나 공시지가제도 도입 이전에 취득한 토지의 기준시가는 토지등급(기준수확량등급)을 사용한다. 즉, 토지등급(기준수확량등급)를 설정 및 수정한 과거 연·월·일을 등록하고 이를 토지주택공사가 제공하는 "토지등급표"에 대입하여 과거 취득 당시 기준시가를 산출 • 과거의 기준시가를 산출하기 위하여 토지(임야)대장에 등록
개별공시지가	• 전국의 시군구 관내의 모든 필지에 대하여 매년 6월 30일까지 1㎡단위로 결정·공시한 공적지가 • 토지(임야)대장에 등록
전유부분의 건물표시	• ***동 ***호, 대지권등록부에 등록
건물명칭	• 공동주택명칭, 대지권등록부에 등록
부호 부호도	• 부호는 경계점좌표에 부여한 번호(북서기번, 시계방향), 부호별 좌표를 직선으로 연결한 도형 • 경계점좌표등록부에 등록
색인도	• 인접도면의 연결순서를 표시한 도표와 번호, 지적(임야)도에 등록
도곽선과 수치	• 도곽선 밖의 모서리에 TM좌표로 표기, 지적(임야)도에 등록
경계점 간 거리	• 경계점과 경계점 사이의 거리 • 경계점좌표등록부를 바탕으로 작성한 지적도에 등록
지적기준점 위치 지상건축물 및 지하구조물 위치	• 지적재조사사업 결과로 새로 작성한 지적공부에 등록

4. 지적공부의 종류와 등록내용

법률에 따라 작성되는 지적공부는 각각 고유한 목적과 형식이 있으며, 이에 따라 등록하는 내용도 다르다.

1) 토지(임야) 대장

토지(임야)대장은 법정 지적공부 가운데 기본이 되는 지적공부이다. 그리고 '토지 표시' 사항(경제 제외)과 토지소유자 사항 및 국토교통부령으로 정한 기타 사항을 모두 등록하는 것이 특징이다. 토지(임야)대장은 전국의 모든 필지에 대하여 1필1매를 작성한다.

• 표 6-10 • **토지(임야)대장 서식**

고유번호			토 지 (임 야) 대 장		도면번호		발급번호	
토지소재					장 번 호		처리시각	
지 번		축 척			비 고		발 급 자	
토　　　지　　　표　　　시				소　　　유　　　자				
지 목	면 적(㎡)	사 유		변 동 일 자	주 소			
				변 동 원 인	성명 또는 명칭		등 록 번 호	
				년 월 일				
				년 월 일				
등 급 수 정 연 월 일								
토 지 등 급 (기준수확량등급)	( )	( )	( )	( )	( )	( )	( )	( )	( )	( )	( )	( )	( )
개별공시지가 기준일							용도지역 등	
개별공시지가(원/㎡)								

2) 공유지연명부

공유지연명부는 일필지에 대한 토지소유자가 둘 이상인 경우에 각 토지소유자별 소유권 지분을 등록·공시할 목적으로 일제시대부터 작성하는 지적공부이다. 공유지연명부에는 '토지 표시' 사항의 일부(소재·지번)와 토지소유자 사항 및 소유권 지분 그리고 국토교통부령으로 정한 기타 사항의 일부(토지의 고유번호·해당필지의 토지대장 번호·소유권 변동 일자 및 원인)를 등록한다.

• 표 6-11 • **공유지연명부 서식**

고유번호		공 유 지 연 명 부			장 번 호	
토지 소재			지 번		비 고	
순번	변 동 일 자	소유권 지분	소 유 자			
			주 소		등록번호	
	변 동 원 인				성명 또는 명칭	
	년 월 일					
	년 월 일					
	년 월 일					
	년 월 일					
	년 월 일					
	년 월 일					

3) 대지권등록부

토지(임야)대장에 등록된 토지가 집합건물의 부지인 경우에 「부동산등기법」에 따라서 대지권 등기가 이루어지고, 이 경우에 각각의 구분소유권자에게 할당된 대지권 지분을 등록·공시하기 위하여 대지권등록부를 작성한다.

대지권등록부에는 '토지 표시' 사항의 일부(소재, 지번)와 대지권 비율 및 구분 소유자별 대지권 지분, 그리고 대지권 지분, 국토교통부령으로 정한 기타 사항의 일부(토지의 고유번호·전유부분 건물표시·해당 토지의 토지대장 번호·건물명칭·대제권 변동 일자와 원인)를 등록한다.

• 표 6-12 • **대지권등록부 서식**

고유번호		대지권등록부			전유부분 건물표시		장번호	
토지소재		지번		대지권 비율		건물명칭		
변 동 일 자	대지권 지분	소 유 자						
변 동 원 인		주 소				등 록 번 호		
						성명 또는 명칭		
년 월 일								
년 월 일								
년 월 일								
년 월 일								

4) 경계점좌표등록부

현재 우리나라는 지적제도 선진화 정책의 일환으로 과거 도면(해)지적을 수치지적으로 전환하는 사업을 추진하고 있다. 수치지적의 전환은 일괄방식을 취하지 않고 도시개발사업 등 대규모사업이나 축척변경 및 지적재조사사업으로 지적확정측량을 실시할 경우에 경계점 좌표를 취득하여 경계점좌표등록부6에 등록하는 분산방식으로 취하고 있다. 경계점좌표등록부에는 '토지 표시' 사항의 일부(소재·지번·좌표)와 국토교통부령으로 정한 기타 사항의 일부(토지의 고유번호·해당 필지가 포함된 지적도면번호와 토지대장 번호·부호와 부호도)를 등록한다.

지적도와 마찬가지로 경계점좌표등록부에는 토지소유자 사항을 등록하지 않는 것이 특징이며, 경계점 좌표를 등록하는 방법에 대한 법정 규정은 다음과 같다.

- 북서상단에서 시작하여 시계방향으로 아라비아 숫자로 경계점의 부호를 부여한다.
- 토지를 분할하여 새로운 경계점 부호를 부여할 때는 원 필지 마지막 부호 다음부터 같은 방법으로 부여한다.

• 표 6-13 • **경계점좌표등록부 서식**

토지소재		경 계 점 좌 표 등 록 부		발급번호	
지 번				처리시각	
출력축척				발 급 자	
	부 호	좌 표 X / Y		부 호	좌 표 X / Y

6 제10차 「지적법」 개정으로 2002년부터 수치지적부를 경계점좌표등록부로 명칭을 변경하였고, 수치지적부는 1975년 제2차 「지적법」 개정을 통해 도해지적을 수치지적으로 전환하기 위해 처음 작성하기 시작하였다.

- 토지합병의 경우에는 기존 필지의 경계점좌표등록부에 합병되는 필지의 좌표를 추가하여 등록한다. 이 경우에 부호는 마지막 부호 다음부터 부여하고, 합병으로 말소된 필지의 부호 및 좌표는 말소한다.

5) 지적(임야)도

지적(임야)도에는 '토지 표시' 사항의 일부(소재·지번·지목·경계)와 국토교통부령으로 정한 기타 사항의 일부(인접도면의 연결 순서를 나타낸 지적도면 색인도·제명 및 축척·도곽선(圖廓線)과 그 수치·좌표에 의하여 계산된 경계점 간의 거리·삼각점 및 지적기준점의 위치·건축물 및 구조물 등의 위치)를 등록한다.

지적도의 축척은 1/500·1/600·1/1000·1/1200이 있는데, 이 가운데 가장 높은 비중을 차지하는 축척은 1:1200이고, 다음으로 1/1000·1/500·1/600의 순이다. 한편 임야도의 축척은 1/3000·1/6000이 있는데, 이 중 1:6000 임야도의 비중이 1:2400 임야도의 비중보다 높다.

지적(임야)도에 지목을 등록할 때는 '첫 문자' 혹은 '차 문자' 부호로 등록한다. 또 경계점좌표등록부가 작성된 지역의 지적(임야)도는 제명 끝에 '(좌표)'라고 표기하고, 도곽선 우측 하단에 "이 도면에 의하여 측량을 할 수 없음"을 표기해야 한다.

원래 지적(임야)도 등본에는 지적소관청의 직인을 날인해야 하지만, 정보처리시스템에서 발급되는 지적(임야)도 등본에는 지적소관청의 직인을 날인하지 않는다.

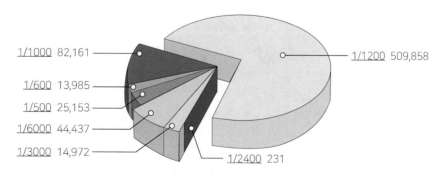

1/1000 82,161
1/600 13,985
1/500 25,153
1/6000 44,437
1/3000 14,972
1/1200 509,858
1/2400 231

• 그림 6-4 • **지적도와 임야도의 축척 현황**(단위: 도엽)

* 자료: 국토교통부 지적통계자료

○○군 ○○면 ○○리 지적도 ○○장 중 제○○호 축척○○○분의1

249,400

114,500

14전

8대
13전
7대
452도
11전
15전
3대 10대
451도
17담
16담
453도
24전
29담
19담
454구
26담 28담
28담 20전
25담

114,000

540㎜ X 440㎜ (폴리에스터켄트지 220g/㎡ 또는 알루미늄켄트지 7000g/㎡)

년   월   일   작성   ㊞
재작성

• 그림 6-5 • 도해지적의 지적도

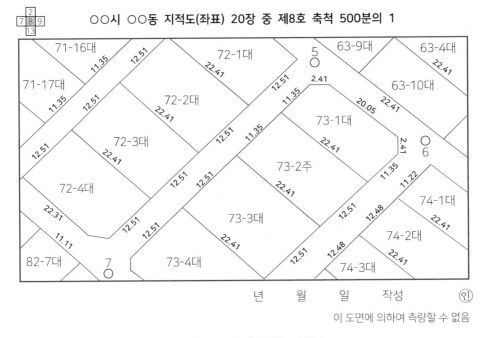

○○시 ○○동 지적도(좌표) 20장 중 제8호 축척 500분의 1

71-16대   11.35   12.51   72-1대   22.41   5   63-9대   63-4대   22.41

71-17대   12.51   12.51   72-2대   12.51   2.41   63-10대   22.41

11.35   22.41   11.35   73-1대   20.05

12.51   72-3대   12.51   11.35   22.41   6   2.41

72-4대   22.41   12.51   73-2주   22.41   11.35   11.22   74-1대

22.31   12.51   12.51   22.41   12.51   12.48   74-2대   22.41

11.11   12.51   73-3대   12.51   12.48   74-3대   22.41

82-7대   7   73-4대   22.41   12.48   22.41

년   월   일   작성   ㊞

이 도면에 의하여 측량할 수 없음

• 그림 6-6 • 수치지적의 지적도

• 표 6-14 • 지적(임야)도에 등록하는 지목 기호

지목	부호	지목	부호	지목	부호	지목	부호
전	전	대	대	철도용지	철	공 원	공
답	답	공장용지	장	제 방	제	체육용지	체
과수원	과	학교용지	학	하 천	천	유 원 지	원
목장용지	목	주 차 장	차	구 거	구	종교용지	종
임 야	임	주유소용지	주	유 지	유	사 적 지	사
광 천 지	광	창고용지	창	양 어 장	양	묘 지	묘
염 전	염	도 로	도	수도용지	수	잡 종 지	잡

• 표 6-15 • 지적공부별 등록사항

등록사항		토지(임야)대장	공유지연명부	대지권등록부	지적(임야)도	경계점좌표등록부
토지 표시 사항	소재	O	O	O	O	O
	지번	O	O	O	O	O
	지목	O			O	
	경계				O	
	좌표					O
	면적	O				
토지소유자 사항		O	O	O		
기타 사항	토지이동 사유	O				
	변동내역	O	O	O		
	소유권 지분					
	대지권 지분					
	고유번호	O	O	O		
	도면 번호	O		O		O
	장 번호	O	O			O
	용도지역	O				
	축척	O			O	
	토지등급	O				
	개별공시지가	O				
	건물명칭			O		
	전유부분 건물 표시			O		
	부호 및 부호도					O

제2절 | 지적공부의 관리와 이용

1. 지적공부의 보존

1) 지적공부의 보존 규정

지적소관청은 법률에 따라서 청사 내에 지적서고를 설치하고, 그 곳에 부책(簿册) 형태의 지적공부를 영구히 보존해야 한다.7 그리고 다음의 경우를 제외하고는 이것을 청사 밖으로 반출할 수 없다.

- 천재지변이나 이에 준하는 재난을 피하기 위한 목적
- 관할 시·도지사 또는 대도시 시장의 승인을 받은 경우

2) 지적전산자료의 관리규정

지적공부를 정보처리시스템을 통하여 기록·저장한 지적전산자료는 관할 시·도지사, 지적소관청이 지적정보관리체계에 영구히 보존해야 한다. 또 국토교통부장관은 전국의 지적소관청별 지적전산자료가 멸실 또는 훼손될 경우에 대비하여 하나의 통합파일로 백업하여 정보관리체계로 관리해야 한다. 이를 위해 국토교통부는 이를 전담 관리할 중앙기구로서 '국토정보센터'8를 설치하고 여기서 전국의 지적전산자료를 하나로 통합하여 관리하는 정보관리체계를 국토정보시스템9이라고 한다.

---

7 지적소관청은 「공간정보의 구축 및 관리 등에 관한 법률 시행규칙」 제65조 지적서고의 설치기준 등의 규정에 따라 지적서고를 설치하고, 이 규칙 제66조 지적공부의 보관방법 등의 규정에 따라서 부책(簿册)으로 된 토지대장·임야대장 및 공유지연명부는 지적공부 보관상자에 넣어 보관하고, 카드로 된 토지대장·임야대장·공유지연명부·대지권등록부 및 경계점좌표등록부는 100장 단위로 바인더(binder)에 넣어 보관한다.

8 국가공간정보센터는 국토교통부장관이 설치·운영하는 국가공간정보 및 지적정보 관리를 전담하는 중앙관리기구이다. 「국가공간정보 기본법」 제25조와 「공간정보의 구축 및 관리 등에 관한 법률」 제70조의 규정에 따라서 국토교통부장관은 국가공간정보센터를 설치하여 운영해야 하고, 국가공간정보센터의 기능은 국가공간정보를 수집·가공·서비스함과 동시에 전국의 지적공부를 효율적으로 통합관리하고 활용서비스 하는 것이다. 이것의 세부 운영은 「국가공간정보센터 운영규정」에 따른다.

9 국토정보센터의 국토정보시스템을 통하여 각 지적소관청의 지적전산자료와 부동산관련자료(주민등록전산자료, 가족관계등록전산자료, 부동산등기전산자료 또는 공시지가전산자료)를 통합·관리한다.

2. 지적공부의 복구

1) 지적공부의 복구 규정

지적공부의 전부 또는 일부가 멸실되거나 훼손된 경우에는 지체 없이 이를 복구해야 하고, 복구의 책임은 지적소관청에 있다. 그러나 정보처리시스템을 통하여 기록·저장한 지적전산파일의 전부 또는 일부가 멸실되거나 훼손된 경우에는 지적소관청과 관할 시·도지사도 복구의 책임을 져야 한다.

지적소관청이 지적공부의 전부 또는 일부가 멸실되거나 훼손되어 이를 복구할 경우에 '토지 표시' 사항은 멸실되거나 훼손될 당시의 지적공부 또는 이와 가장 부합하는 자료에 근거하여 복구해야 하고, 토지소유자 사항에 관해서는 부동산등기부나 법원의 확정판결문 등에 근거해 복구해야 한다. 국토교통부령에 따라서 지적공부 복구 시에 사용할 수 있는 자료는 다음과 같은 것이 있다.

- 지적공부의 등본
- 측량 결과도
- 토지이동정리 결의서
- 부동산등기부 등본 등 등기사실을 증명하는 서류
- 지적소관청이 작성하거나 발행한 지적공부의 등록내용을 증명하는 서류
- 국토교통부장관은 정보관리치계에 복제하여 관리하는 지적공부
- 법원의 확정판결서 정본 또는 사본

2) 지적공부의 복구 절차

지적소관청이 지적공부의 전부 또는 일부가 멸실되거나 훼손되어 이를 복구할 때 그 절차와 방법은 다음과 같아야 한다.

- 부책 형태의 지적공부를 복구하기 위해서는 먼저 부합자료를 조사해야 하고, 이를 바탕으로 지적복구자료 조사서와 도면을 작성해야 한다. 이 경우에 복구자료 도면에서 측정한 면적과 지적복구자료 조사서의 면적 증감이 국토교통부령이 정한 허용범위를 초과할 경우, 또는 도면 작성에 활용할 복구 자료가 없을 경우에는 새로이 복구측량을 실시해야 한다.
- 복구측량을 실시한 결과가 기존의 복구 자료와 부합하지 않을 경우에는

토지소유자 및 이해관계인의 동의를 받아서 경계 또는 면적 등을 조정할 수 있고, 경계를 조정한 경우에는 경계점 표지를 설치하여야 한다.

- 복구 자료의 조사 또는 복구측량 등이 완료되어 지적공부를 복구할 때는 '토지 표시' 등을 시·군·구 게시판 및 인터넷 홈페이지에 15일 이상 게시한다.
- 게시한 복구 자료의 '토지 표시' 등에 이의가 있는 사람은 게시기간 내에 지적소관청에 이의신청을 할 수 있고, 이의신청을 받은 지적소관청은 이의사유를 검토하여 이유 있다고 인정되는 때에는 필요한 시정조치를 한다.
- 지적소관청은 지적복구자료 조사서, 복구자료 도면 또는 복구측량 결과도 등에 따라서 토지(임야)대장·공유지연명부·지적(임야)면을 복구한다.

한편 다음과 같은 경우로 지적도를 재작성하는 것도 지적공부 복구에 해당한다.

- 토지의 빈번한 이동정리 등으로 인하여 도면에서 지적경계 등의 식별이 곤란한 경우
- 장기간 사용으로 도면이 손상되어 지적경계가 불분명한 경우, 즉 도곽선의 신축량이 0.5mm 이상인 경우, 행정구역의 변경 등으로 지적도면 1매에 2개 이상의 지번부여지역이 등록되어 있는 경우
- 지적도 1매에 등록된 토지의 일부가 도시개발사업 등 시행지역에 편입된 경우

3. 지적공부 공시

1) 지적공부의 열람 및 등본발급

누구나 지적공부 또는 부동산종합공부를 열람하거나 등본을 발급할 수 있다. 지적공부를 열람하거나 그 등본을 발급받고자 하면 부동산 종합공부의 신청서(전자문서로 된 신청서를 포함)를 지적소관청 또는 읍·면·동장에게 제출하면 된다. 지적공부의 열람·발급의 절차와 방법은 다음과 같이 「지적업무처리규정」을 따른다.

- 지적공부의 열람 및 등본발급 신청은 대상토지의 지번을 제시한 경우에만 가능하다.

- 지적공부의 열람은 신청서에 수수료에 해당하는 수입증지가 첨부된 사실을 소인한 후에 담당공무원의 입회하에 컴퓨터 화면에서 열람하도록 한다.
- 지적공부 열람과 관련한 유의사항은 지정한 장소에서만 열람할 수 있고, 화재위험이 있거나 지적공부를 훼손할 수 있는 물건을 휴대할 수 없으며, 열람 시 개인정보를 포함된 사항은 기록 또는 촬영할 수 없다.
- 지적공부의 등본은 지적공부를 복사·제도하여 작성하거나 부동산종합공부시스템에서 자동 작성한다. 이 경우 등본은 작성일 현재의 최종사유를 기준으로 작성하는 것이 원칙이지만 신청인의 요구가 있는 때에는 그러하지 아니하다.

2) 지적전산자료의 이용

연속지적도를 포함한 지적전산자료의 이용 또는 활용에 필요한 사항은 대통령령에 따른다. 이에 따라서 지적전산자료를 이용할 경우에는 다음과 같이 국토교통부장관, 시·도지사 또는 지적소관청에 지적전산자료를 신청할 수 있다.

- 전국 단위의 지적전산자료: 국토교통부장관, 시·도지사 또는 지적소관청
- 시·도 단위의 지적전산자료: 시·도지사 또는 지적소관청
- 시·군·구(자치구가 아닌 구를 포함) 단위의 지적전산자료: 지적소관청

또 지적전산자료를 신청하기 전에 먼저 지적전산자료의 이용 또는 활용 목적, 자료의 범위와 내용, 자료의 제공방법과 안전관리대책 등에 관하여 내용을 첨부하여 관계 중앙행정기관의 심사를 받아야 한다. 그러나 다음의 경우에는 관계 중앙행정기관의 심사를 받지 아니할 수 있다.

- 토지소유자가 자기 토지에 대한 지적전산자료를 신청하는 경우
- 상속인이 피상속인의 토지에 대한 지적전산자료를 신청하는 경우
- 「개인정보 보호법」에 따른 개인정보를 제외한 지적전산자료를 신청하는 경우

그리고 관계 중앙행정기관의 장은 신청자가 제출한 지적전산자료의 이용 또는 활용 목적에 대한 타당성·적합성 및 공익성과 개인정보 침해 여부 등을 심사하고, 지적전산자료의 이용 또는 활용에 대한 승인여부를 결정하여 통지해야 한다.

제3절 | 토지 이동과 지적공부 정리

1. 토지 이동의 종류

「공간정보의 구축 및 관리 등에 관한 법률」에서 '토지 이동(異動)'을 '토지 표시'를 새로 정하거나 변경 또는 말소하는 것으로 정의한다. 다시 말해서 지적공부에 이미 등록된 토지의 소재·지번·지목·경계·좌표·면적을 변경해야 하는 여러 원인을 '토지 이동'이라고 한다. 우리나라 법정 '토지 이동'은 신규등록, 등록전환, 분할, 합병, 지목변경, 바다로 된 토지의 등록말소, 축척변경, 등록사항 정정, 행정구역의 명칭변경, 도시개발사업 등 대규모사업시행 등이 있다.

그러나 지적공부에 다음과 같은 사항의 변경은 법정 '토지이동'에 해당하지 않는다.

- 토지소유자의 변경
- 토지소유자의 주소변경

• 표 6-16 • 우리나라의 법정 토지 이동

구분	내용
신규등록	새로 조성된 토지와 지적공부에 등록되어 있지 않은 미등록 토지를 지적공부에 새로 등록하는 토지 이동
등록전환	임야대장과 임야도에 등록된 토지를 토지대장과 지적도로 옮겨 등록하는 토지 이동
분할	지적공부에 등록된 1필지를 2필지 이상으로 나누어 등록하는 토지 이동
합병	지적공부에 등록된 2필지 이상의 토지를 1필지로 합해 등록하는 토지 이동
지목변경	지적공부에 등록된 지목을 다른 지목으로 변경하는 토지 이동
바다로 된 토지의 등록말소	지적공부에 등록된 토지가 지형의 변화 등으로 바다로 되어 다시 토지로 원상(原狀) 회복될 가능성이 없어 지적공부를 폐쇄하는 토지 이동
축척변경	지적도에 등록된 경계점의 정밀도를 높이기 위하여 지적도를 소축척을 대축척으로 변경하는 토지 이동
등록사항 정정	지적공부의 등록사항에 잘못이 발견되어 등록내용을 정정하는 토지 이동
행정구역 명칭변경	행정구역변경에 따라서 지적공부에 등록된 토지의 소재를 새로 변경하거나 새로운 지번부여지역의 지번으로 부여하는 토지 이동
도시개발사업 등 대규모사업시행	「도시개발법」에 따른 도시개발사업 등의 시행으로 토지를 새로 등록하는 토지 이동

- 토지의 등급변경
- 개별공시지가의 변경

2. 토지이동에 따른 지적공부 정리

1) 신규등록과 지적공부 정리

① 신규등록 규정

새로 조성된 토지나 지적공부에 등록되지 않은 미등록 토지에 대하여 지적공부를 새로 창설하고 토지의 물리적 현황을 등록하는 것을 신규등록이라고 한다. 신규등록 대상 토지가 생기면 토지소유자는 그 사유가 발생한 날부터 60일 이내에 지적소관청에 신규등록을 신청해야 한다. 법률로 규정한 신규등록 대상 토지는 다음과 같다.

- 미등록토지
- 공유수면매립으로 준공된 토지
- 미등록된 공공용 토지(도로·구거·하천 등)
- 신설된 공공구조물의 부지(도로·구거·방조제 등)

② 신규등록의 처리절차

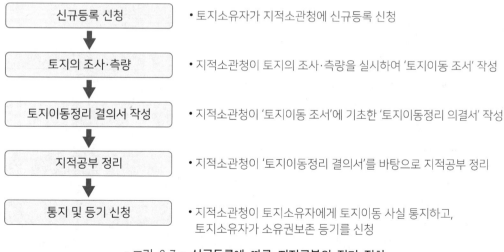

신규등록 신청	• 토지소유자가 지적소관청에 신규등록 신청
토지의 조사·측량	• 지적소관청이 토지의 조사·측량을 실시하여 '토지이동 조서' 작성
토지이동정리 결의서 작성	• 지적소관청이 '토지이동 조서'에 기초한 '토지이동정리 의결서' 작성
지적공부 정리	• 지적소관청이 '토지이동정리 결의서'를 바탕으로 지적공부 정리
통지 및 등기 신청	• 지적소관청이 토지소유자에게 토지이동 사실 통지하고, 토지소유자가 소유권보존 등기를 신청

• 그림 6-7 • 신규등록에 따른 지적공부의 정리 절차

- 신규등록 신청

  토지소유자는 신규등록 사유가 발생한 날부터 60일 이내에 '신청서'를 작성하여 지적소관청에 '토지 이동'을 신청해야 한다. 이 경우에 토지이동 신청서에 다음의 서류를 첨부해야 한다. 단 해당 지적소관청이 이미 보유하고 있는 서류는 첨부할 필요가 없다.

  – 법원의 확정판결서 정본 및 사본

• 표 6-17 • **토지이동 신청서 서식**

토지이동 신청서

※ 뒤쪽의 수수료와 처리기간을 확인하시고, [ ]에는 해당되는 곳에 ✓ 표시를 합니다.

접수번호		접수일		발급일		처리기간	뒤 쪽 참조

신청구분	[ ]토지(임야)신규등록 [ ]토지(임야)분할 [ ]토지(임야)지목변경 [ ]등록전환 [ ]토지(임야)합병 [ ]토지(임야)등록사항정정 [ ]기타

신청인	성명	(주민)등록번호
	주소	전화번호

신 청 내 용

토지소재			이동전			이동후			토지이동 결의일 및 이동사유
시·군·구	읍·면	동·리	지번	지목	면적(㎡)	지번	지목	면적(㎡)	

위와 같이 관계 증명 서류를 첨부하여 신청합니다.

년   월   일장

신청인   (서명 또는 인)

시장·군수·구청장 귀하

수입증지 첨부란
「공간정보의 구축 및 관리 등에 관한 법률」 시행규칙 제115조제1항에 따른 수수료(뒷면 참조)

- 「공유수면매립법」에 따른 준공검사확인증 사본 및 도시계획구역의 토지를 그 지방자치단체의 명의로 등록하는 때에는 기획재정부장관과 협의한 문서의 사본
- 그 밖에 소유권을 증명할 수 있는 서류 사본

- 토지의 조사·측량

지적소관청은 토지소유자가 신규등록을 신청하면, 그 대상 토지를 조사·측량하여 소재·지번·지목·경계·좌표·면적 등 '토지 표시'를 결정한다. 만약 토지소유자의 신청이 없으면 지적소관청이 직권으로 신규등록을 처리할 수 있다. 신규등록 토지의 '토지 표시'를 결정하는 규정은 다음과 같다.

- 신규등록을 위해서는 토지의 경계·좌표·면적에 대한 지적측량을 반드시 실시해야 한다.
- 신규등록의 경우에 같은 지번부여지역에서 인접한 위치에 본번을 갖은 토지의 본번에 부번을 붙여서 지번을 부여하는 것을 원칙으로 한다. 그러나 신규등록 토지의 위치가 지번부여지역 내 최종 본번 토지에 인접한 경우, 신규등록 토지의 위치가 기존 등록 토지와 떨어져 위치하여 기존의 부번에 연결해서 부번을 부여하는 것이 불합리한 경우, 신규등록 토지가 여러 필지로 구성되어 한 구역을 이룰 경우 등에는 부번을 사용하지 않고 지번부여지역의 최종 본번부터 차례로 부여할 수 있다.
- 신규등록 토지의 지목은 용도 또는 용도추정에 따라 결정한다.

- 토지이동정리 결의서 작성

지적소관청은 신규등록 토지를 조사·측량한 결과에 대하여 다음과 같은 '토지이동 조서'를 작성하고, 이를 바탕으로 '토지이동정리 결의서'를 작성하여 최종 지적공부 정리자료로 활용한다.

• 표 6-18 • **토지이동 조서 서식**

토 지 이 동 조 서

토지소재	이 동 전			이 동 후			토지이동		축척	토지 소유자		토지이동
고 유 번 호	대장코드	지목코드	면적	대장코드	지목코드	면적	사유	결의일	도면	주 소	등록번호	사유 및
읍·면 동·리	지 번	지 목	(m^2)	지 번	지 목	(m^2)	코드		번호		성 명	연 월 일

• 표 6-19 • **토지이동정리 결의서 서식**

토 지 이 동 정 리 결 의 서

번 호	제 – 호	토 지 이 동 정 리 종 목				결				
결 의 일 년 월 일						재				
보 존 기 간 영 구										
관 계 공 부 정 리		이 동 전			이 동 후			증 감		
확 인	토지 소재	지목	면적 (m^2)	지번 수	지목	면적 (m^2)	지번 수	면적 (m^2)	지번 수	비 고
토 지 대 장 정 리										
임 야 대 장 정 리										
경 계 점 좌 표 등 록 부 정 리										
지 적 도 정 리										
임 야 도 정 리										
등 기 촉 탁 대 장 정 리										
소 유 자 통 지										

• **지적공부 정리**

지적소관청은 '토지이동정리 결의서'에 근거하여 '토지 이동'에 따른 지적공부 정리를 완료한다. 지적공부 정리는 「지적업무처리 규정」에 따른다. 이에 따르면, 토지소유자에 관한 사항은 등기관서의 등기문서에 근거하여 등록하는 것이 원칙이지만, 아직 등기부가 창설되지 않은 신규등록의 경우에는 '선등록후등기' 원칙에 의해 지적소관청이 직접 토지소유자를 조사하여 등록해야 한다. 지적소관청이 토지소유자를 조사하여 등록하는데 대한 규정은 다음과 같다.

- 「공유수면 관리 및 매립에 관한 법률」에 따른 준공검사확인증과 같이 소유권취득에 관한 증빙서류에 근거하여 토지소유자를 결정하고, 소유권 변동일자는 준공일자로 한다.
- 「국유재산법」에 따라 총괄청이나 중앙관서의 장이 소유자가 없는 토지의 소유자로 등록하는 것은 지적공부에 이미 등록된 토지소유자가 없는 경우에 한하여 등록이 가능하다.
- 무소유·무등록 토지의 경우에는 「민법」 및 「국유재산법」에 따라 소유자를 국가로 등록할 수 있다.

• 지적공부정리의 통보 및 등기

지적소관청은 '토지이동정리 결의서'에 근거하여 지적공부정리를 완료한 후에는 이 사실을 토지소유자에게 통지해야 한다. 등록 사실을 통보를 받은 토지소유자는 이 통보를 근거로 등기관서에 토지소유권 보존등기를 신청할 수 있다.

2) 등록전환과 지적공부 정리

① 등록전환 규정

임야대장과 임야도에 등록되어 있는 임야를 토지로 용도 전환하고 토지대장과 지적도로 옮겨 등록하는 것을 등록전환이라고 한다. 등록전환의 대상이 되는 경우는 다음과 같다.

- 「산지관리법」에 따른 산지전용허가 및 신고 또는 산지일시사용허가 및 신고, 그리고 「건축법」에 따른 건축허가 및 신고와 그 밖의 관계 법령에 따른 개발을 허가 받은 경우
- 대부분의 주변 토지가 등록전환이 되어서 나머지 토지가 임야도에 계속 존치되는 것이 불합리하다고 판단되는 경우

- 임야도에 등록된 토지가 사실상 형질변경[10] 되었으나 지목변경을 할 수 없는 경우
- 도시·군관리계획에 따라 토지를 분할하는 경우

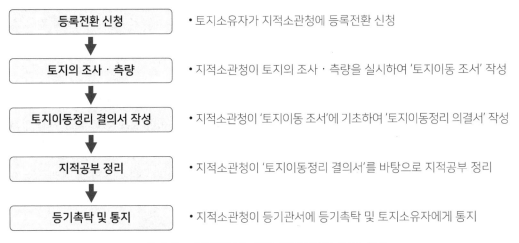

등록전환 신청	• 토지소유자가 지적소관청에 등록전환 신청
토지의 조사·측량	• 지적소관청이 토지의 조사·측량을 실시하여 '토지이동 조서' 작성
토지이동정리 결의서 작성	• 지적소관청이 '토지이동 조서'에 기초하여 '토지이동정리 의결서' 작성
지적공부 정리	• 지적소관청이 '토지이동정리 결의서'를 바탕으로 지적공부 정리
등기촉탁 및 통지	• 지적소관청이 등기관서에 등기촉탁 및 토지소유자에게 통지

· 그림 6-8 · 등록전환에 따른 지적공부의 정리 절차

② 등록전환 절차

• 등록전환 신청

토지소유자는 등록전환의 사유가 발생한 날부터 60일 이내에 지적소관청에 등록전환을 신청해야 한다. 등록전환을 신청할 때는 등록전환 사유를 적은 토지이동 신청서(신규등록 신청와 동일)와 필요한 서류를 첨부하여 지적소관청에 제출해야 한다. 이때 필요한 서류는 관계 법령에 따라서 개발행위를 허가받은 사실을 증명할 수 있는 문서의 사본을 말한다. 그러나 지적소관청이 보유하고 있는 서류는 제출하지 않을 수 있다.

• 토지의 조사·측량

지적소관청은 토지소유자로부터 등록전환을 접수받은 토지에 대하여 '토지표시'를 새로 결정하는 조사·측량을 실시하고 '토지이동 조서'를 작성해야

---

10 토지의 형질변경은 「국토의 계획 및 이용에 관한 법률」에 의한 개발행위로써, 절토·성토·정지·포장 등의 방법으로 토지의 형상을 변경하는 행위와 공유수면의 매립(경작을 위한 토지의 형질변경은 제외) 등이 해당된다.

하고, 「지적업무처리규정」의 등록전환을 위한 토지의 조사·측량 규정은 다음과 같다.

- 등록전환을 할 때는 임야대장과 임야도에 등록된 경계와 면적을 그대로 토지대장과 지적도에 등록할 수 없고, 반드시 등록전환 대상 토지의 경계와 면적에 대한 지적측량을 다시 실시하여 등록해야 한다.
- 임야대장과 임야도에 등록된 일필지 토지를 지목이 다른 2필지 이상으로 분할하여 등록전환할 때는 등록전환을 먼저 한 후에 분할해야 한다.
- 경계점좌표등록부가 작성되어 있는 수치지도지역의 토지를 등록전환을 할 때는 토지대장 외에 경계점좌표등록부를 작성해야 한다.
- 1필지 임야에 대한 일부를 등록전환 할 때는 등록전환으로 임야도에서 말소되는 부분은 분할측량을 실시하여 말소해야 한다. 단 1필지 전체를 등록전환할 때는 등록전환측량을 실시하여 말소한다.
- 등록전환에 따른 지번 부여는 신규등록과 동일한 방법으로 한다.
- 등록전환은 대부분 지목변경을 수반되지만, 다음 3가지 경우에는 지목변경을 하지 않는다.
  ◦ 첫째 대부분의 토지가 등록전환이 되어서 나머지 토지를 계속 임야도에 존치시키는 것이 불합리하여 등록전환을 하는 경우
  ◦ 둘째 임야도의 토지가 사실상 형질변경이 이루어졌으나 관계법령에 따라 지목변경을 할 수 없는 경우
  ◦ 셋째 도시·군관리계획선에 따라 토지를 분할하여 등록전환을 할 경우

• 토지이동정리 결의서 작성

지적소관청이 등록전환을 위하여 대상토지를 조사·측량하여 '토지이동 조서'와 '토지이동정리 결의서'를 작성한다. 토지이동정리 결의서의 형식은 신규등록과 같다.

• 지적공부 정리

지적소관청은 등록전환에 따른 '토지이동정리 결의서'를 근거로 토지대장과 지적도에 '토지 표시'를 정리한다. 이 경우에 임야도와 축척이 다른 지적도로 등록전환을 할 경우, 축척변경에 따른 토지면적의 증감이 발생할 수 있다.

등록전환이 완료된 부분은 임야도에서는 말소하고, 등록전환되어 지적도에
새로 등록한 토지 지번 앞의 '산' 자를 삭제한다.

- 등기 촉탁과 통지

  지적소관청은 등록전환에 따른 지적공부 정리를 완료한 후에는 이 사실을
  등기관서에 등기촉탁하고, 토지소유자에게 통지한다.

3) 분할과 지적공부 정리

① 분할 규정

지적공부에 등록된 1필지를 2필지 이상으로 나누어 지적공부에 새로 등록하는
것을 분할이라고 한다. 토지 분할은 다음과 같은 경우에 가능하지만, 건축물이
위치한 대지를 분할 때는 「건축법 시행령」이 규정한 최소한의 면적11이 유지
되도록 분할해야 한다.

- 소유권이전, 매매 등으로 1필지의 부분별 토지소유자가 다른 경우
- 지상 경계(도로, 제방 등)를 설치하므로 1필지가 연속되지 않은 경우
- 1필지의 일부가 형질변경이 되어 지목이 변경된 경우

• 그림 6-9 • **토지분할에 따른 지적공부의 정리 절차**

---

11 건축물이 있는 대지는 「건축법 시행령」 제80조에 따라서 주거지역은 60㎡, 상업지역은 150㎡, 공업지역은 150㎡,
기타는 60㎡에 못 미치는 면적으로 분할할 수 없다.

② 분할 처리 절차

- 분할 신청

  토지소유자는 원인이 발생한 날부터 60일 이내에 지적소관청에 토지 분할을
  신청해야 하고, 토지 분할이 가능한 경우는 다음과 같다.

  - 1필지의 일부가 증여, 매매 등으로 소유권 이전이 발생한 경우
  - 토지이용상 불연속적인 지상경계를 설치한 경우

  토지소유자가 토지 분할을 신청할 때에는 분할 사유를 적은 신청서와 함께 관
  련서류를 첨부하여 지적소관청에 제출해야 하고, 토지의 용도가 변경되어 분할
  할 때에는 지목변경 신청서를 같이 첨부해야 한다. 토지 분할 신청에 첨부할
  서류는 다음과 같다.

  - 분할 허가 대상인 토지의 경우 그 허가서 사본
  - 법원 판결에 의한 분할인 경우에 법원의 확정판결서
  - 1필지 일부가 형질변경으로 인한 분할하는 경우에 지목변경 신청서

- 토지의 조사·측량

  지적소관청은 토지를 분할하기 위해 분할측량을 실시하고, 새로운 경계와
  좌표를 확정하여 '토지이동 조서'를 작성하고, 분할측량으로 확정한 경계에
  경계점표지를 지상에 설치해야 한다.

  분할측량을 실시하여 분할한 필지 면적의 합이 분할하기 전 필지의 면적과
  일치해야하지만 일치하지 않을 경우가 많다. 그 오차가 허용범위 이내일 경
  우에는 오차를 각 분할 필지에 배분하여 등록하고, 허용범위를 초과하는 경
  우에는 분할 전 필지의 면적과 경계를 분할측량의 결과에 맞춰서 '등록사항
  정정'[12]을 한 후에 분할해야 한다.

  또 분할측량에서 지상건축물을 가로질러 토지를 분할할 수 없는 것이 원칙
  이지만, 공공사업을 목적으로 하는 분할측량에서는 지상건축물을 가로질러
  분할할 수 있다.

  분할한 필지의 지번은 하나의 필지에는 분할 전 지번을 그대로 부여하고, 나머

---

12 '등록사상 정정'에 관해서는 제3절 2의 8)에서 상세히 기술함.

지 필지는 본번에 대한 최종 부번 다음 부번부터 차례로 부여하는 것을 원칙으로 한다. 단 부여할 수 있는 종전 본번의 수가 새로 부여할 지번의 수보다 적을 때에는 구역 단위13로 하나의 본번을 부여한 후 필지별로 부번을 부여하거나, 해당 지번부여지역의 최종 본번 다음 순번부터 차례로 부여할 수 있다. 또 분할 필지 가운데 주거·사무실 등의 건축물이 있을 경우에는 이 건축물의 부지에 분할 전 지번을 우선하여 부여한다.

- **토지이동정리 결의서 작성**

  지적소관청은 분할측량의 결과로 작성한 '토지이동 조서'에 근거하여 '토지이동정리 결의서'를 작성한다. 토지이동 조서와 토지이동정리 결의서의 형식은 신규등록과 동일하다.

- **지적대장 정리**

  지적소관청은 '토지이동정리 결의서'에 따라 지적공부의 '토지 표시'를 새로 정리한다.

- **등기 촉탁과 통지**

  지적소관청은 토지 분할로 따른 지적공부 정리를 완료한 후에 그 사실을 등기관서에 등기촉탁하고, 토지소유자에게 통지한다.

4) 합병과 지적공부 정리

① 합병 규정

지적공부에 등록되어 있는 2필지 이상의 토지를 합하여 1필지로 등록하는 토지이동을 합병이라고 한다. 법률에 따라 공동주택의 부지·도로·제방·하천·구거·유지·공장용지·학교용지·철도용지·수도용지·공원·체육용지 등 서로 다른 지목의 토지를 모두 합병할 수 있다. 그러나 다음의 경우는 토지를 합병할 수 없다.

- 합병하려는 토지의 지번부여지역, 지목 또는 소유자가 서로 다른 경우
- 합병하려는 토지에 등기 외의 등기가 있는 경우14

---

13 지번부여하는 구역은 도로·하천·제방 등 지형지물을 경계로 구획되는 공간단위이다.
14 등기 외의 등기가 있는 경우란, 소유권·지상권·전세권 또는 임차권의 등기, 승역지(承役地)에 대한 지역권의 등기,

- 지적도 및 임야도의 축척이 서로 다른 경우
- 합병하려는 필지의 지반이 서로 연속되지 않은 경우
- 합병하려는 토지가 등기된 토지와 등기되지 않은 미등기 토지인 경우
- 합병하려는 토지의 현재 등록된 지목은 같지만, 일부 토지의 용도가 달라서 분할 대상 토지로 신청되어 있는 경우, 이 경우에 합병과 동시에 분할 신청을 할 경우는 가능하다.
- 합병하고자 하는 토지의 소유자별 공유지분이 다르거나, 소유자의 주소가 서로 다른 경우. 단 소유자의 주소가 달라도 동일인임이 확인되는 경우는 제외한다.
- 합병하려는 토지가 구획정리, 경지정리 또는 축척변경 등 시행지역 내의 토지와 그 밖의 토지인 경우

② 합병의 처리 절차

• 합병 신청

토지소유자는 토지를 합병해야 할 사유가 발생한 날부터 60일 이내에 합병 사유를 적은 신청서를 지적소관청에 제출한다.

• 그림 6-10 • 토지합병에 따른 지적공부의 정리 절차

저당권의 등기, 신탁등기 등이 설정되어 있는 경우를 말한다.

- 토지의 조사·측량

  토지를 합병할 때는 지적측량을 새로 하지 않는다. 합병으로 인하여 필요 없게 된 토지 경계점만 말소하고, 합병하기 전에 지적공부에 등록된 필지별 면적을 합산하여 '토지이동 조서'를 작성한다.

  합병한 토지의 지번은 합병 대상 지번 중 선순위의 지번을 부여하되, 합병한 토지 중 본번의 지번이 있을 때에는 본번 중 선순위의 지번을 합병 후의 지번으로 부여한다. 또 합병하기 전의 필지 중 어느 하나에 주거·사무실 등의 건축물이 있을 경우에는 건축물 부지의 지번을 합병 후 지번으로 부여한다.

- 토지이동정리 결의서 작성

  지적소관청은 합병 토지에 대한 '토지이동 조서'를 바탕으로 '토지이동정리 결의서'를 작성한다. 토지이동 조서와 토지이동정리 결의서의 형식은 신규등록과 동일하다.

- 지적공부 정리

  합병에 따라 필요 없게 된 토지의 경계·좌표는 지적공부에서 말소하고, '토지이동정리 결의서'에 근거하여 지적공부의 '토지 표시'를 새로 정리한다.

- 등기 촉탁과 통지

  지적소관청은 합병에 대한 지적공부 등록이 완료되면 이 사실을 등기관서에 등기촉탁하고, 토지소유자에게 통지한다.

5) 지목변경과 지적공부 정리

① 지목변경 규정

지적공부에 등록된 지목을 다른 지목으로 변경하여 등록하는 것을 지목변경이라고 하고, 법률에 따라서 지적소관청이 지적공부에 등록된 지목을 변경할 수 있다. 지목은 토지의 경제적·사회적 가치에 크게 영향을 미치는 '토지 표시' 항목으로 지목변경을 할 수 있는 경우를 다음과 같이 법률로 규정하고 있다.

- 「국토의 계획 및 이용에 관한 법률」 등 법령에 따라 토지의 형질변경 등의 공사가 준공된 경우

- 토지소유자가 토지나 건축물의 용도를 변경한 경우
- 도시개발사업 등의 시행지역에서 사업시행자가 공사를 위해 토지를 합병하는 경우

그러나 다음과 같은 경우에는 지목변경을 할 수 없다.

- 토지를 임시적·일시적으로 용도변경하는 경우에는 지목을 변경하지 않는다.
- 「농지법」 적용 대상인 전·답·과수원은 이외의 지목으로 변경할 수 없고, 「산림법」 적용 대상이 되는 보전임지는 임야 외 지목으로 변경할 수 없다.
- 목장용지·과수원 등의 개발에서 면적이 넓거나 혹은 토지대장에 등록된 토지와 멀리 떨어져 위치하여 등록전환이 불합리한 경우에는 등록전환을 하지 않고 임야대장에 그대로 존치한 상태에서 목장용지·과수원으로 지목변경을 할 수 있다. 이에 따라서 임야도에 '임야' 이외의 '토지'가 등록될 수 있게 되었다.

② 지목변경의 처리 절차

• 그림 6-11 • 지목변경에 따른 지적공부의 정리 절차

- 지목변경 신청

  토지소유자는 지목변경을 할 토지가 있으면 그 사유가 발생한 날부터 60일 이내에 지목변경 사유를 적은 신청서를 지적소관청에 제출하여야 한다. 토지소유자가 지목변경을 신청할 때에는 지목변경 신청서에 다음의 증빙서류를 첨부해야 한다.

  - 토지의 형질변경 등의 공사가 준공된 사실을 증명하는 서류의 사본
  - 국·공유지의 경우에는 용도폐지 되었거나 사실상 공공용지로 사용되고 있지 않음을 증명하는 서류의 사본
  - 토지 또는 건축물의 용도가 변경되었음을 증명하는 서류의 사본

  그러나 개발행위허가·농지전용허가·보전산지전용허가 등으로 인한 지목변경이거나 또는 전·답·과수원 상호간의 지목변경의 경우에는 위와 같은 증빙서류를 첨부하지 않을 수 있고, 또 첨부해야 하는 증빙서류 가운데 지적소관청이 이미 보유하고 있는 것은 첨부하지 않을 수 있다.

- 토지조사

  지적소관청은 지목변경에 대한 토지조사를 실시하고, 이에 대한 '토지이동 조서'를 작성한다.

- 토지이동정리결의서 작성

  지적소관청은 지목변경에 대한 '토지이동 조서'를 바탕으로 '토지이동정리 결의서'를 작성한다. 토지이동 조서와 토지이동정리 결의서의 형식은 신규등록과 동일하다.

- 지적공부 정리

  지적소관청은 '토지이동정리 결의서'에 근거하여 지적공부의 지목을 새로 정리한다.

- 등기촉탁과 통지

  지적소관청은 지적공부 정리를 완료하면 그 사실을 등기관서에 등기촉탁하고, 토지소유자에게 통지해야 한다.

6) 등록말소와 지적공부 정리

① 등록말소 규정

지적공부에 등록된 토지가 지형의 변화 등으로 바다로 되어 다시 토지로 될 가능성이 없는 경우에 지적공부를 폐쇄하는 것을 등록말소라고 한다. 또 등록말소 토지가 지형의 변화 등으로 다시 토지로 되는 경우에는 지적공부를 다시 창설하고, 이것을 회복등록라고 한다.

② 등록의 말소 절차

• 그림 6-12 • 등록말소에 따른 지적공부의 정리 절차

• 등록말소 신청

지적소관청은 등록말소 대상 토지가 생기면 그 토지소유자에게 등록을 말소하도록 통지해야 하고, 토지소유자는 통지를 받은 날부터 90일 이내에 등록말소를 신청해야 한다. 등록말소를 통지받은 토지소유자가 기간 내에 등록말소를 신청하지 않을 경우에는 지적소관청이 직권으로 등록을 말소할 수 있다.

지적소관청이 회복등록을 할 때는 지적측량성과 및 등록말소 당시 지적공부와 관련된 자료에 근거해야 한다.

- 토지의 조사·측량

    필지 전체를 등록말소 할 경우에는 토지의 조사·측량이 필요 없지만, 1필지
    의 일부분을 등록말소할 때는 말소할 부분만 분할 측량을 실시하여, 말소 대
    상토지에 대한 '토지이동 조서'를 작성한다.

- 토지이동정리결의서 작성

    지적소관청은 필지의 일부분을 말소하기 위해서는 '토지이동 조서'를 바탕으
    로 '토지이동정리 결의서'를 작성한다. '토지이동 조서'와 '토지이동정리 결의
    서'의 형식은 신규등록과 동일하다.

- 지적공부 정리

    '토지이동정리 결의서'에 따라 토지등록을 말소한다. 등록말소에 대한 수수
    료는 토지소유자에게 부과하지 않는다.

- 등기촉탁 및 결과 통지

    지적소관청은 등록말소 혹은 회복등록을 완료한 후에 이 사실을 등기관서에
    등기촉탁 하고, 토지소유자와 해당 공유수면의 관리청에 통지해야 한다.

7) 축척변경과 지적공부 정리

① 축척변경 규정

지적도에 등록된 경계점의 정밀도를 높이기 위하여 소축척의 지적도를 대축척
으로 변경하는 토지이동을 '축척변경'이라고 한다. 축척변경은 토지소유자의 신
청이 있거나, 또는 지적소관청이 필요하다고 판단하면 직권으로 할 수 있다.
지적소관청이 축척변경을 하려면 축척변경 대상지역의 토지소유자 2/3 이상의
동의를 받고 축척변경위원회의 의결을 거친 후에 시·도지사 또는 대도시 시장의
승인을 받아야 한다. 법률에 따라서 축척변경을 할 수 있는 경우는 다음과 같다.

- 반복적인 필지 분할로 1필지의 면적이 너무 작아져서 소축척의 지적도에
    지적측량성과 또는 '토지 표시'의 표기가 어려운 경우
- 하나의 지번부여지역 내에 서로 다른 축척의 지적도가 있는 경우
- 기타, 지적소관청이 지적공부를 관리하기 위하여 필요하다고 인정되는
    경우

② 지적도면의 축척변경 처리 절차

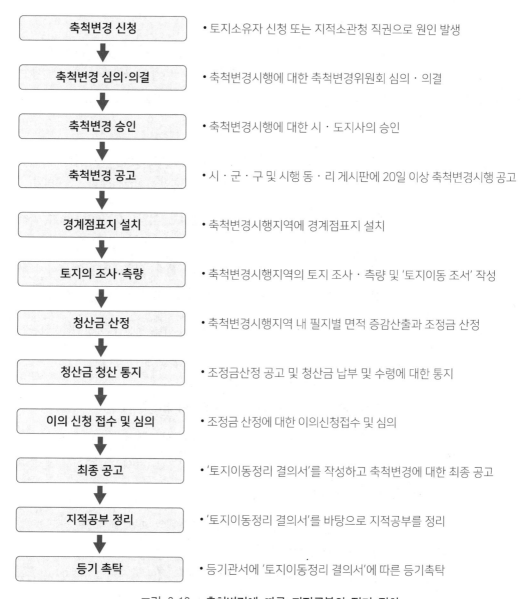

축척변경 신청	• 토지소유자 신청 또는 지적소관청 직권으로 원인 발생
축척변경 심의·의결	• 축척변경시행에 대한 축척변경위원회 심의 · 의결
축척변경 승인	• 축척변경시행에 대한 시 · 도지사의 승인
축척변경 공고	• 시 · 군 · 구 및 시행 동 · 리 게시판에 20일 이상 축척변경시행 공고
경계점표지 설치	• 축척변경시행지역에 경계점표지 설치
토지의 조사·측량	• 축척변경시행지역의 토지 조사 · 측량 및 '토지이동 조서' 작성
청산금 산정	• 축척변경시행지역 내 필지별 면적 증감산출과 조정금 산정
청산금 청산 통지	• 조정금산정 공고 및 청산금 납부 및 수령에 대한 통지
이의 신청 접수 및 심의	• 조정금 산정에 대한 이의신청접수 및 심의
최종 공고	• '토지이동정리 결의서'를 작성하고 축척변경에 대한 최종 공고
지적공부 정리	• '토지이동정리 결의서'를 바탕으로 지적공부를 정리
등기 촉탁	• 등기관서에 '토지이동정리 결의서'에 따른 등기촉탁

• 그림 6-13 • 축척변경에 따른 지적공부의 정리 절차

• 축척변경의 신청

토지소유자의 신청 또는 지적소관청의 직권으로 지적도면의 축척을 변경할
수 있다. 토지소유자가 지적소관청에 축척변경을 신청할 때는 해당지역 토

지소유자 2/3 이상의 동의가 있어야 한다.

- **축척변경 심의·의결**

  지적소관청은 축척변경을 심의·의결하기 위하여 축척변경위원회를 설치하고, 축척변경위원회의 심의·의결을 거쳐 축척변경을 확정한 후에 이를 공고해야 한다. 그러나 다음의 경우에는 축척변경위원회의 심의·의결 없이 축척변경을 할 수 있다.

  - 축척이 다른 지적도에 등록된 2개 이상 토지를 합병하기 위한 축척변경
  - 도시개발사업 등 시행지역의 지적도 축척을 통일하기 위한 축척변경

  축척변경위원회는 지적소관청 단위로 구성하고, 위원은 5~10명 내외로 지적 분야에 전문성을 가진 사람으로 위촉한다. 이 경우에 1/2 이상을 축척변경 시행지역 내의 토지소유자 중에서 위촉해야 한다. 위원장은 위원 중에서 지적소관청이 지명하고, 축척변경위원회가 심의·의결하는 사항은 다음과 같다.

  - 축척변경으로 발생하는 토지면적 증감에 따른 청산금 산정 및 청산관련 사항
  - 청산금 이의신청에 관한 사항
  - 기타 축척변경과 관련하여 지적소관청이 요청한 사항

  축척변경위원회 회의는 지적소관청이 심의·의결 안건을 회부하거나 기타 위원장이 필요하다고 인정될 때 위원장이 소집하고, 위원회 운영에 대한 규정은 다음과 같다.

  - 회의정족수는 위원장을 포함하여 재적위원의 과반 출석으로 하고, 의결 정족수는 출석 위원의 과반 찬성으로 한다.
  - 위원장이 축척변경위원회를 소집할 때는 회의 개최 5일전까지 회의 일시·장소 및 심의안건을 각 위원에게 서면으로 통지해야 한다.

- **축척변경 승인**

  축척변경에 대한 축척변경위원회 심의·의결을 거쳐서 시·도지사 또는 대도시 시장이 승인한다. 그러나 축척변경위원회의 심의·의결 없이 축척변경이 가능한 경우에는 시·도지사 또는 대도시 시장의 승인도 생략할 수 있다. 지

• 표 6-20 • 축척변경 승인신청서 서식

축척변경 승인신청서
1. 사업 지구명: 2. 시 행 면 적: 3. 필 지 수: 4. 소 유 자 수: 5. 시 행 기 간:
「공간정보의 구축 및 관리 등에 관한 법률 시행령」 제70조제1항 및 같은 법 시행규칙 제86조에 따라 위와 같이 신청합니다. 년 월 일 시장·군수·구청장 [직인] 시·도지사 귀하

적소관청이 시장·도지사 또는 대도시 시장에게 축척변경에 대한 승인을 신청할 때는 다음의 서류를 첨부해야 한다.

- 축척변경의 사유
- 지번 등 명세
- 토지소유자 2/3 동의서
- 축척변경위원회 심의·의결서 사본
- 기타 시·도지사 또는 대도시 시장이 필요하다고 인정하는 서류

• 축척변경 공고

시·도지사 또는 대도시 시장으로부터 축척변경시행에 대한 승인을 받으면 지적소관청은 축척변경 시행지역의 동·리 게시판에 20일 이상 축척변경시행 사실을 공고해야 하고, 공고문에는 다음과 같은 내용이 포함되어야 한다.

- 축척변경의 목적·시행지역 및 시행기간
- 축척변경 시행에 관한 세부계획
- 축척변경에 따른 청산금 처리 방법
- 축척변경에 대한 협조 사항

- 경계점표지 설치

  축척변경 시행지역의 토지소유자 또는 점유자는 축척변경시행을 공고한 날로
  부터 30일 이내에 자신이 점유하고 있는 토지에 경계점표지를 설치해야 한다.

- 토지의 조사·측량

  지적소관청은 축척변경지역에 대하여 지적측량을 실시해야 하고, 이에 대한
  규정은 다음과 같다.

  - 지적소관청은 축척변경 시행지역의 필지별 '토지 표시', 즉 지번·지목·
    면적·경계 또는 좌표를 새로 결정한다. 단 지적도가 소축척이어서 '토지
    표시' 사항을 표기하기 어려운 이유로 축척을 변경하는 경우에는 지번·
    지목·경계·좌표는 기존 지적공부에 등록된 내용을 그대로 두고 면적만
    새로 결정하여 등록한다.
  - 축척변경시행을 위해 지적측량을 할 때에는 토지소유자 또는 점유자가
    설치한 경계점표지를 기준으로 변경할 축척을 적용하여 측량한다.
  - 면적을 새로 결정할 때에는 축척변경측량에 따라야 한다. 이 경우에 축
    척변경시행의 전·후 면적의 오차가 법률의 허용범위 이내이면 원래의
    면적으로 하고, 허용범위를 초과하는 경우에는 축척변경측량의 결과로
    변경 등록한다.
  - 축척변경시행에 따른 청산금을 처리하기 위하여 '지번별 조서'를 작성한
    다. '지번별 조서'는 축척변경시행으로 인하여 지적공부에 등록된 면적의
    증감 내역을 중심으로 작성한다.

- 청산금 산정

  지적소관청은 축척변경시행 결과, 전·후의 면적 증감이 발생한 경우에 그에
  따른 청산금을 산정하여 청산해야 한다. 단 다음의 경우에는 청산금 청산을
  생략한다.

  - 축척변경시행에 따른 필지별 증감면적이 법률적 허용범위 이내인 경우
  - 토지소유자 전원이 청산을 하지 않기로 합의서를 서면으로 제출한 경우

  지적소관청은 축척변경시행에 따른 청산금 청산을 위하여 시행공고일 당시
  의 토지가격을 기준으로 '지번별 제곱미터당 금액조서'와 '청산금 조서'를 별

• 표 6-21 • **지번별 제곱미터당 금액조서 서식**

(단위: ㎡, 원)

토 지 소 재		지번	지목	면적	개별 토지 가격		감정기관가격		매매실제가격		결정	비고
읍·면	동·리				제곱미터 당 시 가	연·월·일	제곱미터 당 시 가	연·월·일	제곱미터 당 시 가	연·월·일	제곱미터 당 가격	

• 표 6-22 • **청산금 조서 서식**

토지소재		축척변경 전				축척변경 후				청산내용				제곱미터 당 가격	소유자		비고
										증		감					
읍·면	동·리	지번	지목	면적	등급	지번	지목	면적	등급	면적	금액	면적	금액		성 명	주 소	

도로 작성한 후에 이것을 축척변경위원회의 심의·의결을 거쳐서 확정한다. 청산금은 필지별 증감면적에 '지번별 ㎡당 토지가격'을 곱한 금액으로 한다.

- **청산금 청산 통지**

  지적소관청은 축척변경위원회의 심의·의결을 거쳐서 확정한 청산금을 다음과 같은 규정에 따라 청산한다.

  – 토지소유자들에게 청산금을 납부·수령을 통지하기 전에 확정된 '청산금 조서'를 누구나 열람할 수 있도록 15일 이상 공고한다.

  – '청산금 조서'를 공고한 날부터 20일 이내에 토지소유자에게 청산금의 납부 또는 수령을 통지하고, 토지소유자는 이 통지를 받은 날부터 6개월 이내에 청산금을 납부 또는 수령해야 한다.

- 청산금을 수령할 자가 행방불명 등으로 받을 수 없거나 수령을 거부할 경우에는 그 청산금을 공탁할 수 있다. 또 토지소유자가 기간 내에 청산금을 납부하지 않으면 「지방세 체납처분 규정」에 따라 징수할 수 있다.
- 축척변경시행에 따른 토지면적의 증감에 따른 총 청산금 납부액과 수령액의 차이가 없는 것이 원칙이지만, 만약에 차이가 있다면 초과액은 해당 지자체의 수입으로 하고, 부족액은 지자체가 부담한다.

• 이의신청 접수

토지소유자는 청산금 납부 또는 수령을 통지 받은 날부터 1개월 이내에 지적소관청에 이에 대한 이의를 신청할 수 있다. 이의신청을 받은 지적소관청은 1개월 이내로 축척변경위원회에 그 내용을 회부하여 심의·의결을 받아야 하고, 심의·의결에 따라서 '청산금 조서'를 작성하고, 이 내용을 이의 신청자에게 통지해야 한다.

• 그림 6-14 • 축척변경에 따른 청산금의 이의신청 처리 절차

• 최종 공고

지적소관청은 청산금에 대한 이의신청 처리가 완료된 후에는 축척변경시행에 따른 '토지이동정리 결의서'를 작성하고, 이를 바탕으로 축척변경시행에 대한 최종 결과를 공고한다. 공고에는 다음 내용이 포함된다.

- 토지의 소재 및 지역
- 축척변경 지번별 조서
- 청산금 조서
- 지적도의 축척

• 지적공부 정리

지적소관청은 축척변경시행에 대한 최종 결과를 공고하고 지체 없이 '토지이동정리 결의서'(신규등록과 동일한 형식)를 바탕으로 지적공부의 '토지 표시'를 새로 정리한다. 이 경우에 '토지 이동'이 발생한 날짜는 축척변경을 공고한 날로 한다.

- 등기촉탁

  지적소관청은 축척변경시행에 따른 지적공부 정리를 완료한 즉시 그 사실을 등기관서에 등기촉탁해야 한다.

8) 등록사항 정정과 지적공부 정리

① 등록사항 정정에 대한 규정

지적공부에 등록된 내용에 오류가 발견되어 이를 정정하는 것을 '등록사항 정정'이라고 한다. 지적공부의 등록내용에 오류가 발견되면 토지소유자는 지적소관청에 '등록사항 정정'을 요청할 수 있다. 지적소관청은 토지소유자로부터 '등록사항 정정'을 요청받으면, 즉시 해당 토지의 토지대장에 '등록사항 정정 대상 토지'를 기재하여 토지대장을 열람 또는 등본 발급을 하는 사람들이 이 사실을 알 수 있도록 해야 한다.

한편, 토지소유자의 요청이 없이도 법률에 따라 지적소관청이 직권으로 지적공부의 '등록사항 정정'을 할 수 있다. 또 지적소관청은 부동산종합공부의 등록사항이 지적공부의 등록사항과 '불일치'한 사실을 발견하면, 즉시 해당 관리기관의 장에게 그 내용에 대한 '등록사항 정정'을 요청할 수 있다.

② 등록사항 정정의 처리 절차

- 등록사항 정정 신청

  토지소유자가 '등록사항 정정'을 요청하는 경우에는 다음과 같은 법률 규정에 따라서 신청해야 한다.

  - 지적소관청이 '토지 표시' 사항에 대한 '등록사항 정정'을 할 때는 정정이 완료될 때까지 이 '등록사항 정정'을 위해 실시하는 지적측량 외에 다른 목적의 지적측량은 정지시킬 수 있다.
  - 토지소유자가 인접 토지와 경계를 변경하는 '등록사항 정정'을 요청할 때

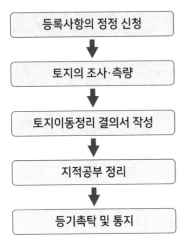

등록사항의 정정 신청	• 토지소유자의 '등록사항 정정' 신청 또는 지적소관청 직권으로 원인발생
토지의 조사·측량	• 토지소유자가 토지 경계·면적에 대한 '등록사항 정정'을 요청할 경우, 토지의 조사·측량에 의한 '토지이동 조서' 작성
토지이동정리 결의서 작성	• 토지의 조사·측량에 의한 '토지이동 조서'를 바탕으로 '토지이동 정리 의결서' 작성
지적공부 정리	• '토지이동정리 결의서'를 바탕으로 정정 등록
등기촉탁 및 통지	• 등기관서에 등기촉탁 및 토지소유자에게 결과 통지

• 그림 6-15 • 등록사항 정정에 따른 지적공부의 정리 절차

는 신청서에 '인접 토지소유자의 승낙서'와 경계조정을 확정한 '확정판결서 정본', 그리고 '등록사항 정정 측량성과도'를 첨부해야 한다.

- 토지소유자에 관한 '등록사항 정정'을 요청할 때는 등기필증·등기완료통지서·등기사항증명서 또는 등기관서에서 제공한 등기전산정보자료를 첨부해야 한다. 단 미등기 토지의 경우에는 '가족관계 증명서'로 대신할 수 있다.

다음의 경우는 토지소유자의 요청 없이 지적소관청이 직권으로 '등록사항 정정'을 할 수 있는 경우이다.

- '토지이동정리 결의서'의 내용이 잘못 등록된 경우
- 면적의 증감 없이 지적(임야)도에 경계의 위치만 잘못 등록된 경우
- 1필지의 토지가 서로 다른 지적(임야)도에 분리 등록되어 있고, 그 경계가 서로 접합되지 않아 지상경계에 맞추어 경계를 정정등록 하는 경우
- 지적측량성과와 다르게 지적공부에 잘못 등록된 경우
- 측량적부심사위원회에서 측량 오류가 의결된 경우
- 지적공부 등록사항이 전산 입력에서 잘못 입력된 경우
- 지적소관청이 합병을 잘못하여 합병등기가 각하된 경우
- 면적 환산이 잘못된 경우

- 토지의 조사 및 측량

  지적소관청은 토지소유자로부터 '토지 표시'에 대한 '등록사항 정정'을 요청
  받으면 반드시 토지의 조사·측량을 실시하고 '토지이동 조서'를 작성해야
  한다.

- 토지이동정리 결의서 작성

  지적소관청은 '등록사항 정정'을 위하여 작성한 '토지이동 조서'를 바탕으로
  '토지이동정리 결의서'를 작성한다. 토지이동 조서와 토지이동정리 결의서의
  형식은 신규등록과 동일하다.

- 지적공부 정리

  지적소관청은 '등록사항 정정' 대상 토지에 대하여 기존 지적공부의 등록내
  용을 말소하고, '토지이동정리 결의서'에 따라 지적공부의 '토지 표시'를 새로
  등록한다.

- 등기촉탁 및 결과 통지

  지적소관청은 '등록사항 정정' 대상토지의 지적공부 정리를 완료하고 나면,
  즉시 등기관서에 등기촉탁하고, 토지소유자에게 그 결과를 통지해야 한다.

9) 도시개발사업 등과 지적공부 정리

① 도시개발사업 등의 규정

「도시개발법」에 따른 도시개발사업, 「농어촌정비법」에 따른 농어촌정비사업,
그 밖에 법률로 정한 토지개발사업 등의 사업시행지역은 '토지이동 신청에 관
한 특례'를 적용하여 지적확정측량을 실시한다.

'토지이동 신청에 관한 특례'란 토지개발사업 등 사업의 착수·변경·완료 사실
을 지적소관청에 신고한 경우에 해당 사업수행지역 내 토지의 형질변경 등 '토
지 이동'은 토지소유자가 신청하지 않고 그 사업시행자가 신청하도록 하는 것
이다.

'토지이동 신청에 관한 특례'가 적용되는 토지개발사업 등의 사업은 다음과 같
은 것이 있다.

- 「도시개발법」에 따른 도시개발사업

- 「농어촌정비법」에 따른 농어촌정비사업
- 「주택법」에 따른 주택건설사업
- 「택지개발촉진법」에 따른 택지개발사업
- 「산업입지 및 개발에 관한 법률」에 따른 산업단지개발사업
- 「도시 및 주거환경정비법」에 따른 정비사업
- 「지역 개발 및 지원에 관한 법률」에 따른 지역개발사업
- 「체육시설의 설치·이용에 관한 법률」에 따른 체육시설설치를 위한 개발 사업
- 「관광진흥법」에 따른 관광단지 개발사업
- 「공유수면 관리 및 매립에 관한 법률」에 따른 매립사업
- 「항만법」 및 「신항만건설촉진법」에 따른 항만개발사업
- 「공공주택 특별법」에 따른 공공주택지구조성사업
- 「물류시설의 개발 및 운영에 관한 법률」 및 「경제자유구역의 지정 및 운 영에 관한 특별법」에 따른 개발사업
- 「철도의 건설 및 철도시설 유지관리에 관한 법률」에 따른 고속철도, 일 반철도 및 광역철도 건설사업
- 「도로법」에 따른 고속국도 및 일반국도 건설사업
- 그 밖에 국토교통부장관이 고시하는 요건에 해당하는 토지개발사업

② '토지이동 신청에 관한 특례' 지역의 사업신고

도시개발사업 등의 사업시행자는 사유가 발생한 날부터 15일 이내에 사업의 착수·변경 사실을 지적소관청에 신고해야 한다. 도시개발사업 등의 착수를 신고한 사업시행지역 내에서는 토지소유자가 '토지 이동'을 할 경우에도 해당 사업 시행자에게 '토지 이동'을 요청하고, 사업시행자는 해당 사업에 지장이 없다는 판단에 따라 토지소유자가 요청한 '토지 이동'을 지적소관청에 요청한다. 도시개발사업 등 사업의 착수·변경을 신고할 때는 다음의 서류를 첨부한다.

- 사업인·허가서
- 지번별 조서
- 사업계획도

또 도시개발사업 등의 완료를 신고할 때는 다음의 서류를 첨부한다.

- 확정될 토지의 지번별 조서 및 종전 토지의 지번별 조서
- 환지처분과 같은 효력이 있는 고시된 환지계획서. 단, 환지를 수반하지 아니하는 사업인 경우에는 사업의 완료를 증명하는 서류

•표 6-23• 도시개발사업 등의 신고서 서식

도시개발사업 등의 착수(시행)·변경·완료 신고서

접수번호	접수일		처리기간	90일
신고인 (사업시행자)	성명(명칭)		등록번호	
	주소			
신고사항	사 업 명			
	토지소재			
	시·도	시·군·구	읍·면	동·리
인가내용	구분		지번수	
	면적(㎡)		인가년월일	
	사업기간		기타	

「공간정보의 구축 및 관리 등에 관한 법률」 제86조제1항, 같은 법 시행령 제83조제2항 및 같은 법 시행규칙 제95조에 따라 위와 같이 신고합니다.

년   월   일

신고인(사업시행자)   (서명 또는 인)

시장·군수·구청장   귀하

③ 도시개발사업 등 시행에 따른 토지이동 절차

• 도시개발사업 등의 토지이동 신청

도시개발사업 등의 사업시행자는 사업을 착수·변경·완료 사유가 발생한 날부터 15일 이내에 그 사실을 지적소관청에 신고해야 한다. 또 이로 인하여 '토지 이동'이 필요한 경우에 해당 사업시행자는 지적소관청에 '토지 이동'을 신청해야 하고, '토지 이동' 날짜는 공사가 준공된 날로 한다.

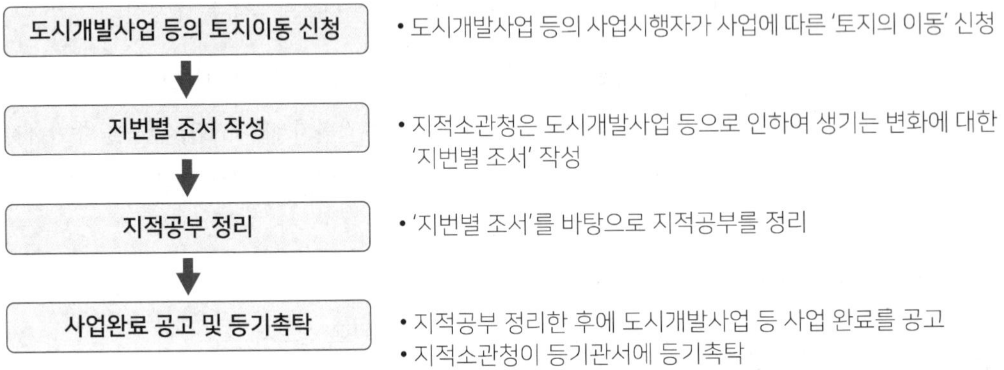

도시개발사업 등의 토지이동 신청	• 도시개발사업 등의 사업시행자가 사업에 따른 '토지의 이동' 신청
↓	
지번별 조서 작성	• 지적소관청은 도시개발사업 등으로 인하여 생기는 변화에 대한 '지번별 조서' 작성
↓	
지적공부 정리	• '지번별 조서'를 바탕으로 지적공부를 정리
↓	
사업완료 공고 및 등기촉탁	• 지적공부 정리한 후에 도시개발사업 등 사업 완료를 공고 • 지적소관청이 등기관서에 등기촉탁

• 그림 6-16 • **도시개발사업 등의 시행에 따른 지적공부의 정리 절차**

- 지번별 조서 작성

    지적소관청은 도시개발사업 등의 착수(시행) 또는 변경에 대한 신고서가 접수되면 사업시행지역별로 '지번별 조서'를 임시파일로 작성한다.

- 지적공부 정리

    지적소관청은 사업의 완료 신고서가 접수되면 기존의 지적공부를 폐쇄하고, '지번별 조서'를 바탕으로 지적공부를 새로 정리한다. 폐쇄 지적공부는 폐쇄 사유를 기재하여 영구히 보관한다.

- 사업 완료 공시 및 등기촉탁

    지적소관청은 도시개발사업 등의 시행에 따라서 지적공부를 새로 정리한 후에는 이 사실을 7일 이상 시·군·구의 게시판 혹은 홈페이지에 게시하고, 등기관서에 등기촉탁한다.

10) 행정구역변경과 지적공부 정리

① 행정구역경계 설정 원칙

행정구역 명칭 변경 혹은 행정구역 경계 변경 등을 모두 포함하여 행정구역변경이라고 한다. 행정구역 경계가 변경되거나 새로운 행정구역이 생겨난 경우에 그 경계선은 다음과 같이 결정한다.

    - 도로, 구거, 하천의 중앙

- 산지의 분수령
- 만조 시의 해면과 육지의 경계선
- 행정구역 경계를 결정에서 공공시설 때문에 경계등록에 어려움이 있을 경우에는 해당 시·군·구가 합의 하여 합리적으로 결정한다.
- 행정구역 경계를 등록할 때는 직접측량 방법에 따라야 하지만, 하천의 중앙 등 직접측량이 곤란한 경우에 항공정사영상 또는 1/1000 수치지형도 등을 이용하여 간접측량으로 대신할 수 있다.

② 지적공부 정리

행정구역의 명칭이 변경되면 지적공부에 등록된 '토지 표시' 중 소재가 변경된다. 또 행정구역의 개편으로 지번부여지역의 일부가 다른 지번부여지역에 속하게 되었으면 지적소관청은 토지의 소재와 함께 새로 속한 지번부여지역의 지번체계에 맞춰서 새로 지번을 부여해야 한다. 이 경우에 '토지 이동' 일자는 행정구역변경이 시행되는 날로 하고, 행정구역변경이 시행되는 전일의 일일마감이 완료한 후에 지적공부를 정리한다.

11) 신청 대위

원래 '토지 이동'은 토지소유자가 신청하는 것이 원칙이지만, 토지소유자를 대신하여 다른 사람이 '신청 대위'를 할 수 있다. 단 '등록상황 정정'에 의한 '토지 이동'은 '신청 대위'를 할 수 없다. 법률에 따라서 '신청 대위'가 가능한 경우와 대위권자는 다음과 같이 규정한다.

- 해당사업의 시행자가 신청 대위권자가 되는 경우: 공공사업 등에 따라 학교용지·도로·철도용지·제방·하천·구거·유지·수도용지 등 지목변경
- 해당 토지를 관리하는 행정기관 장 또는 지방자치단체 장이 대위권자가 되는 경우: 국가나 지방자치단체가 취득한 토지
- 집합건물의 관리인(또는 공유지 대표자) 또는 해당 사업의 시행자가 대위권자가 되는 경우: 「주택법」에 따른 공동주택 부지
- 「민법」에 따른 채권자가 대위권자가 되는 경우: 토지소유권분쟁에서 승소했으나 아직 소유권이전등기가 완료되지 않은 토지

학습 과제

1. 「공간정보의 구축 및 관리 등에 관한 법률」에서 규정한 지적공부의 정의, 종류, 기능을 설명한다.

2. 한일합방시대 근대지적제도를 확립한 이후 현재까지 법률에 따른 우리나라 지적공부의 변천을 설명한다.

3. 해방 이후 「지적법」, 「측량·수로조사 및 지적에 관한 법률」, 「공간정보의 구축 및 관리 등에 관한 법률」의 변천과정을 설명한다.

4. 「공간정보의 구축 및 관리 등에 관한 법률」에서 정의한 '토지 표시'를 설명하고, 지적공부에 '토지 표시'를 등록하는 목적을 설명한다.

5. 토지에 지번을 부여하는 일반적 방법과 우리나라가 채택하고 있는 지번부여 방법에 대하여 설명한다.

6. 지목분류에 대한 일반적 방법을 설명한다.

7. 우리나라 지목분류체계를 설명한다.

8. 우리나라 지목분류의 기본원칙과 문제점에 대하여 설명한다.

9. 우리나라 법정 지적경계의 정의, 설정원칙에 대하여 설명한다.

10. 경계점 좌표의 결정하는 방법을 설명한다.

11. 지적공부에 토지소유자 등록에 관한 법적 규정을 설명한다.

12. 지적공부에 등록하는 기타 사항 가운데 토지의 고유번호, 토지등급(기준 수확량 등급), 경계점좌표등록부의 부호 등록방법에 대하여 설명한다.

13. 토지대장과 임야대장의 작성 목적, 등록내용, 등록방법에 대하여 설명한다.

14. 공유지연명부의 작성 목적, 등록내용, 등록방법에 대하여 설명한다.

15. 대지권등록부의 작성 목적, 등록내용, 등록방법에 대하여 설명한다.

16. 경계점좌표등록부의 작성 목적, 등록내용, 등록방법에 대하여 설명한다.

17. 수치지적 지역과 도해지적 지역에서 지적도 작성 방법의 차이를 설명한다.

18. 지적공부와 지적전산자료를 보존·관리하는데 대한 법적 규정을 설명한다.

19. 지적공부 복구에 활용할 수 있는 자료 및 복구절차에 대한 법적 규정을 설명한다.

20. 지적공부의 열람·등본발급과 지적전산자료의 이용에 대한 법적 규정을 설명한다.

21. 우리나라 법정 '토지 이동(異動)'과 관련하여 토지이동 신청서, 토지이동조서, 토지이동정리 결의서 작성에 대하여 설명한다.

22 토지를 신규등록하기 위해서 토지소유자가 신청서와 함께 제출해야할 서류를 설명한다.

23 등록전환의 대상이 되는 토지와 등록전환 절차에 대하여 설명한다.

24 하나의 필지를 2개 이상의 필지로 분할해야 하는 경우와 그 절차에 대하여 설명한다.

25 2개 이상의 필지를 하나의 필지로 합병해야 하는 경우와 그 절차에 대하여 설명한다.

26 법률에 따라서 지목을 변경할 수 있는 경우와 변경할 수 없는 경우, 그리고 지목변경 절차에 대하여 설명한다.

27 법률에 따라서 지적도의 축척을 변경할 수 있는 경우와 변경 절차에 대하여 설명한다.

28 법률에 따라 '등록사항 정정'을 할 수 있는 경우와 그 절차에 대하여 설명한다.

29 도시개발사업 등에서 지적확정을 할 때 적용되는 '토지이동 신청에 관한 특례'에 대하여 설명한다.

30 법률에서 정한 '토지 이동'의 '신청 대위'에 대하여 설명한다.

제7장

지적전산화와 토지정보시스템 구축

제1절 | 지적전산화 사업의 개요

1. 지적전산화의 목적

지적소관청은 지적공부의 작성 및 관리를 전자방식으로 전환하는 지적전산화를 통하여 지적공부를 효과적으로 관리하고, 지방행정전산화의 기반을 조성하였으며, 지적민원을 신속하게 처리할 수 있게 되었다. 따라서 지적전산화는 지적제도를 선진화시킨 구체적 실체라고 평가할 수 있다. 지적전산화를 통하여 얻어진 구체적 효과를 요약해 보면 다음과 같다.

- 다목적의 요구에 정확한 토지정보 제공
- 토지관련 공공정책수립에 필요한 종합토지정보 제공
- 지방행정업무전반에 필요한 토지정보 제공
- 다른 정보와 효율적 통합 및 연계를 통하여 창의적 정보창출
- 토지투기 예방
- 지적대민서비스의 질적 향상
- 지적도면의 원형관리 용이
- 국가지리정보시스템의 기본공간정보로 활용

2. 지적전산자료

'지적전산자료'는 지적공부에 대한 전자방식의 자료로써, 도형자료(graphic data)와 속성자료(attribute data)로 분류된다. 전자를 공간자료, 후자를 비 공간자료

라고도 하며, 이 두 자료는 지번을 식별자로 상호 연계될 수 있다.

1) 도형자료

지적전산자료의 도형자료는 일필지의 위치, 형상, 크기, 방향을 나타내는 것으로 지적도·임야도·연속지적도·경계점좌표등록부 등 도면형태의 지적공부에 등록되는 자료로써 벡터형태의 자료이다.

2) 속성자료

지적전산자료의 속성자료는 일필지의 '토지 표시'에 대한 자료와 토지소유자에 대한 자료, 토지가격자료, 법률적 자료 등이 해당된다. 토지대장, 임야대장, 공유지연명부, 대지권등록부 등의 대장형식의 지적공부에 등록된 자료가 속성자료에 해당한다.

3) 지적전산자료 관련 규정

① 지적전산자료의 구축·관리 규정

지적전산자료의 구축·관리는 초기에 「지적사무전산처리규정」(국토해양부 예규)을 제정하여 적용하였으나, 2016년에 이 규정을 폐지하고, 현재는 지적전산자료와 부동산 자료를 통합하여 「부동산종합공부시스템 운영 및 관리 규정」(국토교통부 훈령)에 따라 구축·관리하고 있다. 「부동산종합공부시스템 운영 및 관리 규정」에 대해서는 제3절 부동산종합공부시스템에서 상세히 살펴보기로 한다.

② 지적전산자료 이용 규정

지적전산자료를 이·활용하려면 「공간정보의 구축 및 관리 등에 관한 법률」과 이 법 시행령에 따라 다음의 내용이 기재된 신청서를 관계 중앙행정기관의 장(국토교통부장관)에게 제출하여 사전 심사를 받아야 한다.

- 자료의 이용 또는 활용 목적 및 근거
- 자료의 범위 및 내용
- 자료의 제공 방식, 보관 기관 및 안전관리대책 등

중앙행정기관의 장으로부터 지적전산자료의 이·활용 신청서를 심사받은 사람은 그 심사 결과를 첨부하여 다음과 같이 지적전산자료를 이·활용 신청한다.

- 전국 단위의 지적전산자료 이·활용 신청: 국토교통부장관, 시·도지사, 지적소관청
- 시·도 단위의 지적전산자료 이·활용 신청: 시·도지사 또는 지적소관청
- 시·군·구 단위의 지적전산자료 이·활용 신청: 지적소관청에 신청

그러나 다음의 경우에는 중앙행정기관의 사전 심사없이 바로 지적전산자료를 이·활용 신청할 수 있다.

- 토지소유자가 자기 토지에 대한 지적전산자료를 신청하는 경우
- 토지소유자가 사망하여 그 상속인이 피상속인의 토지의 지적전산자료를 신청하는 경우
- 「개인정보 보호법」에서 규정한 개인정보를 제외한 지적전산자료를 신청하는 경우

3. 지적전산화사업 추진과정

1) 지적전산화 기반조성

우리나라는 지적전산화를 추진하기 위하여 1975년에 「지적법」 전문을 개정하고 (제2차 「지적법」 개정) 전산화를 위한 기반을 조성하였다. 이를 바탕으로 1980년에 '토지기록전산화사업' 계획을 수립하여 지적대장(Cadastral Book) 전산화를 먼저 추진하였다. 그리고 이어서 1996년부터 국가지리정보체계 기본계획 추진으로 지적도면(Cadastral Map) 전산화를 추진하였다.

2) 지적전산화 추진과정

지적전산화는 1982년에 전국 약 3200만 필지에 대한 토지대장과 임야대장 등 지적대장 전산화사업으로 시작되었고, 1984년에 지적대장 전산화를 완료하였다. 그리고 1985년부터 1990년까지 국가정보통신망을 조성하여 1990년부터 지적대장을 중심으로 전국 어디서나 온라인으로 지적민원서비스가 가능하게

되었다.

그리고 1996년부터 국가지리정보체계(NGIS) 정책 기본계획에 따라서 전국의 지적도면 전산화를 추진하여 완료하고 2000년대 들어서는 지적전산자료 기반의 토지정보시스템(PBLIS·LMIS·KLIS)을 구축하여 업무에 활용할 수 있게 되었다. 여기서는 이 과정을 살펴보기로 한다.

지적업무전산화 기반조성	• 1975년, 지적법 전문개정을 통해 지적업무전산화 기반 조성

지적대장 전산화 완료	• 1980년, 토지기록전산화사업 계획 수립과 추진 • 1982~84년, 전국 지적대장 전산화 완료

지적행정시스템 구축 및 온라인지적행정서비스	• 1985년 지적대장 기반의 지적행정시스템 구축 • 1995~1990년까지 국가 인터넷통신망 구축 • 1992년, 전국 어디서나 온라인지적민원서비스 가능

NGIS 기본계획 시행과 지적도면 전산화	• 1995년, 제1차 국가지리정보체계(NGIS) 기본계획 수립 • 1998년, 전국 지적도면전산화 본사업 착수

지적전산자료 기반의 토지정보시스템 (PBLIS-LMIS-KLIS) 구축 및 활용	• 1996년, 필지중심토지정보시스템(PBLIS) 개발 • 2002~03년, 전국 지적소관청에 필지중심토지정보시스템(PBLIS) 확산 • 1998년, 토지정보관리시스템(LMIS) 개발 착수 • 지적전산자료를 이용한 국가의 토지정책수립과 토지자원 관리 목적 • 2003년, PBLIS와 LMIS를 통합한 한국토지정보시스템(KLIS) 개발 착수 • 한국토지정보시스템(KLIS) 전국 활용 확산

지적전산자료 기반의 부동산종합공부시스템(KRAS) 구축 및 활용	• 2014년, 지적공부와 부동산관련공부(건축물대장, 토지이용계획, 부동산공시가격, 등기부)를 하나의 시스템에 통합하여 부동산종합공부시스템(KRAS) 구축·활용

• 그림 7-1 • **지적전산화 추진과정**

① 토지기록전산화사업과 지적대장 전산화

행정자치부(현 행정안전부)는 1980년에 토지기록물전산화사업 계획하고, 1982년부터 전국 지적소관청에 '토지기록물전산입력자료작성지침'을 시달하여 지적대장 전산화사업에 착수하였고, 1984년에 전국 지적대장의 전산화를 완료하였다.

② 지적행정시스템 구축과 온라인지적민원서비스

1985년에는 지적대장의 전산자료를 바탕으로 지적행정시스템을 구축하였다. 이것으로 '토지 이동'에 따른 지적공부 정리와 지적민원업무 처리 등 지적소관청의 지적행정에서 정보화의 효과가 발휘되기 시작하였고, 동시에 기타 지방행정 업무에서 보다 편리하게 지적정보를 활용할 수 있는 기반을 조성하게 되었다. 이와 같이 지적대장전산화가 가져온 정보화 효과를 요약하면 다음과 같다.

- 토지업무와 관련한 각 부처에 신속한 지적정보 제공
- 토지투기 방지 및 건전한 토지거래질서 확립
- 공정한 조세제도 확립
- 정확한 국토이용현황 파악

그리고 1985년부터 1990년까지 국가 인터넷통신망을 구축과 함께 기 구축한 지적행정시스템을 통해 온라인지적행정서비스가 가능하게 되었다. 실제로 1992년 2월 1일부터 인터넷을 이용하여 전국 어디서나 지적대장을 열람 또는 등본 발급을 할 수 있는 온라인에서 지적민원업무를 수행하였다.

이 지적행정시스템은 지적도면 전산화가 완료되기 전까지 지적소관청이 토지이동관리·토지소유권변동관리·민원관리·지적공부관리·일일마감·통합업무관리 등 지적행정업무 전반에 활용했던 우리나라 최초의 지적전산시스템이다.

③ NGIS 기본계획과 지적도면 전산화

우리나라는 1996년부터 제1차 국가지리정보체계(National Geographic Information System, 이하 NGIS로 약칭) 기본계획을 추진하였고, 이 계획에 따라서 지형도와 지적도 전산화사업을 추진하였다.

지적도면 전산화사업은 행정자치부장관(현 행정안전부장관)이 사업계획 수립과 사업추진을 총괄하고, 시·도지사가 수립한 연도별 추진계획에 따라서 각 지적 소관청이 사업수행을 담당하였다. 그리고 도면입력에 대한 실무작업은 대한지 적공사(현 한국국토정보공사)가 담당하였다. 당시에 지적도면전산화사업에 따른 기대 효과를 요약하면 다음과 같다.

- 국가의 기본공간정보로써 지적공부의 활용성 증대
- 지적도면의 훼손·오손·신축을 방지하고 원형보존
- 지적측량자료 입력의 편의성 증대
- 완전한 지적공부 전산화로 대민서비스의 질적 향상
- GIS기술 기반의 지적정보시스템 구축으로 광범위한 토지정보 제공

④ 지적전산지료 기반의 토지정보시스템 구축·활용

1996년부터 1997년까지 대전시 유성구를 대상으로 지적도면을 전산화하고, 이 지적전산자료를 기반으로 GIS기술 기반의 토지정보시스템 개발 시범사업을 실시하였다.

이 시범사업을 통하여 행정자치부(현 행정안전부)가 지적전산자료를 기반으로 지적소관청의 지적행정업무에 활용할 목적으로 필지중심토지정보시스템(Parcel Based Land Information System: 이하 PBLIS로 약칭)을 구축하여 전국에 확산하고자 하였다. 비슷한 시기에 국토해양부(현 국토교통부) 역시 지적전산자료를 기반으로 국가의 토지정책 수립이나 자원관리에 활용할 목적의 토지관리정보시스템(Land Management Information System: 이하 LMIS로 약칭) 구축에 착수하였다.

그러나 2000년에 감사원 감사에서 동일한 지적전산자료를 이용한 서로 다른 2개(PBLIS, LMIS)의 정보시스템을 구축한 데 따른 예산 낭비를 지적하고, 이 2개의 정보시스템을 통합할 것을 권고하였다. 이에 따라서 관계 부처가 협의를 거쳐 2개의 정보시스템 기능을 통합한 한국토지정보시스템(Korea Land Information System, 이하 KLIS로 약칭)을 개발하였다. 이로써 중앙정부와 지방정부가 공동으로 활용할 수 있는 지적전산자료를 기반으로 하는 하나의 종합토지정보시스템이 구축되게 되었다. 이것은 현재 중앙정부 및 지방정부의 토지행정지원시스템으로 활용되고 있다.

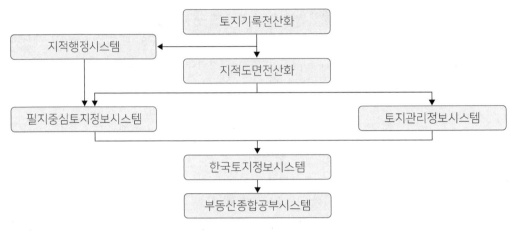

• 그림 7-2 • **지적전산자료 기반의 정보시스템 구축과정**

⑤ 지적전산지료 기반의 부동산종합공부관리시스템 구축·활용

2014년에는 지적전산자료를 기반으로 부동산관련 공적장부(건축물대장, 토지이용계획, 부동산공시가격, 등기부)를 모두 통합하여 부동산종합공부시스템(Korea Real estate Administration intelligence System: 이하 KRAS로 약칭)을 구축하였다. 이것은 대국민 편의를 제공하기 위한 것으로 토지와 건물, 즉 부동산과 관련된 공적장부가 여러 부처에 분산되어 관리되는 관계로 국민들이 하나의 부동산에 대한 민원업무를 볼 때 여러 기관을 방문해야 하는 불편이 많았고, 이런 불편을 해결하기 위해 구축한 것이다.

3) 지적도면전산화 방법

1996년에 지적도면 전산화를 위하여 지적소관청은 시·도지사의 승인을 받아서 지적도를 외부의 일정한 장소로 반출하여 관리담당자를 배치하고 지적도면전산화작업을 진행하였다. 한편 지적소관청 내에는 당장 발생하는 지적업무를 수행하기 위하여 지적(임야)도와 경계점좌표등록부 사본을 비치하여 업무에 차질이 없도록 하였다.

지적도면전산화작업은 지적도면을 입력하여 수치파일을 작성하거나 경계점좌표등록부에 등록된 좌표입력 방식으로 이루어졌다. 그리고 시석도면을 입력하여 작성한 수지파일에 대해서는 보정작업을 거쳐서 보정파일을 작성한 후에 도면데이터베이스를 구축하는 절차로 진행되었다.

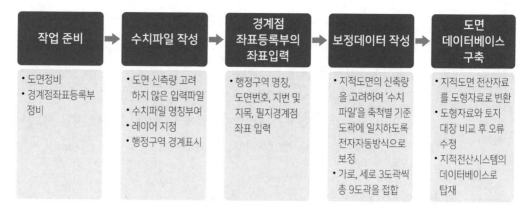

작업 준비	수치파일 작성	경계점 좌표등록부의 좌표입력	보정데이터 작성	도면 데이터베이스 구축

• 도면정비
• 경계점좌표등록부
  정비
	• 도면 신측량 고려
	  하지 않은 입력파일
	• 수치파일 명칭부여
	• 레이어 지정
	• 행정구역 경계표시
		• 행정구역 명칭,
		  도면번호, 지번 및
		  지목, 필지경계점
		  좌표 입력
			• 지적도면의 신축량
			  을 고려하여 '수치
			  파일'을 축척별 기준
			  도곽에 일치하도록
			  전자자동방식으로
			  보정
			• 가로, 세로 3도곽씩
			  총 9도곽을 접합
				• 지적도면 전산자료
				  를 도형자료로 변환
				• 도형자료와 토지
				  대장 비교 후 오류
				  수정
				• 지적전산시스템의
				  데이터베이스로
				  탑재

• 그림 7-3 • **지적도면의 전산화 절차**

① 작업준비

지적도면전산화를 위한 작업준비 단계에서는 지적도면과 관련 자료를 정비하고, 경계점좌표등록부가 작성된 지역에 한해서는 이를 정비하였다.

② 수치파일 작성

지적도면을 입력하여 수치파일을 작성하기 위해서 지적도면을 스캐닝 또는 디지타이징 방식을 모두 사용했는데, 특별히 지적도면의 보존상태가 양호하고 도곽 내 필지 수가 많은 도면은 스캐닝 방식으로 입력하고, 지적도면이 심하게 훼손·마모되어 스캐닝파일로 경계 등을 식별하기 곤란할 경우 또는 한 도곽 안에 들어 있는 필지 수가 적은 경우에는 디지타이징 방법으로 지적도면을 입력하였다. 지적도면의 수치파일을 작성하는데 대한 상세한 내용은 다음과 같다.

- 지적도면에 대한 수치파일 작성이 완료되면 도면을 출력하여 입력사항을 육안으로 점검하고 오류사항을 수정하여 일필지에 대한 폴리곤 형상을 정비하였다.
- 지번과 지목은 일필지마다 입력하되, 지번은 아라비아숫자, 지목은 문자 기호로 필지의 중앙에 입력하고, 지번과 지목이 경계와 겹치지 않도록 배치하였다.
- 지적도면의 수치파일은 DXF형식으로 작성하고, 수치파일마다 고유한 코드번호로 구성된 15자리의 파일 명칭을 부여하며, 수치파일은 데이터의

종류에 따라서 5개의 레이어로 분류하였다. 또 지적도의 필지경계점에 대한 좌표를 독취하고, 지번·지목 등 1필지의 속성정보를 도곽단위로 전산파일을 생성한다.

- 수치파일 작성이 완료되면 행정구역 명칭, 도면 번호 및 축척, 도곽선 및 도곽선 수치, 행정구역선, 필지경계 및 인접경계 표시선, 지번 및 지목, 원점명 등 기타 필요한 사항을 입력하였다.

• 표 7-1 • 지적도면의 수치파일 명칭

코드자리(15자리)	내용
□□	시·도(2)
□□ □□□	시·도(2) + 시·군·구(3)
□□ □□□ □□□	시·도(2) + 시·군·구(3) + 읍·면·동(3)
□□ □□□ □□□ □□	시·도(2) + 시·군·구(3) + 읍·면·동(3) + 리(2)
□□ □□□ □□□ □□ □□	시·도(2) + 시·군·구(3) + 읍·면·동(3) + 리(2) + 축척(2)
□□ □□□ □□□ □□ □□ □□□	시·도(2) + 시·군·구(3) + 읍·면·동(3) + 리(2) + 축척(2) + 도면번호(3)
□□ □□□ □□□ □□ □□ □□□•□□□	시·도(2) + 시·군·구(3) + 읍·면·동(3) + 리(2) + 축척(2) + 도면번호(3) ● 확장자(3)

• 표 7-2 • 지적도면 수치파일의 레이어 구조

레이어 코드	데이터 명칭	데이터 타입	비고
1	필지 경계선	LINE	
10	지번	TEXT	point 값으로 필지 내에 위치
11	지목	TEXT	point 값으로 필지 내에 위치
30	문자정보	TEXT	색인도, 제명, 행정구역선, 행정구역명칭, 작업자 표시, 각종 문자 등
60	도곽선	LINE	

③ 경계점좌표등록부의 좌표 입력

경계점좌표등록부의 좌표를 입력할 때는 행정구역명칭·도면번호·지번과 지목·
필지경계점 좌표를 입력한다. 입력 후에는 경계점좌표등록부 좌표와 입력 좌표
를 대조하고, 입력 좌표에 의해 산출된 토지 면적과 토지대장에 등록된 토지
면적을 대조해서 이상이 없어야 한다.

④ 보정데이터 작성

• **보정데이터 작성 방법**

신축이 심한 지적도의 경우에 축척별 표준 도곽에 맞춰서 신축량을 보정한
것을 보정데이터라고 한다. 이것은 입력 지적도가 신축이 심한 경우에 대비
하여 실시하는 보정작업으로 도면의 신축량을 배제한 지적도면데이터베이스
를 구축하기 위해 진행하는 작업이다.

도면의 신축을 보정하는 방법은 등각사상 변환(conformal coordinate
transformation)·부등각사상 변환(affine transformation)·의사어파인 변환
(pseudo affine transformation) 등의 수학적 방법을 사용하며, 보정데이터를
작성하는 상세한 방법은 다음과 같다.

- 모든 필지가 폐합 다각형으로 입력되어야 하고, 서로 다른 도곽에 분리
  되어 있는 등록된 필지는 각각 도곽선을 임의의 경계로 1필지를 2개 다
  각형으로 분리하여 입력한다. 분리되어 입력된 2개의 다각형에 입력하는
  지번과 지목 옆에 코드 'a'를 병기한다.
- 여러 필지 구역을 에워싼 하나의 필지(도로 같은 경우)는 임의로 2개의
  필지로 분리하고, 동일한 지번과 지목을 기재하되, 그 옆에 코드 'b'를 병
  기한다.
- 한 필지 내부에 포함된 독립 필지의 경우, 지번과 지목 옆에 코드 'h'를
  병기한다.
- 보정데이터의 레이어는 분할등록코드(a)·필지분리구분코드(b)·필지별
  도면번호·인접경계표시·필지 내 필지 레이어, 총 5개로 분류한다.
- 보정데이터의 파일 명칭은 해당 읍(면)·동(리)의 영문 명칭의 앞자리
  2자리씩 4자리와 축척별 코드번호 2자리, 보정데이터 코드 3자리(PNT)

총 9자리를 '─'으로 표기한다.

– 파일 형식은 DXF로 저장한다.

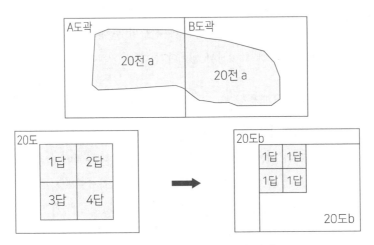

• 그림 7-4 • 보정데이터 작성 방법

• 표 7-3 • 보정데이터 레이어 분류체계

레이어 번호	명칭	자료 유형	입력 값	비고
12	분할등록코드	TEXT	a	서로 다른 도곽에 분필(分筆)되어 등록된 필지의 표시코드
13	필지분리구분코드	TEXT	b	다수의 필지를 외워쌓고 있는 환상의 토지를 임의로 분필하여 입력한 필지의 표시코드
14	필지별 도면번호	TEXT	도호	필지별 해당 도면번호
15	인접경계표시선	LINE		인접도곽과 접합기준선
16	필지 내 필지	TEXT	'h'	한 필지 내부에 포함되어 있는 독립된 다른 필지의 표시코드

• 그림 7-5 • 보정데이터의 파일 명칭과 형식

- 보정데이터 접합관계 확인 및 처리

  보정데이터 작성과 관련하여 마지막 단계로 보정데이터에 대한 인접도면 간의 접합관계를 확인해야 하는데, 그 방법은 다음과 같다.

  - 가로·세로 각 3개씩, 총 9개 도곽의 도곽선을 접합하여 접합관계를 확인한다. 이때 필지 간의 경계가 이격 또는 중복되는 오류가 있으면, 지적원도를 바탕으로 재입력을 하거나 또는 과거 토지이동에 따른 자료를 확인하여 문제가 있으면 현지조사를 실시하여 그 경계를 수정한 후에 재입력한다.
  - 어떤 이유이든 오류로 판명되어 입력경계를 변경할 경우에는 '접합필지 등록사항변경자료 관리대장'에 그 사유와 근거를 기재한 후에 수치파일도 수정한다. 단, 경계변경으로 인하여 토지 면적이 변경될 경우에는 '등록사항 정정'을 한 후에 수정한다.
  - 접합한 결과 0.3mm 이내의 이격 및 중복이 발생할 경우에는 필지 형상을 변경시키지 않고, 오류량의 중앙부를 취하여 입력하였다. 이 경우 토지(임야)대장에 등록된 토지 면적이 허용 오차 범위 내에 있어야 한다.

⑤ 도면데이터베이스 구축

지적도면의 입력파일의 보정데이터, 경계점좌표등록부 좌표입력 파일, 일람도와 행정구역도 파일, 지적기준점 파일 등을 통합하여 최종적으로 지적도면 전산자료를 도형자료로 변환하였다. 그리고 마지막으로 이것을 토지대장과 비교하여 상호 불일치한 부분이 없는지를 검사하여 문제가 없으면 지적도면데이터베이스 구축을 완료한다.

그러나 도형자료와 토지대장을 비교한 결과 이상이 있으면 지적공부를 바탕으로 수정한 후에 지적도면데이터베이스 구축을 완료한다. 따라서 지적도면데이터베이스 구축 단계에서는 지적도면의 입력과정에서 발생하는 필지 누락, 지번의 중복 기재, 지목 불부합, 면적 오차 등 오류를 찾아 바로 잡는 편집 작업이 매우 중요하다.

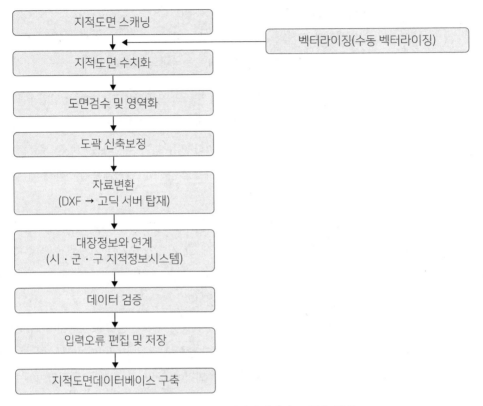

• 그림 7-6 • **지적도면데이터베이스 구축 절차**

• 표 7-4 • **지적도면의 입력오류 유형**

유형	오류 내용	정비
필지 누락	지적행정시스템에 존재하는 필지가 지적도면 입력파일에 없거나, 지적도면 입력파일에 존재하는 필지가 지적행정시스템에 없는 경우	분할·합병의 지적공부정리를 확인하고 토지이동정리로 처리
지번 중복	하나의 지번부여지역 내에 동일한 지번이 복수로 존재하는 경우	분할등록구분 코드 'a'의 누락 확인 혹은 등록사항 정정으로 처리
지목 불부합	지적행정시스템과 지적도면 입력파일의 지목이 불일치한 경우	일필지 지목입력 및 수정 기능으로 정비 혹은 일괄기능으로 정비
면적 오차	지적행정시스템과 지적도면 입력파일의 토지면적의 차이가 허용 오차를 초과한 경우	지적경계점의 좌표독취오류 확인 및 면적측정기로 지적도면에서 토지면적을 측정하여 정정

우리나라는 2000년대에 들어서 지적전산자료를 GIS(Geographic Information System)기술 기반의 정보시스템(Information System)으로 구축하여 활용하게 되었다. 앞에서 기술한 대로 1985년에 지적대장 전산자료를 기반으로 처음 지적행정시스템을 구축·활용하였고, 이후 2000년대에 지적도면 전산화를 완료한 후에는 지적대장과 도면을 통합한 지적전산자료를 GIS기술기반의 토지정보시스템으로 구축하여 활용할 수 있게 되었다.

이와 같이 지적전산자료를 GIS기반의 정보시스템으로 구축한 시스템으로는 필지중심토지정보시스템(Parcel Based Land Information System, 약칭 PBLIS), 토지관리정보시스템(Land Management Information System, 약칭 LMIS), 한국토지정보시스템(Korea Land Information System, 약칭 KLIS), 부동산종합공부시스템(Korea Real estate Administration intelligence System, 약칭 KRAS) 총 4개가 있다.

이 가운데 현재 활용되는 시스템은 KLIS와 KRAS 뿐이고, PBLIS와 LMIS는 KLIS로 통합되어 현재는 개별 시스템으로 존재하지 않는다. 이하에서 4개 시스템의 구축 및 통합과정과 각각의 기능 및 운영 실태에 대하여 살펴본다.

1. 필지중심토지정보시스템(Parcel Based Land Information System)

1) 시스템개발의 배경과 목적

지적대장과 도면 전산화가 모두 완료된 후에 GIS기술 기반으로 구축한 최초의 토지정보시스템이 필지중심토지정보시스템(PBLIS)이다. 이것은 1996년부터 2000년까지 행정안전부(당시 행정자치부) 주관으로 개발을 완료하여 전국 지적소관청에 배포하였다. 이 필지중심토지정보시스템을 개발한 목적은 지적소관청 지적업무를 효율적으로 수행하고 지방정부의 토지관련 정책 및 행정업무에 필요한 토지정보를 제공하기 위한 것이다. 그 세부 목적은 다음과 같다.

- 종이도면 관리의 어려움 해소
- 축척이 다양한 지적도면 간 정보 불일치 문제를 해소

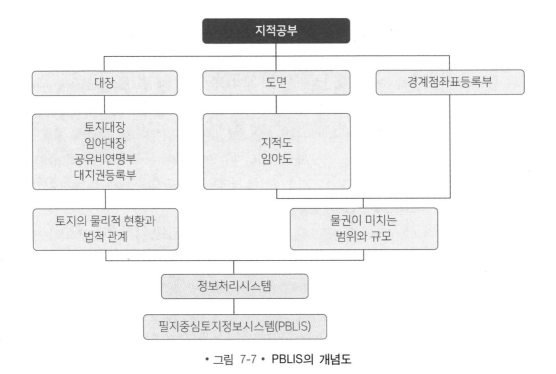

• 그림 7-7 • PBLIS의 개념도

- 대장과 도면의 통합관리로 다양한 정보수요 충족 및 부가정보 생산 기반 확충
- 토지소유권 보호 및 토지관련 정보 제공
- 신속한 토지이동 정리 및 정확한 실시간 정보제공으로 지적행정 능률제고와 비용절감
- 지적정보관리의 과학화를 통한 지적제도의 공신력 제고

2) 시스템개발의 추진체계

PBLIS를 개발하는 데는 민·관이 주체로 참여하였다. 행정안전부(당시 행정자치부)가 PBLIS개발을 총괄하고, 대한지적공사(현 한국국토정보공사)가 개발 사업을 주관하였다. 그리고 실제 시스템 개발은 민간 기업에 위탁하고, 한국정보화진흥원이 기술을 지원하였으며, 전국의 지적소관청은 PBLIS를 이용해 업무를 수행할 실제 시스템 사용자로써 그 시스템이 수행할 기능을 분석하여 요구하는 역할을 담당하였다.

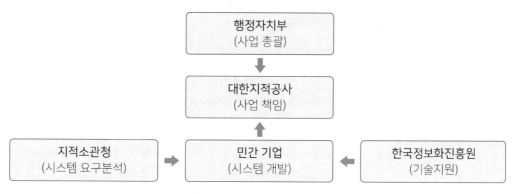

• 그림 7-8 • PBLIS개발의 추진체계

3) 시스템개발 과정

PBLIS개발과 관련하여 행정안전부(당시 행정자치부)는 제1차 국가지리정보체계(National Geographic Information System, 이하 NGIS로 약칭) 기본계획이 추진되기 전에 1992년부터 개발을 준비하고, 2000년까지 개발을 완료하여 2001년까지 전국에 배포할 계획이었다.

그러나 실제로 PBLIS은 지적대장과 도면이 통합된 전산화자료를 기반으로 개발된 토지정보시스템이기 때문에 제1차 NGIS 기본계획에 따라서 추진된 지적도 전산화사업과 동시에 개발이 진행되었다. 따라서 전국 모든 지적소관청은 2001년부터 PBLIS를 설치하고, 2003년까지 지적도면 전산화가 완료되는 대로 이 시스템을 활용하여 지적행정업무를 수행할 계획이었다.

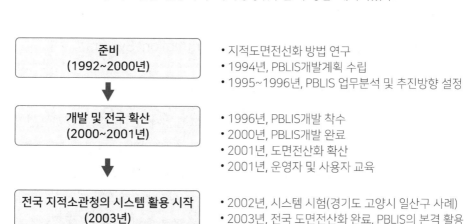

• 그림 7-9 • PBLIS개발의 추진 계획

4) PBLIS의 하부구조

PBLIS개발의 1차 목적은 앞에 기술한 대로 지적소관청의 지적행정업무의 효율을 높이기 위함이다. 따라서 PBLIS의 하부 구조는 지적행정업무에 필요한 지적공부관리시스템·지적측량시스템·지적측량성과작성시스템 3개로 구성되었다. 지적공부관리시스템은 지적소관청에서 토지이동에 따라서 지적공부를 새로 정리하는 지적업무에 관련된 기능이고, 지적측량시스템은 지적 측량자가 정확하고 효율적인 지적측량을 할 수 있도록 지원하는 기능으로 구성되었다. 또한 지적측량성과작성시스템은 지적측량자가 실시한 지적측량성과를 효율적으로 입력·저장하도록 지원하는 기능이다.

• 표 7-5 • PBLIS 하부시스템

하부시스템	기능
지적공부관리 시스템	화면·도면·사용자권한관리·지적측량검사·토지이동·지적일반 업무·창구민원·토지기록조사·지적통계·정책정보·자료정비·데이터검증 등 지적업무를 지원하는 기능체계
지적측량시스템	지적삼각측량·지적삼각보조측량·지적도근측량·세부측량 등 지적측량을 쉽고 정확하게 할 수 있도록 지원하는 기능체계
지적측량성과작성 시스템	지적측량자가 실시한 측량성과를 바탕으로 지적측량 준비도 작성·측량성과파일 작성·측량결과도 작성·측량성과도 작성·구획경지정리산출물 작성·지적약도 작성 등을 자동으로 지원하는 기능체계

2. 토지관리정보시스템(Land Management Information System)

1) 시스템개발의 배경과 목적

토지관리정보시스템(LMIS) 개발은 지적소관청(시·군·구)별로 분산하여 관리되던 지적전산자료를 하나로 통합하여 전국 지적공부관리시스템을 구축해야 할 국가적 필요에 따라서 국토교통부(당시 건설교통부)가 추진하였다. LMIS를 개발한 목적은 국가가 국토와 국토자원을 효율적으로 관리할 수 있도록 지원하기 위함이다. 국토교통부는 1990년대 중반부터 국토·환경·농림·국방 등 여러 정부부처에서 국토관련 업무를 수행할 때는 물론이고, 민간부문의 도시계획·토목·교통·

물류 등 분야에서도 단위 지적도가 아니라 전국이 하나로 연결된 연속지적도가 필요하다는 판단에 따라서 1995년에 제1차 NGIS 기본계획을 수립하여 연속지적도 제작을 계획하였다.

이렇게 제작된 연속지적도를 바탕으로 GIS기술을 기반으로 하는 LMIS를 구축하였고, 이를 활용해서 전국의 토지관련 자료를 하나의 시스템에서 통합·관리할 수 있게 되었다. 이와 같은 LMIS 개발 목적을 상세히 보면 다음과 같다.

- 전 국토를 대상으로 일관되고 정확한 토지자료 확보
- 국가 토지행정업무의 효율성과 생산성 향상
- 사유지에 대한 공적규제의 투명한 관리와 정확한 정보제공
- 국가가 토지정보를 기반으로 합리적인 토지정책 수립

2) 시스템개발의 추진체계

LMIS개발과 관련하여 국토교통부(당시 건설교통부)가 사업전체를 총괄하였고, 지방자치단체는 LMIS구축에 필요한 기본 자료를 제공하고, 입력된 자료의 데이터베이스를 검수하며, 추후 지속적으로 시스템의 운영·관리를 담당하도록 하였다. 그리고 데이터베이스 구축과 시스템 개발은 민간 기업에 위탁하였고, 국토연구원과 한국토지공사(현 토지주택공사)가 시스템 운영과 관련한 제도 정비와 표준화 및 시스템에 대한 홍보와 교육을 담당하였다. 민간 기업이 개발한 시스템의 감리는 별도로 감리조직을 구성하여 진행하였다.

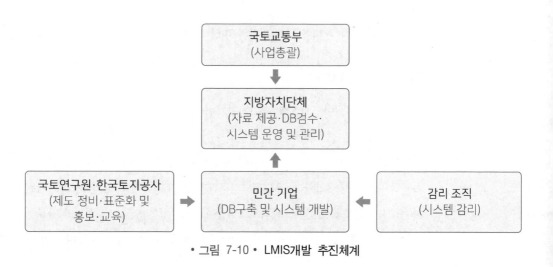

• 그림 7-10 • LMIS개발 추진체계

LMIS구축에 필요한 기본 자료와 데이터베이스는 연속·편집지적도와 지형도의 도로·건물·철도 등 지형지물 레이어, 그리고 「도시계획법」으로 지정한 용도지역·지구도 등의 도형자료와 토지대장·임야대장·공유지연명부·대지권등록부 등 지적공부와 일필지단위의 법률자료에 해당하는 속성자료를 통합한 것이다.

3) 시스템개발의 추진 계획

LMIS은 1998년에 대구시 남구를 대상으로 시범사업을 실시하고, 1999년부터 2004년까지 6차에 걸쳐서 전국 지방자치단체를 순차적으로 구축할 계획이었다.

시범사업	• 1998년, 대구시 남구 대상 시범사업 실시
제1차 구축	• 1999~2000년, 전국 12개 시·군·구 구축
제2차 구축	• 2000~2001년, 전국 50개 시·군·구 구축
제3~4차 구축	• 2001~2002년, 전국 90개 시·군·구 구축
제5~6차 구축	• 2003~2004년, 전국 40개 시·군·구 구축
완료	• 2005년 전국 확산

• 그림 7-11 • LMIS개발의 추진 계획

4) LMIS의 하부구조

LMIS는 토지관리업무시스템·공간자료관리시스템·토지행정지원시스템 3개의 하부시스템으로 구성되었다.

토지관리업무시스템은 토지거래관리·외국인토지관리·개발부담금관리·공시지가관리·부동산중개업관리·용도지역지구관리 등 토지관리 정책과 제도를 지원하는 시스템이고, 공간자료관리시스템은 필지단위로 공간자료와 속성자료를 통합하여 관리하는 시스템이다. 그리고 토지행정지원시스템은 토지와 관련한

• 표 7-6 • LMIS 하부시스템

기능	내용
토지관리업무시스템	토지거래관리·외국인토지관리·개발부담금관리·공시지가관리·부동산중개업관리·용도지역 및 지구관리 등의 정책과 제도를 지원하는 기능
공간자료관리시스템	공간자료와 속성자료를 통합하여 정보를 유지·관리하는 기능
토지행정지원시스템	토지거래·외국인토지·개발부담금·공시지가·부동산중개업·용도지역지구 등과 관련한 일반 민원업무를 지원하는 기능

토지거래·외국인토지·개발부담금·공시지가·부동산중개업·용도지역지구 등과 관련한 일반 민원업무를 지원하는 시스템이다.

3. 한국토지정보시스템(Korea Land Information System)

1) 개발 배경과 기대효과

행정안전부(당시 행정자치부) 개별하기 시작한 지적도 기반의 PBLIS와 국토교통부(당시 건설교통부)가 개발하기 시작한 연속지적도 기반의 LMIS는 서로 다른 부처에서 서로 다른 목적으로 개발을 계획하였지만, 2개 시스템 모두 지적전산자료를 기반으로 하는 토지정보시스템이라는 측면에서 중복투자의 문제가 제기되었다.

동일한 지적전산자료를 기반으로 2개의 토지정보시스템이 구축되는데 따른 문제점은 중복투자의 문제뿐만 아니라, 수시로 발생하는 필지 분할과 합병과 같은 토지이동에 따른 지적공부의 변동이 연속지적도에 실시간으로 반영될 수 있는 법적 장치가 마련되지 않은 상태에서 연속지적도를 기반으로 하는 LMIS가 제 기능을 발휘하기 어렵다는 문제점이 지적되었다.

이와 같은 문제점은 2001년 감사원 감사에서 공식적으로 지적되었고, 결국 LMIS와 PBLIS의 통합을 권고 받게 되었다. 이것은 지적전산자료를 기반으로 PBLIS 기능과 LMIS 기능을 통합하여 하나의 시스템을 구현할 수 있다는 판단에 따른 결과이다. 이 감사원의 권고에 따라서 2개 시스템을 통합한 것이 한국토지정보시스템(KLIS)이다. KLIS는 현재 지방자치단체의 행정업무에서 활용되고 있다.

당시에 발표된 KLIS의 개발효과를 요약하면 다음과 같다.

- 첫째, 업무 간소화·효율화이다. 하나의 토지정보시스템에서 지적행정업무와 토지관리 업무를 처리하므로 업무가 간소화와 효율화가 가능하다.
- 둘째, 데이터의 무결성(Data Integrity)을 확보한다. 지적전산자료를 통합관리하기 때문에 토지이동 등으로 인한 지적공부의 변동사항을 개별지적도와 연속지적도에 동시 관리가 가능하므로 데이터가 정확한 무결성을 확보한다.
- 셋째, 토지행정전반의 민원서비스의 질을 개선한다. KLIS가 전국 어디서나 온라인으로 지적행정뿐 아니라 토지행정전반의 민원을 처리할 기반이 마련되어 민원업무의 효율과 서비스의 질을 개선한다.
- 넷째, 예산 절감효과가 있다. 토지정보 관련분야에서 지적소관청이 처리한 지적공부의 변경 자료 관리가 용이하여 시간과 예산을 절감할 수 있다.
- 다섯째, 토지정보의 가치가 증대된다. 지적정보를 토지정보로 확대하여 다양한 분야에 정확한 정보를 제공하므로 공공분야와 민간분야 모두에서 토지정보를 활용, 획기적인 업무 혁신을 기대할 수 있다.

2) 시스템개발의 추진과정

감사원의 권고에 따라서 국무조정실의 주관 하에 안전행정부(당시 행정자치부)와 국토교통부(당시 건설교통부)가 시스템 통합방안을 논의하였고, 시스템 명칭을 한국토지정보시스템(KLIS)으로 결정하였다.

이외 시스템의 기능구현과 구축방법론을 논의한 결과 2003년 6월 KLIS 통합·개발용역을 체결하여 2004년 8월에 개발을 완료하였다. 그리고 2004년부터 2005년까지 전국 4개 지방자치단체를 대상으로 안정화 및 시험운영을 진행하고, 안정화 및 시험운영을 마친 후, 2005년 6월부터 각 지방자치단체에 설치를 시작하여 2006년에 전국 지방자치단체에 설치를 완료하였다.

이렇게 전국 지방자치단체에 설치된 KLIS는 여러 타 시스템에 데이터를 제공하고, 인터넷 상에서 토지와 관련한 민원서비스 범위를 확대하며 국가의 종합토지정보시스템으로써 꾸준히 기능을 고도화하며 오늘에 이르고 있다.

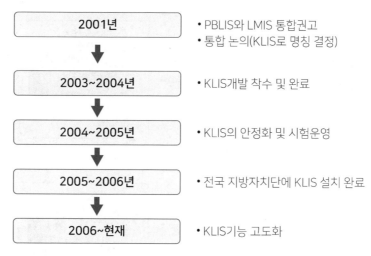

2001년	• PBLIS와 LMIS 통합권고 • 통합 논의(KLIS로 명칭 결정)
2003~2004년	• KLIS개발 착수 및 완료
2004~2005년	• KLIS의 안정화 및 시험운영
2005~2006년	• 전국 지방자치단에 KLIS 설치 완료
2006~현재	• KLIS기능 고도화

• 그림 7-12 • KLIS개발의 추진 과정

3) 시스템개발의 기본 개념과 기능

① 시스템의 기본 개념

KLIS는 정부가 토지관리행정 업무 수행에 활용하기 위하여 GIS기술을 기반으로 구축한 데이터베이스, 업무처리응용시스템 및 네트워크로 구성된 정보체계이다. KLIS는 지적공부를 비롯하여 다양한 공간정보의 도형DB와 속성DB가 탑재된 서버와 전국 시·군·구 행정종합 DB가 탑재된 시군구DB를 미들웨어로 연계하여 DB를 구축하고, 인트라넷을 이용하여 토지관리행정업무, 즉 연속/편집지적도관리, 도로명 관리, 토지행정, 민원발급, 용도지역지구도 관리 등의 업무를 수행하는 지적과, 민원봉사실, 도시계획과, 동사무소의 업무담당자가 접속하여 업무를 수행할 수 있도록 개발된 행정도구(administrative tool)이다.

시스템 구현방향은 3계층 클라이언트/서버(3-Tiered client/server)구조로 개발하고, GIS 엔진은 PBLIS와 LMIS에 사용된 엔진(GOTHIC, SDE, ZEUS)을 모두 활용이 가능하도록 개방형 시스템 구조로 구성하였다.

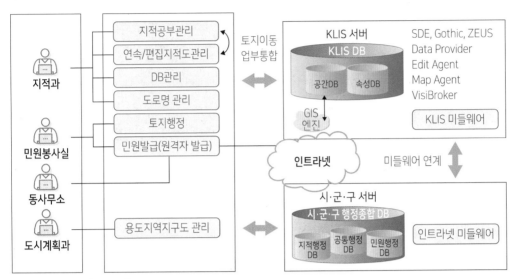

* 자료: 국토교통부 보도 자료

• 그림 7-13 • KLIS의 초기 개념도

② 시스템의 기능

KLIS는 PBLIS와 LMIS를 통합하여 다음과 같이 총 6개의 하위 시스템으로 기능을 구성하였다.

- 지적공부관리시스템: 지적공부, 즉 토지대장·임야대장·공유지연명부·대지권등록부·지적도·임야도·경계점좌표등록부를 관리하는 기능체계로써 필지별 도형자료와 속성자료를 통합한 데이터의 유지·관리기능과 '토지이동'에 따른 지적공부 정리하는 기능 및 이와 관련한 대국민 지적민원 서비스를 온라인으로 제공하는 기능을 수행한다.
- 지적측량성과작성시스템: 토지소유자의 신청 또는 지적소관청의 요청에 따라서 지적측량을 실시한 측량자가 지적측량성과를 자동으로 처리할 수 있도록 하는 기능체계이다. 즉 해당 필지를 측량하기 위해 작성하는 준비도 작성과 현장측량결과를 바탕으로 작성하는 지적측량성과도를 작성할 수 있고, 이를 통해 지적공부관리시스템에서 '토지 이동'을 처리하는 데 필요한 자료가 자동으로 생성되게 하는 기능을 수행한다.
- 연속·편집도 관리시스템: 지적공부관리시스템에서 '토지 이동'에 따른 지적공부 정리가 이루어지면, 이것이 연속/편집지적도에 자동으로 반영

• 표 7-7 • KLIS의 하부시스템

	기능	내용
PBLIS 기능	지적공부관리시스템	'토지 이동' 등에 따른 지적공부 정리와 온라인 지적민원을 지원하는 기능체계
	지적측량성과작성시스템	지적측량과 지적측량성과 도출 및 입력을 지원하고, 지적측량성과에 따른 지적공부 정리에서 필요로 하는 자료를 자동 생성하는 기능체계
LMIS 기능	연속·편집도 관리시스템	지적공부관리시스템에서 '토지 이동' 등에 따라서 처리한 지적공부 정리의 내역이 자동으로 연속/편집지적도 반영되도록 지원하는 기능체계
공통 기능	민원발급시스템	지적·토지 관련 등본 발급 등 민원업무를 지원하는 기능체계
	DB관리시스템	KLIS데이터베이스를 유지·관리하는 기능체계
도로명 및 건물번호 관리시스템		도로명 및 건물번호의 변동을 유지·관리하는 기능체계

되도록 하는 기능체계이다. 연속지적도는 축척이 다양한 지적도와 임야도의 개별 도엽을 최소한의 기준에 맞게 접합시킨 하나의 전국 지적도이고, 편집지적도는 연속지적도와 지형도를 중첩시킨 지적·지형도이다.

- 민원발급시스템: 지적·토지민원에 대한 서류를 발급·관리하는 기능체계이고, 이를 통해 각종 지적공부의 등본 발급과 지적측량기준점성과 등본, 토지이용계획확인서, 개별공시지가확인서 등의 등본을 온라인에서 민원인의 요구에 맞게 실시간으로 제공할 수 있다.

- DB관리시스템: 지적과 토지의 도형정보와 속성정보가 통합된 KLIS데이터베이스를 관리하는 기능체계이다. 데이터 구축과 관리, DB 자료 데이터 변환, 공통파일 백업, DB 일관성 검사 등에 관한 기능이 포함되어 있다.

- 도로명 및 건물번호 관리시스템: 도로의 신설, 용도폐지, 건축물의 신축, 멸실 등에 따른 도로명과 건물번호를 유지·관리하는 기능체계이다. 도로명과 건물번호를 효율적 부여하고 관리할 수 있도록 지원한다.

③ 시스템 기능 고도화

이상과 같은 기본 기능을 구성된 KLIS은 그 DB 자체가 시·군·구에서 보유하고 있는 지적과 토지관련 자료를 기반으로 되었기 때문에 그 기능이 점점 확대되었고, 이에 따라서 시스템의 기능 이 점점 고도화되었다. 따라서 NGIS 기본계획으로 구축된 많은 공간정보의 활용시스템 가운데, KLIS는 그 기능과 역할면에서 최우수 시스템으로 평가되어 그 노하우(knowhow)를 수출하는 수준에 이르고 있다.

최근에 고도화된 KLIS의 기능을 요약하면 다음과 같다.

- 첫째, 국토교통부나 광역시·도 등 상위기관에서 공간의사결정 또는 정책결정을 위한 기초 자료로 KLIS DB를 활용할 수 있도록 하였다.
- 둘째, 국토교통부나 광역시·도뿐 아니라 유관기관 업무에서도 KLIS DB를 활용하여 정보수집 비용을 절감하도록 할 수 있도록 유관기관의 정보시스템과도 연계할 수 있도록 하였다.
- 셋째, 전국 지방자치단체에서 KLIS과 타 정보시스템, 즉 지하시설물정보시스템, 상하수도 요금, 공사대장, 세정업무, 지구단위 계획 시스템, 새주소관리 시스템 등과 연계하여 KLIS DB를 활용할 수 있도록 하였다.
- 넷째, KLIS는 기 구축된 DB에 건축물, 지하시설물 DB 등을 연계하여 부

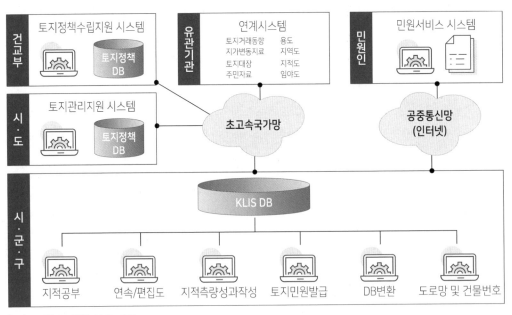

* 자료: 국토교통부 보도 자료

• 그림 7-14 • KLIS의 기능고도화 개념도

동산종합정보시스템 형태로 발전시킬 수 있는 내재적 구조를 갖춘 시스템이기 때문에 속성정보 위주의 기존 부동산정보센터과 연계하여 지적도 기반의 부동산정보관리시스템으로 발전시켰고, KLIS가 종합적인 부동산 정보관리시스템으로 발전한 것은 KLIS 기능을 지속적으로 고도화시킨 결과라고 할 수 있다.

4) 시스템 운영체계

2006년까지 전국 지방자치단체에 KLIS를 설치·운영하기 시작하면서 시스템을 체계적으로 운영·관리하기 위하여 2009년에 국토교통부령으로 「한국토지정보시스템 운영 규정」 제정하고, 이 규정에 따라서 KLIS를 운영하였다.

그러나 국토교통부에 국가공간정보센터가 설치되고 「국가공간정보센터 운영세부규정」이 제정됨에 따라서 「한국토지정보시스템 운영 규정」은 폐지되고, 현재 전국 지방자치단체에서 「국가공간정보센터 운영세부규정」에 따라서 KLIS를 운영·관리하고 있다. 이와 같은 KLIS의 운영체계를 보면 다음과 같다.

① 「한국토지정보시스템 운영 규정」과 운영체계

• **국토교통부장관의 역할**

국토교통부장관은 KLIS의 시스템 갱신 및 유지보수에 대한 총괄책임자로써, 다음의 변경사항을 유지·관리해야 한다.

- 법령 변경에 따른 시스템과 데이터베이스의 변경사항
- 한국토지정보시스템 용도지역지구 표준분류체계에 대한 변경사항
- 응용프로그램에 대한 변경사항

그리고 국토교통부장관은 KLIS 운영 및 사용을 위한 교육프로그램을 마련하여 지방자치단체의 담당자를 교육해야 한다.

• **지방자치단체의 장의 역할**

지방자치단체의 장은 KLIS 관리를 위하여 자료 입력 및 수정·갱신과 시스템에 대한 지속적인 유지·보수를 해야 한다. 이 경우에 자료란 용도지역지구도 및 연속지적도, 편집지적도에 대한 토지의 공간자료와 부동산중개업, 개

별공시지가, 개별주택가격, 토지거래허가, 토지이용계획정보 등 토지의 속성
자료를 포함한다.

그리고 지방자치단체의 장은 데이터베이스의 장애 및 복구에 대비하여 월
1회 백업을 수행하고, 백업된 자료는 별도의 저장장치에 저장하여 전산실
외의 장소에 보관해야 한다. 또 자료가 멸실 훼손된 경우에는 지체 없이 자
료를 복구하고, 복구된 자료를 국토교통부장관에게 제출해야 한다.

또 지방자치단체의 장은 KLIS 운영 담당자를 지정하고, KLIS의 사용자 권한
을 부여해야 한다. 사용자 권한을 부여할 때는 소관업무와 KLIS의 관련성을
검토하여 권한을 부여한다. 그리고 지방자치단체의 장은 KLIS 운영 담당자
가 국토교통부장관이 마련한 KLIS 운영 및 사용에 관한 교육프로그램에 참
여할 수 있도록 조치해야 한다.

• KLIS의 단위업무

「한국토지정보시스템 운영 규정」 체제에서 KLIS를 통해서 다음 14개 업무단
위를 수행하였다.

- 지적공부관리
- 지적측량성과관리
- 연속편집도관리
- 용도지역지구관리
- 개별공시지가관리
- 개별주택가격관리
- 토지거래허가관리
- 개발부담금관리
- 수치지형도관리
- 모바일현장지원
- 부동산중개업관리
- 부동산개발업관리
- 공인중개사관리
- 통합민원발급관리

② 「국가공간정보센터 운영세부규정」과 운영체계

• KLIS와 국가공간정보센터의 관계

우리나라는 2009년부터 「국가공간정보센터 운영세부규정」에 따라 각 지방자치단체별로 구축·운영되는 부동산종합공부시스템1을 구축하였다. 그리고 국토교통부장관은 전국 지방자치단체의 부동산종합공부시스템을 통합하여 국토정보시스템을 구축하였다. 이것은 국가공간정보통합체계2와 함께 국가공간정보를 전담하여 관리하기 위하여 중앙기구로써 2012년에 국토교통부 국토정보정책관실 산하에 국토정보센터를 설치하고, 「국가공간정보센터 운영세부규정」을 제정한 후에 이루어진 것이다.

현재 국토정보센터에서는 국가공간정보통합체계와 국토정보시스템 이외에 센터운영지원시스템까지 전담 관리·운영하고 있다. 그리고 국토정보센터에 운영하는 센터운영지원시스템으로는 KLIS를 포함하여 다음과 같은 것이 있다.

- 한국토지정보시스템(KLIS): 토지와 관련된 속성정보 및 공간정보를 전산화하여 통합·관리하는 시스템
- 공공보상정보지원시스템: 국가공간정보와 행정정보를 기초자료로 제공하여 국가의 주요 SOC사업에 따른 보상업무를 지원하는 시스템
- 온나라부동산포털: 부동산가격, 분양정보 등의 제공을 위해 「한국토지주택공사법」에 따른 한국토지주택 공사가 구축 및 운영하는 시스템
- 국가공간정보포털: 국가공간정보통합체계와 국토정보시스템을 통해 수집된 정보의 유·무상 제공 및 이용 활성화 등 「공간정보산업 진흥법」에 따라 국가공간정보 유통을 위하여 센터에서 구축·운영하는 전산조직

따라서 현재 KLIS는 국가공간정보센터의 센터운영지원시스템으로써 「국가공간정보센터 운영세부규정」에 따라 운영·관리되고 있다.

• KLIS의 관리·운영

「국가공간정보센터 운영세부규정」에 따라 국토교통부장관은 KLIS을 총괄

---

1 부동산종합공부시스템에 관해서는 제3절에서 상세히 기술함.
2 '국가공간정보통합체계'란 「국가공간정보 기본법」 제19조제3항의 기본공간정보데이터베이스를 기반으로 국가공간정보체계를 통합 또는 연계하여 국토교통부장관이 구축·운영하는 공간정보관리체계를 말한다.

관리(등재된 자료의 확인·유지 포함)하며, 지방자치단체의 장은 시스템의 자료입력 및 수정·갱신과 시스템에 대한 지속적인 유지·보수를 해야 한다. 이와 같은 KLIS의 운영체계는 「한국토지정보시스템 운영 규정」 체계의 경우와 큰 차이가 없다.

- KLIS의 단위업무

KLIS의 운영체계에서는 큰 차이가 없지만, 수행하는 단위업무는 「한국토지정보시스템 운영 규정」 체제에서 보다 「국가공간정보센터 운영세부규정」 체제에서 크게 감소하였다. 전에는 KLIS를 통하여 14개의 단위업무를 수행했던 데 비해서 현재는 KLIS를 통해서 수행되는 업무는 다음 5개 단위업무로 축소되었다. 축소된 단위업무는 부동산종합공부시스템(KRAS)으로 이관되었다.

- 토지거래허가관리
- 개발부담금관리
- 부동산중개업관리
- 부동산개발업관리
- 공인중개사관리

제3절 │ 부동산종합공부시스템

1. 부동산행정정보일원화 사업

우리나라는 토지·지적·건축물에 관한 공적장부와 부동산 등기부 및 토지개발확인서 등 부동산과 관련해서 국가가 작성·관리하는 공적장부가 총 18종이다. 그러나 이들 공적장부는 서로 다른 여러 부처와 부서에 흩어져 비체계적으로 관리되어 왔다. 즉 18개 장부가 국토교통부와 법무부에 분산되어 서로 다른 5개 법령에 근거하며, 서로 다른 4개 정보시스템에서 작성·관리되고 있다. 이와 같이 공적장부를 비체계적으로 관리하는 것은 업무의 비효율은 물론이고, 국민이 겪는 불편이 매우 크고, 무엇보다도 서로 다른 시스템 간에 정보를 공유해야 하는 번거로움은 불편할 뿐 아니라, 장부 간 정보의 불일치에 따른 심각한 문제를 야기할 수 있는 위험을 내재하고 있었다.

이런 문제를 해결하기 위하여 2009년에 국토교통부가 부동산행정정보일원화사업을 계획하고, 이를 통해 18개의 부동산관련 장부를 하나로 통합·관리하는 작업에 착수하게 되었다. 이 사업을 통한 효과로는 과세, 부동산 정책, 국유재산관리 등 부동산 정보를 활용하는 공공기관에서 정보 활용 절차가 간소화되고 정보품질도 크게 개선될 것을 기대하였다. 국민과 민간산업 분야에서 부동산 행정의 공신력을 제고하고 국민재산권 보호에 기여할 것으로 기대하였다.

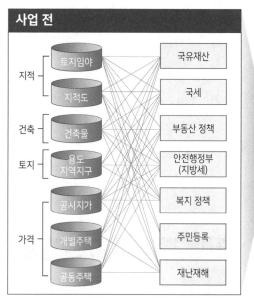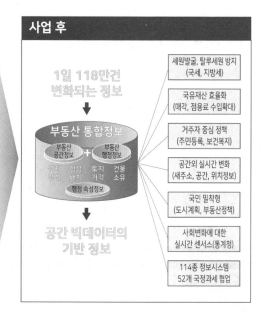

* 자료: 국토교통부 보도자료

• 그림 7-15 • **부동산행정정보일원화사업 개념**

2. 부동산종합공부시스템 개발

국토교통부가 추진한 부동산행정정보일원화사업의 결과로 구현된 정보시스템이 부동산종합공부시스템(Korea Real estate Administration intelligence System, 이하 KRAS로 약칭)이다.

국토교통부는 2009년에 부동산행정정보일원화사업을 계획하고, 2011년에 4개 지방자치단체(의왕시, 남원시, 김해시, 장흥군)를 대상으로 7종의 지적공부와 4종의 건축물대장을 통합하여 하나의 부동산종합증명서로 통합·관리할 수 있는 KRAS개발을 위한 시범사업을 추진하였다. 그리고 2012년까지 전국 지방자치단체의 7종의 지적공부와 4종의 건축물대장을 KRAS에 통합·구축하였다. 그리고 2013년에 토지이용계획확인서 1종과 공시지가 자료(개별공시지가 확인서, 개별주택가격 확인서, 공동주택가격 확인서) 3종을 추가로 KRAS에 통합·구축하고, 2014년 마지막으로 부동산 등기부 3종을 통합·구축하여 부동산 관련 공적장부를 모두 KRAS로 통합하는 일원화를 완료하였다. 이로써 KRAS를 통한 부동산자료의 통합관리와 부동산종합증명서 발급이 가능하게 되었다. 이와 같이 부동산 관련 공적장부를 3차례에 걸쳐 순차적으로 KRAS에 통합·구축한 과정을 요약하면 다음과 같다.

- 1차 통합: 2013년에 7종의 지적공부와 4종의 건축물대장 통합
- 2차 통합: 2014년에 토지이용확인서와 3종의 부동산 공시가격 확인서 통합
- 3차 통합: 2015년에 3종의 부동산 등기부 통합

그리고 2014년에는 「측량·수로조사 및 지적에 관한 법률」을 개정하여 부동산

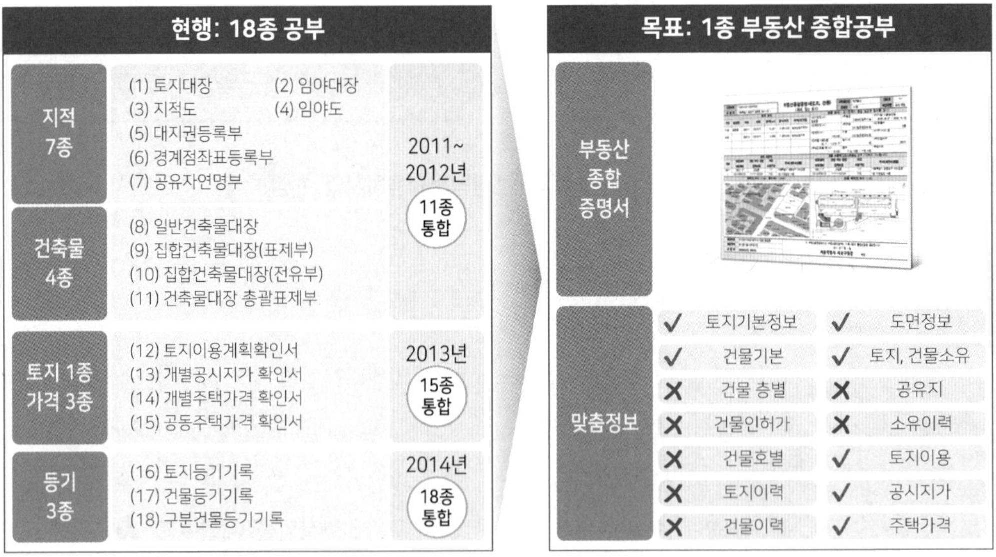

현행: 18종 공부		
지적 7종	(1) 토지대장 (2) 임야대장 (3) 지적도 (4) 임야도 (5) 대지권등록부 (6) 경계점좌표등록부 (7) 공유자연명부	2011~ 2012년 11종 통합
건축물 4종	(8) 일반건축물대장 (9) 집합건축물대장(표제부) (10) 집합건축물대장(전유부) (11) 건축물대장 총괄표제부	
토지 1종 가격 3종	(12) 토지이용계획확인서 (13) 개별공시지가 확인서 (14) 개별주택가격 확인서 (15) 공동주택가격 확인서	2013년 15종 통합
등기 3종	(16) 토지등기기록 (17) 건물등기기록 (18) 구분건물등기기록	2014년 18종 통합

목표: 1종 부동산 종합공부		
부동산 종합 증명서		
맞춤정보	✔ 토지기본정보 ✔ 건물기본 ✘ 건물 층별 ✘ 건물인허가 ✘ 건물호별 ✘ 토지이력 ✘ 건물이력	✔ 도면정보 ✔ 토지, 건물소유 ✘ 공유지 ✘ 소유이력 ✔ 토지이용 ✔ 공시지가 ✔ 주택가격

* 자료: 국토교통부 보도자료

• 그림 7-16 • **부동산공부통합과 부동산종합증명서의 개념도**

종합공부시스템 구축 및 부동산종합공부의 작성·관리에 대한 법률적 근거를 마련하였다.

부동산종합공부시스템개발에 따른 기대효과는 다음과 같다.

- 정부가 정보를 제공하는 측면에서 연간 5억9810만장(2009년 기준 국토부 추정치)의 종이를 아끼고, 업무량 감소에 따른 관련 인력축소 등 정보제공 비용의 절감효과가 있다. 한편 정보의 정확도 향상과 맞춤형 부동산 민원서비스로 민원업무의 질적 향상이 가능할 수 있다.
- 이용자들의 정보이용비용을 절감할 수 있다. 즉 이용자 측면에서 다양한 토지이용에 필요한 여러 정보를 공급받기 위하여 여러 관청을 방문하고 여러 신청서류를 제출하야 하는 부담을 줄일 수 있기 때문에 시간과 비용의 절감효과를 기대할 수 있다.
- 공간정보산업 측면에서 토지·건물과 관련된 정확한 정보를 신속하게 파악할 수 있기 때문에 다양한 정보와 융합하여 고부가가치 정보를 창출하고 공간정보산업 활성화 효과를 기대할 수 있다. 이를 통한 부동산 정보서비스업, 건설·엔지니어링, 물류·요식업 등 관련 산업 활성화와 정보를 이용한 1인 창업 등 청년일자리 창출을 기대할 수 있다.
- 부동산 행정업무 수행 측면에서 효율화로 비용 절감효과가 있다. 즉 지방자치단체의 행정업무가 편리해지고 업무중복에 기인한 행정비용의 낭비를 막을 수 있다. 특히 부동산 통합정보로 탈루세원 발굴 지원 등 조세정의 확립과 국유재산 관리의 효율화를 지원하여 재정기반 확충 및 부처 간 협업체계 마련이 용이하게 될 것으로 기대한다.

3. 부동산종합공부시스템의 운영

1) 시스템 운영의 개요

부동산종합공부시스템(KRAS)은 각 지방자치단체가 관내의 지적공부와 주민등록전산자료, 가족관계등록전산자료, 부동산등기전산자료, 공시지가전산자료 등 부동산자료를 전자적으로 구축하여 관리하는 정보시스템이며, 지방자치단체를 운영기관으로 한다.

그리고 국토교통부장관은 전국 지방자치단체의 부동산종합공부시스템을 하나의 국토정보시스템으로 통합하여 관리해야 한다. 따라서 국토교통부장관이 운영·관리하는 국토정보시스템과 지방자치단체가 운영·관리하는 부동산종합공부시스템은 모든 정보가 반드시 일치하도록 유지·관리해야 한다.

국토정보센터는 국토정보시스템을 바탕으로 일사편리(https://kras.go.kr) 라는 부동산통합민원 사이트를 운영하고 있다. 국토교통부장관은 지방자치단체의 부동산종합공부시스템과 국토정보센터의 국토정보시스템 운영하기 위해 국토교통부장관훈령으로 「부동산종합공부시스템 운영 및 관리규정」을 제정하고, 이 규정에 따라 시스템을 관리·운영한다.

2) 시스템의 운영체계

KRAS의 운영·관리에 대한 총괄책임은 국토교통부장관에게 있고, KRAS을 운영·관리하는 운영책임은 지방자치단체에 있다. 즉 「공간정보의 구축 및 관리 등에 관한 법률」에 따라 KRAS의 기본 자료가 되는 부동산종합공부는 지적소관청이 등록·관리한다. 그리고 KRAS을 이용하여 업무를 수행하는 담당자를 KRAS 사용자라고 한다. 이 각각의 세부 역할은 다음과 같다.

① 국토교통부장관의 역할

KRAS를 유지·관리하는 총괄책임자로써의 국토교통부장관이 수행해야 하는 주요 업무는 다음과 같다.

- KRAS의 응용프로그램 관리
- KRAS의 운영·관리에 관한 교육 및 지도·감독
- 그 밖에 정보관리체계 운영·관리의 개선을 위하여 필요한 조치

여기서 그 밖에 정보관리체계 운영·관리의 개선을 위하여 필요한 조치란 국토교통부장관이 KRAS의 기능에 대한 목록을 작성하여 관리하고, 시스템의 기능이 추가·변경 또는 폐기 등의 변동사항이 발생한 때에는 그에 관한 세부내역을 작성·관리하는 것과 관련된 것을 말한다.

② 지방자치단체장

지방자치단체의 장은 KRAS를 유지·관리하는 운영기관의 장으로써 다음의 업무를 수행해야 한다. 그리고 KRAS의 기능 상 문제 또는 개선사항에 대하여 프로그램개발·개선·변경을 국토교통부장관에게 요청할 수 있다.

- KRAS 전산자료의 입력·수정·갱신 및 백업
- KRAS 전산장비의 증설·교체
- KRAS의 지속적인 유지·보수
- KRAS의 장애사항에 대한 조치 및 보고

③ 지적소관청

KRAS과 관련하여 지적소관청은 「공간정보의 구축 및 관리 등에 관한 법률」에 따라 부동산종합공부를 작성하여 관리해야 하고, 부동산종합공부에는 다음의 사항을 등록한다.

- 토지의 표시와 소유자에 관한 사항: 지적공부의 내용
- 건축물의 표시와 소유자에 관한 사항: 건축물이 있는 경우에 건축물대장의 내용
- 토지의 이용 및 규제에 관한 사항: 「토지이용규제 기본법」에 따른 토지이용계획 확인서의 내용
- 부동산의 가격에 관한 사항: 「부동산 가격공시에 관한 법률」에 따른 개별공시지가, 개별주택가격 및 공동주택가격의 공시내용
- 부동산의 권리에 관한 사항: 「부동산등기법」에 따른 등기부의 내용

또 지적소관청은 같은 법 제76조에 따라서 부동산종합공부를 다음과 같이 운영·관리해야 한다.

- 지적소관청은 부동산종합공부를 영구히 보존하여야 하며, 부동산종합공부의 멸실 또는 훼손에 대비하여 이를 별도로 복제하여 관리하는 정보관리체계를 구축하여야 한다.
- 부동산종합공부의 등록사항을 관리하는 기관의 장은 지적소관청에 상시적으로 관련 정보를 제공해야 한다.

– 지적소관청은 부동산종합공부의 정확한 등록 및 관리를 위하여 필요한 경우에는 등록사항을 관리하는 각 기관의 장에게 관련 자료의 제출을 요구할 수 있고, 이 경우 자료의 제출을 요구받은 기관의 장은 특별한 사유가 없으면 자료를 제공하여야 한다.

④ 시스템 사용자

KRAS를 이용하여 업무를 수행하는 공무원으로써 KRAS 사용자로 등록된 자를 시스템 이용자라고 한다. 이를 위해 국토교통부장관, 시·도지사 및 지적소관청은 소속공무원에게 KRAS의 사용자 권한을 부여하고 사용자권한 등록파일에 등록하여 관리해야 하고, 이를 '사용자권한 등록관리청'이라고 한다. 또 사용자 권한이 필요한 공무원은 해당 '사용자권한 등록관리청'에 사용자권한 등록신청서를 제출해 심사를 받아야 한다.

3) 시스템의 기능

KRAS에서는 다음 단위업무 12개와 일반업무를 수행한다. KRAS의 단위업무는 대부분이 과거 KLIS의 업무단위를 이관한 것이라고 할 수 있다.

• 단위 업무
  – 지적공부관리
  – 지적측량성과관리
  – 연속지적도 관리
  – 용도지역지구관리
  – 개별공시지가관리
  – 개별주택가격관리
  – 통합민원발급관리
  – GIS건물통합정보관리
  – 섬관리
  – 통합정보열람관리
  – 시·도 통합정보열람관리
  – 일사편리포털 관리

- 일반 업무

  지방자치단체 KRAS의 일반 업무에는 사용자가 규정에 따라서 당일 업무 종료 후에 전산처리 결과를 확인하고, 수작업으로 처리한 것이 있으면 이를 모두 전산에 입력하는 일일마감, 매 연단위로 처리해야 하는 연 마감, 그리고 국토교통부장관이 매년 시·군·구의 전산처리 자료를 취합하여 작성하는 지적통계 작성이 있다.

  일일마감은 KRAS을 통해서 그날에 처리한 업무내용을 전산자료관리 책임관에게 확인 받는 절차로서의 의미가 있으며, 일일마감에서 처리해야 하는 일반 업무 내역에 잘못이 확인되면 다음 날 업무시작과 동시에 '등록사항 정정'으로 바로 잡아야 한다.

  또 지적소관청은 매년 말 최종 일일마감을 함과 동시에 모든 업무처리를 마감하고, 다음 연도 업무가 개시되는데 지장이 없도록 연 마감을 해야 한다.

• 표 7-8 • 부동산종합공부시스템의 일일마감 내역

업무 구분	업무 내역	비고
토지이동 정리	• 토지이동 일일처리현황 • 토지이동 일일정리 결과	
토지소유자 정리	• 소유권변동 일일 처리현황 • 토지·임야대장의 소유권변동 정리결과 • 공유지연명부의 소유권변동 정리결과 • 대지권등록부의 소유권변동 정리결과 • 대지권등록부의 지분비율 정리결과	
기타 정리	• 오기정정처리 결과 • 도면처리 일일처리내역 • 개인정보조회현황 • 창구민원 처리현황 • 지적민원수수료 수입현황 • 등본교부 발급현황 • 정보이용승인요청서 처리현황 • 측량성과검사 현황	

• 표 7-9 • 부동산종합공부시스템의 지적통계 내역

1	지적공부등록지 현황
2	토지대장등록지 총괄(수치시행지역 포함)
3	토지대장등록지 총괄(수치시행지역 제외)
4	토지대장등록지(국유지, 수치시행지역 포함)
5	토지대장등록지(국유지, 수치시행지역 제외)
6	토지대장등록지(민유지, 수치시행지역 포함)
7	토지대장등록지(민유지, 수치시행지역 제외)
8	행정구역별 지목별 총괄
9	지목별 현황
10	임야대장등록지 총괄
11	임야대장등록지(국유지)
12	임야대장등록지(민유지)
13	경계점좌표등록부시행지 총괄
14	경계점좌표등록부시행지(국유지)
15	경계점좌표등록부시행지(민유지)
16	지적공부 미복구지 현황
17	등록지 미복구지 총괄
18	지적공부등록 축척별 현황
19	지적공부등록 소유구분별 총괄
20	토지대장등록지 소유구분별 총괄
21	토지대장등록지 소유구분별(수치시행지역 포함)
22	토지대장등록지 소유구분별(수치시행지역 제외)
23	임야대장등록지 소유구분별 총괄
24	지적공부관리 현황(대장)
25	지적공부관리 현황(도면)

4) 시스템의 활용

KRAS를 이용해 부동산종합공부를 열람하거나 부동산종합공부 기록사항의 전부 또는 일부에 관한 부동산종합증명서를 발급받으려는 사람은 지적공부·부동산종합공부 열람·발급 신청서(전자문서 신청서를 포함)를 지적소관청 또는 읍·면·동의 장에게 제출해야 한다.

• 표 7-10 • **지적공부·부동산종합공부 열람·발급 신청서 서식**

지적공부·부동산종합공부 열람·발급 신청서

접수번호	접수일	발급일	처리기간	즉시
신청인	성명		생연월일	

신청 물건	시·도 시·군·구		읍·면
	리·동 번지		
	집합건물 APT·연립·B/D 동 층 호		

신청 구분	[ ] 열람 [ ] 등본 발급 [ ] 증명서 발급
	※ 발급 시 부수를 [ ]안에 숫자로 표시

지적 공부	[ ] 토지대장 [ ] 임야대장 [ ] 지적도
	[ ] 임야도 [ ] 경계점좌표등록부

부동산종합공부 ※ 종합형은 연혁을 포함한 모든 정보, 맞춤형은 ✓로 표시한 정보만 발급)

종합형		[ ] 토지	[ ] 토지, 건축물	[ ] 토지, 집합건물
맞춤형	• 토지(지목, 면적, 현 소유자 등) 기본사항	[ ]		
	• 토지(지목, 면적 등)·건물(주용도, 층수 등) 기본사항		[ ]	[ ]
	• 토지이용확인도 및 토지이용계획	[ ]	[ ]	[ ]
	• 토지·건축물 소유자 현황		[ ]	[ ]
	• 토지·건축물 소유자 공유현황	[ ]	[ ]	[ ]
	• 토지·건축물 표시 변동 연혁	[ ]	[ ]	[ ]
	• 토지·건축물 소유자 변동 연혁	[ ]	[ ]	[ ]
	• 가격 연혁	[ ]	[ ]	[ ]
	• 지적(임야)도	[ ]	[ ]	[ ]
	• 경계점좌표 등록사항	[ ]	[ ]	[ ]
	• 건축물 층별 현황		[ ]	[ ]
	• 건축물 현황도면		[ ]	[ ]

「공간정보의 구축 및 관리 등에 관한 법률」 제75조, 제76조의4 및 같은 법 시행규칙 제74조에 따라 지적공부·부동산종합공부의 열람·증명서 발급을 신청합니다.

년 월 일

신청인 (서명 또는 인)

특별자치시장, 시장·군수·구청장, 읍·면·동장 귀하

제4절 | 지적원도 데이터베스 구축

1. 지적원도 데이터베이스구축의 배경과 목적

행정안전부(당시 행정자치부)는 한일합방시대 조선총독부가 전국 토지조사사업을 실시하여 작성한 지적원도를 고해상의 이미지 파일로 변환하여 지적원도 데이터베이스를 구축하였다.

조선총독부가 마을별로 작성한 지적원도는 토지의 지번과 지목(대지·답·전 등)과 함께 토지소유자의 이름이 등록되어 있기 때문에 6.25전쟁 등으로 토지 대장이 분실되어 토지소유권을 주장하기 어려운 사유지에 대한 토지소유자를 증빙할 수 있는 자료로써의 가치가 있다.

따라서 정부가 토지대장이 분실된 사유지의 토지소유자들에게 토지소유권에 대한 증빙자료를 제공할 목적으로 지적원도 데이터베이스 구축사업을 추진하였다. 해방이후 우리나라 지적원도는 미군정으로 이관되었고, 현재는 국가기록원에 보관되어 있다. 지적원도는 총 50여만 도엽으로, 전체가 차지하는 면적은 약 99,720㎢에 해당한다.

지적원도 데이터베이스 구축사업을 계획할 당시에 지적원도를 원본과 같은 1:1 축적의 컬러이미지파일로 작성하면 도로, 하천, 논과 밭, 철로, 지번경계 등 지적 현황을 상세히 복원할 수 있고, 토지소유권의 증빙자료는 물론, 지방자치단체의 업무자료와 학술자료로써의 가치가 있을 것으로 기대한다.

이 사업은 전국의 50여만 도엽의 지적원도, 즉 서울·경기 74,106도엽, 강원·충청 155,435도엽, 전라·경상 275,529도엽을 2016년부터 2019년까지 약 4년간 나눠서 단계적으로 고해상의 이미지 파일로 작성하였고, 이것을 2017년부터 온라인에서 검색과 열람이 가능하도록 일반에게 개방하였다.

2. 지적원도 수치파일 작성방법

1) 입력항목

지적원도에 대한 고해상의 이미지 파일에는 일필지 경계선을 중심으로 행정구역 명칭, 도면번호 및 축척, 도곽선 및 도곽선 수치, 행정구역선, 지번 및 지목, 소유자, 필지순번, 사용세목, 측량경계점 거리, 지적측량기준점 명칭 및 좌표, 유수방향, 교량, 인접도면번호, 측량년월일, 원점명 및 기타 지적원도에 기록되어 있는 모든 사항을 입력하였다.

그리고 작업기준에 따라서 항목마다 코드번호를 부여하고 일정하게 규격화된 기호로 입력하고, 입력항목별로 레이어를 분류하여 데이터베이스를 구축하였다.

2) 이미지 파일의 생성 방법

「지적원도 데이터베이스 구축 작업 기준」에 따라서 지적원도를 고해상의 이미지 파일로 생성하는데 사용한 입력 장비(자동독취기·스캐너)의 규격은 다음과 같다.

- 형식: 평판밀착스캐너
- 정밀도: 0.1mm 이상
- 과학해상도: 2,000dpi 이상
- 스캔 범위: 지적원도 규격

이상의 입력 장비를 동원하여 다음과 같은 방법으로 이미지 파일을 생성하였다.

- 반드시 발주기관이 지정한 작업장에서 지정된 자동독취기(스캐너)를 사용하여 작업해야 하고, 작업자는 장비를 매일 장비 점검일지에 작성해야 한다.
- 스캐닝은 지적원도를 편 상태에서 장비에 압착시켜야 하고, 스캔화면이 평탄하지 않거나 흐려 기계의 조정이 필요한 경우 정밀계측기를 이용하여 편차를 확인하고 조정계수를 적용할 수 있다. 이때 지적원도와 입력 결과가 동일해야 한다.
- 장비가 정상적으로 작동하지 않을 경우 즉시 작업을 중단하고 그 원인에 대하여 조치해야 하며, 이 내용을 장비점검일지에 기록해야 한다.
- 스캐닝이 완료된 이미지파일은 좌표독취가 가능한 현태의 전산파일로 변환하여 지정된 폴더에 저장한다.

3) 도형자료 입력 방법

지적원도의 이미지 파일을 바탕으로 좌표독취기 또는 좌표독취 응용프로그램을 이용하여 도형자료를 입력할 때는 다음의 기준을 따라야 한다.

- 좌표독취의 대상: 도곽선, 필지경계선, 행정구역선, 지적측량기준점 등 선형 객체
- 좌표 값: 해당 도면 좌하단 점의 도곽선 수치를 기준으로 가산한 값으로 독취
- 경계점 연결선: 0.1㎜ 이하 굵기로 표기
- 좌표독취 방법: 반드시 수동방식으로 화면을 확대하여 경계점을 명확히 확인한 후에 독취하고, 밀리미터(㎜)단위로 독취하고, 소수점 이하 2자리 이상 취득하여 미터(m)단위로 소수점 이하 3자리까지 결정
- 필지 경계 입력방법: 중복입력하지 말아야 하며, 경계의 교차점은 반드시 일치하도록 입력. 필지경계선 중 직선경계는 각 굴곡점에 하나씩의 점(Vertex) 데이터만 입력하고, 필지 단위의 필지경계선은 반드시 폐합되도록 입력하며, 다른 필지경계선으로 분기되는 지점이 있는 경우에는 반드시 점(Vertex) 데이터로 입력
- 도곽선 입력방법: 좌 하단·좌 상단·우 상단·우 하단 4점의 도곽점을 연결한 선형으로 입력
- 행정구역선: 지적원도에 표기된 도계·부·군계를 말하며, 지적원도에 행정구역선 표기가 없는 경우에는 위성영상자료 등을 활용하여 보완
- 지형·지물 입력: 지적원도에 표기된 지형·지물은 종류별로 레이어를 분류하여 입력
- 허용 오차: 이미지 파일과 최종 벡터파일(좌표독취 파일)을 화면에서 비교하여 도상 0.1㎜ 이내 오차 허용
- 연속되는 선형데이터는 반드시 연결되도록 입력
- 지적원도의 오기 또는 누락으로 작성을 진행하기가 불합리한 경우에는 그 내용을 발주기관과 협의하여 처리

4) 속성자료 입력 방법

지적원도에 기록된 모든 문자는 빠짐없이 입력하는 것을 원칙으로 하고, 지적원도의 일필지 단위로 입력한다. 지번은 아라비아숫자로 입력하고, 행정구역·지목·소유자 등은 한글로 입력한다. 이 경우에 모든 속성정보는 필지의 중앙에 입력하고, 상호 겹치지 않도록 하며, 지적원도에 소유자가 기록되어 있는 경우에는 지번과 지목 아래에 한글로 소유자를 입력한다.

5) 수치파일 작성·저장

지적원도의 이미지 파일을 바탕으로 도형정보와 속성정보에 대한 입력이 완료된 수치파일은 규정된 형식으로 저장한다.

• 표 7-11 • 수치파일의 레이어별 저장형식

구분	이름(약어)	파일명	저장 형식
지적원도_이미지	img(없음)	행정코드(10)＋축척(2)＋파일번호(3)	TIFF, JPG
지적원도_수치파일	ont(O)	약어＋행정코드(10)＋축척(2)＋파일번호(3)	DWG, DXF
지적원도_보정파일	pnt(P)	약어＋행정코드(10)＋축척(2)＋파일번호(3)	DWG, DXF
연속지적_접합준비도	pyt(J)	약어＋행정코드	DWG
연속지적_접합성과도	pyt(T)	약어＋행정코드	DWG
연속지적	cbnd(C)	약어＋행정코드	DWG, DXF, SHP
일람도	inx(I)	약어＋행정코드(10)＋축척(2)	DWG, DXF, SHP
행정경계_동리정	ri(H)	약어＋행정코드(10)	DWG, DXF, SHP
행정경계_읍면	emd(H)	약어＋행정코드(8)	DWG, DXF, SHP
행정경계_부군	sgg(H)	약어＋행정코드(5)	DWG, DXF, SHP
행정경계_도	sd(H)	약어＋행정코드(2)	DWG, DXF, SHP
지적측량기준점	cp	cp＋행정코드	DWG, DXF, SHP

6) 수치파일의 품질검사

① 품질검사

지적원도 수치파일은 다음과 같은 방법으로 품질검사를 실시한다.

- 트레싱지에 성과도면을 출력하여 지적원도와 중첩하여 도곽선의 일치 여부를 확인한 후, 필지경계점의 부합여부를 육안으로 대조한다. 이때 도곽선 및 필지경계선이 0.1mm이상 편차를 보이면 재작업 한다.
- 필지경계선의 못 미침(Under Shoot) 및 초과(Over Shoot) 여부를 검사하여 편집한다.
- 일필마다 지번, 지목, 소유자 등 속성정보의 입력 여부를 확인한다.
- 레이어 분류 상태, 행정구역별 지번의 중복필지, 지목, 소유자 등의 누락 및 중복여부 등을 검사한다.

② 성과 수정

지적원도 수치파일을 검사한 결과 성과수정이 필요할 경우에는 검사자가 검사용 트레싱지에 그 내용을 기재한 후, 지적원도 수치파일을 수정하고, 수정의 완료 여부를 지적원도 수치파일 검사대장에 기재하고, 최종 서명 날인한다.

3. 연속지적원도 작성

1) 지적원도 접합

연속지적원도 작성이란 도엽단위로 작성된 지적원도의 도곽을 접합하여 전국을 하나의 파일로 작성하는 것이다. 이와 관련하여 지적원도를 접합하는 방법은 다음과 같다.

- 첫째, 동일한 행정구역내에서 동일한 축척의 도곽 간 접합
- 둘째, 동일한 행정구역내에서 축척이 다른 도곽 간 접합
- 셋째, 동일한 행정구역내에서 측량원점의 도곽 간 접합
- 넷째, 서로 다른 행정구역 간 접합

그리고 지적원도를 접합할 때는 다음의 기준을 따른다.

- 도면접합은 접합대상 필지의 형태와 면적의 변형이 최소가 되도록 도곽선을 기준으로 접합한다.
- 축척이 다른 지적원도를 접합할 때는 대축척의 필지경계선을 기준으로 접합한다.
- 소규모 필지의 경계를 우선하여 접합한다.
- 도곽선 주위의 폐합된 필지경계를 우선하여 접합한다.
- 지번과 필지가 중복 또는 누락된 경우에는 관련 자료를 조사하고, 발주기관과 수정 여부를 협의한 후에 처리하고, 연속지적원도 처리방안 기록부에 기록한다.

2) 연속지적원도 성과 검사

연속지적원도를 작성하기 위한 도면접합 성과에서 다음의 오류를 검사한다.

- 필지 경계의 폴리곤에 대한 무결성
- 도곽선 부위의 필지경계의 일치 여부
- 행정구역별 지번 중복필지 검사
- 지번 및 지목 누락 검사
- 속성 레이어 분류 검사
- 일필지 내 다중 지번 검사
- 원본데이터와 접합데이터간 지번, 지목, 소유자 등 일치 검사

3) 연속지적원도 구조화편집

구조화편집을 위해서는 서로 다른 도곽에 분리되어 있는 필지 중 폐합되지 않은 필지의 경계를 도곽선으로 입력하여 필지가 폐합되도록 무결성을 확보해야 한다. 그리고 여러 필지를 둘러싸고 있는 일필지 도로는 분필하여 두 필지로 입력하고, 동일한 지번·지목과 구분코드를 입력한다. 일필지 도로에 둘러싸여 있는 내부의 필지에 별도의 구분코드를 입력한다. 또 필지경계의 표시 선은 별도의 레이어로 분류하여 입력하고, 구조화편집 데이터는 원점별·행정구역별·축척별로 별도 파일로 저장하여 관리한다.

4. 지적원도 데이터베이스 구축

지적원도 데이터베이스는 연속지적원도와 개별지적원도에 대한 일람도 및 행정구역 데이터를 기본데이터로 구축한다. 이에 지적측량기준점 데이터, 필지별 지번과 지목 및 면적 데이터와 KS X ISO 19115 지리정보－메타데이터 표준을 준용하여 작성한 메타데이터를 데이터베이스에 부가하여 구축해야 한다. 이를 위하여 모든 데이터의 최소단위는 동·리와 축척으로 한다.

학습 과제

1   우리나라 지적전산화의 추진과정에 대하여 설명한다.

2   지적대장 전산화와 지적행정시스템 구축 및 온라인 지적행정을 실현한 시계열적 과정을 설명한다.

3   지적도면 전산화와 토지정보시스템 구축에 대한 시계열적 과정을 설명한다.

4   지적도면의 전산화 과정에서 생성되는 수치파일, 보정데이터, 도면데이터베이스에 대하여 설명한다.

5   토지정보시스템의 구축 과정과 종류를 설명한다.

6   PBLIS와 LMIS의 구축 목적과 특성에 대하여 설명한다.

7   KLIS의 구축 목적과 방법, 기능에 대하여 설명한다.

8   부동산행정정보일원화사업 추진과 부동산종합공부시스템(KRAS) 구축의 목적에 대하여 설명한다.

9   부동산행정정보일원화사업 추진과 부동산종합공부시스템(KRAS) 구축에 따른 기대효과에 대하여 설명한다.

10   부동산종합공부시스템(KRAS) 구축 과정을 설명한다.

11   「부동산종합공부시스템 운영 및 관리규정」에 따라 관리되고 있는 국토정보시스템과 부동산종합공부시스템에 대하여 설명한다.

12   부동산종합공부시스템의 운영체계와 기능에 대하여 설명한다.

13   부동산종합공부의 관리담당, 등록내용, 정보서비스 등 관리체계에 대하여 설명한다.

14   지적원도의 데이터베이스 구축사업을 추진한 배경과 목적을 설명한다.

15   지적원도 데이터베이스 구축 방법에 대하여 설명한다.

제8장

지적재조사사업

제1절 | 지적재조사사업의 개요

1. 지적재조사사업의 배경

지적재조사사업은 기본적으로 불부합 토지를 해결하기 위하여 추진하는 국가 사업이다. 불부합 토지란 지적도에 등록된 토지경계와 현실경계(담장, 울타리 등 물리적으로 인식하고 있는 경계)가 일치하지 않아 사회적 혼란의 원인이 되는 토지를 말한다.

불부합 토지는 토지소유자의 재산권 행사에 지장을 줄 뿐만 아니라, 정부가 토지행정을 수행하는 전반에 어려움을 야기한다. 이와 같은 문제를 바로 잡기 위하여 전국의 불부합 토지에 대하여 지적도에 등록된 경계를 현실경계를 기준으로 다시 측량·조사하여 재등록하는 지적재조사사업을 추진하게 되었다. 지적재조사사업을 통해 지적정보의 정확도를 높이고 지적제도의 신뢰도를 높일 것으로 기대한다.

불부합 토지가 생기는 원인은 다양하다. 이것은 지적측량을 잘못하여 지적도에 토지경계가 틀렸거나 혹은 현실경계를 잘못 설치한 것보다는 토지 자체의 속성이 시간이 가면서 조금씩 이동하는 물리적·자연적 속성에 의해 현실경계가 이동하는 경우도 있고, 또 지적도를 오래 사용하는 과정에 특히 도해지적도의 경우에는 도면의 신축이나 훼손이 발생하여 지적도에 등록된 등록경계가 변형될 수 있다. 그러나 이런 이유보다도 가장 큰 원인은 측량기준점을 관리 등 제도적 문제가 더 큰 원인이 된다.

지적 불부합은 그 원인이 무엇이든 시간이 갈수록 점점 심화할 수밖에 없기 때문에 대부분의 국가가 일정 기간이 지나면 지적재조사사업을 추진하여 지적도를 갱신하고 있다. 우리나라는 한일합방 시대에 조선총독부에 의해 토지조사사업과 지적도 제작이 이루진 이래 100여년 이상이 지난 2012년에 지적재조사사업에 착수하였다.

우리나라의 경우 지적불부합이 심화한 제도적 원인을 요약하면 다음과 같다.

- 첫째, 원시 지적공부 작성의 비체계성을 들 수 있다. 조선총독부가 처음 조선토지조사사업을 추진할 당시에 토지와 임야를 구분하고 먼저「토지조사령」에 근거하여 토지조사사업(1910~1918)을 완료한 후에「임야조사령」에 근거하여 임야조사사업(1916~1924)을 추진하였다. 이렇게 서로 다른 법률에 따라 서로 다른 사업으로 토지와 임야를 구분하여 조사하여 지적도를 작성하였다. 더구나 같은 지적도와 임야도 내에서도 지역에 따라서 축척을 다르게 작성하여 총 7개의 축척으로 작성되었다. 토지의 면적 또한 토지조사에서는 평(3.3㎡)을 사용한 반면에 임야조사에서는 무(畝, 30평)를 사용하였고, 측량에 필요한 허용오차도 축척마다 다르게 적용하였다(예를 들면, 1/1,200 지적도는 36㎝, 1/6,000 180㎝). 이렇게 다양한 축척과 기준에 맞춰 지적도와 임야도가 제작되었기 때문에 연결되는 연결부분에서 토지 불부합이 심화되었다.
- 둘째, 지적기준점 관리체계가 미비한 것이다. 6.25전쟁으로 전국의 지적기준점이 유실 또는 이동된 데 대한 복구가 제대로 이루어지지 못하였고, 이후로 지적측량이 제대로 정확하게 이루어지지 못한 것이다.
- 셋째, 측지계 전환에 따른 문제이다. 조선총독부가 지적원부를 작성할 당시에는 동경원점을 기준으로 우리나라 지적기준점을 설치하여 사용하였다. 이것이 최근에 세계측지계 사용으로 전환함에 따른 측량 오차가 불부합 토지를 양산하는 원인으로 작용한다. 동경측지계를 적용할 경우에는 세계측지좌표계를 적용한 경우보다 우리나라 반도부의 최북단 위치가 동남쪽으로 약 360m 치우치고, 울릉도는 474m, 독도는 151m가 치우친다.

2. 지적재조사사업의 목적과 추진 계획

현재 우리나라 지적공부에 등록된 37,530만 필지(약 99.897㎢) 가운데 지적재조사사업으로 그 경계를 바로잡아야 하는 불부합 토지가 약 5,536 필지로 전국토의 약 14.8%에 달한다. 불부합 토지란 지적공부에 등록된 등록경계와 현실경계(담장, 울타리 등 물리적으로 인식하고 있는 경계)가 일치하지 않는 토지를 말한다. 불부합 토지는 토지소유자가 마음대로 재산권 행사를 할 수 없을뿐만 아니라, 정부가 토지와 관련하여 제반 행정업무를 수행할 수 없기 때문에 국민의 재산권 보호와 국토의 효율적 관리를 목적으로 하는 지적제도의 근본적 취지를 방해하는 요인이 되고 있다.

정부가 이와 같은 문제를 바로 잡기 위하여 전국에 흩어져 있는 14.8%에 해당하는 불부합 토지를 현실경계를 기준으로 측량·조사하여 지적공부의 등록경계를 다시 등록하는 국가사업으로 지적재조사사업을 추진하고 있다. 이를 위해 정부는 2012년~2030년까지 국비 1조 3701억원을 지원할 계획이다.

그러나 지적재조사사업의 목적은 단순히 불부합 토지를 정리하는 데만 있는 것은 아니다. 정부는 불부합 토지 정리가 완료되는 2030년까지 전국의 토지를 100% 수치지적으로 전환하여 지적제도를 선진화하고, 이를 바탕으로 국가 공간정보산업이 활성화되도록 스마트 국토를 구축하는 목표를 설정하였다.

2030년까지 전국 토지를 100% 수치지적으로 전환하기 위해 추진되는 세부 사업은 지적재조사사업의 일환으로 진행되는 지적불부합지 정리 사업, 국·공유지 정리사업, 세계측지계 전환사업과 기존에 「공간정보의 구축 및 관리 등에

• 표 8-1 • 지적재조사사업 대상과 추진 계획

지적재조사 대상			추진 계획	
전체 필지 수(A) (면적: ㎢)	불부합 토지 필지 수(B) (단위: ㎢)	A:B	사업 기간	사업 비
37,530,000 (99,897)	5,536,000 (6,130)	14.8% (6.1%)	2012~2030년 (18년)	13,701억원 (국비)

* 자료: 국토교통부 통계자료

• 표 8-2 • 수치지적전환 사업 현황

사업명	수치지적 전환 계획		재원(억)
	만 필지(㎢)	필지 비율(%)	
도시개발사업 등	400(8.000)	19	단위 사업비
불부합지 정리 사업	550(6.130)	15	7,639
국·공유지 정리사업	564(25,000)	15	5,680
세계측지계 전환사업	2,295(61,970)	59	382
합 계	3,761(100,037)	100	13,701

* 자료: 손종영, 2011년 연구 자료를 편집함.

관한 법률」 제86조에 따른 도시개발사업 등 시행지역의 토지이동 정리에 의한 수치지적부 작성 사업이 추진되고 있다.

이상의 지적재조사사업은 현실 경계에 부합하도록 토지경계를 정비하여 수치지적화하는 효과 외에 지적공부상 맹지를 해소하여 토지소유자의 재산권 문제 (건축행위 제한 등)를 해소하는 효과와 측량 및 공간정보 산업 분야의 일자리 창출에 기여할 수 있으로 것으로 기대한다.

3. 지적재조사사업의 추진과정

지적재조사사업 준비에 본격적으로 시작한 것은 1992년이고, 1994년부터 2006년까지 사업의 기대효과와 방법을 연구하여 사업추진에 대한 기반을 구축하였다. 그리고 2007년부터 2008년까지 시범사업을 추진한 후, 2010년에 본 사업 준비에 착수하여 예비타당성조사를 실시하였다. 2011년 9월에 「지적재조사에 관한 특별법」을 제정하여 2012년 3월부터 시행되었다. 특별법이 시행됨에 따라서 사업 추진에 필요한 국비예산을 확보할 수 있었고, 2012년에 본 사업의 기본계획을 수립하여 사업실행이 이루어졌다.

• 그림 8-1 • 지적재조사사업의 추진단계

• 표 8-3 • 지적재조사사업의 세부추진 연혁

구분	연도	내용
사업기반 구축	1992~1993	지적재조사사업을 위한 사전연구, 5종의 관련 보고서 발간
	1994~2001	경남 창원시 2개 동 대상으로 지적재조사 실험사업 추진
	1995	행정쇄신위원회 구성, 지적재조사추진 기본 방향 확정
	1996	지적재조사사업추진 기본계획 수립
	2003	지적재조사사업추진 기본계획을 지적불부합정리추진계획으로 전환
	2004	「지적법」 전문 개정으로 지적재조사사업 조문 신설
	2006	노현송 의원 외 24인 의원입법으로 토지조사특별법(안) 발의
시범사업 추진	2007	전국 지적불부합 토지 조사, 시범사업계획 수립
	2008~2010	전국 20개 지구 대상, 수치지적 구축 시범사업 추진
	2009	수치지적 구축 시범사업 중간평가, 지적재조사 권고
본 사업 준비	2010~2011	지적재조사 예비타당성조사 및 보완 연구용역 추진
	2011	「지적재조사에 관한 특별법」 제정
본 사업 실행	2012	지적재조사사업 기본계획 수립 및 본 사업 실행 시작

제2절 | 지적재조사사업의 추진체계

1. 개요

1992년부터 2006년까지 지적재조사사업의 기반구축은 행정안전부가 추진하였다. 이후 2008년에 정부조직 개편에 따라 지적업무를 행정안전부에서 국토교통부로 이관함에 따라서 지적재조사사업의 본 사업 준비와 실행은 국토교통부가 추진하였다.

「지적재조사에 관한 특별법」에 따라 국토교통부가 지적재조사사업의 주관기관이 되고, 지적소관청이 수행기관이 된다. 그리고 주관기관과 수행기관 사이에서 시·도가 사업의 지원기관으로 역할을 담당하도록 하였다. 결국 정부는 지적재조사 행정조직을 주관기관－지원기관－수행기관으로 3단계 체계로 구성한 것이다. 그리고 주관기관에 해당하는 국토교통부의 행정조직을 지적재조사기획단, 지원기관에 해당하는 시·도별 행정조직을 지적재조사지원단, 그리고 수행기관에 해당하는 지적소관청의 행정조직을 지적재조사추진단이라고 한다.

한편 각각의 지적재조사 행정조직 내에는 심의·의결기구에 해당하는 위원회를 둔다. 국토교통부 지적재조사기획단에는 중앙지적재조사위원회(이하 중앙위원회), 시·도의 지적재조사지원단에는 시·도지적재조사위원회(이하 시·도위원회), 각 지적소관청의 지적재조사추진단에는 시·군·구지적재조사위원회(이하 시·군·구위원회)를 설치하여 지적재조사 행정조직의 업무가 합리적으로 수행되도록 추진체계를 구성하였다.

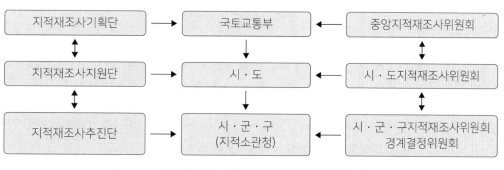

• 그림 8-2 • **지적재조사사업 추진조직**

2. 지적재조사기획단과 중앙위원회의 구성과 역할

1) 지적재조사기획단

국토교통부의 지적재조사기획단의 역할은 전국의 지적재조사사업을 총괄 관리·지원하는 것이다. 국토교통부장관을 단장으로 국토교통부 소속 공무원으로 구성하되, 국토교통부장관은 기획단의 업무수행을 위하여 필요하다고 판단될 때에는 관계 타행정기관의 공무원 및 관련 기관과 단체의 임직원의 파견을 요청할 수 있다. 기획단 운영에 대한 필요한 사항은 별도 국토교통부훈령에 해당하는 「지적재조사기획단의 구성 및 운영에 관한 규정」에 따르며, 다음의 업무를 수행한다.

- 기본계획 수립
- 사업의 지도·감독
- 필요한 기술·인력 및 예산 지원
- 중앙지적위원회 보좌

2) 중앙위원회

국토교통부에 설치하는 중앙지적재조사위원회(중앙위원회)는 국토교통부장관을 위원장으로 1명의 부위원장(위원 가운데 위원장이 지명한 사람)을 포함하여 15~20명으로 구성한다. 중앙위원회 위원은 다음에 해당하는 사람 중에서 위원장이 임명 또는 위촉한다. 공무원이 아닌 위원의 임기는 2년이며, 이외 중앙위원회의 조직 및 운영에 관한 세부사항은 대통령령으로 정한다.

- 기획재정부·법무부·행정안전부 또는 국토교통부의 1급부터 3급 상당의 공무원 또는 고위공무원단에 속하는 공무원
- 판사·검사 또는 변호사
- 법학이나 지적 또는 측량 분야의 교수로 재직하고 있거나 있었던 사람
- 그 밖에 지적재조사사업에 관하여 전문성을 갖춘 사람

중앙위원회는 다음의 사항을 심의·의결하며, 의결정족수는 재적위원 과반수의 출석과 출석위원 과반수의 찬성으로 의결한다.

- 기본계획의 수립 및 변경

- 관계 법령의 제정·개정 및 제도의 개선에 관한 사항
- 그 밖에 지적재조사사업에 필요하여 중앙위원회의 위원장이 회부한 사항

3. 지적재조사지원단과 시·도위원회 구성과 역할

1) 지적재조사지원단

시·도에 지적재조사지원단의 역할은 시·도관내의 지적소관청의 지적재조사사업을 지도·감독하고, 필요한 기술·인력 및 예산 등을 국토교통부로부터 지원받아서 분배·관리하는 것이다. 지원단 조직과 운영에 관해서는 각 지방자치단체의 조례로 정한다.

2) 시·도위원회

시·도위원회는 시·도지사를 위원장으로 부위원장(위원 가운데 위원장이 지명한 사람) 1명을 포함한 10명 이내의 위원으로 구성한다. 시·도위원회 위원은 다음에 해당하는 사람 중에서 위원장이 임명 또는 위촉한다. 시·도 위원회의 위원 중 공무원이 아닌 위원의 임기는 2년으로 하며, 이외 시·도 위원회의 조직 및 운영 등에 관하여 필요한 사항은 해당 시·도의 조례로 정한다.

- 해당 시·도의 3급 이상 공무원
- 판사·검사 또는 변호사
- 법학이나 지적 또는 측량 분야의 교수로 재직하고 있거나 있었던 사람
- 그 밖에 지적재조사사업에 관하여 전문성을 갖춘 사람

시·도 위원회는 다음의 사항을 심의·의결하며, 심의·의결에 필요한 정족수는 재적위원 과반수의 출석과 출석위원 과반수의 찬성으로 한다.

- 지적소관청이 수립한 실시계획
- 시·도종합계획의 수립 및 변경
- 지적재조사지구의 지정 및 변경
- 시·군·구별 지적재조사사업의 우선순위 조정
- 그 밖에 지적재조사사업에 필요하여 시·도지사가 회부한 사항

4. 지적재조사추진단과 시·군·구위원회의 구성과 역할

1) 지적재조사추진단

시·도에 지적재조사지원단의 역할은 지적소관청 관내 지적재조사사업의 실시
계획을 수립하여 시행하는 것이다. 지적소관청의 지적재조사추진단의 조직과
운영에 관하여 필요한 사항은 해당 지방자치단체의 조례로 정한다.

2) 시·군·구위원회

시·군·구 위원회는 시장·군수·구청장을 위원장으로 부위원장(위원 가운데 위
원장이 지명한 사람) 1명을 포함한 10명 이내의 위원으로 구성한다. 시·군·구
위원회 위원은 다음과 같은 사람 중에서 위원장이 임명 또는 위촉한다. 시·
군·구 위원회의 위원 중 공무원이 아닌 위원의 임기는 2년이고, 이외 위원회
의 조직 및 운영 등에 관하여 필요한 사항은 해당 시·군·구의 조례로 정한다.

- 해당 시·군·구의 5급 이상 공무원
- 해당 지적재조사지구의 읍장·면장·동장
- 판사·검사 또는 변호사
- 법학이나 지적 또는 측량 분야의 교수로 재직하고 있거나 있었던 사람
- 그 밖에 지적재조사사업에 관하여 전문성을 갖춘 사람

시·군·구위원회는 지적소관청에서 시행하는 지적재조사사업에 관하여 다음의
사항을 심의·의결하며, 심의·의결에 필요한 정족수는 재적위원 과반수의 출석
과 출석위원 과반수의 찬성으로 의결한다.

- 경계복원측량 또는 지적공부정리의 허용 여부
- 지목의 변경
- 조정금의 산정
- 조정금 이의신청에 관한 결정
- 이 밖에 지적재조사사업에 필요하여 시·군·구 위원회의 위원장이 회부
  한 사항

제3절 | 지적재조사사업의 사업계획 수립

1. 개요

지적재조사사업을 효율적으로 시행하기 위하여 「지적재조사에 관한 특별법」에 근거하여 수립하는 사업계획은 국토교통부장관이 수립하는 기본계획과 시·도지사가 기본계획을 토대로 수립하는 시·도종합계획, 그리고 각 지적소관청이 시·도종합계획을 바탕으로 수립하는 실시계획이 있다.

2. 기본계획의 수립과 내용

1) 기본계획의 수립

국토교통부장관은 지적재조사사업과 관련하여 기본계획을 수립해야 한다. 이 경우에 국토교통부장관은 미리 공청회를 개최하여 관계 전문가 등의 의견을 들은 후에 이를 바탕으로 기본계획안을 작성해야 한다.

그리고 지적재조사사업 기본계획안을 작성한 후에는 그 안을 각 시·도지사(특별시장·광역시장·도지사·특별자치도지사·특별자치시장 및 대도시로서 구를 둔 시의 시장을 포함)에게 송부하여 의견을 들은 후에 중앙지적재조사위원회의 심의를 거쳐 확정한다.

국토교통부장관으로부터 지적재조사사업 기본계획안을 송부 받은 시·도지사는 이를 지체 없이 관할 지적소관청에 송부하여 그 의견을 들어야 한다. 이 경우에 지적소관청은 시·도지사로부터 기본계획안을 송부 받은 날부터 20일 이내에 시·도지사에게 의견을 제출해야 한다. 그리고 시·도지사는 지적소관청의 의견을 종합하고, 자신의 의견을 첨부하여 기본계획안을 송부 받은 날부터 30일 이내에 국토교통부장관에게 제출하여야 한다. 이 경우 기간 내에 의견을 제출하지 아니하면 의견이 없는 것으로 간주한다.

지적재조사사업의 기본계획을 확정 또는 변경할 경우에 국토교통부장관은 이 사실을 관보에 고시하고, 시·도지사에게 통지하며, 시·도지사는 이를 지체 없이 지적소관청에 통지한다. 또 국토교통부장관은 기본계획이 수립된 날부터

5년이 지나면 그 타당성을 다시 검토하고 필요하면 이를 변경해야 한다.

이와 같은 지적재조사사업의 기본계획을 수립하는 절차는 기본계획을 변경할 때에도 적용된다. 그러나 다음과 같이 경미하게 기본계획을 변경하는 경우에는 대통령에 따라서 국토교통부장관이 직권으로 처리한다.

- 지적재조사사업 기본계획 변경에 따른 대상토지의 필지 혹은 면적의 증감이 처음 계획 대비 100분의 20 이내인 경우
- 지적재조사사업 총사업비의 증감이 계획 대비 100분의 20 이내인 경우

2) 기본계획의 내용

지적재조사사업 특별법에 따라 국토교통부장관이 수립하는 기본계획에는 다음의 내용을 포함해야 한다.

- 지적재조사사업에 관한 기본방향
- 지적재조사사업의 시행기간 및 규모
- 지적재조사사업비의 연도별 집행계획
- 지적재조사사업비의 시·도별 배분 계획
- 지적재조사사업에 필요한 인력의 확보 계획
- 수치지적의 운영·관리에 필요한 표준의 제정 및 그 활용 계획
- 지적재조사사업의 효율적 추진을 위하여 필요한 교육 및 연구·개발 계획
- 이 밖에 국토교통부장관이 필요하다고 인정하는 사항

3. 시·도 종합계획의 수립과 내용

1) 시·도 종합계획의 수립

각 시·도지사는 지적재조사에 관한 '시·도 종합계획'을 수립한다. 이를 위해 계획안을 작성하여 지적소관청에 송부하여 의견을 청취한 후에 시·도 지적재조사위원회의 심의를 거쳐서 확정한다. 이 과정에서 지적소관청은 시·도지사로부터 종합계획안을 송부 받은 날부터 14일 이내에 의견을 제출해야 한다. 이 경우 기간 내에 의견을 제출하지 아니하면 의견이 없는 것으로 간주한다.

시·도지사는 종합계획을 확정한 후, 지체 없이 국토교통부장관에게 제출해야 한다. 그리고 국토교통부장관은 제출된 시·도지사의 종합계획이 기본계획과 부합하지 않다고 판단될 경우에는 그 사유를 명시하여 시·도지사에게 '종합계획의 변경'을 요구할 수 있다. 이 경우 시·도지사는 정당한 사유가 없으면 그 요구에 따라야 한다.

지적재조사에 관한 종합계획이 수립되어 5년이 경과하면 시·도지사는 그 타당성을 재검토하고 필요하면 변경할 수 있다. 종합계획을 변경할 때도 수립과 같은 절차를 따로 하지만 기본계획과 동일하게 경미한 변경의 경우에는 시·도지사의 직권으로 처리할 수 있다. 종합계획을 수립 또는 변경한 경우에는 반드시 시·도의 공보에 고시하고 지적소관청에 통지해야 한다.

2) 시·도 종합계획의 내용

지적재조사 특별법에 따라 시·도 종합계획은 기본계획을 토대로 다음의 내용을 포함해야 한다.

- 지적재조사지구 지정의 세부기준
- 지적재조사사업의 연도별·지적소관청별 사업규모
- 지적재조사사업비의 연도별 소요예산
- 지적재조사사업비의 지적소관청별 예산배분 계획
- 지적재조사사업에 필요한 인력의 확보 계획
- 지적재조사사업의 교육과 홍보에 관한 사항
- 그 밖에 시·도의 지적재조사사업에 필요한 사항

4. 실시계획의 수립과 내용

1) 실시계획의 수립

지적소관청은 실시계획 수립내용을 30일 이상 주민에게 공람해야 한다. 지적소관청은 공람기간 동안에 지적재조사지구 내의 토지소유자와 이해관계인에게 실시계획을 서면으로 통보하고, 주민설명회를 개최해야 한다.

실시계획에 관한 서면통보를 받은 지적재조사지구 내의 토지소유자와 이해관

개인은 주민 공람기간 동안에 지적소관청에 의견을 제출할 수 있고, 지적소관청은 제출된 의견이 타당하다고 인정할 때에는 이를 반영해야 한다.

마지막으로 지적소관청은 실시계획에 따라 지적재조사지구에 포함된 필지는 지적공부에 '지적재조사예정지구'라고 등록해야 한다. 이외 실시계획의 작성 기준 및 방법은 국토교통부장관이 정한다.

2) 실시계획의 내용

시·도지사로부터 시·도종합계획을 통지받은 지적소관청은 다음 사항이 포함된 지적재조사사업 실시계획을 수립해야 한다.

- 지적재조사사업의 시행자
- 지적재조사지구의 명칭
- 지적재조사지구의 위치 및 면적
- 지적재조사사업의 시행시기 및 기간
- 지적재조사사업의 소요예산
- 토지현황조사에 관한 사항
- 지적재조사지구의 현황
- 지적재조사사업의 시행에 관한 세부계획
- 지적재조사측량에 관한 시행계획
- 지적재조사사업의 시행에 따른 홍보
- 그 밖에 지적재조사시행에 필요한 사항

제4절 | 지적소관청의 지적재조사사업 시행

1. 개요

특별법에 따라 지적재조사사업은 지적소관청이 시행한다. 지적소관청은 지적재조사사업의 조사·측량 업무를 책임수행기관에 위탁할 수 있다. 불부합 토지를 대상으로 토지를 다시 조사·측량한 결과를 토대로 새 경계를 확정하여 새

지적공부를 작성하고, 이에 따른 조정금을 청산하는 절차는 모두 지적소관청이 담당하는 지적재조사사업의 시행에 해당한다.

2. 지적재조사지구 지정

1) 지적재조사지구지정 신청

지적소관청은 실시계획을 수립하고, 시·도지사에게 지적재조사지구 지정을 신청해야 한다. 지적소관청이 시·도지사에게 지적재조사지구 지정을 신청할 때에는 지적재조사지구 토지소유자(국유지·공유지의 경우에는 그 재산관리청)의 2/3 이상, 또 토지면적 2/3 이상에 해당하는 토지소유자의 동의가 있어야 한다. 단 지적재조사지구의 토지소유자협의회가 구성되어 있고, 전체 토지소유자의 3/4 이상이 동의한 지구를 우선하여 지적재조사지구로 지정할 수 있다. 지적소관청은 다음의 사항을 고려하여 지적재조사지구 지정을 신청해야 한다.

- 지적공부의 등록사항과 토지의 실제 현황이 다른 정도가 심하여 주민의 불편이 많은 지역인지 여부
- 사업시행이 용이한지 여부
- 사업시행의 효과 여부

지적소관청으로부터 지적재조사지구 지정 신청이 접수되면, 시·도지사는 15일 이내에 그 지적재조사지구 신청을 시·도위원회에 회부해야 하고, 시·도위원회는 30일 이내에 사업지구지정에 대한 타당성 여부를 심의·의결해야 한다. 그러나 불가피한 사정이 있을 시에는 시·도 위원회의 의결을 거쳐 15일 범위 내에서 심의·의결 기간을 한 차례 연장할 수 있다.

시·도 위원회는 지적재조사지구 지정 신청에 대한 심의·의결을 마치면 지체없이 의결서를 작성하여 시·도지사에게 송부해야 한다. 시·도지사는 이 의결서를 받은 날부터 7일 이내에 의결서의 내용에 따라 지적재조사지구의 지정 또는 불(不) 지정의 사실을 고시하고, 그 사실을 지적소관청에 통지해야 한다.

2) 지적재조사지구 지정고시

시·도지사는 지적재조사지구를 지정하거나 변경한 경우에 시·도 공보에 고시하고 그 지정내용 또는 변경내용을 국토교통부장관에게 보고하여야 하고, 관계서류를 일반인이 열람할 수 있도록 공개해야 한다. 지적재조사지구의 지정 또는 변경에 대하여 고시한 경우에는 해당 토지의 지적공부에 '지적재조사지구 지정' 사실을 기재해야 한다.

3) 지적재조사지구지정의 효력 상실

지적소관청은 지적재조사지구 지정고시를 한 날부터 2년 내에 토지현황조사 및 지적재조사측량을 시행해야 한다. 만약 이 기간 내에 토지현황조사 및 지적재조사측량을 시행하지 아니할 경우에는 '기간 만료'로 지적재조사지구의 지정의 효력이 상실된다.

시·도지사는 '기간 만료'로 지적재조사지구 지정의 효력이 상실될 경우에 이를 시·도 공보에 고시하고 국토교통부장관에게 보고해야 한다.

3. 토지소유자협의회 구성

지적재조사 특별법에 따라 지적재조사지구의 토지소유자는 전체 토지소유자의 1/2 이상 또는 전체 대상토지면적의 1/2 이상에 해당하는 토지소유자의 동의를 얻어 토지소유자협의회를 구성할 수 있다. 이것은 공인된 토지소유자대표가 지적재조사사업의 시행과정에 직접 참여하므로 토지소유자의 권익을 보호하는데 목적이 있다.

토지소유자협의회는 위원장을 포함하여 5명 이상 20명 이하의 위원으로 구성하고, 협의회 위원은 반드시 지적재조사지구 내의 토지소유자이어야 하며, 위원장은 그 위원 중 1인을 호선으로 선출한다. 구체적으로 토지소유자협의회가 참여할 수 있는 경우는 다음과 같다.

- 지적재조사지구 우선 지정 기준 마련
- 토지현황조사 참관
- 임시경계점표지 및 경계점표지의 설치 참관

－　조정금 산정기준에 대한 의견 제출

　　－　경계결정위원회 위원 추천

4. 책임수행기관 지정

1) 책임수행기관제도 도입

정부는 지적재조사사업을 효율적으로 추진하기 위하여 2021년에 책임수행기관
제도를 도입하였다. 이것은 소규모 지적측량업체가 지적재조사사업에 참여할
수 있는 여건을 합리화하므로 일자리 창출 효과를 유발함에 동시에 불필요한
행정절차를 줄여서 본 사업추진 속도를 가속화하기 위한 목적으로 도입한 제
도이다. 이를 위해 2020년에「지적재조사특별법」제5조를 개정하여 지적소관
청은 지적재조사사업의 측량·조사사업 등을 국토교통부장관이 지정한 책임수
행기관에 위탁할 수 있도록 하였다. 이 법에 따라서 대통령에 근거하여 국토교
통부장관이 책임수행기관으로 지정할 수 있는 대상은 다음과 같다.

　　－　「국가공간정보 기본법」제12조에 따른 한국국토정보공사

　　－　「민법」또는「상법」에 따라 설립된 법인으로 지적재조사사업을 전담하
　　　　기 위한 조직과 측량장비를 갖춘 기업으로 지적측량기술자 1,000명(권역

• 표 8-4 • **지적재조사사업의 책임수행기관제도 관련 법률**

구분	개정 전	개정 후
「지적 재조사에 관한 특별법」 제5조	• 지적소관청은 지적재조사사업의 측량· 조사 등을 "지적측량수행자"(「국가공간 정보 기본법」)에 따라 설립된 한국국토 정보공사 또는「공간정보의 구축 및 관 리 등에 관한 법률」에 따라 지적측량업 의 등록을 한 자)에게 대행시킬 수 있다. • 지적소관청이 지적재조사사업의 측량· 조사 등을 지적측량수행자에게 대행시 킬 때는 대통령령으로 정하는 바에 따 라 이를 고시하여야 한다.	• 지적소관청은 지적재조사사업의 측량· 조사 등을 "책임수행기관"에 위탁할 수 있다. • 국토교통부장관은 대통령이 정한 기준 에 따라 책임수행기관을 지정하고, 이 사실을 공보에 고시해야 한다. • 지적소관청이 지적재조사사업의 측량· 조사 등을 책임수행기관에 위탁한 때 에는 이를 공보에 고시하고, 토지소유 자와 책임수행기관에 통지해야 한다.

별로 책임수행기관의 경우는 200명) 이상이 상시 근무하는 업체

다시 말해서 국토교통부장관가 책임수행기관으로 지정할 수 있는 대상은 사업범위를 전국으로 하는 경우와 인접한 2개 이상의 특별시·광역시·도·특별자치도·특별자치시를 묶은 권역별로 하는 경우를 구분한다. 전자의 경우에는 한국국토정보공사와 지적측량기술자 1,000명 이상이 상시 근무하는 중견규모 이상의 지적측량업체가 지정 대상이 될 수 있고 후자의 경우에는 한국국토정보공사와 지적측량기술자 200명 이상이 상시 근무하는 중규모 지적측량업체까지 지정 대상이 될 수 있다.

책임수행기관제도 도입과 관련하여 대통령에 따르며, 국토교통부장관이 지정한 책임수행기관의 자격기간은 5년이고, 이 기간 동안 책임수행기관은 지적소관청으로부터 위탁받은 지적재조사의 측량·조사 등의 일부를 소규모 지적측량업체(지적측량기술자 200명 이하)를 지적재조사대행자로 선정하여 대행시킬 수 있다.

이 경우에 책임수행기관과 지적재조사대행자 간의 계약체결 방법·절차 등은 국토교통부장관이 정하여 고시한다. 그리고 상호 계약이 체결되면 책임수행기관은 그 사실을 지적소관청에 알려야 한다.

2) 책임수행기관제도 도입의 기대효과

책임수행기관제도를 도입하기 전까지는 특별법에 따라서 지적소관청이 지적측량수행자에게 지적재조사사업의 측량·조사 등을 대행시키기 위해서는 먼저 지적측량수행자를 선정하는 절차가 필요했다. 그리고 선정된 결과를 지적측량수행자의 명칭과 함께 해당 지적재조사지구의 명칭, 지적재조사지구의 위치 및 면적, 지적측량수행자가 대행할 측량·조사에 관한 사항 등을 고시하고, 이 사실을 토지소유자와 지적측량수행자에게 통지한다.

지적재조사사업에서 책임수행기관제도를 도입하기 전까지는 한국국토정보공사와 규모에 상관없이 법률로 등록된 모든 지적측량업자가 지적재조사사업의 지적측량업자를 선정하는 입찰에 참여하는 특별법 규정에 따라 입찰과정을 진행하고, 선정된 결과를 고시·통지하는 과정까지 매년 2개월 이상을 소비하는 제도적 비효율이 존재해 있었다.

이것이 제도적 비효율로 지적되는 이유는 대부분의 소규모 지적측량업자가 한국국토정보공사와 같은 대기업과 동등한 입장에서 경쟁 입찰에 참여하는 것이 현실성이 전혀 없는 무의미한 행정절차라는 것이다. 이와 같은 제도적 한계를 개선하기 위하여 도입된 것이 책임수행기관제도이다.

실제로 2022년 국토교통부 발표 자료에 따르면, 2012년부터 2021년까지 지적재조사사업을 통하여 정리된 불부합 토지의 누적치는 108만 필지, 9년간 연 평균 약 8만 필지의 불부합 토지가 정리되었다. 이 사업실적은 사업대상이 되는 총 불부합 토지 550만 필지에 대한 약 20%에 해당하는 것으로써, 총 19년간의 사업기간에서 9년, 약 50%가 경과한 사실을 감안해 볼 때, 매우 저조한 실적이라고 할 수 있다.

지적재조사사업의 계획대비 현재 추진실적이 저조한 원인은 여러 가지가 있을 수 있겠으나, 무엇보다도 사업자체의 특성이 국민의 재산권과 관련되어 있는 관계로 이해관계들의 다양한 여론을 수용하여 추진해야 하는 사업이기 때문에 민원친화적으로 사업을 수행하는 가운데 많은 인력과 시간이 소요되기 때문이다. 이런 배경에 따라서 정부는 2020년부터 사업 예산을 450억 원으로 확대하여 연간 약 22만 필지에 대한 지적재조사를 소화할 수 있도록 한국국토정보공사

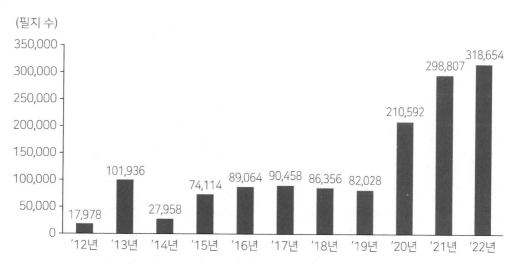

* 자료: 국토교통부 보고서
** 2021년과 2022년(추정치)은 책임수행기관제도 도입 이후 실적.

• 그림 8-3 • 지적재조사사업 추진실적

등 중견규모의 지적측량업자를 책임수행기관으로 지정하고, 「지적재조사 책임수행기관 운영규정」에 따라 이들 책임수행기관이 중소 지적측량업자를 '지적재조사대행자'로 선정하여 상호 협력적 관계를 구축하여 측량·조사업무를 주도적으로 수행하도록 위탁하므로 제도적 비효율에 따른 시간낭비를 최소화하여 사업의 실적을 높이고자 하는 것이다. 이 책임수행기관제도 도입으로 향후 지적재조사사업 추진에 탄력이 붙을 것으로 기대한다.

5. 토지의 측량·조사

1) 토지현황조사

지적소관청은 지적공부에 '지적재조사예정지구'로 등록된 토지에 대하여 다음과 같은 기준으로 토지현황조사서를 작성한다.

- 토지표시 사항(소유자, 지번, 지목, 경계, 좌표): 지적공부와 토지등기부 기준
- 건물에 관한 사항(지상건축물 및 지하건축물의 위치 및 소유자, 건물면적, 구조물 및 용도): 건축물대장 및 건물등기부 기준
- 개별공시지가: 공시지가확정 자료 기준
- 토지이용계획에 관한 사항(국토이용정보체계의 지역·지구): 토지이용계획확인서 기준
- 토지이용 현황 및 건축물 현황: 개별공시지가 토지특성조사표, 국·공유지 실태조사표, 건축물대장 현황 및 배치도 기준
- 지하시설물(지하구조물) 등에 관한 사항: 도시철도나 지하상가 등 지하시설물을 관리하는 관리기관 및 관리부서의 자료와 구분지상권 등기부 기준

지적소관청은 사업지구 내 토지의 지목이 지적공부에 등록된 것과 실제의 토지이용현황이 불일치할 경우, 시·군·구 지적재조사위원회의 심의를 거쳐서 지적공부에 등록된 지목을 변경할 수 있다. 단 다른 관련법령에 따른 인허가 필요할 때에는 그 인허가 등을 받거나 관계 기관과 협의한 경우에만 지목변경을 할 수 있다.

2) 지적재조사측량

① 지적재조사측량 기준

지적재조사측량은 「공간정보의 구축 및 관리 등에 관한 법률」에서 규정한 '지적측량'과 동일하게 '토지를 지적공부에 등록 또는 지적공부에 등록된 토지를 지상에 복원하기 위하여 경계·좌표·면적을 정하는 측량'이다. 단 지적재조사측량의 목적을 특별히 「지적재조사에 관한 특별법」에서 "이미 등록된 토지 표시를 새로 정하기 위함"으로 하고 있다.

지적재조사측량의 기준(경위도와 해발고도) 또한 이미 「공간정보의 구축 및 관리 등에 관한 법률」 제6조에서 정한 세계측지계(世界測地系)를 준용한다. 단지 지도 제작 등을 위하여 필요한 경우에는 직각좌표와 높이, 극좌표와 높이, 지구중심 직교좌표 및 그 밖의 다른 좌표로 표시할 수 있다.

이외의 경우는 「공간정보의 구축 및 관리 등에 관한 법률」과 다르게 「지적재조사에 관한 특별법 시행규칙」에 따른다.

② 경계복원측량 및 지적공부정리의 정지

「지적재조사에 관한 특별법」에 따라서 지적재조사지구 내에서는 지적공부에 등록된 토지를 지상에 복원하기 위한 '경계복원측량(토지 표시변경 측량)'과 이에 따른 '지적공부의 정리'를 할 수 없다. 다만 다음의 경우는 가능하다.

- 지적재조사사업의 시행을 위하여 경계복원측량
- 법원 판결이나 결정에 따라서 실시하는 경계복원측량 또는 지적공부정리
- 토지소유자의 신청에 따라 시·군·구 지적재조사위원회가 필요하다고 판단되는 경계복원측량 또는 지적공부정리

③ 경계설정 기준

지적소관청이 지적재조사를 실시하고 경계를 다시 설정할 때는 다음의 기준에 따른다.

- 지상경계에 대하여 다툼이 없는 경우에는 토지소유자가 점유하고 있는 현실경계

- 지상경계에 대하여 다툼이 있는 경우에는 등록할 때 당시의 측량기록에 의한 경계
- 지방관습에 의한 경계
- 토지소유자들이 합의한 경계, 즉 지적소관청이 지적재조사의 경계를 설정할 때는 「도로법」, 「하천법」 등 관계 법령에 따라 설치된 공공용지의 경계가 변경되지 아니하도록 하는 것을 원칙으로 하지만, 이 경우에도 해당 토지소유자들 간에 합의한 경우에는 합의 경계

④ 경계표지 설치

지적소관청은 지적재조사를 실시하여 새로이 경계를 설정한 후에는 지체 없이 '임시경계점표지'를 설치하고 지적재조사측량을 한다.

⑤ 지적확정예정조서 작성과 통지

지적소관청은 지적재조사측량을 완료한 후에 지적공부에 등록된 토지면적과 지적재조사로 산출된 토지면적에 대한 지번별 내역에 해당하는 '지적확정예정조서'를 작성한다. 이때 '지적확정예정조서'에는 다음의 내용을 기록해야 한다.

- 토지의 소재
- 기존 등록 내용(지적재조사 전에 지적공부에 등록된 지번, 지목, 면적)
- 새 등록 내용(새로 측량·조사한 지번, 지목, 면적)
- 토지소유자의 성명 또는 명칭 및 주소

지적소관청은 작성한 '지적확정예정조서'를 토지소유자나 이해관계인에게 통보해야 한다. 지적확정예정조서를 통보를 받은 토지소유자나 이해관계인은 이에 대한 의견을 제출할 수 있고, 지적소관청은 토지소유자나 이해관계인의 의견이 타당하다고 인정되는 경우에 이에 따라야 한다.

3) 경계결정위원회와 경계확정

① 경계결정위원회의 구성

법률에 따라서 지적소관청은 사업지구 내 불부합 토지에 대한 경계를 새로 측

량·조사하여 경계결정위원회의 의결을 거쳐서 결정해야 하고, 이를 위해서 앞서 말한 지적재조사추진단 소속으로 시·군·구지적재조사추진위원회와 같이 경계결정위원회를 설치·운영해야 한다.

경계결정위원회는 위원장과 부위원장 각 1명씩을 포함하여 11명 이내의 위원으로 구성하는데, 위원장은 관할 지방법원장이 지명하는 1명의 판사로 하고, 부위원장은 지적소관청이 1명 지정한다. 경계결정위원회 위원은 다음과 같은 사람 중에서 각 시장·군수·구청장이 임명 또는 위촉하며, 공무원이 아닌 위원의 임기는 2년으로 한다.

- 관할 지방법원장이 지명하는 판사
- 지적소관청이 임명 또는 위촉하는 지적소관청 소속 5급 이상 공무원
- 변호사, 법학교수 등, 지적측량기술자, 감정평가사 그 밖에 지적재조사사업에 관한 전문성을 갖춘 사람
- 지적재조사지구의 읍장·면장·동장
- 지적재조사지구의 토지소유자(토지소유자협의회가 구성된 경우에는 토지소유자협의회가 추천하는 사람)

이외의 경계결정위원회의 조직 및 운영 등에 필요한 사항은 각 시·군·구의 조례로 정한다.

② 경계결정위원회의 역할과 권한

경계결정위원회의 위원회는 지적소관청이 재조사하여 작성한 모든 불부합 토지에 대한 지적확정예정조서를 심의·의결하는 역할과 경계결정위원회가 지적확정예정조서를 심의·의결하여 확정한 경계에 대한 이의신청을 심의·의결하는 2가지의 역할을 수행한다. 이에 대한 상세 내용은 다음과 같다.

• 지적확정예정조서 심의·의결

지적소관청은 불부합 토지를 재조사하고 작성한 지적확정예정조서에 토지소유자나 이해관계인의 의견을 첨부하여 경계결정위원회에 제출하고, 경계결정위원회의 의결을 거쳐 결정한다.

토지소유자나 이해관계인은 경계결정위원회에 참석하여 의견을 진술할 수

있고, 이런 경우에 경계결정위원회는 경계결정하기 전에 의견을 진술한 토지소유자들로 하여금 상호 합의를 권고할 수도 있고, 특별한 사정이 없으면 토지소유자나 이해관계인의 의견에 따라야 한다.

한편 지적소관청은 경계결정위원회로부터 경계에 관한 결정을 통지받으면, 지체 없이 이를 토지소유자나 이해관계인에게 통지하여야 한다. 지적소관청은 이 통지문에 토지소유자나 이해관계인이 이것을 통지받은 날부터 60일 안에 이의신청을 하지 않으면, 경계결정위원회의 결정대로 경계가 확정된다는 취지를 명시해야 한다.

- **결정경계에 대한 이의신청 심의·의결**

  경계결정위원회가 지적소관청이 작성한 지적확정예정조서에 근거하여 그 합리성을 심의·의결하여 결정한 결정경계에 토지소유자나 이해관계인이 불복하는 경우에는 지적소관청으로부터 결정경계를 통지를 받은 날부터 60일 이내에 증빙서류를 첨부하여 지적소관청에 이의신청을 할 수 있다.

  이 경우에 지적소관청은 이의신청서가 접수되고 14일 이내에 이의신청서에 의견서를 첨부하여 경계결정위원회에 송부해야 한다. 이의신청서를 송부받은 경계결정위원회는 받은 날부터 30일 이내에 이의신청에 대하여 심의·의결해야 한다. 단 부득이한 경우에는 30일의 범위에서 처리기간을 연장할 수 있다. 경계결정위원회가 이의신청에 대하여 심의·의결을 완료하면 그 결과를 지적소관청에 통지하고, 통지받은 지적소관청은 그 날부터 7일 이내에 결정서를 작성하여 이의신청인에게 정본을, 그 밖의 토지소유자나 이해관계인에게는 그 부본을 송달하여야 한다.

  그리고 지적소관청으로부터 결정서를 송부 받은 토지소유자는 이에 불복하여 행정심판이나 행정소송을 제기할지의 여부를 결정서를 송부 받은 날부터 60일 이내에 지적소관청에 알려야 한다.

- **경계결정위원회의 운영과 권한**

  경계결정위원회의 모든 결정과 의결은 재적위원 과반수의 찬성으로 하고, 결정과 의결은 결정서 또는 의결서 등 문서로 작성하여 지적소관청에 통보하는데, 이 문서에는 주문·결정·의결에 대한 이유와 일자를 기록하고, 참여한 위원 전원의 서명·날인이 있어야 한다.

그리고 경계결정위원회에게는 다음과 같은 특별 권한을 갖는다.

- 불부합 토지에 대한 새로운 경계설정과 관련하여 위원회 직권 또는 토지소유자 등의 신청에 따라 사실조사를 할 수 있는 권한. 이 경우에 경계결정위원회에 참석한 토지소유자나 이해관계인은 의견을 진술할 수 있고, 경계결정위원회는 특별한 사정이 없는 한 토지소유자나 이해관계인의 의견에 따른다. 단 경계결정위원회는 경계결정을 심의·의결하기 전에 토지소유자들로 하여금 경계를 합의하도록 권고할 수 있다.
- 지적소관청 소속 공무원에게 사실조사를 지시할 수 있는 권한
- 토지소유자나 이해관계인에게 경계결정위원회에 출석하여 의견을 진술하거나 필요한 증빙서류 제출을 요청할 수 있는 권한

③ 경계 확정

지적재조사사업을 통하여 지적소관청이 새로 경계를 확정하고 최종적으로 불부합 토지정리를 완료할 수 있는 경우는 다음과 같다.

- 지적확정예정조서에 대한 경계결정위원회의 경계결정에 이의신청이 없는 경우
- 경계결정위원회의 경계결정에 대한 이의신청을 재심의·의결한 경계결정에 불복의사가 없는 경우
- 경계결정위원회의 경계결정에 불복하여 행정소송을 제기하고 판결을 받은 경우

6. 조정금의 청산

1) 조정금 산정

지적소관청이 지적재조사사업으로 새로 경계확정을 함에 따라서 기존 지적공부에 등록된 토지 면적에 증감이 발생한데 대한 재산상의 손익을 조정금으로 청산해야 한다. 이 경우에 조정금을 산정하는 업무는 지적소관청이 수행한다. 따라서 지적소관청은 법률에 근거하여 조정금을 산정한 후, 시·군·구 지적재

조사위원회의 심의·의결을 거쳐서 확정한다. 단 국가 또는 지방자치단체가 소유한 국·공유지에 대해서는 조정금 청산을 하지 않는다.

지적소관청이 조정금을 산정하는 법적 기준은 지적재조사측량을 실시하여 새로운 경계확정이 이루어진 시점의 감정평가액을 원칙으로 한다. 단 사업지구 내 토지소유자협의회가 구성되어 있고, 이 협의회의 요청에 따라서 시·군·구 지적재조사위원회가 심의·의결한 경우에는 개별공시지가를 기준으로 조정금을 산정할 수 있다.

2) 조정금 지급·징수

조정금의 지급·징수 등 청산업무 또한 지적소관청의 고유 업무이고, 조정금은 반드시 현금으로 지급 또는 징수해야 한다. 그리고 지적소관청이 조정금을 산정하여 시·군·구 지적재조사위원회의 심의·의결을 거쳐 확정한 후에는 지체 없이 그 사실을 문서(조정금조서)로 작성하여 토지소유자에게 통보하고, 통보일로부터 10일 이내에 토지소유자에게 조정금의 수령통지 또는 납부고지를 발부해야 한다.

한편 지적소관청으로부터 조정금 수령통지서 또는 납부고지를 발부 받은 토지소유자는 받은 날부터 6개월 이내에 그 조정금을 수령 또는 납부해야 한다. 만약 6개월 이내에 조정금을 납부하지 못하는 경우에 1년 범위에서 분할하여 납부할 수 있도록 하지만, 1년 내에 조정금을 납부하지 못하는 경우에는 지적소관청이 「지방행정제재·부과금의 징수 등에 관한 법률」에 따라 강제 징수할 수 있다.

또한 지적소관청은 통지한 날로부터 6개월 내에 반드시 수령자에게 조정금을 지급해야 하지만, 다음과 이유로 6개월 이내에 조정금 지급이 불가할 경우에는 그 조정금을 토지소재 지역 공탁소에 공탁할 수 있다.

- 조정금 수령자가 수령을 거부 또는 주소 불분명 등으로 조정금을 지급할 수 없을 때
- 지적소관청이 과실 없이 조정금 수령자가 누구인지 알 수 없을 때
- 압류 또는 가압류에 따라 조정금의 지급이 금지되었을 때

단 지적재조사지구 지정 이후에 토지에 대한 권리의 변동이 발생한 경우에는 권리 승계자가 조정금 또는 공탁금을 수령하거나 납부해야 한다.

3) 조정금에 대한 이의신청과 시효

토지소유자가 조정금 산정에 이의가 있는 경우, 수령통지나 납부고지를 받은 날로부터 60일 이내에 지적소관청에 이의신청을 제기할 수 있다. 그리고 조정금 산정에 대한 이의신청이 제기되면, 지적소관청은 이의신청이 접수된 날로부터 30일 이내에 시·군·구 지적재조사위원회에 회부하여 조정금 산정에 대한 이의신청을 심의·의결 받고, 그 결과를 토지소유자에게 서면으로 알려야 한다. 또한 토지소유자가 조정금을 수령할 수 있는 권한은 5년간 유효하며, 5년이 경과한 후에는 조정금을 수령할 수 있는 권한은 자동으로 소멸된다.

7. 사업완료 처리

1) 사업완료 공고

지적소관청은 지적재조사사업에 따라서 새롭게 토지의 경계 확정이 이루어지면 지체 없이(조정금 청산 완료와 상관없이) 사업완료를 공고해야 한다. 심지어 사업완료 공고와 관련하여 일부의 토지소유자와 이해관계자가 경계결정위원회의 경계결정에 불복하여 경계확정이 이루어지지 않은 토지가 있을지라도 다음과 같이 그 사안이 경미한 경우에는 사업완료를 공고할 수 있다.

- 불복한 토지의 면적이 전체 지적재조사지구 토지면적의 1/10 이하인 경우
- 불복한 토지소유자의 수가 지적재조사지구 전체 토지소유자 수의 1/10 이하인 경우

2) 경계점 설치와 지적공부 작성

지적소관청은 지적재조사사업에 대한 완료 공고를 한 후에는 지체 없이 경계점표지를 설치하며, 기존의 지적공부를 폐쇄하고 법률로 정한 지적공부를 새로 작성한다. 새로 작성하는 지적공부에는 다음의 내용이 등록되어야 하고, 작성 원인을 '토지 이동'으로 하고, 사업완료를 공고한 날을 '토지 이동' 일로 등록한다.

- 토지 표시: 토지의 소재, 지번, 지목, 면적, 경계점좌표
- 토지의 소유자: 소유자의 성명(명칭), 주소 및 주민등록번호(등록번호)
- 법적 권한: 소유권 지분, 대지권비율
- 지상건축물 및 지하건축물의 위치
- 이 밖에 「지적재조사에 관한 특별법 시행규칙」에서 정한 고유번호 등

만약 사업 완료를 공고한 후에도 토지소유자가 경계결정에 불복하여 '경계확정'이 이루어지지 않은 토지가 있을 경우에는 그 토지의 새 지적공부에 '경계미확정 토지'로 표기하고, '경계확정'이 이루어질 때까지 지적측량을 정지시킬 수 있다. 지적재조사사업으로 새로 지적공부를 정리하고, 폐쇄된 기존의 지적공부는 영구히 보존해야 하고, 「공간정보의 구축 및 관리 등에 관한 법률」 제75조의 규정에 따라서 열람 또는 등본 발급이 가능하다.

3) 등기촉탁

지적소관청은 지적재조사사업을 완료하고, 새로운 지적공부를 작성한 후에는 지체 없이 관할 등기관소에 등기를 촉탁해야 한다. 이 경우 그 등기촉탁은 국가가 자기를 위하여 하는 등기로 본다. 또 토지소유자나 이해관계인이 직접 관할등기소에 등기를 신청하도록 지적소관청이 요청할 수 있다.

제5절 | 지적재조사행정시스템 구축 및 운영

1. 시스템구축의 목적

지적재조사 특별법에 따라서 지적소관청은 토지소유자나 이해관계인 등이 지적재조사사업에 관한 서류를 열람 또는 교부할 수 있도록 해야 한다. 이를 위해 국토교통부장관은 인터넷 상에서 실시간으로 지적재조사사업 관련 정보에 접근할 수 있는 공개시스템을 구축하여 산하 시·도지사 및 지적소관청에 보급해야 한다. 이런 목적으로 국토교통부장관이 구축하여 보급한 공개시스템을 '지적재조사행정시스템(이하 시스템)'이라고 한다.

2. 지적재조사행정시스템 운영체계

1) 시스템 운영 규정

지적재조사행정시스템을 이용하는 대상은 다음과 같다.

- 국토교통부와 지적재조사사업과 관련되는 정보의 필요성이 인정되는 중앙행정기관
- 지적재조사 행정시스템 업무를 담당하는 지원단 및 추진단
- 지적측량대행자로 선정 고시된 자
- 지적재조사 사업지구의 토지소유자 및 이해관계인

2) 시스템 운영체계

① 총괄책임자

시스템 관리의 총괄책임자는 지적재조사기획단장(국토교통부장관)이며, 이는 시스템이 원활하게 운영될 수 있도록 다음의 역할을 수행해야 한다.

- 법령 변경에 따른 시스템과 데이터베이스의 변경사항
- 시스템의 갱신, 유지·보수 및 응용프로그램 관리
- 시스템 운영·관리에 관한 교육 및 지도·감독
- 이 밖에 시스템 관리·운영의 개선을 위하여 필요한 사항

② 시스템 운영·관리자

시스템 운영·관리자는 지적재조사지원단장(시·도지사)과 지적재조사추진단장(지적소관청)이며, 시스템 운영·관리자는 토지소유자와 이해관계자가 실시간으로 지적재조사사업 관련한 정보를 원활히 열람할 수 있도록 다음의 역할을 수행해야 한다.

- 시스템 자료의 등록·수정·갱신
- 시스템 권한 부여 및 전산등록사항 관리

또한 시스템 운영·관리자가 지적재조사사업과 관련하여 공개시스템에 입력해야 하는 정보는 다음과 같다.

- 지적재조사 실시계획
- 지적재조사지구
- 책임수행기관의 지정 및 지정 취소
- 지적재조사대행자의 성명(법인인 경우에는 명칭 및 대표자의 성명을 말한다)과 소재지
- 토지현황조사
- 지적재조사측량 및 경계의 확정
- 조정금의 산정, 징수 및 지급
- 새로운 지적공부 및 등기촉탁
- 건축물 위치 및 건물 표시
- 토지와 건물에 대한 개별공시지가, 개별주택가격, 공동주택가격 및 부동산 실거래가격
- 「토지이용규제 기본법」에 따른 토지이용규제
- 이 밖에 국토교통부장관이 필요하다고 인정하는 사항

학습 과제

1 지적재조사사업의 배경과 목적에 대하여 설명한다.

2 지적재조사사업의 규모와 추진 내용에 대하여 설명한다.

3 지적재조사사업의 추진 절차에 대하여 설명한다.

4 지적재조사사업의 추진조직에 대하여 설명한다.

5 지적재조사사업을 추진하기 위하여 수립하는 기본계획, 시·도 종합계획, 실시계획의 수립에 대하여 설명한다.

6 지적재조사사업을 시행할 지구지정 절차에 대하여 설명한다.

7 토지소유자협의회 구성 및 기능에 대하여 설명한다.

8 지적재조사사업의 토지현황조사에 대하여 설명한다.

9 지적재조사사업에서 지적경계를 설정하는 기준에 대하여 설명한다.

10 지적재조사사업에서 경계결정위원회의 역할에 대하여 설명한다.

11 지적재조사사업으로 발생한 토지의 면적 증감에 따른 조정금의 산정 방법에 대하여 설명한다.

12 지적재조사사업의 조정금을 지급 또는 징수하는 방법에 대하여 설명한다.

13 지적재조사사업의 결과 지적공부 정리와 등기 촉탁에 대한 절차를 설명한다.

14 지적재조사행정시스템 구축의 목적과 운영체계에 대하여 설명한다.

제4부

미래지적제도의
발전방향과 전망

제1절 | 국가공간정보정책의 개념과 전개

1. 국가공간정보정책 기본계획의 추진

국가기관이 구축 및 관리하는 공간정보체계의 효율적인 구축과 종합적 활용 및 관리를 위한 국가의 행동 방침을 국가공간정보정책(National Spatial Information Policy)으로 정의할 수 있고, 국가 이 행동 방침을 체계적으로 추진하기 위하여 국가공간정보정책 기본계획을 수립하여 시행하고 있다.

우리나라의 공간정보정책의 뿌리는 1990년대 고도정보화사회 진입에 대비한 국가정보화 기반마련에 두고 있다. 그리고 1994년 서울시 아현동 가스폭발사고, 1995년 대구지하철 화재사고를 계기로 1995년에 국토관리 분야에서 국가지리정보체계(National Geographic Information System)정책을 본격 도입함에 따라서 국가공간정보정책의 시대가 열리게 되었다.

국가지리정보체계, 즉 NGIS는 국가 국토와 국가의 자원관리를 위하여 GIS기술을 기반으로 구축한 모든 정보시스템을 통칭하는 말로써 2010년까지 이를 위한 국가정책을 국가지리정보체계정책, 즉 NGIS정책이라고 하였다. 이것을 2011년에 용어와 개념을 전환하여 국가공간정보기반(National Spatial Data Infrastructure)정책, 즉 NSDI정책으로 변경하였다. 따라서 엄밀히 국가공간정보정책은 NGIS정책과 NSDI정책을 포함하는 개념으로 이해해야 한다.

이런 배경에 따라서 우리나라는 1995년에 처음 국가지리정보체계(NGIS: National Geographic Information System)정책에 대한 기본계획을 수립하고, 1996년부터 이를 시행하였다. 이 NGIS정책 기본계획은 국토교통부(당시 건설교통부장관)이 5년마다 수립하였고, 1996년부터 2009년까지 1~3차 NGIS정책 기본계획을 수립하여 시행하였다. 한편 2011년부터는 NGIS정책을 NSDI정책으로 전환하여 2022년까지 4~6차 NSDI정책 기본계획이 시행되었다.

우리나라 국가공간정보정책의 상세한 추진과정을 보면, 1986년에 「전산망 보급 확장과 이용촉진에 관한 법률」을 제정하고, 1987년부터 1996년까지 10년간 국가 기간전산망 기본계획의 추진으로 국가 기간전산망을 구축하였다. 이를 바탕으로 제1차(1996~2000년) NGIS정책 기본계획에 따라 지형도를 비롯하여 지적도·임야도 등 국가 기본도 전산화가 추진되었다. 이것을 바탕으로 제2차(2001~2005년) NGIS정책 기본계획에서는 국토와 국가자원관리 분야에서 GIS 응용시스템 구축을 추진하였고, 제3차(2006~2010년) NGIS정책 기본계획에서는 이 GIS응용시스템의 구축 및 활용을 촉진하였다.

그리고 제4차(2010~2012년)부터는 NSDI정책 기본계획으로 변경하여 개별 분야 혹은 기관별로 구축된 여러 GIS응용시스템들을 상호 연계·통합하여 시너지를 높이는 전략이 추진되었다. 이와 같이 여러 GIS응용시스템의 연계·통합 전략은 제5차(2013~2017년) NSDI정책 기본계획에서 더욱 구체적으로 추진되었다. 한편 제6차(2018~2022년) NSDI정책 기본계획에서 새로운 공간정보기술과 정보통신기술 및 바이오기술을 융복합한 공간정보융복합과 공간 지능화 기반 조성을 추진하였다.

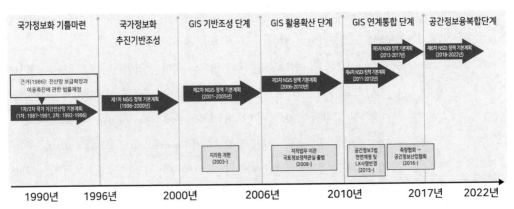

* 자료: 제6차 국가공간정보정책정책 기본계획의 자료를 일부 편집하였음.

• 그림 9-1 • 국가공간정보정책 기본계획의 추진과정

2. 국가공간정보정책 기본계획의 내용과 방법

현재 국가공간정보정책 기본계획은 국가공간정보체계의 구축 및 활용을 촉진하기 위한 목적으로 「국가공간정보 기본법」에 근거하여 국토교통부장관이 5년 단위로 수립하며, 다음의 내용을 포함한다.

- 국가공간정보체계의 구축 및 공간정보의 활용 촉진을 위한 정책의 기본 방향
- 기본공간정보의 취득 및 관리
- 국가공간정보체계에 관한 연구·개발
- 공간정보 관련 전문인력의 양성
- 국가공간정보체계의 활용 및 공간정보의 유통
- 국가공간정보체계의 구축·관리 및 유통 촉진에 필요한 투자 및 재원조달 계획
- 국가공간정보체계와 관련한 국가적 표준의 연구·보급 및 기술기준의 관리
- 「공간정보산업 진흥법」 제2조제1항제2호에 따른 공간정보산업의 육성에 관한 사항
- 그 밖에 국가공간정보정책에 관한 사항

국토교통부장관은 국가공간정보정책 기본계획(안)을 수립하여 국가공간정보위원회에 회부하여 심의·의결을 받은 후에 최종 확정하여 고시한다. 이 경우에 국토교통부장관은 국가공간정보정책정책 기본계획(안)을 수립하기 위하여 기본공간정보(지형·해안선·행정경계·도로 또는 철도의 경계·하천경계·지적·건물 등 인공구조물의 공간정보)를 취급하는 여러 관계 중앙행정기관들로부터 기관별 공간정보구축에 대한 기본계획을 제출받고, 이를 종합하여 국가공간정보정책 기본계획(안)을 수립한다.

3. 국가공간정보정책정책 기본계획과 지적제도의 발전

국가공간정보정책 기본계획에서 지적(地籍)을 국가의 기본공간정보로 채택하고, 지적정보의 위상을 제고하므로 지적제도 발전에 계기를 마련하였다. 국가공간정보정책 기본계획에 따른 지적제도의 변화를 보면 다음과 같다.

1) 제1차 기본계획과 지적제도의 발전

제1차 국가공간정보정책 기본계획에서는 국가GIS의 기반 조성을 목표로 정하고, 주요 추진전략으로 국가의 기본공간정보 데이터베이스 구축과 GIS응용시스템 구축을 주요 추진사업을 하였다. 따라서 지형도와 함께 지적도 전산화사업을 본격적으로 추진하고, 1996년에 지적도 전산자료와 GIS기술을 기반으로 필지기반토지정보시스템(PBLS)을 구축하고, 이것으로 지적행정업무의 효율을 높이고자 하였다.

한편 1998년에는 전국의 지적도를 하나로 통합하여 연속지적도 구축사업을 추진하였다. 이것은 국토개발 등의 업무에 활용할 토지종합정보망(LMIS)을 구축하기 위한 준비 작업이었다.

이와 같이 제1차 기본계획을 통해서 지적(임야)도 전산화를 완료하고, 이를 기반으로 GIS기반의 토지정보시스템을 구축하여 활용하는 시대, 즉 '지적'이 '토지정보시스템'으로 전환되는 계기를 맞게 되었다.

2) 제2차 기본계획과 지적제도의 발전

제2차 국가공간정보정책 기본계획은 디지털 국토 실현을 목표로 정하고, 주요 추진전략으로 효율적 국토관리를 위하여 국가의 기본공간정보의 개념과 범위를 법률로 규정하고, 행정구역, 교통, 해양 및 수자원, 지적, 측량기준점, 지형, 시설물, 위성영상 및 항공사진 등 기본공간정보를 확대하였다.

그리고 2001년에는 지적공부를 기반으로 구축하기 시작한 PBLIS와 LMIS를 한국토지정보시스템(KLIS)으로 통합·구축하여 각 지방자치단체에 보급하였다. 이것은 국민의 토지소유권 보호와 세금부과를 목적으로 하는 지적제도에서 토지정보시스템을 이용한 다목적지적제도로 지적제도가 한 단계 진화·발전하는 계기가 되었다.

3) 제3차 기본계획과 지적제도의 발전

제3차 국가공간정보정책 기본계획에서는 유비쿼터스 국토실현을 위한 기반조성을 비전으로 제시하고, GIS기반 전자정부 실현, 국민 삶의 질 향상, 공간정보 신산업 육성, GIS응용시스템 연계통합을 목표로 설정하였다.

이에 따른 주요 전략으로는 2008년에 국가공간정보정책을 집행하는 중앙조직을 확대·개편하였다. 즉 국가공간정보정책을 집행하는 중앙조직을 기존의 국토교통부의 '국가공간정보정책팀'에서 국토교통부 '국토정보정책관'으로 확대·개편하고, 지적업무와 수로관리 업무를 이 중앙기구로 통합하였다. 이에 따라서 국토교통부가 기존의 지형도와 함께 해양수산부의 해도(海圖)와 행정안전부(당시 행정자치부)의 지적공부 및 부동산 관련 자료를 모두 통합·관리하는 주무부처가 되었다.

그리고 2009년에 「국가공간정보에 관한 법률(현 국가공간정보 기본법)」을 제정하고, 또 기존의 「지적법」과 「측량법」, 「수로조사법」을 모두 통합하여 「측량·수로조사 및 지적에 관한 법률」을 제정하였다. 이에 따라 '지적'이 '국토정보'로, '지적정보'가 '부동산종합정보'로 개념적 전환이 이루어졌다.

이상의 내용을 종합해 볼 때, 국가공간정보정책 추진에 따른 지적제도가 세지적 혹은 법지적 단계에서 토지정보를 필요로 하는 다양한 수요자들에게 토지정보를 제공하는 다목적지적제도 혹은 정보지적제도로 전환하였다.

4) 제4차 기본계획과 지적제도의 발전

제4차 국가공간정보정책 기본계획은 공간정보사회를 실현하기 위하여 언제·어디서나 공간정보를 활용할 수 있도록 공간정보를 개방·연계·융합을 목표로 설정하였다. 이를 위한 주요 추진전략으로 상호협력적 거버넌스 구축, 공간정보의 접근성과 상호운용성 향상, 기본공간정보의 통합관리 등을 추진하였다.

이에 따라 2012년에 국토교통부가 지적소관청마다 여러 부처에서 분산해 관리하던 지적공부와 부동산 관련 자료를 하나로 통합하는 부동산행정정보일원화 사업을 추진하고, 이렇게 통합된 부동산자료데이터베이스를 기반으로 부동산종합공부시스템을 구축하여 지적소관청에 설치하고 행정업무와 민원에 활용하도록 하였다. 그리고 국토교통부장관은 전국 지적소관청에 설치된 부동산종합공부시스템을 모두 통합하여 '국토정보시스템'을 구축하고, 이것을 전담 관리할 중앙행정기구로 국토정보정책관실 산하에 국가공간정보센터를 설치하였다.

지적제도와 관련하여 추진된 이상과 같은 제4차 국가공간정보정책 기본계획의 추진으로 우리나라 지적제도는 다목적 기능을 한층 고도화 시켰다. 또 이 기간 중 2011년에는 「지적재조사에 관한 특별법」을 제정하여 2012년에 지적재조사 사업을 착수하였다. 그러나 제4차 국가공간정보정책 기본계획은 2012년에 조기 종결하고, 2013년부터 제5차 기본계획을 시행하였다. 이것은 제4차 산업시대에 부합하는 새로운 정책방향을 수용하기 위한 전략으로 이해해야 할 것이다.

5) 제5차 기본계획과 지적제도의 발전

제5차 국가공간정보정책 기본계획은 공간정보로 실현하는 국민행복과 국가발전과 국가공간정보기반(NSDI, National Spatial Data Infrastructure) 고도화 추진을 목표로 하였다. 이를 위한 3대 추진전략으로는 고품질의 공간정보 구축·개방 확대, 공간정보 융복합산업 활성화, 공간 빅데이터 기반 플랫폼서비스 강화를 추진하였다.

이에 따라서 국가 기본공간정보에 대한 정밀성 및 활용성을 증대시킬 수 있도록 고품질의 공간정보 생산과 누구나 쉽게 공간정보를 목적 따라 활용할 수 있도록 표준체계를 정비하는 사업에 중점을 두었다. 이런 국가공간정보정책의 목표에 따라서 지적제도 부문에서는 지적재조사사업을 통해 불부합 토지를 정비하여 지적정보를 고품질화 함과 동시에 도해지적을 수치지적으로 전환하는데 대한 세부 사업을 계획하였다. 그리고 지적재조사사업 추진 등 고품질의 공간정보 생산을 추진하기 위하여 「국가공간정보기본법」에 근거하여 2015년에 대한지적공사를 한국국토정보공사로 재편하였다.

6) 제6차 기본계획과 지적제도의 발전

제6차 국가공간정보정책 기본계획에서는 공간정보 융복합 르네상스로 스마트 코리아를 실현하기 위하여 공간정보의 완전 개방, 공간정보 신산업 육성, 국가 경영 혁신을 목표로 추진하였다. 이를 위한 4대 전략으로 가치를 창출하는 공간정보 생산의 기반전략, 혁신을 공유하는 공간정보 플랫폼 활성화의 융합전략, 일자리 중심의 공간정보산업육성의 성장전략, 협력적 공간정보 거버넌스을 구축하는 협력전략을 계획하였다.

제6차 국가공간정보정책 기본계획에서 지적제도와 관련해서는 '가치를 창출하는 공간정보 생산의 기반전략'의 세부과제로 '지적정보의 정확성 및 신뢰성 제

• 표 9-1 • 국가공간정보정책 기본계획과 지적제도 변화

구분(기간)	비전과 목적	지적제도의 변화
제1차 NGIS정책 기본계획 (1996~2000년)	• 국가GIS기반 조성 • 기본공간정보데이터베이스 구축 및 GIS응용시스템 구축	• 지적도면 전산화 • 필지기반토지정보시스템(PBLS)·토지종합정보망(LMIS) 구축 • GIS기반의 지적시스템행정 시대로 발전
제2차 NGIS정책 기본계획 (2001~2005년)	• 디지털 국토 실현 • 국가 기본공간정보의 확대·구축	• PBLIS·LMIS • 한국토지정보시스템(KLIS)으로 통합·구축 • 우리나라 지적제도가 다목적지적으로 발전
제3차 NGIS정책 기본계획 (2006~2010년)	• 유비쿼터스 국토실현을 위한 기반조성 • GIS기반 전자정부 실현, 국민 삶의 질 향상, 신산업 육성 • GIS응용시스템 연계·통합 구축	• 국토교통부에 국토자원관리의 중앙조직, 즉 국토정보정책관실 신설 • 국가공간정보정책업무와 지적업무 통합 및 「측량·수로조사 및 지적에 관한 법률」 제정 • 정보지적제도로 발전
제4차 NSDI정책 기본계획 (2011~2012년)	• 공간정보사회 실현 • 수요자 중심 정보 구축 • 공간정보 민간 활용 확대 및 산업화	• 국가공간정보센터 설치 • 지적소관청의 부동산종합공부시스템과 공간정보센터의 국토정보시스템 구축 • 지적재조사사업 착수 • 지적제도의 다목적 기능 강화
제5차 NSDI정책 기본계획 (2013~2017년)	• 국가공간정보기반(NSDI) 고도화 • 고품질의 공간정보 공유 및 개방 • 공간정보 융·복합 신산업 육성	• 대한지적공사를 한국국토정보공사로 설립
제6차 NSDI정책 기본계획 (2018~2022년)	• 공간정보 융복합 르네상스 • 스마트코리아 실현 • 공간정보의 생산과 완전 개방 • 공간정보 융합산업 활성화	• 지적재조사 특별법 개정과 제도개선 • 지적정보의 정확성 및 신뢰성 제고를 위한 수치지적제도 전환과 지적제도 선진화 추진

고'를 계획하였다. 이를 위해 도해지적을 100% 수치지적으로 전환하는 지적재조사업과 그 외 수치지도전환사업을 효과적으로 추진하기 위한 제도를 정비하였다. 그 대표적 사례가 수치지적 전환 속도를 높이고자 2021년에 지적재조사사업의 책임수행기관제도를 도입한 것이다.

1975년에 지적확정측량(수치측량)제도를 도입하고, 2012년에 지적재조사사업을 추진하여 도해지적을 수치지적으로 전환할 구체적 계획을 수립하였으나, 2020년까지 수치지적의 전환 실적은 전체 필지의 약 6.7% 수준으로 아직 약 93.3%는 도해지적으로 남아 있는 상태이다.

4. 국가공간정보정책정책 기본계획과 공간정보 3법

국가공간정보정책정책의 수립·집행과 관련한 공간정보 3법, 즉 「국가공간정보 기본법」, 「공간정보의 구축 및 관리 등에 관한 법률」, 「공간정보산업진흥법」이 다음과 같은 과정으로 제정되었다. 법률에 따라서 「국가공간정보 기본법」을 공간정보법으로, 「공간정보의 구축 및 관리 등에 관한 법률」을 공간정보 관리법으로 약칭한다.

1) 공간정보법의 변천

공간정보법, 즉 「국가공간정보 기본법」의 모법(母法)은 2000년에 제1차 국가지리정보정책기본계획 단계에서 제정된 「국가지리정보 구축 및 활용에 관한 법률」이다. 2009년에 이 「국가지리정보 구축 및 활용에 관한 법률」을 「국가공간정보에 관한 법률」로 개정하였고, 이것을 2015년에 「국가공간정보 기본법」으로 개정하여 현재까지 시행되고 있다.

2) 공간정보관리법의 변천

공간정보관리법, 즉 「공간정보의 구축 및 관리 등에 관한 법률」의 모법은 1950년에 제정한 「지적법」과 1962년에 제정한 「측량법」 및 「수로업무법」이다. 국가공간정보정책정책을 도입하기 전까지 우리나라는 서로 다른 3개의 법률에 근거하는 각각 지적업무와 측량업무 및 수로관리 업무를 수행하였으나, 1995

년에 국가공간정보정책정책을 도입한 이후에 다양한 국토공간자료를 통합·관리해야 필요성에 따라서 3개의 법률을 통합하였다.

이런 배경에 따라서 2009년에 「지적법」·「측량법」·「수로업무법」을 통합하여 「측량·수로조사 및 지적에 관한 법률」을 제정하였고, 이것을 2015년에 「공간정보의 구축 및 관리 등에 관한 법률」로 개정하여 현재까지 시행되고 있다.

① 개별법 단계: 「지적법」·「측량법」·「수로조사법」

한일합방시대에 「토지대장규칙」에 의거하여 토지에 관한 지적공부를 작성하였고, 「임야대장규칙」에 의거하여 임야에 관한 지적공부를 작성하여 지적공부가 관리체계가 서로 다른 2개의 법률에 근거하여 작성되므로 지적공부관리에 비효율이 존재하였다. 이를 개선하기 위하여 1950년에 하나로 통합한 「지적법」을 제정·시행하게 되었다.

「지적법」에 이어서 1962년에는 「측량법」과 「수로업무법」 등 개별법을 제정하여 시행하였다. 「측량법」은 국토의 종합적인 개발 및 이용계획에 관한 정책수립을 위하여 필요한 토지측량을 하는데 대한 사항을 규정한 것이다. 그리고 「수로업무법」은 수로측량의 성과와 기타 해양에 관한 기초자료를 정비하여 해상교통의 안전 확보 및 국제 수로에 관한 정보교환을 목적으로 제정한 것이다. 따라서 우리나라는 해방 후 약 60여년 「지적법」·「측량법」·「수로조사법」에 근거하여 서로 다른 방법과 절차로 국토를 비효율적으로 측량·관리해 왔으나, 국가공간정보정책정책의 도입으로 이런 개별법을 하나로 통합·관리하여 국토의 효율적 관리가 가능하게 되었다.

② 「측량·수로조사 및 지적에 관한 법률」 단계

2008년, 즉 제3차 국가공간정보정책정책 기본계획 단계에서 지적업무가 행정안전부(당시 행정자치부)에서 국토교통부(당시 국토해양부)로 이관되고, 2009년에 개별법 「지적법」·「측량법」·「수로조사법」을 하나로 통합하여 「측량·수로조사 및 지적에 관한 법률」을 제정하고, 모든 국토의 측량 방법과 절차를 일원화하게 되었다. 따라서 서로 다른 3개의 개별법에 근거하여 토지측량을 실시하여 제작한 지형도·지적도·해도의 불일치한 문제와 이것이 국가공간정보산업

발전을 저해하는 문제를 해소되었다.

그러나 「측량·수로조사 및 지적에 관한 법률」은 단순히 이 3개의 개별법을 순서대로 나열한 수준에 불과하다는 법률로써의 한계가 노출되었고, 따라서 국토의 다양한 공간자료를 통합적으로 수집·관리할 수 있는 법적 보완이 필요하다는 지적이 있다.

③ 「공간정보의 구축 및 관리 등에 관한 법률」 단계

2015년, 즉 제5차 국가공간정보정책정책 기본계획 단계에서 「측량·수로조사 및 지적에 관한 법률」을 「공간정보의 구축 및 관리 등에 관한 법률」으로 개정하였다. 이것은 국토의 다양한 공간자료를 통합적으로 수집·관리할 수 있는 공간정보관리법으로써의 법률체계를 개선한다는 취지에서 추진된 개정이며, 그 구체적인 내용은 다음과 같다.

- 측량업 정보를 효율적으로 관리하기 위하여 측량업정보종합관리체계를 구축·운영하고, 이를 통하여 측량용역 사업에 대한 사업수행능력을 평가하여 공시하므로 측량부문의 공공발주에서 측량업체선정의 객관성을 확보할 수 있도록 제도를 개선하였다.
- 측량업의 등록 질서를 확립할 목적으로 고의적으로 폐업한 후 일정기간 내 재등록한다 할지라도 폐업 전 위반행위에 대한 행정처분 효과를 승계하고, 위반행위에 대해 행정처분이 가능하도록 함과 동시에 자진폐업을 한 경우에도 폐업 전에 수행하던 측량 업무를 계속 수행할 수 있도록 개선하였다.
- 공간정보산업의 건전한 발전을 도모하기 위한 목적으로 현행 「측량·수로조사 및 지적에 관한 법률」에 따라 관리되는 '측량협회'와 '지적협회'를 '공간정보산업 협회'로 통합하여 「공간정보산업 진흥법」에 따라 관리하도록 하고, 현행 공간관리법에서 '측량협회'와 '지적협회'에 관한 기존의 조문을 삭제하였다.
- 국가공간정보기반을 강화하기 위한 목적으로 공간정보법에 한국국토정보공사(구 대한지적공사)의 설립·운영 등에 관한 조문을 두고, 현행 공간관리법에서 '대한지적공사'에 관한 조문을 삭제하였다.

3) 공간정보산업진흥법

2009년, 즉 제5차 국가공간정보정책정책 기본계획 단계에서 「공간정보산업진흥법」 제정하였다. 이 법 제정은 정부가 공간정보산업의 경쟁력을 강화하고 그 진흥을 도모하여 국민경제의 발전과 국민의 삶의 질 향상에 이바지하기 위함이다. 이 법에 따라 국가 및 지방자치단체는 공간정보산업이 국가경제 및 산업에서 차지하는 중요성을 인식하고 그 발전을 지원해야 한다.

이 법에서 규정한 '공간정보사업'이란 법률에 따라 등록된 측량업 및 해양조사·정보업, 위성영상을 공간정보로 활용하는 사업, 위성측위 등 위치결정 관련 장비산업 및 위치기반 서비스업, 공간정보의 생산·관리·가공·유통을 위한 소프트웨어의 개발·유지관리 및 용역업, 공간정보시스템의 설치 및 활용업, 공간정보 관련 교육 및 상담업 등을 말한다.

• 표 9-2 • 공간정보 3법의 변천

	1950	1960	1970	1980	1990	2000	2010	2020
공간정보법						「국가지리 정보구축 및 활용에 관한 법률」(2000)	「국가공간 정보에 관한 법률」(2009)	「국가공간 정보기본법」 (2015)
공간정보 관리법	「지적법」 (1950)	「측량법」 (1962) 「수로업무법」 (1962)					「측량· 수로조사 및 지적에 관한 법률」(2009)	「공간정보의 구축 및 관리 등에 법률」(2015)
공간정보 산업 진흥법							「공간정보산업 진흥법」(2009)	

제2절 | 국가공간정보정책의 추진

1. 국가공간정보정책의 추진실적과 과제

1) 공간정보 구축분야 추진실적과 국가 품질기준 제정

1995년에 국가공간정보정책을 도입한 이후, 공간정보의 구축 분야에서는 기본공간정보 구축뿐만 아니라, 3차원 공간정보 구축, 실내공간정보 구축, 공간빅데이터 구축까지 지속적인 발전을 거듭해 왔다. 최근에는 무인항공기(드론)나 자율주행차 운행 등에 활용되는 정밀도로지도 및 3차원 정밀지도 구축을 시도하며 4차 산업시대를 선도할 기반공간정보 구축을 지원하고 있다.

국가공간정보의 근간이 되는 지형도 구축은 항공측량을 기반으로 하여 국토지리정보원이 2년을 주기로 일괄 갱신하는 방식을 원칙으로 하면서 수시 수정도 병행하고 있다. 지형도 외에 지적도·환경지도·임상도·교통DB 등의 특수 주제도는 관계부처에서 실시간으로 갱신할 수 있는 방법을 연구하는 등 공간정보의 구축 분야에서는 정보의 정확성과 실시간성 확보에 적극 노력하고 있다. 그러나 현재 공간정보 구축 분야에서는 공급자의 시각에서 정보구축이 이루어지는 경향을 완전히 탈피하지 못하고 있다. 무엇보다 날로 증가하는 다양한 사회적 수요에 충분히 대응하지 못한다는 지적이 여전한 실정이다. 감사원 감사에서 공간빅데이터, 지하시설물 DB 등에서 오류가 지적될 만큼 정보의 정확성이 떨어지는 것이 현실이다. 특히 국가의 명확한 품질기준이 없고 기관별로 자체 기준에 따라 공간정보를 구축하기 때문에 정보의 융·복합을 할 경우에 위

국토교통부
GIS기반 건물통합

행정자치부
도로명주소

국토정보지리원
수치지형도

* 자료: 제6차 국가공간정보정책정책 기본계획
• 그림 9-2 • **구축기관에 따른 공간정보의 위치 오차**

치 오차의 문제가 심각한 수준이다. 이런 문제는 자율주행차·가상증강현실 등 공간정보를 기반으로 하는 최신 부가가치산업발전에 심각한 지장을 초래할 수 있다.

따라서 현재 공간정보 구축분야에서 시급하게 해결할 문제는 정보의 최신성과 정확성을 갖춘 고품질 공간정보를 생산할 수 있는 국가의 품질기준을 마련하는 것이다.

2) 공간정보 공유분야 추진실적과 관·민 시스템의 연계

공간정보 공유를 위하여 시스템 연계·개방·유통을 위한 정책적 노력의 결과로 41개 기관에서 운영 중인 88개 시스템이 양방향으로 연계되어 국가공간정보를 공동으로 활용할 수 있는 기반을 마련하였다.

국토지리정보원은 공간정보의 활용을 증진하기 위하여 2016년부터 1/5,000 수치지도를 무료로 개방하기 시작하여 현재는 수치지형도·정사영상·항공사진 등 57종의 공간정보를 온라인에서 무상으로 제공하고 있다. 또한 국토교통부는 연속지적도, 개별공시지가, 토지이용계획, 3D 공간정보 등 총 공간정보 825종 가운데 개인정보와 보안관련 정보를 제외한 409종과 활용도가 높은 37종을 개방하고 있다.

정부는 공간정보의 유통과 공유를 활성화하고, 그 활용성을 증진하기 위하여 다음과 같은 온라인 사이트를 운영하고 있다.

- 국토지리정보원이 운영하는 국토정보플랫폼(http://map.ngii.go.kr): 축척별 수치지형도 및 이를 제작하기 위해 확보한 정사영상, 항공사진 제공
- 국토교통부가 운영하는 국가공간정보포털(www.nsdi.go.kr): 공공기관 간 시스템 연계를 통해 취합한 공간정보 제공
- 공간정보진흥원이 운영하는 공간정보오픈플랫폼(www.vworld.kr): 3차원 공간정보, 실내 공간정보 및 효율적 공간정보 활용을 위한 오픈 API를 제공

그러나 공간정보의 활용성을 증진하기 위해서는 타 분야와 정보 융·복합이 매우 중요하지만, 타 분야의 정보를 공유 또는 연계하는 기반이 매우 취약하다. 이런 문제를 해결하기 위하여 타 부처의 여러 공간정보관련 시스템과 연계를

적극 추진하고는 있지만, 현재 총 66개 대상 기관의 328종 시스템 가운데 41개 기관 88종의 시스템이 연계되어 있는 수준이다. 또 민간기업 간 공간정보를 거래 지원할 목적으로 국가공간정보포털 내에 공간정보오픈마켓을 구축하였으나 민간기업의 참여율이 매우 저조하여 이를 위한 해결방안 모색도 필요하다.

3) 공간정보 활용분야 추진실적과 개인정보 보호

국가공간정보정책을 통하여 구축된 수치지형도, 3차원 공간정보, 빅데이터, 위치보정정보 등은 민간·공공기관을 통하여 생활정보서비스 혹은 공공정책 등에서 넓이 활용되고 있다. 대표적으로 민간기업 다음(daum)은 3차원 공간정보를 활용하여 스카이뷰 서비스를 실시하고 있고, KT는 위치보정정보를 활용하여 주유소 자동결제 서비스를 준비 중이다. 한편 공공기관인 건강보험공단은 공간빅데이터를 활용하여 작성한 응급의료 취약지도를 활용하며 업무효율을 높이고 있다.

그러나 국가공간정보정책시행에도 불구하고 민간의 수요가 많은 과세·의료·범죄·교통사고·자연재해 등에서 개인정보 보호 등의 이유로 공간정보를 개방할 수 없는 것이 공간정보 활용 활성화를 위축시키는 요인이 되고 있다. 따라서 개인정보를 보호한다는 전제하에서 공간정보의 활용성을 높일 수 있는 방안을 모색하는 정책적 노력도 필요하다.

4) 공간정보 산업진흥의 추진실적과 공간정보산업구조 개선

최근에 공간정보에 대한 사회적 수요가 증가함에 따라서 전 세계적으로 공간정보산업도 가파르게 성장하는 추세이다. 정부가 발표한 자료에 따르면, 2012년 이후에 공간정보산업의 성장은 매년 매출액 기준으로 10%, 종사자 수를 기준으로 5% 이상 성장하고 있다.

그러나 우리나라 공간정보산업의 특성상 고부가가치의 융·복합 공간정보산업의 성장세가 뚜렷하다고 하기는 어렵다. 다시 말해서 우리나라 전체 공간정보산업의 총 매출액에 대한 59.4%가 국가공간정보정책으로 발주되는 공공 측량·공공DB구축사업이 차지하고, 민간에서 발생시키는 매출액 수준이 현저히 낮다. 이것은 연 매출액이 10억 원 미만인 중소업체의 비중이 72.8%가 될 만큼 높고,

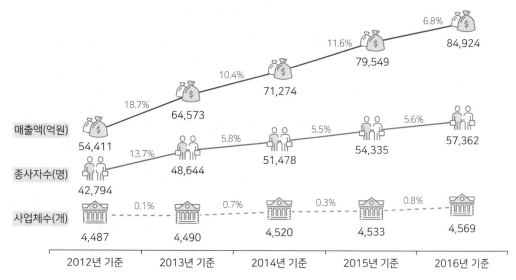

* 자료: 제6차 국가공간정보정책정책 기본계획

• 그림 9-3 • 공간정보산업의 성장 추이

공간정보산업을 선도할 대기업이 부재한 점도 고부가가치의 융·복합 공간정보
산업의 실적이 부진한 원인으로 지적된다. 따라서 이런 공간정보산업구조의 문
제를 개선하는 것 또한 국가공간정보정책이 해결해야 할 하나의 과제이다.

2. 국가공간정보정책의 추진 동향

1) 국내 동향

① 공간정보의 가치 정립

우리나라 「국가공간정보기본법」 제2조에서는 공간정보를 "지상·지하·수상·
수중 등 공간상에 존재하는 자연적 또는 인공적인 객체에 대한 위치정보 및 이
와 관련된 공간적 인지 및 의사결정에 필요한 정보"로 정의한다. 다시 말해서
공간정보란, 지표와 공간상의 모든 객체 및 지리적 현상에 대한 위치·경로·시
점 등에 대한 정보이며, 이것은 도로·철도·항만과 같은 사회간접자본으로 모
든 경제활동의 기반이 된다.

한편 공간정보학의 관점에서 공간정보는 현실세계에 존재하는 모든 객체(토지

이용, 지적, 도로 등)를 이해하기 쉽게 점·선·면의 기하학적 요소로 변환하고, 각 기하학적 요소에 관련된 속성정보를 통합·구축한 정보라고 정의할 수도 있다. 이와 같이 공간정보의 가치를 발견하고 정립하여 홍보하는 정책적 노력도 매우 중요하고 그 내용은 다음과 같다.

- 첫째, 문서나 텍스트만으로는 이해하기 어려운 복잡한 공간현상을 시각적 매체로 제공하여 쉽게 이해할 수 있게 한다.
- 둘째, 시간과 공간으로 구성되어 있는 현실세계에서 인간의 정확한 공간의사결정을 지원하는 과학적·종합적 공간분석이 가능하다.
- 셋째, 위치 기반으로 다양한 정보를 융·복합하여 새로운 부가가치 정보를 창출할 수 있는 정보기반의 역할을 한다.

② 제4차 산업혁명과 공간정보

공간정보는 제4차 산업혁명시대의 중심에서 현실세계와 가상세계를 연결하는 플랫폼으로, 또 가상세계와 사용자를 연결하는 인터페이스로써의 역할을 한다. 2016년 세계경제포럼(The World Economic Forum)에서 처음으로 제4차 산업혁명이라는 용어가 등장하였고, 이것은 인공지능(AI), 사물인터넷(IoT), 로봇기술, 드론, 자율주행차, 가상현실(VR) 등이 정보통신기술(ICT)과 융합하는 것으로 이해할 수 있다. 제4차 산업혁명시대의 도래는 개인이 가지고 있는 지식이 정보통신기술을 통해 쉽게 상호 공유·개방되고, 이렇게 공유·개방되는 지식과 정보가 사회를 움직이는 원동력이 되는 정보사회로의 전환을 의미하는 것이라고 할 수 있다. 이와 같이 지식과 정보가 주도하는 정보사회에서 공간정보는 현실세계와 가상세계를 연결하는 매개체(플랫폼)로 기능한다.

공간정보를 기반으로 하는 대표적 산업이 자율주행차와 스마트시티 산업이다. 자율주행차는 정밀측위 기술, 정밀도로지도 등 공간정보를 기반으로 할 때 가능하고, 스마트시티도 자율주행차와 마찬가지로 가상공간과 증강현실, 센서의 공간정보 결합 등 기저에 공간정보가 확보되었을 때만 가능하게 된다. 이 외에도 지하철 역사, 극장, 백화점, 공항 등에서 사용자와 상호작용하는 안내 서비스로 로봇 공간정보가 활용되고 있으며, 무인항공기를 이용한 재난방지 등도 공간정보를 기반으로 이루어진다.

③ 국가공간정보정책의 최근 동향

국토교통부가 2020년에 발표한「국가공간정책연차보고서」에 따르면, 우리나라는 제4차 산업혁명시대를 준비하는 한국판 뉴딜정책에서 공간정보정책과 관련되는 대표적인 과제로 지적재조사사업 추진, 디지털 트윈사업, 지하공간통합지도 구축을 제시하였다. 따라서 이 장에서는 8장에서 다룬 지적재조사사업 추진외에 디지털 트윈사업, 지하공간통합지도 구축을 중심으로 우리나라 국가공간정보정책의 동향을 살펴보기로 한다.

디지털 트윈(DT, Digital Twin)은 현실세계의 사물과 동일한 가상세계를 구현하는 기술로써, 이것은 3차원 공간정보를 기반으로 각종 데이터를 결합·융합하는 기술이다. 디지털 트윈은 국토와 도시에서 발생하는 다양한 문제를 해결할 수 있는 해법을 제공할 수 있을 뿐 아니라, 스마트시티 건설이나 자율주행등 미래 기술을 현실화시키는 기본 인프라로 기능을 한다. 디지털 트윈을 구현하여 가상세계에서 온도·습도·구조물의 설계 등 상황변화에 따른 공간의 변화상을 시뮬레이션 할 수 있고, 이것은 공간을 이용 및 관리하는 의사결정과정에많은 비용과 시간을 절감시키는 효과를 유발한다.

정부는 디지털 트윈기술을 도입하여 도시건설에 활용하고자, 디지털 트윈기술의 핵심기반이 되는 3차원 지도를 2022년까지 전국적으로 구축할 국가공간정보정책 기본계획을 수립하였다. 이와 관련하여 국토교통부가 제시한 세부전략은 다음과 같다.

- 첫째, 3차원 지도와 관련하여 도심부 주요지역에 대한 수치표고모델(DEM)과 고해상의 영상지도(12cm 급)를 구축할 계획이다.
- 둘째, 자율주행의 핵심 인프라가 되는 정밀도로지도는 전국 일반국도를대상으로 약 14,000km를 구축할 계획이다.
- 셋째, 상·하수도·공동구 등 지하공간을 입체적으로 관리할 수 있도록3차원 통합지도를 전국 시·군단위로 구축할 계획이다.

이외에 국가가 관리하는 댐(37개)의 실시간 안전 감시체계와 항만(29개) 시설물에 대한 실시간 모니터링체계를 구축할 계획이다. 또 현재 스마트시티 국가시범도시(세종시, 부산시)를 대상으로 3차원 공간데이터와 디지털 플랫폼을 구축하여 여러 시민생활서비스를 제공할 계획이다.

2) 해외 동향

해외 공간정보정책의 중심 키워드 역시 제4차 산업혁명이다. 제4차 산업혁명의 도래로 해외 공간정보산업 시장 규모는 지속적으로 성장하고 있다. 전 세계 공간정보시장에서 미국이 차지하는 비중은 45~50% 수준이고, 유럽연합(EU)이 25~30%이다. 우리나라는 세계 공간정보시장에 차지하는 비중은 3~4%를 차지하고 있다. 여기서는 미국, 영국, 중국을 중심으로 공간정보정책 동향을 살펴보기로 한다.

① 미국

미국의 공간정보정책은 단순한 3차원 공간정보의 가시화를 넘어서 현실감 있는 가상현실 구현에 주력하고 있다. 이를 위해 개발한 프로그램 3DEP에서 항공촬영영상을 활용하여 3차원 데이터를 구축하고 있다. 3DEP는 경로·등급·유틸리티의 측량 및 회랑지역 맵핑, 항공에 대한 지형 및 기타 장애식별과 댐·제방·연안 구조물의 파손 모델링 및 완화, 유압 및 수문학 모델링 등에 활용하고 있다. 그리고 미국은 각 기관별로 구축한 공간정보를 통합하여 관리하기 위하여 그 주체로 연방지리정보위원회(FGDC, Federal Geographic Data Committee)를 운영하고 있다. FGDC는 공간정보의 활용도를 높이기 위하여 메타데이터 작성 및 표준 수립, 관련 기술개발, 공간정보유통관리기구 운영, 국가공간정보자산 관리계획 수립 등의 역할을 수행한다. FGDC는 2016년 미국 공간정보인프라 전략프레임워크를 발표하고 미국 공간정보인프라의 지속가능한 개발을 위한 새로운 접근 방식을 제시하였다.

FGDC가 새롭게 제시한 공간정보인프라 전략프레임워크에서 연방 공동체가 성취해야 하는 3가지 주요 목표로,

- 국가공간정보 플랫폼의 확장
- 연방 공간정보 자원의 관리 강화
- 국가공간정보정책 프레임워크 개정

을 제시하고, 3가지 전략으로는

- 최우선하여 국가공간정보에 집중
- 공간정보 동공체에 대한 이해와 지각을 위한 NSDI 리브랜딩
- 최근 대두되고 있는 문제 해결

을 제시하였다.

이외에 미국은 디지털 트윈을 개발하고 있다. 미국에서 개발된 대표적인 디지털 트윈은 보스턴 도시계획개발청이 도시 공원인 보스턴 커먼(Boston Common)을 중심으로 구축한 것이다. 이것은 GIS소프트웨어의 3D 모델링 기법과 ESRI 서비스기법으로 그림자를 분석하여 개발영향을 평가하는 도구로 개발되었다. 이후 그림자 도구를 활용하여 계획 및 개발, 홍수 모델링 및 가시성 평가 등을 포함한 다양한 의사결정을 위해 실제 시각화 서비스를 만들어 제공하고 있다.

② 영국

영국의 공간정보는 영국지리원(OS, Ordnance Survey)에서 관리한다. 영국지리원은 지도 제작과 공간정보 구축을 전담하는 기관이며, 이 기관에서 지형도, 교통네트워크, 주소, 항공영상을 국가기본도 "OS MasterMap"으로 정의하여 구축·관리한다. 다양한 지리정보 데이터베이스로서의 MasterMap은 지형도(Topography Layer), 도로망도(Integrated Transportation Layer), 주소도(Address Layer), 영상(Imagery Layer) 4개의 레이어로 구성된다.

영국지리원은 MasterMap을 구축·관리하는데 있어서 그 목적을 공익성보다 수익성에 치중하고, 이런 목적에서 공통 공간정보를 제공하는 방법으로 관련 시장에서의 영향력을 확대하고 있다. 즉 상호 호환이 가능한 지형도(Topography Layer)를 바탕으로 다른 기관의 정보나 자체 도로망도, 주소도, 영상과 같은 활용정보를 조합하는 방식으로 시장을 지배하고 있다. 영국은 MasterMap과 더불어 케임브리지를 대상으로 전통적인 도시 모델링 기술과 결합된 디지털 프로토타입을 제공한다.

한편 영국은 공간정보 위원회가 공간정보 기술·환경변화에 대응하기 위하여 공간정보정책 전략 보고서를 출간하고, 위치정보 기반의 경기회복 및 글로벌리더로 가는 다음과 같은 4가지 전략을 제시하였다.

- 위치정보 활용 증진 및 보호 전략 수립
- 공간정보 품질향상 및 접근성 강화
- 국가발전 및 세계 선도를 위한 기술개발 및 인식향상
- 혁신을 통한 공간정보 가치 극대화

그리고 공간정보 변화에 대하여 다음과 같은 6가지 트랜드를 제시하였다.

- 실시간 데이터(real-time data)
- 어디나 있는 센서(sensors are everywhere)
- 인공지능(artificial intelligence)
- 클라우드 & 에지컴퓨팅(cloud and edge-computing)
- 연경성과 5G 미래(connectivity and a 5G future)
- 데이터 시각화(data visualization)

③ 중국

중국은 1970년대 개혁·개방 정책이 추진되면서 경제의 급속한 성장과 정보통신분야의 발전이 함께 이루어졌다. 중국 정부는 정보통신분야의 효과를 통한 경제성장을 도모하며 1993년 중국국가인프라(China National Information Infrastructure)를 구축하였다.

중국은 국가측회국을 통하여 측지, 정사사진, 지도제작, 수치표고모델, 토지이용 등 국가공간정보기반이 구축되었다. 또 중국의 국가측회국은 측량행정법규 및 규칙을 제정하여 측량사업 발전 및 측량업계 관리정책을 수립하고 법에 따라 감독하고 있다.

중국은 국가 지리정보산업의 발전 및 기반강화를 도모할 목적으로 다음 7가지의 정책방향을 공개하였다.

- 정책 환경의 최적화
- 기초조건 마련
- 자주 혁신 촉진
- 인재양성 강화
- 서비스 관리 강화

- 대외협력 발굴
- 통계분석

중국은 2019년에 잉탄시를 국가시범도시로 선정하고 화웨이와 협력하여 'One Centerm Four Platform'모델의 도시통합서비스를 구축하였으며, IoT 기반의 'Smart Yingtan'을 계획하고 이를 통해서 세계 최초로 5G 기반 디지털 트윈 시티 구축을 계획하고 있다.

제3절 | 국가공간정보정책과 미래지적제도의 발전 전망

1. 제6차 국가공간정보정책 기본계획

1) 정책의 기본방향

우리나라는 국가공간정보정책과 관련하여 2022년까지 총 여섯 차례 기본계획을 추진하였고, 2023년부터는 2027년까지 제7차 기본계획을 추진한다. 이에 최근 제6차 기본계획에서 추구하는 정책적 방향을 보면 다음과 같다.

- 빅데이터, 자율자동차, 인공지능 등 4차 산업혁명에서 기반정보로 활용할 공간정보의 생산 및 데이터갱신이 원활히 진행될 수 있는 제도 기반을 개선한다.
- 타 기관 혹은 개인이 만든 공간정보를 누구나 목적에 맞게 사용할 수 있는 수요자 맞춤형의 정보 분류·배포가 이루어지도록 제도 기반을 마련한다. 이를 위해서 공간정보를 상호 교류할 수 있는 플랫폼을 조성한다.
- 정보 연계·융합을 통하여 공간정보산업 시장을 확대한다. 즉 여러 분야가 자유롭게 정보를 융·복합하여 새로운 부가가치를 창출할 수 있도록 그 기반 환경을 조성하고, 불필요한 규제를 완화하는 등 적극적 지원으로 공간정보산업을 활성화한다.
- 범정부부처·공공기관·지자체 및 민간이 조화로운 상생적 거버넌스를 구축하고, 이를 통해서 융·복합 공간정보산업을 진흥할 수 있도록 공간정보 3법을 개정한다.

2) 정책의 비전·목표·전략

국가공간정보정책의 제6차 기본계획은 '공간정보 융복합 르네상스로 살기 좋고
풍요로운 스마트코리아' 실현을 미래 비전으로 제시하였다. 그리고 정책적 목
표로 첫째, 데이터 활용 부문에서 국민 누구나 편리하게 사용할 수 있는 공간
정보를 생산·개방하도록 제도 환경을 마련한다. 둘째, 신산업 육성 부문에서
개방형 공간정보융합생태계 조성하고 양질의 일자리를 창출한다. 셋째, 국가경
영 혁신 부문에서 공간정보가 융합된 정책결정으로 스마트한 국가경영을 실현
한다.

비전	공간정보 융복합 르네상스로 살기 좋고 풍요로운 스마트코리아 실현

목표	• 데이터 활용: 국민 누구나 편리하게 사용가능한 공간정보 생산과 개방 • 신산업 육성: 개방형 공간정보융합생태계 조성으로 양질의 일자리 창출 • 국가경영 혁신: 공간정보가 융합된 정책결정으로 스마트한 국가경영 실현

추진전략	중점 추진과제
가치를 창출하는 공간정보 생산	• 공간정보 생산체계 혁신 • 고품질 공간정보 생산기반 마련 • 지적정보의 정확성 및 신뢰성 제고
혁신을 공유하는 공간정보 플랫폼 활성화	• 수요자 중심의 공간정보 전면 개방 • 양방향 소통하는 공간정보 공유 및 관리 효율화 추진 • 공간정보의 적극적 활용을 통한 공공부문 정책 혁신 견인
일자리 중심 공간정보산업 육성	• 인적자원 개발 및 일자리 매칭기능 강화 • 창업지원 및 대·중소기업 상생을 통한 공간정보산업 육성 • 4차 산업혁명 시대의 혁신성장 지원 및 기반기술 개발 • 공간정보 기업의 해외진출 지원
참여하여 상생하는 정책 환경 조성	• 공간정보 혁신성장을 위한 제도기반 정비 • 협력적 공간정보 거버넌스 체계 구축

* 자료: 제6차 국가공간정보정책정책 기본계획

• 그림 9-4 • **제6차 국가공간정보정책 기본계획의 비전과 전략**

2. 국가공간정보기반 구축 전략

국가공간정보기반 구축에서 중요한 것은 지적 등 다양한 기본공간정보를 정확하게 생산하여 원활히 공유할 수 있도록 기반환경을 조성하는 것이다. 이에 대한 국가공간정보정책 내용을 보면 다음과 같다.

1) 기본공간정보의 생산체계 혁신

국가 기본공간정보에 해당하는 지형도 관리는 국토교통부의 국토지리정보원이 맡고 있다. 국토지리정보원은 「수치지형도 작성 작업규정」에 따라 지형도를 작성하기 위하여 2년마다 정기적으로 전국을 항공사진으로 촬영하고, 이를 바탕으로 도엽단위 완제품으로 지형도를 갱신한다. 지형도를 도엽단위 완제품으로 갱신한다는 것은 도엽에 수록된 정보의 종류·양·형태 등을 수정하기 위하여 변하지 않은 사실까지를 포함하여 정기적으로 도엽 전체를 새로 작성하는 생산체계를 말한다.

이런 도엽단위 완제품으로 지형도를 갱신하는 생산체계는 비효율적이고, 정보의 적시성·활용성을 저해한다는 지적이 제기되고 있다. 즉 도엽단위의 완제품 형태로 지형도를 갱신하므로 인하여 표시정보의 선택 등 수요자 맞춤형 서비스가 곤란하고, 사용자가 객체를 직접 추출·가공해서 사용해야만 하기 때문에 비용이 발생하고 활용성이 떨어진다는 것이다.

따라서 수요자 중심의 서비스와 정보의 정확성·일관성·최신성이 유지되는 지형도 생산체계로 혁신할 필요가 있다. 이에 제6차 국가공간정보정책 기본계획에서 활용도가 높은 기본공간정보(건물·교통·측량기준점·구역경계·교통시설·건축구조물·지형·수계·식생·관심지점)을 우선해서 객체단위로 표준화하여 데이터베이스화하고, 이를 기본공간정보 데이터베이스로 구축하여 다양한 사용자 요구에 맞게 맞춤형 공간정보를 자동으로 생산하는 프로그램을 개발을 계획하였다.

이 프로그램에 의해 생산자 중심의 도엽단위 지형도가 아니라, 주제별(건물, 도로 등)·시기별(연도, 계절, 월 등)·지역별(행정구역, 격자형 구역 등)·파일포맷별로 생산·관리할 수 있도록 수요자 중심의 지형도 생산체계로 전환할 계획이다. 이 프로그램과 생산체계의 혁신이 현실화 된다면, 우리나라 지형도의 활용

환경이 크게 변화가 있을 것으로 기대한다.

한편 제6차 국가공간정보정책 기본계획에서 지형도와 건축행정시스템(세움터)·부동산종합공부시스템·도로대장관리시스템 등 여러 시스템을 연계하여 수시로 객체단위의 갱신이 가능하도록 방법을 전환하고 국토정보플랫폼(map.ngii.go.kr)을 통해 변동내용을 제공할 계획이다. 이것이 가능해지면, 정기적으로 항공사진을 촬영하여 지형도를 갱신하는 비효율 문제점을 완화할 수 있을 것이다.

또한 첨단장비와 기술을 이용하여 국토의 변화, 재난·재해에 대응할 공간정보의 사각지대가 없도록 제도기반의 혁신을 위하여 정밀지상관측(해상도 50cm급)용 위성영상의 수신·가공·활용·서비스를 전담할 위성영상센터를 설립하고, 드론측량에 대한 시범사업을 추진하여 필요한 제도 기반을 마련할 계획이다.

이상 제6차 국가공간정보정책 기본계획에서 중점적으로 추진되는 기본공간정보의 생산체계 혁신전략으로는 도엽단위 완제품 형태의 지형도 갱신체계 혁신, 다양한 정보시스템과 연계한 지형도의 수시 갱신체계 혁신, 첨단장비와 기술을 이용한 공간정보의 사각지대 제로 혁신을 추진하고 있다.

2) 국가공간정보기반의 고도화

미국은 1994년 대통령령으로 국가공간정보기반 구축을 위한 국가공간정보 프레임 워크(National Digital Geospatial Data Framework)를 정하고, 전자 지도에 지형, 건물, 도로, 지하 시설물 등 모든 국토정보를 표준화하였다. 그리고 이를 기반으로 국가 기본공간정보를 수집하여 DB를 구축하고, USGS(National Geospatial Data Clearinghouse)를 통해 각 분야 이용자에게 유통하는 정책을 추진하고 있다.

정부가 관리하는 국가 기본공간정보는 공간적 기반 데이터(예 : 측지 기준, 디지털 정사영상), 주제별 기초 데이터(예 : 지적, 교통) 및 기타 주제별 데이터(예 : 토양, 토지피복)를 포함한다. 이런 기본공간정보를 국가가 취득·처리·저장·유통하는데 필요한 기술 및 인적자원 등을 포함한 총체적인 개념을 국가공간정보기반(NSDI: national spatial data infrastructure)이라고 한다.

우리나라는 제1차 국가공간정보정책을 도입한 이래로 최근까지 6차에 걸친 기본계획을 추진하여 국가측량기준점 설치·운영과 공간정보 표준 개발 및 기본공간정보 구축·관리 등 국가공간정보기반(NSDI: national spatial data infrastructure)에 대한 고도화가 이루어졌고, 최근에 다음과 같은 국가공간정보기반(NSD)I) 고도화 전략이 추진되고 있다.

① 측량기준체계 정비

현재 국가·지방자치단체·공공기관 등 34개 기관이 각각 약 90만개의 측량기준점을 개별적으로 설치하여 운영하고 있는데, 양질의 국가 공간정보를 생산하기 위해서는 이를 통합 관리해야 할 필요성이 제기되고 있다.

이를 위하여 전국을 대상으로 3km 간격의 3차원의 측량기준점을 설치하고, 각 개별기관의 측량성과를 통합·관리할 수 있도록 제도를 정비해야 한다. 즉 GNSS 상시관측소를 추가로 설치하고, 실시간 고정밀 측위 서비스 대상을 확대하여 자율주행차나 무인항공기 등이 터널이나 빌딩 숲 등지에서 GNSS 수신이 취약하여 정보가 끊기는 일이 없이 안정적으로 정보를 수신할 수 있도록 인프라 구축과 기술적 보완이 이루어져야 한다.

② 공간정보 표준 정비

일반적인 기술기준에 대한 불일치를 정비하는 등 공간정보 표준에 대한 정비가 절실하다. 이를 위해 ISO, OGC 등 국제기구의 새로운 표준을 유연하게 도입하고, 표준지원기관을 지정하여 신기술에 맞는 표준 개발을 확대해야 한다. 이를 위해 표준적용에 대한 컨설팅을 확대하고, 표준전문가 양성도 확대해야 한다.

③ 기본공간정보의 생산·품질 관리체계 개선

고품질의 기본공간정보를 생산하여 고부가가치의 공간정보산업을 육성하기 위해서는 이에 대한 품질관리체계를 개선해야 한다. 이를 위해 먼저 개별기관별로 각각의 기본공간정보를 생산하는데 있어서 통일성과 일관성이 유지되도록 품질을 관리하는 하나의 전담기관을 설치하여 컨트롤타워 역할을 수행해야 한다. 전담기관이 설치되면, 기관별로 구축한 기본공간정보를 통합하여 데이터모델, 생산사양, 메타데이터, 데이터 품질기준 등을 표준화할 수 있다. 그리고 개별기관단위로 생산된 공간정보의 연계성과 확장성을 고려하여 구성항목을 구체화·

계층화하고, 그리고 PNU(Primary Number Unique)와 UFID(Unique Feature IDentifier)등 데이터 키(key) 값이 속성테이블에 반영되는 노드-링크체계를 도입하여 정보의 활용성을 강화해야 한다.

3. 국가공간정보정책과 미래지적제도 발전

제6차 국가공간정보정책 기본계획에서 정책적 목표를 위해 설정한 추진전략은 가치를 창출하는 공간정보 생산, 혁신을 공유하는 공간정보 플랫폼 활성화, 일자리 중심 공간정보산업 육성, 참여하여 상생하는 정책 환경 조성이다. 그리고 이 4가지 추진전략 별로 중점을 두고 추진할 12개 과제를 계획하였다.

이 가운데 지적제도와 직접적으로 관련되는 것은 국민 누구나 편리하게 사용 가능한 공간정보 생산과 개방이라는 데이터 활용부문의 목표와 가치를 창출하는 공간정보 생산이라는 추진전략이다. 그리고 이런 정책의 목표와 추진전략에 따라서 지적정보의 정확성 및 신뢰성을 제고하는 것을 세부 과제로 선전하였다. 이것은 지적정보의 정확성 및 신뢰성 제고하는 것이 가치를 창출하는 공간정보 생산, 그리고 국민 누구나 편리하게 사용할 수 있는 공간정보를 생산하여 개방하는데 있어서 매우 중요하다는 것을 의미한다.

따라서 미래의 지적제도는 과거에 단순히 지적공부를 작성·관리하는 차원을 넘어서 국가공간정보기반(NSDI) 구축이라는 큰 틀 안에서 국가공간정보정책과 함께 발전할 것이고, 제4차 산업혁명시대를 실현에 중요한 기반제도로써의 기능을 더해 갈 것이다. 이를 위한 제6차 국가공간정보정책 기본계획에서 중점을 둔 지적제도의 혁신 과제는 다음과 같다.

1) 수치지적 전환 완료

우리나라는 1975년에 처음으로 도면지적을 수치지적으로 전환하는 지적확정측량제도 도입과 2012년에 착수한 지적재조사사업 등을 통하여 전 국토의 100% 수치지적전환을 달성할 계획이지만, 현재 도해지적에서 수치지적으로 전환된 비율은 아직 그리 높다고 볼 수는 없다.

정부는 전통적인 도해지적에서 수치지적으로 전환하기 위하여 국가공간정보정책 차원에서 다양한 프로그램을 동시적으로 수행하며 2030년까지 수치지적 전환을 완료할 계획이다. 수치지적의 전환은 지적정보의 정확성을 통하여 지적제도의 신뢰성을 높일 수 있을 뿐만 아니라, 국가공간정보기반을 고도화 하여 공간정보 활용성 증대와 공간정보산업진흥에도 매우 중요한 의미를 갖는다.

2) 지목분류체계의 개선

지목(land category)은 국토관리와 국민의 재산권에 미치는 영향이 매우 크기 때문에 특별히 관심이 높은 '토지 표시' 사항이다. 지적공부에 등록된 지목은 공시지가신정 및 토지감정평가 등 토지의 가치를 결정하거나 토지세를 산출하는 기초자료가 활용된다. 따라서 토지의 지목이 합리적으로 부여될 수 있도록 지목분류체계를 정비해야 한다. 모든 토지관련 부처에서 지목자료를 쉽게 활용할 수 있도록 연계시스템 간 분류코드를 통일하고, 실시간 토지이용현황을 모니터링할 수 있는 제도적 개선이 필요하다.

현행 우리나라 지목은 토지의 주된 용도에 따라서 28개로 분류하고, 1필 1목의 단식지목부여체계를 유지하고 있다. 그러나 토지의 주된 용도를 기준으로 1필 1목으로 부여하는 현재 우리나라 지목분류체계는 너무 단순하여 복잡한 현실 토지이용현황을 제대로 반영할 수 없다. 이에 지목분류체계의 제도적 개선에 대한 연구가 진행되고 있다.

새로운 대안으로는 토지이용의 다양성을 충분히 반영하여 지목을 대·중·소로 분류하고, 필요에 따라서 1필지 1목 이상을 부여하는 복식 지목체계가 거론되고 있다. 또한 전체 국토에 대한 실제 토지이용현황을 모니터링할 수 있는 방안도 거론되고 있다.

3) 도서지역의 지적등록 정비

점점 해양레저 활동과 자원이용이 증가함에 따라서 도서지역의 토지소유권에 대한 관심도 높아지고 있다. 따라서 도시지역의 토지소유권 분쟁을 예방하기 위하여 토지의 정위치 및 경계를 정비해야 한다. 이를 위해 도시지역을 대상으로 지적공부의 등록상황을 점검하여 등록의 오류를 파악하고, 이를 정비하기 위하여 「공간정보의 구축 및 관리 등에 관한 법률」에 그 법적 근거를 마련할 필요가 있다.

4) 지적재조사사업의 적극적 추진

지적재조사사업의 추진현황을 주기적으로 점검·분석하고, 보다 적극적인 사업 추진을 위하여 위성측량 및 드론 활용 확대, 사물인터넷 경계점 적용, MMS (Mobile Mapping System) 활용 등 신기술을 활용할 수 있는 추진체계에 대한 개선방안을 모색할 계획이다. 또 지적재조사사업을 도시재생사업과 연계하여 도시정비와 지적불부합을 동시에 해결하므로 시너지 효과를 높이고, 사업비용을 절감할 수 있는 방안도 거론되고 있다.

5) 부동산종합공부시스템 블록체인 기술 도입

블록체인 기술을 도입하여 부동산공부·전자계약·은행·법무사·공인중개사 등이 연계된 부동산거래플랫폼을 구축할 계획이다. 블록체인 기술은 온라인에서 거래내용이 담긴 블록을 형성시키고, 제3자가 거래를 보증하지 않아도 개인이 해당 거래의 타당성 여부를 직접 확인할 수 있도록 정부가 환경을 제공하는 기술로 활용하는 것이다.

이것으로 부동산 거래에서 종이문서의 위·변조가 발생할 수 있는 개연성을 원천적으로 예방하고, 대민 서비스의 편의를 증진하며, 부동산행정의 완전한 정보화를 구현할 수 있다. 이를 위해 상호 연계된 부동산종합공부시스템 데이터베이스의 생성·변경·갱신과정을 자동화하고, 클라우드 기반의 시스템 구축에 대한 시범사업을 추진할 계획이다.

학습 과제

1   우리나라 국가공간정보정책의 핵심이 되는 국가공간정보정책기본계획의 변천과정
    을 설명한다.

2   「국가공간정보 기본법」에서 규정한 국가공간정보정책기본계획의 수립절차와 포
    함될 내용을 설명한다.

3   국가공간정보정책 추진에 따른 지적행정의 단계적 변화를 설명한다.

4   국가공간정보정책 기본계획에 따른 지적관계법과 공간정보 3법의 변천과정을 설
    명한다.

5   국가공간정보정책 기본계획의 변화 추세를 분야별(공간정보의 구축·공유·활용·
    산업화)로 설명한다.

6   최근 국가공간정보정책 기본계획의 정책 방향을 설명한다.

7   최근 국가공간정보정책 기본계획의 비전·목표·전략에 대하여 설명한다.

8   최근 국가공간정보정책 기본계획에서 기본공간정보의 생산체계 혁신 추진에 따른
    지적제도의 발전전망을 설명한다.

9   최근 국가공간정보정책 기본계획에서 국가공간정보기반의 고도화 전략에 따른 지
    적제도의 발전전망을 설명한다.

10 최근에 제기되는 지적제도의 선진화 전략에 대하여 설명한다.

제10장 　미래지적제도의 발전방향과 과제

제1절 ｜ 미래지적제도의 발전 방향

1. 지적제도의 선진화 방향

독일, 네덜란드 등 선진 국가들은 끊임없이 국가공간정보정책과 함께 지적제도를 개선하고 있고, 이것은 공간통신 정보기술의 발달에 따라서 여러 공간정보가 국가공간정보데이터인프라를 기반으로 서로 공유하고 통합하는데 있어서 지적정보가 매우 중요한 역할을 하기 때문이다. 유엔 유럽 경제 위원회(United Nations Economic Commission for Europe, UNECE) 보고서에 따르면, 지적제도는 토지행정과 관련하여 반드시 작동돼야 하는 사회적·법적·기술적 프레임워크에 해당한다. 따라서 국가는 토지행정수행에 필요한 프레임워크로써의 지적이 본래의 기능을 보다 수월하게 수행할 수 있도록 지속적으로 제도적 발전과 선진화를 추진해야 한다. 이런 추세에 따라서 우리나라는 현행 지적제도를 개선하기 위한 제도적 방안으로 다음과 같은 지적이 제기되고 있다.

첫째, 우리나라 지적제도의 선진화 방향과 관련해서는 부동산의 표시와 권리에 대한 내용을 서로 다른 기관에서 동일하게 등록·공시하고 있고, 이것은 중복적인 절차의 이행과 비용이 증가되는 문제가 있어 등기제도와 지적제도를 통합해 일원화해서 효과적으로 제도를 이행할 수 있는 중앙기구 신설이 필요하다는 주장이 제기되고 있다.

둘째, 우리나라 지적제도의 선진화 방향에서 지적되는 문제는 지적공신의 원칙이다. 즉 우리나라는 적극적 등록주의를 채택하고 있는데 반해서, 국가가 토지등록 결과에 대한 책임은 소극적으로 보장하고 있는 실정이다. 이것이 지적제도의 정확성과 신뢰성을 저해하는 주요인으로 지목되고 있다. 즉 토렌스시스템과 같은 공신의 원칙을 적극적으로 수용해서 토지등록의 결과를 국가가 적극적으로 책임지는 실질적 심사주의를 도입하므로 지적제도의 정확성과 신뢰성을 보장해야 한다는 것이다.

셋째, 지적제도의 선진화에서 핵심은 자료의 정확성을 유지하며 토지정보에 대한 수요자 요구에 맞는 토지정보가 신속하게 제공될 수 있고, 이를 바탕으로 공간정보산업 발전을 지원할 수 있도록 지원하는 것이다.

이상의 지적에 따라 우리나라는 2030년까지 도해지적을 수치지적으로 100% 전환하는 지적재조사사업을 추진하고 있으며, 지적제도의 선진화를 위한 제도적 노력을 하고 있다. 지적제도의 선진화 방향을 요약하면 다음과 같다.

- 수치지적을 통한 지적정보의 정확도 향상
- 다양한 요구에 부응하는 다목적지적제도 정착
- 지적정보의 확대·공유를 통한 지적정보산업의 육성

2. 지적제도의 동향

지적제도의 선진화를 위하여 21c에 들어서 지적제도의 특성, 즉 지적제도를 구성하는 토지등록의 주체와 객체가 다음과 같은 방향으로 변화하고 있다.

• 등록주체의 변화

이제까지 토지를 조사·측량하여 공부에 등록·관리하는 주체를 지적소관청으로 규정해왔으나 최근에는 여러 부동산 업무를 수행하는 모든 공적기관이 토지와 부동산을 조사·측량하여 지적공부에 등록할 수 있는 주체로 다변화해야 한다는 주장이 제기되고 있다.

• 등록객체의 변화

지적제도 자체가 세금징수 등 국가의 토지행정에 필요한 자료를 확보하기 위하여 지적공부를 작성하던 것과 다르게 최근에는 다양한 분야에 토지정보를 제공하기 위한 종합토지정보체계를 구축·관리하는 형태로 변화하고 있다. 그리고 지적공부에 등록하는 토지의 공간적 차원도 지표로 한정하지 않고, 지상과 지하로 확대한 3차원 지적 또는 시간적 요소까지를 고려한 4차원 지적제도의 변화를 추구한다. 그리고 육지부분뿐만 아니라 해양까지를 지적제도로 관리하는 해양지적제도 도입도 논의되고 있다.

또한 지적공부의 작성 목적이 공적 자료에 있던 과거에서 광범위한 공적·사적 목적에서 요구하는 다양한 토지정보 제공으로 변화하고, 그 대상이 지적에서 부동산 자료로 확대되고 있다. 다시 말해서 지적공부에 등록하여 제공하는 정보가 '토지 표시'와 '토지소유자 사항' 및 공시지가 정보 외에 여러 부동산 관련 자료를 통합하여 제공하는 다목적지적으로 변화할 것이다. 이와 같은 다목적지적제도는 지속적으로 발달하여 일필지를 기반으로 지적과 부동산 관련자료뿐 아니라, 법률적·사회적·문화적 자료까지 등록하여 서비스할 것으로 예상한다.

제2절 | 다목적지적제도의 발전과 과제

1. 다목적지적제도의 목적과 동향

다목적지적제도(Multipurpose Cadastre System)는 '국가가 정보 수요자들에게 일필지에 관련된 다양한 정보를 제공할 목적으로 관리하는 토지제도'로 정의된다. 토지관련 종합정보시스템을 구축하여 전통적인 지적제도 보다 훨씬 광범위한 분야에 토지정보를 제공할 수 있는 다목적지적제도는 1980년도에 등장하여 지적제도의 발전모델이라고 할 수 있다. 물론, 이것이 추구하는 목적을 현대 지식정보화사회의 관점에서 볼 때, 다목적지적제도보다 정보지적제도(Informational Cadastral System)로 부르는 것이 더 적합하다는 주장도 있다. 국가가 다양한 토지정보 수요자들에게 일필지 단위로 종합적인 토지정보를 제공하는 다목적지적제도 혹은 정보지적제도가 새로운 현대지적제도의 발전모델이라는 것은 확실한 것 같다.

한편 과거의 지적제도가 자료를 여러 부처별에서 분산·관리하는 문제로 인하여 토지정보를 종합적으로 활용하기 어렵고, 자료 간 연계활용이 어렵기 때문에 토지정보를 취득하여 이용하기가 매우 불편하였다. 이렇게 행정부처마다 각자 업무에 필요한 토지정보를 중복하여 구축·관리하는 비효율의 문제를 해결한다는 측면에서 다목적지적제도를 선진화된 지적제도라고 한다. 즉 과거에 조세징수를 목적으로 한 세지적제도 또 토지소유권보호와 토지거래의 안전을 목적으로 하는 법지적제도에 비해서 제도로써의 효율성을 한층 높일 수 있다는 점에서 선진 지적제도로 평가한다.

2. 다목적지적제도의 특성

다목적지적제도는 단순히 구축된 데이터베이스의 정보를 제공하는 것 외에 공간분석을 통한 새로운 부가가치 정보를 제공할 수 있다는 점이 특징이고, 지적공부를 기반으로 공간분석이 가능하기 위해서 다목적지적제도가 갖추어야할 구성요소는 다음과 같다.

- 측지기준망에 해당하는 기준 프레임(Geodetic Reference Framework)
- 연속적이고 최신성이 담보된 지형도·지적도 등의 대축척의 기본도(Base Maps)
- 도시계획도·개발구역도·침수지역도·오염도 등 필지기반의 지적도면과 중첩할 다양한 중첩도(Cadastral Overlay)
- 필지단위 고유 식별 번호(Linkage Mechanism)

이상의 구성요소가 갖춰진 다목적지적제도는 일필지를 기본 공간단위로 공공 및 개인사무소, 그리고 시민 개개인에게 토지정보를 서비스할 수 있도록 고안된 지적정보체계이다. 따라서 다목적지적제도에서 일필지 단위는 과세기록, 공공토지이용 및 규제기록, 여러 기관에 산재되어 있는 고속도로·하수도·상수도 등과 같은 도시기반시설에 대한 기록, 그리고 자연 및 환경기록을 보유하고, 이 일필지를 자료처리의 기본 공간단위로 하여 자료의 조정과 지적에서 자료파일(files)을 다목적으로 이용하기 위해서 고유한 식별번호가 부여한다. 그리고 다목적지적시스템은 필지 단위로 토지 이용, 식물, 건물, 광물 자원, 홍수 위험, 유틸리티, 소득, 인구 등 종합적인 토지정보를 지원한다는 측면에서 프레임워크(framework)이다. 지적이 프레임워크로써 일필지를 정보의 기본단위로 이용되며, 위치와 크기, 그리고 소유권, 권리, 사용 및 가치 평가 등의 관련 데이터에 대한 정보를 포함하는 필지의 완전한 목록이라고 할 수 있다.

3. 다목적지적시스템의 구축 사례

1) 국내 사례

현재 우리나라에서 다목적지적시스템으로 운영되는 대표적 사례로는 한국토지
정보시스템(KLIS), 부동산종합공부시스템(KRAS), 지적재조사 행정시스템, 부동
산 등기시스템 등이 있다.

- 한국토지정보시스템(Korea Land Information System): 토지정책 수립에
  필요한 정보를 신속 정확하게 제공하는 것으로, 토지이용규제 법률에서
  지정하고 있는 용도지역 지구를 정확하게 관리하여 정부와 국가기관, 지
  자체(광역시·도, 시·군·구 등) 및 국민들에게 신속히 제공해준다.
- 부동산 행정정보시스템(Korea Real estate Administration intelligence
  System): 하나의 부동산 물건에 대하여 서로 다른 기관에서 18종의 공부
  로 분산하여 중복적인 정보형태로 관리되던 문제점을 개선하기 위하여
  추진한 부동산행정정보일원화사업에 의해서 구축된 시스템이다. 즉 부동
  산행정정보일원화사업의 결과로 부동산 관련 18종의 공적장부를 하나의
  부동산종합공부에 등록하여 제공한다.
- 지적재조사 행정시스템(Cadastral Re-survey Administration System):
  지적재조사 사업을 지원하기 위해 구축한 행정시스템으로 KLIS(지적도,
  가격, 연속도), 부동산행정정보일원화(부동산 종합공부), 법원행정(등기
  정보), 국토지리정보원(항공사진), 새올행정시스템(주민정보), 국가공간정
  보센터(부동산정보 통계정보), 바로처리센터(측량정보, 현황정보) 등의 외
  부시스템과 연계되어 있고, 이 시스템의 구성요소는 커뮤니티 정보제공,
  공개시스템 서비스 구축, 기본데이터 연계 및 제공, 사업관리시스템, 자
  료관리 시스템, 그리고 경계확정 및 토지이동 신청으로 구성되어 있다.
- 등기정보시스템(Automated Registry Office Systems): 등기소 업무를 수
  행하는 등기업무시스템, 인터넷을 통한 등기업무를 수행하는 등기 인터
  넷시스템, 유관기관과의 연계업무를 수행하는 유관기관 연계시스템으로,
  집행관 업무를 수행하는 집행관 업무시스템, 그리고 기타 사용자지원센
  터(UHD: User Help Desk)와 이러닝(e-learning), 신통계 시스템 등으

로 구성되어 있다.

2) 해외 사례

해외 다목적지적시스템을 독일의 AAA 시스템과 서유럽의 토지정보시스템이
있다.

- 독일 AAA 시스템: 독일 주 정부는 지적행정에서 공적 지적공부(ALB:
  Automated Land Register)의 지적데이터와 공적 지적도(ALK: Automated
  Cadastral Map)를 통합하여 공적 지적정보시스템(ALKIS: Official Cadastral
  Information System)을 개발하였다. 그리고 이 지적정보시스템(ALKIS)을
  기존의 측지기준점정보시스템(AFIS, Official geodetic points information
  system), 지형－지도정보시스템(ATKIS, Official Topographic－Cartographic
  Information System)과 연계하여 AAA 시스템을 구축하였다. 이것이 지
  적공부를 기반으로 구축한 독일의 다목적지적시스템이고, 따라서 이 시
  스템은 측지기준점정보시스템(AFIS), 지형－지도정보시스템(ATKIS), 그
  리고 지적정보시스템(ALKIS)을 구성요소로 구축되었다.
- 서유럽의 토지정보시스템: 다목적지적제도에서는 지적의 범위가 상당히
  넓어지고, 지적에 점점 부가정보가 증가하거나 다른 시스템의 DB와 연
  결되는 것이 특징이다. 이것이 현재 토지정보시스템(Land Information
  System)이라는 국제적 용어로 사용되고 있다. 정부가 모든 형태의 공간
  정보를 지원할 수 있는 시스템으로써 필지를 기반(parcel－based)으로
  환경(environmental)과 천연자원시스템(natural resource system)을 포함
  하는 개념이다.

제3절 | 3차원 지적제도의 발전과 과제

1. 3차원 지적제도의 필요성과 배경

1) 토지이용의 입체화

2차원 지적을 3차원 지적으로 전환하여 관리하는 데는 많은 시간과 비용이 소요되는 어려움이 있으나 지상의 건축물과 상하수도·전기선·가수배관·전화선·지하철·지하도로 등의 지하시설물 및 지하주차장·지하상가와 같은 지하건축물 등의 부지를 포함하는 토지등록제도가 미래 지적제도의 발전모델이다.

이것은 지적공부의 용도가 전통적 수준을 넘어서 국가의 토지행정 전반으로 확대되고, 점점 지적정보가 훨씬 광범한 분야의 기초 자료로 활용되며, 실세계의 정확한 지적정보를 요구하기 때문이다. 따라서 지적제도는 지표뿐 아니라 지상과 지하까지 모든 토지가 사람과 어떻게 연결되어 있는가에 대하여 더 신뢰할 수 있도록 과학적으로 설명할 수 있어야 하고, 이를 위해 최첨단 기술과 장비가 동원되어야 한다.

토지가 사람과 어떻게 연결되어 있는가를 설명하는 가장 중요한 요소가 물권에 해당하는 토지소유권이다. 토지소유권에 대한 정보는 실제로 정부의 토지행정업무 혹은 토지정책 수립에서 매우 중요한 기초자료로 활용된다. 더구나 최근에는 광물이나 석유 등 지하자원의 매장지 또 지상과 지하에 건설되는 건축물과 구조물의 부지에 대한 소유권 문제가 과거보다 높은 관심사가 되었고, 지표에 설정된 토지소유권이 지상과 지하 공간에 미치는 높이에 대한 적정성에 대한 관심도 매우 높아지고 있다.

특히 현대 도시에서는 도시로 집중되는 인구를 수용하기 위하여 도시민의 생활공간이 지표를 넘어서 지하와 지상으로 확대하고, 지하철·지하도로 등 지하시설물과 고층건물·주상복합건물·고가도로 등 지상시설물의 규모가 커지며 토지이용의 입체화가 가속화하고 있다. 이런 현실을 감안할 때, 현행 2차원 지적으로는 지적제도가 제 기능을 하는데 한계가 있다.

이와 같은 배경에 따라서 토지등록의 범위를 지표공간에서 지상과 지하공간으로 확대하여 3차원의 공간에 대한 토지현황을 지적공부에 등록하는 3차원 지적제도 또는 입체지적제도로 전환을 위한 연구가 다각적으로 진행되고 있다. 3차원 지적이 필요하다고 주장하는 그 배경을 요약하면 다음과 같다.

- 토지이용의 입체화와 토지소유권에 대한 높은 관심
- 3차원 지적측량 및 3차원 GIS기술 발달

최근에 국제사회에서는 2차원 지적을 완전한 법적 토지등록제도로 볼 수 없다는 주장하기 시작하였다. 즉 현실과 완전히 부합하는 토지등록제도는 모든 토지에 대하여 권리(Right)·제약사항(Restrictions)·책임(Responsibility)을 완전하게 등록·공시해야 하고, 이를 위해서는 3차원의 토지등록이 이루어져야 한다는 국제적 공감대가 형성되고, 이를 위한 연구가 진행되고 있다.

그러나 3차원 지적제도는 3차원의 GIS기술 혹은 기존의 전산시스템을 구축하는 기술만으로 해결할 수 없는 문제가 있다. 지적(地籍)이 현실세계의 자연현상을 대상으로 등록하는 것이 아니라, 법적·인위적으로 설정한 필지를 대상으로 하기 때문에 이에 대한 법적 개념, 즉 법적소유권이 미치는 공간범위로서의 필지에 대한 법적개념을 재구성해야 한다.

2) 2차원 지적의 한계

현재 2차원 지적제도로는 현실세계의 토지현황을 모두 등록할 수 없고, 점점 증가하는 토지이용의 입체적 패턴에 맞는 토지정보관리가 어렵다. 이런 2차원 지적은 지적제도의 가치와 신뢰를 점점 저하시키고, 나아가 지적정보 기반의 새로운 공간정보산업 발전을 이끌어 낼 기반이 될 수 없다는 한계가 있다. 이에 대하여 구체적으로 다음과 같은 사례를 들 수 있다.

- 지상에 주상복합 건물이 있을 경우에, 2차원 지적에서 x, y로 묘사되는 하나의 건물필지 내에 소유자와 용도가 다른 구분소유권의 부분 공간(sub space)이 위치한다. 이 경우에 현행 2차원 지적으로는 소유자와 지목을 부분공간으로 등록할 수가 없다.
- 지하공간에서 동일한 x, y 좌표 공간에서 깊이를 달리하여 서로 다른 구조물(건물, 지하철 등)이 중첩하여 위치하는 경우가 많다. 이런 경우도 현재 2차원 지적으로는 이 지하구조물의 부지를 등록할 방법이 없다.

2. 3차원 지적의 유형

공간 객체(Object)를 유클리드 기하학으로 정의하는데 필요한 독립 좌표의 수를 공간 차원이라고 한다. 즉 2차원 공간의 점·선·면 객체는 x, y 축에서 측정된 2개의 독립 좌표로 정의되고, 3차원 공간의 점·선·면 객체는 x, y, z 축에서 측정된 3개의 독립 좌표로 정의된다. 그리고 2차원 공간의 점·선·면이 높이에 해당하는 z 좌표를 속성 값으로 저장하고 있는 경우를 2.5차원 공간 객체라고 한다.

1) 2.5차원 지적

2.5차원 지적을 하이브리드 지적이라고도 한다. 2차원 지표 상 필지에 대한 z 값을 속성 값으로 등록함으로 3차원의 상황을 알 수 있다는 점에서 3차원 지적이라고 하지만, 2.5차원의 필지에 대한 법률적 사실은 별도의 정의문서로 설명해야하는 점에서 지적제도로써의 불합리한 문제를 가지고 있다.

2) 3차원 지적

3차원 지적(Three Dimensional Cadastre)은 1필지에 대하여 x, y, z 축 상에서 측정한 3개의 독립 좌표로 정의하여 지적공부에 등록하는 지적제도이다. 즉 지표에 설정한 2차원 필지를 그 지상과 지하로 확대하여 x, y, z 3개의 독립 좌표로 등록한 3차원 필지에 대한 물리적 현황과 법적 권리관계 등을 등록하는 토지등록제도이다.

3. 3차원 지적의 등록대상과 방법

1) 3차원의 등록 대상

3차원 지적은 주체·객체·지적 형식의 네트워크로 정의된다는 면에서는 그 본질이 2차원 지적과 다른 것은 아니다. 단지 3차원 지적은 지적공부에 등록되는 객체(Object), 즉 필지(parcel)가 x, y, z 좌표로 정의되는 3차원 필지라는 사실이다. 따라서 3차원 지적의 지적공부(Cadastral Record)은 3차원 필지를 등록할 수 있는 형식으로 다시 설계돼야 한다.

3차원 필지에 대한 법적 정의는 국가마다 다르고, 등록 범위도 다양하다. 일반적으로 3차원지적의 대상은 지표에 존재하는 건축물로서 이미 소유권 등기가 이루어진 건축물 혹은 소유권 등기를 요하는 무허가 미등기 건축물의 부지를 대상으로 한다. 다시 말해서 단독주택·공동주택·주상복합 건물·문화 및 집회시설·판매 및 영업시설·의료시설·교육 및 연구시설·복지시설·운동시설·업무시설·숙박시설·위락시설·공장·공공시설의 부지를 3차원 지적의 등록 대상으로 한다. 따라서 등기할 수 없는 부속 창고나 일시적으로 사용되는 컨테이너 등의 부지는 3차원 지적의 등록 대상이 될 수 없다. 그리고 지하시설물 부지에 대한 3차원 등록의 경우에는 3차원 공간정보구축과 중복되지 않도록 지하상가·지하실·지하주차장 부지로 분명하게 구분할 필요가 있다.

지표의 필지와 지하 및 지상공간의 개념과 더불어 공간에 대한 부동산 소유권의 개념을 추가하여 공간을 3차원 필지로 구획하여 등록하는 3차원 지적제도는 법률을 기반으로 부동산 거래가 이루어질 때, 이를 지원하여 3차원 공간에 대한 물리적 사실만이 아니라, 법적 권리관계까지를 설명할 수 있어야 하고, 이를 위해서는 물권의 성립 대상이 되는 1필지가 3차원의 입체로 정의되어야 한다.

그러나 3차원 지적제도일지라도 3차원 공간에 존재하는 모든 것을 다룰 필요는 없다. 공공시설물(지하실물, 터널, 상하수도, 가스관 등) 가운데서도 권리 (rights), 제한 사항(restriction), 책임(responsibility)에 대하여 관리할 가치가 있는 것에 대한 물권을 지적공부에 등록·관리하는 방법을 고려할 수 있다. 따라서 3차원 지적의 모형은 지표가 아닌 지상과 지하 공간의 필지경계를 지적도에 등록할 수 있는 방법이 연구되어야 하고, 필지에 대한 속성정보도 도해지적과 연계하여 통합적으로 표현할 수 있는 방법을 모색해야 한다.

우리나라는 민법 제212조에서 '토지소유권은 정당한 이익이 있는 범위 내에서 토지의 지상과 지하에 미친다'고 규정하여 2차원의 일필지에 대한 권리가 지상과 지하에서 무한대로 미치고 있다. 한편 이 법 제289조에서 '지하 또는 지상의 공간은 상하의 범위를 정하여 건물 기타 공작물을 소유하기 위한 지상권의 목적으로 할 수 있다'는 규정에 따라서 타인이 소유한 토지의 지상이나 지하의 공간에서 상·하의 범위를 정해서 건물이나 그 밖의 공작물을 소유하기 위한 구분지상권을 설정할 수 있도록 하고 있다.

따라서 민법의 구분지상권 설정에 대한 규정에 따라서 지하도로 건설, 공역철도망 구축 등 지하공간에 대한 공공개발이 가능하게 된다. 또 지상과 지하에 지하철 역사, 지하상가, 보도, 광장 등 다양한 3차원 토지이용권한을 행사할 수 있다. 이상의 법적 규정에 따라서 다음의 부지가 주요 3차원 지적의 등록대상이 된다.

- 지하건축물(지하철·지하터널·도시철도·지하도로·지하주차장·지하상가 등) 부지
- 지하시설물(상하수도배관·전기선·전화선·가스배관 등) 부지
- 2차원 필지의 지상에 건설된 건물(공공 또는 민간업무용 건물·문화시설·병원·학교 등) 부지
- 2차원 필지의 지상에 건설된 주택(단독주택·다세대주택·연립주택·상가주택 등) 부지
- 케이블과 파이프가 설치된 지하 부지
- 지하자원의 소유권이 미치는 범위
- 역사적 기념물이 위치한 지하 부지

2) 3차원 지적의 등록방법

지적(임야)도에 등록된 필지 경계와 현실경계의 불부합 문제, 그리고 지적(임야)도의 서로 다른 축척 간에 필지 경계가 불부합하는 문제를 완전히 해결하거나, 또는 도해지적도를 100% 수치지적으로 전환할 경우에 3차원 지적 구축이 가능할 수 있다. 다시 말해서 100% 경계점좌표등록부가 작성되는 수치지적제도 단계에서는 현재 7가지 축척으로 제작된 지적(임야)도의 축척이 무의미하고, 한 축척의 지적(임야)도에 토지(임야)대장이 모두 통합되는 경우에 3차원 지적 구축이 가능할 수 있다는 것을 의미한다.

그러나 현실적으로 지적(임야)도 축척의 단순화는 도시지역과 농촌지역 및 기타 삼림지역을 구분하여 지적(임야)도의 축척을 도시지역은 1:500, 농촌지역은 1:1000, 기타 삼림지역은 1:2000으로 구분하여 관리하는 것이 바람직할 수 있다. 이것은 도시지역을 지상 수치측량 방식으로 측량이 가능하기 때문에 가능한 1:500 대축척으로 지적도를 관리하는 것이 합리적이지만, 농촌지역은 지상 수치측량에 의한 1:1000 지적도와 1:5000 항공사진측량 방식을 병행하여 1:5000 항공사진을 바탕으로 최대 1:1000 지적도를 작성할 수 있기 때문이다. 한편 기

타 삼림지역에서는 지상 수치측량을 배제하고 완전히 1:5000 항공사진 측량으로 1:2000 축척의 지적도를 작성하는 것이 적당하다.

3차원 지적의 활용성을 높이기 위한 방안으로 지상건축물과 지하구조물까지 지적도의 레이어를 구축할 필요가 있고, 지번이나 지목과 같은 속성정보 정보도 텍스트 형태가 아니라 포인트 형태로 구축하여 레이어별로 추출이 용이하게 제공해야 한다.

3차원 지적을 위해서는 현행 평면지적의 지번부여방식을 개선하여, 지표·지상·지하에 대한 지번부여체계를 구분할 필요가 있다. 이 경우에 현행지번부여방식에 의해 '21' 지번이 부여된 지표의 한 필지에 대한 지상건축물과 지하구조물이 중첩되어 있다면, 지상건축물의 부지는 '상21', 지하구조물의 부지는 '하21'로 지번을 부여하는 등의 방법이 논의될 수 있을 것이다. 단 현행 지번부여체계에서 더욱 변화가 필요한 것은 임야 지역이다. 현재 임야지역의 필지별 지번을 부여할 때는 지번 앞에 '산'을 붙이는데, 이것은 3차원 지적에서 지적(임야)도와 토지(임야)대장을 모두 하나의 새로운 지적공부로 통합한다고 했을 때, 지번 앞에 '산'을 표기하는 것은 무의미하기 때문에 3차원 지적에서는 임야 지번 앞에 '산'자를 삭제하고 이에 따른 새로운 지번부여체계를 고안하여 '산'을 삭제한 이후에 토지지번과 중복되는 문제를 해결할 수 있는 제도적 방안을 모색하는 것이 바람직할 것이다.

4. 3차원 지적제도 도입을 위한 해결과제

1) 3차원 지적의 한계

3차원 지적의 필요성, 그리고 이를 위한 노력에도 불구하고 3차원 지적제도를 현실화하기 어려운 근본적 한계는 이를 위한 법적 기반이 취약하다는 것이다. 우리나라의 경우 3차원 지적과 관련되는 사안들이 여러 개별 법률에 분산되어 있는 것이 현실이고,[1] 이것은 3차원 지적제도 운영에 대한 취지와 목적에 직접

---

1 현재 3차원 지적의 등록대상이 되는 물적 객체는 25개 법률, 19개 시행령, 9개 시행규칙, 6개 시도별 조례 등 총 59개의 개별법령에서, 그리고 권리객체는 14개 법률, 10개 시행령, 3개 시행규칙, 1개 조례 등 총 28개의 개별법령에서 관리되고 있다.

적으로 부합하는 법률이 없다는 것을 의미한다. 우리나라는 현재 3차원 토지이용과 관련한 공공시설물의 설치 등의 업무를 지원하는 법률로 「서울특별시 구분지상권 설정업무지침 및 서울특별시 지하도상가 관리 조례」 등 지방자치단체의 조례 및 업무지침이 전부인 실정이고, 법률로 제정된 것은 없다.

2) 3차원 지적의 과제

① 한계심도의 법제화

지하철·지하도 등 공공시설물이 사유지의 지하공간에 영구적으로 건설되는 사례가 많이 생겨나면서 토지소유자의 재산권이 침범당하고, 이에 따른 분쟁이 빈번한 사회적 문제로 등장하고 있다. 이런 분쟁을 해결하기 위하여 「민법」에서 구분지상권이라는 물권을 규정하고는 있으나, 이것으로 사유지의 지하공간을 공적으로 개발·이용하는데 따른 모든 문제가 해결될 수는 없다.

지표의 일필지의 토지소유권의 효력이 미치는 범위를 「민법」에서 지상과 지하의 무한대로 하는 규정을 개정하지 않고, 구분지상권 규정에 의존하는 한, 구분지상권을 위한 협의 과정에서 발생하는 비용부담이 점점 커질 뿐 아니라, 이에 따른 분쟁도 점점 심각해 질 수 있다. 이와 관련하여 토지소유자가 사용할 가능성이 전혀 없다고 판단되는 깊이에 대해서는 「민법」에서 규정한 토지소유권을 제한하여 특별한 구분지상권 설정이 없이도 토지를 이용할 수 있도록 법제화할 필요가 있다.

이것은 일필지의 토지소유권이 미치는 지상의 높이와 지하의 깊이, 즉 토지소유권의 범위를 법률로 축소하므로 일필지에 대한 입체적 경계선을 등록할 수 있는 3차원 지적을 실현하는 구체적 방안이 모색될 수 있다는 것이다. 이와 관련하여 이하에서 지하의 한계심도(Depth Limits)에 대하여 살펴보기로 한다.

• 한계심도의 개념

일반적으로 지하공간은 지표로부터의 깊이를 기준으로 천심도(淺深度)·중심도(中深度)·대심도(大深度)로 구분하지만, 우리나라는 지하공간을 이렇게 분류하는 개념조차 법률에 정의된 것이 없다. 그러나 토지소유권의 효력이 지상과 지하의 어디까지 미치는가에 대한 무제한설과 제한설의 입장에서 볼 때, 우리나라 「민법」 제212조에서 '토지의 소유권은 정당한 이익이 미치는 범위 내에서 토지의 상·하에 미친다.'는 규정은 사실상 '정당한 이익이 미치는 범위'로 제한하는 제한설에 해당한다.

이와 관련하여 해결할 과제는 토지소유권을 제한하는 '정당한 이익이 미치는 범위'에 대한 법적 기준을 정하는 것이다. 현재는 지하와 지상공간에 대하여 '정당한 이익이 미치는 범위'가 정의되지 않고, 지방자치단체의 조례에 의해 임시적으로 적용되는 실정이다.

이와 관련한 최초로 조례는 1992년에 서울시가 「서울특별시 지하부분 토지 사용에 따른 보상기준에 대한 조례」[2]이다. 이 서울시 조례는 「도시철도법」 제9조에서 '도시철도건설자가 도시철도건설사업을 위하여 타인 토지의 지하부분을 사용할 때는 그 토지의 이용 가치와 지하의 깊이 및 토지 이용을 방해하는 정도 등을 고려하여 보상한다.'는 규정에 근거하여 제정되었다.

이 서울시가 '정당한 이익이 미치는 범위'에 한계심도(Depth Limits)[3]의 개념을 적용하여 조례를 제정하였다. 한계심도란 토지소유자의 동의 없이도 공공 목적의 지하시설을 설치하고 적정한 피해보상을 할 수 있다는 지하의 한계 깊이로써, 토지소유자의 토지이용행위가 일어날 가능성이 없고, 지하시설물의 설치로 인하여 통상적 토지이용에 지장이 없을 것으로 판단되는 지하 깊이이며, 토지 소유권이 미치는 지하 한계로 정의된다.

따라서 지하공간을 한계심도를 경계로 그 위와 아래로 구분하고, 한계심도 아래 지하공간에 대하여 토지소유권을 법적으로 제한하고, 토지소유자의 동의나 보상이 없이도 공공 목적의 토지이용을 할 수 있도록 조례로 규정하였다. 그러나 지방자치단체의 조례에 따르는 한, 각기 다른 기준으로 토지소유권 범위를 제한하고, 이에 따른 보상기준을 정하는 것은 바람직하지 않고, 3차원 지적제도 도입을 위해서는 3차원 지적제도의 취지나 목적과 함께, 이에 따른 토지소유권의 제한과 보상에 관한 규정을 정하는 법률을 제정하여 적용해야 할 것이다.

---

2 2006년에 「서울특별시 도시철도의 건설을 위한 지하부분토지의 사용에 따른 보상기준에 관한 조례」로 타법 개정되어 현재 사용되고 있음.
3 한계도심은 일본에서 주로 사용되는 용어로 건축물의 지하실이나 건물의 기초가 미치지 않는 지하공간의 깊이를 말한다.

- 서울시 조례의 한계심도

「서울특별시 지하부분 토지사용에 따른 보상기준에 대한 조례」에서는 한계심도의 개념과 함께 지역별 한계심도를 도시의 고층시가지에서는 지하 40m, 중층시가지에는 지하 35m, 그리고 농지와 임야지역에서는 지하 20m로 결정하였다.

• 표 10-1 • 서울특별시 조례로 규정한 한계심도

지역 구분	특징	예상 용적율	한계심도
고층시가지	• 16층 이상 건축물 입지 또는 예상되는 지역 • 중심상업·일반상업 지역	800%	지하 40m
중층시가지	• 11~15층 건축물 입지 또는 예상되는 지역 • 일반상업·근린상업·준주거 지역	550~750%	지하 35m
저층시가지	• 4~10층 건축물 입지 또는 예상되는 지역 • 주거·공업·상업 지역의 혼합 지역	200~500%	지하 30m
주택지	• 3층 이하 순수 주거·녹지·공업용 건축물이 혼재하는 지역 • 가까운 장래에 택지전환이 예상되는 지역	100%	
농지·임지	• 농지와 임지로 이용되는 지역 • 가까운 장래에 택지전환이 어려운 지역	–	지하 20m

② 구분지상권의 등록제도 개선

• 구분지상권의 개념

구분지상권(區分地上權)이란 건물이나 기타 공작물을 소유하거나 사용하기 위해 타인이 소유한 토지의 표면이나 지상 또는 지하의 일정한 범위를 사용할 수 있는 권리로서 용익물권에 속한다. 이것은 타인의 토지를 사용할 수 있도록 법률에 따라 취득한 권리이며, 토지소유자의 동의 없이도 그 권리를 양도할 수 있다. 그러나 구분지상권이 일필지에 대한 일정 부분에 설정될 경우에 구분지상권이 설정되지 않은 나머지 토지에 관해서는 토지소유자 또는 다른 용익권자가 사용·수익권을 갖는다. 구분지상권은 그 설정에 관해 당사자 간 물권적 합의와 등기에 의해 설정하며, 토지의 입체적 이용을 한 특수한 형태의 지상권으로서 1984년 제5차 민법개정에서 처음 구분지상권제도가 신설되었다.

구분지상권은 제3자가 지하 또는 지상공간의 일부만을 사용하는 경우뿐만 아니라 다수의 제3자가 한 필지의 서로 다른 공간을 입체적으로 중첩하여 사용하고자 하는 경우에도 활용되며, 구분지상권의 목적에 따라 공적 구분지상권과 사적 구분지상권으로 구분할 수 있다. 공적 구분지상권은 대부분 공익사업을 목적으로 설정하는 것으로 송전선로·도시철도·관로 등을 건설할 때 활용되며, 사적 구분지상권은 사인(私人)이 특정한 목적을 실현하기 위해 설정한 구분지상권으로 케이블카·고가건물 등을 건설할 때 사용된다. 구분지상권의 법적 존속기간은 견고한 건물은 최단 30년, 그 밖의 건물은 최단 15년, 공작물은 5년이다. 구분지상권 존속의 최장기간에 대한 규정은 없고, 판례에 따르면 구분지상권의 영구 설정을 긍정적으로 보고 있다.

- 구분지상권의 등록제도

지하공간에서 국유지나 공유지뿐만 아니라 사유지도 영구적이며 배타적으로 이용하는 사례가 늘어나면서 사적 소유부분과 충돌이 발생하고 있다. 현재 필지를 입체적으로 이용할 수 있는 법적 근거는 「공간정보의 구축 및 관리 등에 관한 법률」 시행규칙 제69조와 「지적재조사에 관한 특별법」 제24조에서 구분지상권을 지적도면에 등록하여 관리할 수 있도록 마련되어 있으나, 실제로 구분지상권을 지적도면에 등록·관리할 수 있는 등록제도가 비미한 실정이다.

구분지상권 등록은 설정계약서와 관련서류를 첨부한 신청서를 지방법원등기소에 제출하면 구분지상권 등기가 이루어지지만, 이때 지적측량결과도면을 필수서류로 첨부하지 않기 때문에 등기부에 구분지상권의 설정 범위가 어디까지인지가 정확히 등록되지 않아 위치를 알 수 없고, 한국전력공사, 코레일, 서울교통공사, 도시철도공사 등 기관과 같이 구분지상권을 설정한 기관이 설정계약서를 작성한 후에 지적측량도면을 보관할 이유가 없기 때문에 지적공부에는 구분지상권의 범위를 등록할 수 있는 근거가 없다. 이것이 지적도면에 구분지상권을 등록·관리하는 등록제도가 미비한 원인이다.

따라서 3차원 지적제도 도입과 관련하여 구분지상권의 등록제도 정비가 필요하다. 이를 위해서 「민법」 제212조에서 규정하고 있는 토지소유권의 '정당한 이익이 있는 범위'와 함께 1필지의 지상·지하에 중첩되어 있는 모든 구분지상권을 부동산등기부에 등기하여 공시하고, 이것을 지적도면에 등록할 수 있는 법·제도적 장치를 마련해야 한다.

구분지상권 등록은 민법, 도시철도법, 전기사업법, 지방세법, 부동산등기법, 지적재조사에 관한 특별법 시행규정 등에서 그 법적 근거를 찾을 수 있으나, 실제로 지적도면에 구분지상권을 등록하기에는 그 범위가 매우 부정확한 것이 사실이다. 구분지상권의 위치를 확인할 수 있는 지적측량결과도면이 없을 뿐 아니라, 구분지상권의 등록방법에 대한 표준화된 기준이 없기 때문에 다양한 방법으로 지적측량과 도면작성이 이루어져 도면작성 및 등록방법에 대한 표준마련이 시급하다.

한편 법령개정을 통해 구분지상권 등록의 표준화가 이루어졌다 하더라도 현 제도권에서는 각 필지별 구분지상권의 등록현황을 파악할 수 있는 시스템이 없다. 즉 토지대장, 개별공시지가, 토지이용계획확인서와 같은 공적장부는 국가에서 운영하고 있는 시스템을 통하여 누구나 열람하고 싶은 자료를 필지별로 검색할 수 있으며, 토지거래 등이 이루어지는 경우 언제나 간편한 절차를 통해 활용이 가능하지만, 구분지상권은 그 제도시행이 오래되었음에도 불구하고 국민 누구나 그 등록내용을 알 수 있도록 서비스하는 시스템이 부재하고, 행정기관에서도 그 현황관리가 제대로 이루어지지 않는 실정이다.

- **구분지상권 등록제도의 개선방안**

3차원 등록제도 도입과 관련하여 구분지상권의 등록제도에 대한 개선방안을 제도적·법률적인 측면과 기술적·행정적 측면으로 구분하여 살펴본다.

첫째, 구분지상권 등록을 위한 제도적·법률적 측면의 개선 방안이다. 구분지상권 설정에 관한 사항을 제도화하여 효율적으로 관리하기 위해서는 관련규정을 개정하여 구분지상권이 설정된 위치와 범위를 등록하여 관리할 수 있도록 법제화해야 한다. 이와 관련하여 「지적재조사에 관한 특별법 시행규칙」 제13조에서 지적재조사사업의 결과, 새로운 지적공부의 작성 시 등록해야 하는 사항으로 '구분지상권에 관한 사항'이 포함되어 있다. 그러나 대도시의 경우에 지하철역사, 지하상가 등이 지속적으로 증가하고 있으나, 이를 토지대장, 건축물대장, 등기부등본과 같은 공적장부에 등록할 수 있는 법률 및 제도적 장치가 없다. 지하철 편입 토지, 지하건물 연결통로 등과 같이 구분지상권이 설정된 토지의 위치를 등록할 수 있는 입체공간 등록이 표준화되지 않고 있다. 서울시의 경우에는 입체공공시설물의 구분지상권 설정에 대해 지적측량 결과에 따라 구분지상권 등록부를 작성하여 등기하고, 지적측량 결과에 따라 입체적 결정과 도서 작성, 구분지상권 계약서를 작성하여 구분지상권을 설정할 수 있도록 2011년에 「서울특별시 구분지상권 설정 업무지침」을 마련하여 시행하고 있다.

그러나 전 국토를 대상으로 확대 적용할 수 있도록 「부동산등기법」 제69조에서 등기관이 지상권설정의 등기를 할 때, 지상권설정의 범위가 토지의 일부일 경우에는 그 '부분을 표시한 도면 번호'를 등기부에 기록하는 규정에서 '지적측량결과도면'을 등기부에 기록하는 규정으로 개정해야 한다. 구분지상권 등록제도의 제도적·법률적 개선은 「부동산등기법」 외에 「공간정보의 구축 및 관리 등에 관한 법률 시행규칙」 제68조의 토지대장 등의 등록사항에 구분지상권에 관한 사항을 포함하여야 하고, 같은 법 시행규칙 제69조의 토지대장과 지적도면 등의 지적공부의 등록사항에 구분지상권에 관한 사항이 포함되어야 한다. 지적도에는 위치를 등록하는 규정도 건물 및 구조물 등의 위치 외에 구분지상권의 위치도 포함시킬 수 있도록 개정해야 한다.

이상과 같이 현재 우리나라가 지적제도권에서는 지적공부에 지하공간이나 구분지상권에 대한 정보를 포함할 수 없고, 3차원 지적제도를 도입하기 위해서는 입체공간에 대한 지적정보 등록이 가능하도록 법적·제도적 기반을 정비하고, 이를 통해서 지상·지하에 위치한 구분지상권의 권리를 지적공부에 등록하여 전 국민에게 공개할 수 있는 기반이 마련되어야 한다.

둘째, 구분지상권 등록을 위한 기술적·행정적 측면의 개선 방안이다. 구분지상권을 등기하기 위하여 그 위치와 범위를 알 수 있는 지적측량을 실시한다. 기준측량은 기준점 망도를 작성하고, 도근점을 설치한 후 GNSS 측량을 실시하여 지적기준점의 좌표를 결정하고, 세부측량을 실시하여 구분지상권이 설정되는 위치와 범위를 결정한다. 구분지상권이 설정된 부분의 세부측량은 현황측량과 경계복원측량, 수치점현황측량(좌표)을 실시하고, 객체에 대한 위치와 높이, 수평 및 입체 면적을 산출하여 구분지상권의 설정범위를 결정해야 한다. 구분지상권 등록은 사업시행자 및 시공사가 정확한 지적측량 결과를 가지고 계약서 및 기타 사업진행에 필요한 각종 서류를 처리해야 하고, 지적측량결과로 작성된 도면의 종류는 기관별로 상이하게 작성하는데 이에 대해서도 지적도, 상세도, 단면도, 입체도 등 4개의 도면을 작성하도록 표준화할 필요가 있다.

한편 지적측량 결과에 따른 구분지상권 도면과 속성자료를 누구나 활용할 수 있도록 플랫폼을 구축하여 관리해야 한다. 현재는 구분지상권이 설정된 위치와 범위에 대한 현황을 쉽게 확인할 수 있는 체계가 갖춰져 있지 않아 설정부분을 확인하기 위해서는 일일이 한국전력공사나 교통공사, 시설공단, 도시철도공사 등 관련기관의 협조를 통하거나, 전자관보 등을 통해 문서를 검색하는 번거로운 절차를 거쳐야 한다. 현행 구분지상권제도 하에서는 토지이동이나 부동산거래가 이루어지는 경우 정확한 현황파악을 할 수가 없기 때문에 공공부문의 행정업무는 물론, 국민의 토지소유권 보호 측면에서도 문제가 발생할 소지가 있다.

따라서 전체 구분지상권의 설정 현황을 한눈에 볼 수 있도록 플랫폼을 구축·운영하여야 하며, 플랫폼에는 지적측량에 의해 작성한 도면을 지적도와 함께 파일로 등록하여 운영하고, 구분지상권 외에도 지상건축물, 지하시설물까지도 등록하여 토지의 상·하에 형성된 객체의 범위를 입체화·시각화함으로써 누구나 이용할 수 있도록 공개하여야 한다. 플랫폼 구축·운영의 1차적 목표는 구분지상권 현황을 공공부문에서 쉽게 파악하여 행정업무에 활용할 수 있도록 하는 것이지만, 최종적으로는 국민 누구나 활용할 수 있는 체계로의 전환을 의미한다.

3) 3차원 지적제도에 대한 해외연구 사례

3차원 지적제도에 대한 연구와 관심은 그리스·이스라엘·네덜란드·노르웨이·터키 등 유럽국가에서부터 시작되었다. 세계측량사협회(FIG) 제3분과와 제7분과가 공동으로 2001년 11월에 3차원 지적제도를 위한 제1차 워크숍을 네덜란드에서 개최한 이후 현재까지 꾸준히 지역을 바꿔가며 3차원 지적제도 도입을 위한 국제워크숍을 개최하고 있다.

FIG는 2002년부터 2006년까지 3차원 지적제도 도입을 위한 연구팀을 설치하였고, 매년 이 상임위원회와 총회에서 3차원 지적제도 도입에 관한 연구 성과를 발표하고 있다. 2004년에 네덜란드에서 3차원 지적제도 도입에 대한 박사학위 논문이 처음 발표되었고, 이후 여러 국가에서 3차원 지적제도 도입과 관련한 연구가 진행되고 있다. 여러 국가에서 자체 지적연구기관을 통해서 3차원 지적제도 도입을 위한 경쟁적 연구가 이루어지고, 최근에는 도시인구 증가와 도시개발 촉진 및 스마트도시 구현 등 다양한 공간 활동과 부동산 물권이 입체적으로 중첩되기 때문에 이에 대한 합리적·법률적 관리를 위하여 3차원 지적제도 도입이 시급한 과제로 인식되고 있다. 3차원 지적제도 도입과 관련하여 국제적으로 추진되는 주요 연구주제는 다음과 같다.

- 3차원 지적제도의 법적 프레임워크
- 3차원 필지의 구현·등록·서비스 방법
- 3차원 지적데이터 관리

이와 같은 국제적 노력에도 불구하고 현재 3차원 지적제도는 초기 연구단계에서 데이터 모델과 토지소유권을 입체적 관리할 수 있는 법과 제도 보완에 대한 논의가 이루어지는 정도로써, 지상의 복합건축물과 지하시설물의 부지를 3차원으로 등록하는 방법이나 이에 대한 권리관계를 정립하는데 대한 논의가 많이 이루어지고 있다.

제4절 | 해양지적제도의 발전과 과제

1. 해양지적제도의 목적

해양은 소유권이 없는 공유자원으로 선점의 원리를 적용하여 식량자원을 취득하거나 해안을 따라 운송로를 개척하고 투기를 하며 아무런 대가를 지불하지 않아도 무방하던 시대가 지난 지는 오래되었다. 점점 해양에 대한 관심과 수요가 확대되고, 이에 따른 갈등과 분쟁이 빈번해 지고 있다. 이런 변화에 대응하여 해양과 해상경계에 대한 명확한 인식과 정보가 관리되어야 하는 상황이 되었다.
해양공간의 합리적 계획과 효율적 관리를 위해서는 지적공부와 같은 공적장부에 대한 검토를 거쳐서 향후 표준적이고 통일적인 해양지적제도의 도입을 논의해야 한다. 과거에는 해양 분쟁이 사적영역에서 주로 발생했던데 반해서, 현대사회에서는 국가 및 지방자치단체나 공공기관을 당사자로 하는 공적영역에서도 해양 분쟁이 발생하고 있다. 따라서 국가가 해양에 대한 가치·이용·권리·권익의 한계를 공적장부에 등록하여 관리할 필요가 있다.

2000년대 들어서 해양국가인 캐나다, 호주, 네덜란드, 뉴질랜드, 미국 등에서 해양지적과 해양정보시스템에 대한 연구가 시작하였다. 중국도 해역관리를 위한 해적조사와 해적측량을 진행하여 해양지적시스템을 운영하고 있다. 네덜란드는 영해 및 대륙붕과 관련하여 벨기에, 독일, 영국 등과 경계분쟁을 경험하면서 필지 단위로 구분된 영해에 대한 소유권을 등록하여 관리하기 시작하였고, 해안선에서 1㎞이내는 지방 정부의 소유로 하고, 1㎞부터 12해리 구역은 중앙정부의 소유로 구분하여 등록·관리하고 있다. 우리나라에서는 해양지적제도에 대한 논의가 2004년에 제기기 시작한 이후, 해양지적의 등록객체, 등록방법, 해양지적정책의 운영모형 등에 대한 연구가 진행되고 있다.

해양지적의 목적은 해양의 효율적 관리와 해양활동에서 파생되는 권리를 보호하기 위한 것으로 구체적인 목적으로 해양을 이용하는 권리에 대한 배분, 해양자원에 대한 소유권의 배분과 규제, 해양 및 해양자원에 대한 분쟁조정 및 방지 등을 들 수 있다.

2. 해양지적제도의 구성요소

1) 해양지적제도의 주체

해양관리의 주체는 해양 정책을 입안하고 결정하는 정책결정기구와 결정된 정책을 실제업무에 적용하는 정책집행기구, 그리고 정책집행을 직·간접으로 지원하는 정책지원기구의 총체가 된다. 우리나라의 경우에 해양 정책의 결정기구는 해양수산부이고, 해양 정책의 집행기구는 지방자치단체이다. 그리고 해양 정책을 결정·집행하는데 직·간접으로 지원하는 정책지원기구는 국립수산과학원, 한국해양수산개발원, 해양조사원, 국립수산물품질감사원, 국립수산인력개발원, 어업지도사무소, 해양수산청 등이 있다.

2) 해양지적제도의 객체

해양지적의 객체는 일정한 기준에 따라 구분된 해양공간단위, 즉 해양 필지 또는 바다 필지(sea parcel)이다. 일반적으로 해양 필지는 해양의 이용과 사법적 배타성이 적용되는 권리, 그리고 해안선을 기준으로 하는 거리와 해저 깊이 등에 따라 구분되는 해양의 공간적 특성에 따라서 구분한다.

해양 필지를 토지 필지와 비교하면, 해양 필지는 3차원의 부피 개념이고, 그 경계가 모호하다는 점이 가장 큰 특성이다. 그리고 이런 해양 필지의 특성이 해양지적제도를 체계화하는데 가장 큰 걸림돌이 된다. 해양 필지별로 공부에 등록해야 할 사항은 해양의 표시, 법적 권리, 경제적 요소, 법적 규제 사항 등이고, 이에 대한 구체적 내용은 다음과 같다.

① 해양의 표시

해양의 표시는 해양 필지별로 장부에 등록할 사항으로써, 지적제도의 '토지 표시'와 유사하게 해양 일필지를 특정화하기 위한 사항이다. 해양의 표시 사항은 행정구역(소재), 위치(TM좌표), 해번(海番), 해목(海目), 면적, 경계, 이동사유(해양 표시사항의 변동 연혁), 해저광구(위선과 경선의 교차점을 연결한 직선으로 구획된 구역), 등록수면구역(4개의 경계점 연결선으로 구획된 구역)에 대한 사항으로 구성된다.

② 해양의 법적 권리

해양 일필지별로 공부에 등록할 법적 권리는 권리자와 공유자에 대한 사항과 해당 면허 및 권리 등록번호, 등록원인의 발생 연원일과 허가 기간, 변경연혁 등에 대한 내용이다.

우리나라의 경우에 해양에 대한 법적 소유권은 존재하지 않고, 단지 하나의 해양 필지에 대하여 파생되는 권리 혹은 권익을 처분권(수면권, 공중권, 해저권), 준물권(민법상의 물권은 아니지만 배타적인 이용에 대한 권한으로 특별법에 따라 설정한 물권으로 광업권, 조광권, 채석권, 어업권 등), 용익권(타인의 소유물을 그 본체를 변경하지 않고 일정기간 사용하여 수익을 취할 수 있는 물권으로 항해권, 해저이용권, 해수이용권, 레저권, 어장임대차권, 접근권, 수주권), 공법상 권리(어업면허) 등이 있다.

③ 해양의 경제적 요소

해양의 경제적 요소는 서비스 요소(해양관광, 항로, 국립공원, 해양보호지역, 해양보전지역으로 평가된 등급 등)와 경제활동 요소(포획·채취·양식의 종류와 방법, 시설의 규모 등)로 구분한다.

④ 해양의 규제 요소

해양의 규제 요소는 해양을 이용 및 개발하는데 대한 행위제한 요소이다. 이것은 공익적 규제 법률에 따라 결정되는 사항으로 멸종 위기종의 서식지 보호, 문화재 보존, 과학 연구지역 보호 등이 있다. 규제 요소로 등록할 내용은 관리규약에 따라서 해양이용에 사용되는 도구 및 이용자, 이용 내용에 대한 제한이다.

3. 우리나라 해양지적제도의 기반

1) 영해분류와 해양지적의 대상

일반적으로 해양은 해안선을 기점으로 영해기선, 영해, 접속수역, 배타적경제구역, 대륙붕으로 구분하는데, 우리나라의 경우는 「영해 및 접속수역법」을 제정하여 영해를 구분한다. 이 법에 따라서 영해를 구분하기 위한 기준을 통상기선과 직선기선으로 구분하고, 통상기선을 해안선의 굴곡이 심하지 않고 육지부근에 섬이 존재하지 않는 동해안에 적용하고, 직선기선을 해안선의 굴곡이 심하고 해안선 부근에 섬이 많이 있을 경우에 육지부의 돌출부 또는 맨 바깥의 섬들을 연결한 기선(영일만의 달만갑으로 부터 서해안의 소령도에 이르기까지 23개 직선구간)으로 하여 남해안이나 서해안에 적용한다. 그리고 영해기선의 기준을 최저 만조위선으로 한다.

이 법에 따라서 우리나라는 연근해 해역을 영해, 접속수역, 배타적 경제수역으로 구분하는데, 영해의 범위를 영해기선에서부터 그 외측으로 12해리까지의 수역으로 한다. 그러나 특별한 지리적 여건에서는 영해의 범위를 12해리보다 짧게 정할 수 있도록 하여 대한해협의 경우에는 영해기선에서부터 3해리까지를

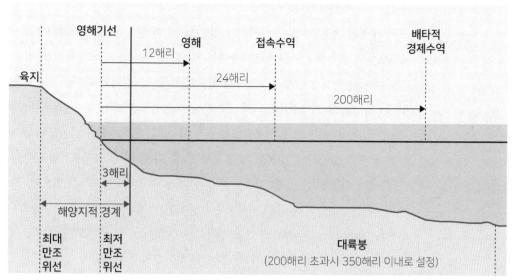

* 자료: 대한지적공사, 2010

• 그림 10-1 • 영해기선과 해양지적의 대상

영해로 한다. 또 영해기선으로부터 24해리 까지를 접속수역 구분하고, 영해기선으로부터 200해리 까지를 배타적 경제수역으로 한다.

해양지적의 대상은 대부분 국가에서 영해기선에서부터 3해리까지 만조수위의 해양공간으로 한다. 그러나 영해기선을 만조위선과 조조위선 어떤 것으로 결정하는가에 대한 문제는 매우 중요하다. 가령 조석간만의 차가 큰 우리나라 서해안의 경우에 만조수위를 영해기선 기준으로 한다면, 현재 지적공부에 등록되어 있는 일부 해안도로가 해양지적의 대상이 되어 지적도에서 삭제되는 문제가 발생하게 된다. 영해기선의 기준은 지역 특성에 맞게 법제화할 필요가 있다.

2) 해양의 경계관리제도

① 법률적 토지 경계

'토지 표시'로써의 경계에 대한 지적학자들의 정의를 보면, '지적공부에 등록한 단위토지의 공부상 구획선으로 현실의 경계가 아닌 도면상의 경계', '한 지역과 다른 지역을 구분하는 외적 표시이며, 토지의 소유권 등 사법상의 권리를 표시하는 구획선', '필지와 필지를 구분하는 선', '지적공부에 등록하는 일필지의 구획선' 등으로 정의한다.

또한 토지의 법적 경계는 두 가지가 있는데, 그 하나는 형법상의 경계로써 '소유권 등 권리의 장소적 한계를 나타내는 지표(대법원 선고 75도2564 판결)'이고, 다른 하나는 민법상의 경계로써 실제 지표에 설치된 담장이나 전, 답 등의 구획된 둑 또는 주요 지형지물에 의해 구획된 구거 등을 의미하는 지상경계이다. 그러나 대법원은 '어떤 토지가 토지대장과 지적도 또는 임야대장과 임야도에 일필지의 토지로 등록되어 있다면, 그 토지의 소재, 지번, 지목, 경계 및 면적은 다른 특별한 사정이 없는 한, 지적공부의 등록으로 특정되었다 할 수 있으며, 토지에 대한 소유권의 범위는 지적공부에 등록된 경계선에 의해서 확정되었다'(대법원 69다889, 1969.10.28, 대법 71다871, 1971.6.23.)고 판결하였다. 이로써 법률적 의미의 토지 경계는 지적공부에 등록된 형법상 경계임이 분명해졌다.

② 법률적 해양 경계

육지부에서 가장 확실한 사유재산권이 토지소유권이라면, 해양에서 가장 확실한 사유재산권은 어업권 및 광업권이다. 그러나 토지의 사유(私有)가 인정되는 육지부와 다르게 해양은 「수산업법」에 따라서 해양은 공유(公有) 한다.

우리나라는 조선시대에 곽암(藿岩, 미역이 붙어서 자라는 바위) 매도증서가 실재하고 있고, 미역의 경제적 가치가 인정됨에 따라서 1980년대 후반까지 바다의 곽전 매매가 관행적으로 이루어졌다. 그리고 1932년 조선총독부 전라북도 지사에 의해 발행된 어업허가증이 발견되었고, 이것을 통해서 일반인 사이에서 매매되던 곽전을 비롯한 어업권에 대한 허가 및 조세징수권을 지방자치단체장이 주관하며 지방자치단체별 자치적으로 해양을 관리했다는 것을 알 수 있다. 한편 현재 어업권등록부에 등록하여 관리하는 어업권도 공유수면이라는 공적인 의미에도 불구하고 사적인 매매, 상속, 대여가 가능하고 어업권등록부에 근저당권(갑, 을, 병, 정부 사용)을 설정할 수 있는 현실을 고려할 때, 이에 대한 정확한 경계설정과 등록관리가 반드시 이루어져야할 것이다.

해양에서 경계분쟁이 가장 많이 발생하는 것은 지방자치단체간의 분쟁이다. 지방자치단체간의 해상 행정구역경계는 국토지리정보원이 발행하는 지형도에 표기된 경계를 기준으로 한다. 이와 관련하여 2004년 헌법재판소의 결정(2000,

당진군과 평택시 간의 권한쟁의심판)에서 국토지리정보원이 작성한 지형도상의 해상 행정경계선에 대한 관습법적인 의미가 인정되었다. 그러나 헌법재판소 결정에 반대하는 입장에서는 지형도 상에 표시된 해상 경계는 도서의 행정구역 소속을 표시할 것일 뿐, 지방자치단체의 관할구역으로 판단할 수 있는 법적구속력이나 확정력을 갖지 못하고, 이것이 오랫동안 관행으로 존재해온 관습법으로의 증거도 충분하지 않다는 것이다.

이와 같이 해상 행정구역경계선에 대한 실정법에 근거를 마련하지 않고, 헌법 재판소의 판례에 근거하여 지형도 상에 표시된 해상 경계에 의존하는 한, 점점 활발해지는 해양자원의 개발과 대규모 매립 및 접안시설의 확충 등에 따라 바다에 대한 관할권과 관련한 분쟁은 점차 확대될 수 있다.

3) 해양공간의 등록·관리제도

세계 해양 국가를 중심으로 해양 필지를 대상으로 하는 해양등록부의 작성 사례가 등장하고 있다. 해양등록부의 작성 방법 등은 국가마다 다르지만 해양등록부가 해양대장과 해양필지도면으로 구성되는 점은 대체로 비슷하다. 해양대장에는 해양 필지의 물리적 현황을 등록하는 해양등록대장, 해양의 각종 권리사항을 등록하는 권원등록대장으로 구분된다. 또한 대부분의 국가가 해양관련 업무조직과 법제도가 복잡하게 분산되어 있어 일관된 등록·관리가 어려운 상황도 비슷하다.

우리나라의 경우에 해양업무와 관련하여 교육과학기술부, 국방부, 행정안전부, 문화체육관광부, 농림수산식품부, 지식경제부, 보건복지가족부, 환경부, 국토교통부, 통계청, 기상청, 해양경찰청, 지방자치단체 등 여러 많은 조직이 관여되어 있다. 법률 또한 「연안관리법」·「공유수면관리법」·「공유수면매립법」·「항만법」·「수산업법」·「어촌어장법」·「어장관리법」·「내수면어업법」·「어선법」 등 여러 법률에서 각각의 목적에 따라 필요한 사항을 규정하고 있다. 따라서 우리나라의 해양에 대한 등록·관리제도에 대한 현황을 일목요연하게 파악하는 것이 어렵기 때문에 이하에서는 「수산업법」에 근거한 어업권과 「해저광물자원개발법」에 근거한 해저 광업권에 한정하여 해양의 등록·관리 실태, 그리고 국토교통부에서 작성하여 관리하는 해양도면에 대해 살펴본다.

① 「수산업법」에 따른 어업권 등록대장

어업권은 행정관청으로부터 면허를 득하여 일정한 수면에서 배타적이고 독립적으로 특정 어업활동을 할 수 있는 권리이다. 여기서 행정관청은 설권처분(특정한 권리를 설정하는 행정처분)의 권한을 지닌 행정관청이어야 하고, 행정관청으로부터 면허를 득하지 않은 선점 등에 의한 취득은 인정되지 않는다.
그리고 '일정한 수면'이라는 것은 공공수면 및 공공수면과 연접된 비 공공수면을 일정한 구역을 포함하는 한정된 어장을 의미하고, '배타적 독점적인 권리'라는 것은 일정한 수면에서 아무 어업이나 경영을 하는 것이 아니고 면허내용에 따라 배타적으로 특정된 어업만 영위할 수 있는 권리를 의미한다.
이와 같은 어업권을 관리하는 형식(설비)이 어업권원부(漁業權原簿)이고, 이것은 어업권등록부, 어장도 편철장, 어업권 공유자 명부, 입어등록부, 신탁등록부로 구성되어 있다.

② 「해저광물자원 개발법」에 따른 광업권 등록대장

「해저광물자원 개발법」에서 해저광물이란 우리나라 대륙붕에 부존하는 천연자원 중 석유 및 천연가스 등으로 정의하고, 해저광업은 해저광물의 탐사·채취와 이에 부속되는 사업(가공·수송·저장을 말한다)으로 정의한다. 그리고 해저광물개발구역은 한반도와 그 부속도서의 해안에 인접한 해역과 대륙붕의 해상 및 그 지하로서 국제법상의 원칙에 따라 대한민국이 주권 또는 주권적 권리를 향유하는 구역을 말한다.
한편 해저 광업권은 해저광물개발구역에 등록한 일정한 해저광구에서 해저광물을 탐사·채취 및 취득할 수 있도록 취득한 법적 권리로써, 해저 광업권은 국가만이 가질 수 있고, 정부를 대표하여 산업통상자원부장관이 해저광업원부에 등록해야 한다.
그리고 설정절차를 통하여 국가 소유의 해저광구에서 해저광물을 탐사·채취 및 취득하도록 취득한 권리를 해저조광권이라고 하고, 해저조광권은 탐사권과 채취권으로 구분한다. 이렇게 일정한 절차에 따라서 탐사권과 채취권의 허가를 득한 사람은 그 허가를 받은 날부터 30일 이내에 산업통상자원부장관이 관리하는 해저광업원부에 등록해야 한다. 해저조광권은 법에 따라서 타인에게 양도할 수 있다.

③ 국토해양부가 작성한 해양도면

국토해양부의 해양조사원에서 해양도면을 제작하여 활용한다. 해양도면의 종류는 다음과 같은 항만기본도, 연안기본도, 수치해도, 어업정보도, 어초어장도, 전자해도 등이 있다.

- 항만기본도: 항만건설 및 유지준설 등 항만에 대한 전반적 행정업무를 지원하기 위한 관련 정보를 수록한다. 여기에는 정밀수심·해저지형·격자수심 등이 표기되어 있고, 육상시설물·해저전선·송유관·가스관 등의 시설물과 매립지·암벽·방파제 등의 인공구조물, 그리고 항해안전을 위한 항로표지·항계·부표 등이 표기되어 있다.

- 연안기본도: 해양 생태계 보전을 위한 해저지형에 관련 정보와 풍향·풍속·수온·수질·기온 등 해양생물 생태계에 영향을 미치는 자연환경에 대한 정보를 수록한다.

- 수치해도: 항해중인 선박의 안전한 항해를 위해 수심, 암초와 다양한 수중장애물, 섬의 모양, 항만시설, 각종 등부표, 해안의 여러 가지 목표물, 바다에 발생하는 조석·조류·해류 등을 수록한다. 해도는 항해용 해도와 특수도로 구분하고, 다시 용도에 따라 총도, 항양도, 항해도, 해안도, 항박도, 항만접근도, 어업용 해도로 구분된다.

- 어업정보도: 한·중·일의 어업수역 경계, 영해선, 어로한계선, 어업관련 규제선, 어초 및 어장구역 경계 등을 수록하고, 도면과 포획 어종 및 조업금지 시기 등 관련정보를 기재한다. 어업정보도는 한·중·일 어업협정으로 어업환경이 변화한데 따라서 어민들이 안전조업활동을 할 수 있도록 정보를 제공할 목적으로 제작한다. 어업정보도는 이런 목적으로 어민들의 조업 준수사항과 조업 활동에 필요한 제반 정보를 제공한다.

- 어초어장도: 연안의 인공어초 시설해역을 정밀 조사하여 시설물의 정확한 위치 및 수심 정보를 표현한 지도로 해당해역에 대한 상세한 정보를 한눈에 알아볼 수 있도록 한다. 인공어초는 대상 해양생물을 정착시키거나 끌어 모으고, 보호·배양할 목적으로 해저나 해중에 설치한 인공 구조

물로써, 해양생물의 생활환경과 특성을 활용하여 수산자원을 조성하는 수산업활동이다.

– 전자해도: 전자해도표시시스템(ECDIS)에서 사용하기 위해 종이해도 상의 해안선, 등심선, 수심, 항로표지(등대, 등부표), 위험물, 항로 등 선박의 항해와 관련된 모든 해도정보를 국제수로기구(IHO)의 표준규격(S–57)에 따라 제작한 디지털해도를 말한다. 전자해도의 주요 제공정보는 선박의 좌초 충돌에 관한 위험상황을 항해자에게 미리 경고하고 항로설계 및 계획을 통하여 최적항로 선정, 자동항적기록을 통해 사고발생시 원인규명 가능, 항해관련 정보들을 수록하여 항해자에게 제공한다.

4) 해양관리 법률

해양자원의 가치가 증대됨에 따라서 국가마다 해양에 대한 관심이 높아지고, 관련 법률을 제정하여 해양을 관리하고 있다. 이런 상황은 우리나라도 예외는 아니다. 우리나라에서 해양과 관련하여 많은 법이 제정되었다. 이 해양 관련법을 목적에 따라 분류해보면 다음과 같다.

① 국가의 영역관리 목적 법률

육지부와 해양부를 포함하여 국가의 영역을 관리할 목적으로 제정한 해양 관련 법률은 「영해 및 접속수역법」, 「배타적 경제수역법」, 「해양수산발전기본법」, 「해양과학조사법」, 「국토기본법」, 「국토의 계획 및 이용에 관한 법률」, 「어업 등에 대한 주권적 권리의 행사에 관한 법률」 등이 있다.

② 해양경계관리 목적의 법률

해양의 경계를 특정하고, 이를 등록하여 공시할 목적으로 제정한 법률은 「공간정보의 구축 및 관리 등에 관한 법률」, 「지도도시규칙」, 「지방자치법」 등이 있다.

③ 수역관리 목적의 법률

수자원과 그것을 이용하기 위해 축조된 인공시설물을 보호할 목적으로 제정한 법률은 「연안관리법」, 「공유수면관리 및 매립에 관한 법률」, 「수산업협동조합법」, 「수산업법」, 「해사안전법」, 「수로업무법」, 「항만법」, 「어촌·어항법」, 「하천법」, 「낚시어선업법」, 「항로표시법」 등이 있다.

④ 자원관리 목적의 법률

해양자원과 해양활동의 권익 보호를 목적으로 제정한 법률은 「어장관리법」, 「광업법」, 「해저광물자원개발법」, 「염관리법」, 「어업자원보호법」, 「기르는 어업육성법」, 「수상레저안번법」, 「수산자원보호령」, 「골재채취법」, 「어업·양식업등록령」, 「어업면허의 관리 등에 관한 규칙」 등이 있다.

⑤ 환경관리 목적의 법률

해양환경을 보호하고 관리할 목적으로 제정한 법률은 「지연환경보전법」, 「수질 및 수생태계보전에 관한 법률」, 「폐기물관리법」, 「관광기본법」, 「관광진흥법」, 「자연공원법」, 「전원개발에 관한 특례법」, 「도서개발촉진법」 등이 있다.

⑥ 해양지적제도의 관련법률

해양지적제도 도입과 밀접히 관련되는 법률은 「해저광물자원개발법」, 「어업·양식업등록령」, 「어업면허의 관리 등에 관한 규칙」, 「공간정보의 구축 및 관리 등에 관한 법률」, 「지도도시규칙」 등이 있다.

학습 과제

1 지적제도의 선진화 방향에 대하여 설명한다.

2 지적제도의 선진화와 다목적지적제도의 관계를 설명한다.

3 다목적지적제도의 정의하고, 그 특성을 과거의 지적제도와 비교·설명한다.

4 다목적지적제도의 기능과 구성요소를 설명한다.

5 지적제도의 선진화와 3차원 지적제도의 관계를 설명한다.

6 3차원 지적의 등록대상과 등록형식에 대하여 설명한다.

7 3차원 지적에 대한 연구 주제와 연구 성과에 대하여 설명한다.

8 3차원 지적과 관련하여 한계심도(Depth Limits)의 개념과 제도적 상황에 대하여 설명한다.

9 3차원 지적과 관련하여 구분지상권(區分地上權)의 개념과 제도적 상황에 대하여 설명한다.

10 지적제도의 선진화와 해양지적제도의 관계를 설명한다.

참고문헌

국내문헌

〈단행본〉

박순표·최용규, 「지적학개론」, 형설출판사, 2001.

김영학·이왕무·이동현·김남식, 「지적학」, 화수목, 2015.

김영학, 「지적행정론」, 성림출판사, 2006.

김태훈, 「부동산학사전」, 부연사, 2009.

류병찬, 「지적학」, 초이스애드, 2020.

류병찬, 「최신 지적학」, 건웅출판사, 2011.

류병찬, 「지적학」, 부연사, 2017.

류병찬, 「신편 한국지적사」, 보성각, 2008.

리진호, 「한국지적사」, 바른길, 1999.

서철수·지종덕,「한국의 지적사」, 2002.

원영희, 「지적학사전」, 홍익출판사, 1979.

이왕무, 「지적학사전」, 범론사, 2005.

이왕무·장우진, 「지적행정론」, 동화기술, 2008.

이창석, 「부동산학개론」, 형설출판사, 2008.

이태교, 「토지정책론」, 법문사, 2003.

주봉규, 「토지정책론」, 서울대학교출판사, 1985.

지종덕, 「지적의 이해」, 기문당, 2001.

진용하, 「조선토지조사사업연구」, 지식산업사, 1982.

최용규, 「신부동산학개론」, 형설출판사, 1984.

최한영, 「지적학일반」, 구미서관, 2013.

한국국토정보공사, 「지적학 총론」, 구미서관, 2018.

허종호, 「조선토지제도발달사」(원시~고려편), 사회과학출판사, 1992.

허종호, 「조선토지제도발달사」(근대편), 사회과학출판사, 1992.

〈기관 간행물〉

공간정보산업진흥원, 「2020년 공간정보산업 조사(2019년 기준 공간정보산업조사 내용 포함)」, 2020.

국토교통부, 「지적재조사 기본계획 수정계획(2021~2030)」, 2021.

국토교통부, 「2020년도 국가공간정보정책 연차보고서」, 2020.

국토교통부, 「지적재조사 책임수행기관 선행사업 업무 매뉴얼」, 2020.

국토교통부, 「지적재조사 대행자 선정 매뉴얼」, 2020.

국토교통부, 「2019년도 국가공간정보정책 연차보고서」, 2019.

국토교통부, 「2018년도 국가공간정보정책 연차보고서」, 2018.

국토교통부, 「제6차 국가공간정보정책 기본계획(2018~2022)」, 2018.

국토교통부, 「제5차 국가공간정보정책 기본계획(2013~2017)」, 2013.

국토교통부, 「제4차 국가공간정보정책 기본계획(2011~2015)」, 2010.

국토교통부, 「제3차 국가지리정보체계 기본계획(2006~2010)」, 2005.

국토교통부, 「제2차 국가지리정보체계 기본계획(2001~2005)」, 2002.

국토교통부, 「제1차 국가지리정보체계 기본계획(1996~2000)」, 1997.

국토교통부, 「지적재조사 업무매뉴얼」, 2018.

국토교통부, 「제2차 지적재조사 기본계획(2016-2020)」, 2016.

국토교통부, 「제1차 지적재조사 기본계획(2012-2015)」, 2012.

국토교통부, 「지적재조사사업의 효율적 시행방안 연구-토지이용현황에 따른 지목체계
      개선」, 2012.

국토연구원, 「국가 공간정보 표준화 연구: 공간정보 상호공유기반 조성을 위한 표준화
      기구·기관과의 유기적 상호협력 실천계획 수립」, 2011.

국토연구원, 「토지정보관리의 체계화에 관한 연구: 토지등록제도의 정비를 중심으로」,
      1991.

대한지적공사, 「한국지적백년사: 역사편」, 2005.

대한지적공사, 「한국지적백년사: 자료편」, 2005.

대한지적공사 공간정보연구원, 「한국형 3D 지적의 국제표준화를 위한 연구: 한국형
      2D·3D지적 통합모형 설계」, 2014.

대한지적공사 공간정보연구원, 「해양지적제도 도입」, 2014.

대한지적공사 공간정보연구원, 「지적측량수수료 체계 개선을 위한 연구」, 2013.

대한지적공사 공간정보연구원, 「다목적지적구현을 위한 공산정보 융복합기술 개발 연
      구: 초분광영상 중심으로」, 2013.

대한지적공사 공간정보연구원, 「지적재조사기본계획 수립 연구」, 2012.

대한지적공사 공간정보연구원, 「지적 관련법제의 재정비에 관한 연구」, 2012.

대한지적공사 공간정보연구원, 「3D지적표준화를 위한 기초 연구」, 2012.

대한지적공사 공간정보연구원, 「지적학의 학문분류체계 개선연구에 관한 연구」, 2005.

충청남도, 「충청남도 지적사」, 2014.

한국법제연구원, 「지하공간 관련법제 정비방안: 지하공간 개발·이용을 중심으로」, 1998.

한국토지주택공사 토지주택연구원, 「우리나라 토지제도 변천사」, 2010.

한국국토정보공사 공간정보연구원, 「데이터 3법 개정에 따른 「공간정보관리법」 연관성 분석 및 제도개선 사항 연구」, 2021.

한국국토정보공사 공간정보연구원, 「LX기본공간정보 효율적 구축 방안연구」, 2016.

한국국토정보공사 공간정보연구원, 「사물인터넷(IoT) 기반의 경계점 관리 방안연구」, 2016.

한국국토정보공사 공간정보연구원, 「연속지적도 관리체계 개편방안 연구」, 2015.

⟨학술논문⟩

강민정, 2015, "《구장술해》를 통한 《구장산술》의 이해 – 方田章 전반부의 용어와 어구의 의미를 중심으로 개념의 발달 과정에 주의하여 –", 「한국수학사학회지」, 제28권, 제5호, 한국수학사학회.

강석진·지종덕·유환종, 2002, "대학 지적정보교육의 현황과 발전방향에 관한 연구", 「한국지적학회지」, 제18권 제2호, 한국지적학회.

강태석, 2005, "지적재조사사업의 실행전략", 「한국지적학회지」, 제21권, 제2호, 한국지적학회.

강태석, 2001, "지적불부합지의 현황과 실태", 「지적」, 제31권, 제8호, 대한지적공사.

강태석·권규태·강석진, 1985, "한국의 지적재조사사업 방향", 「한국지적학회지」, 제6권, 제6호, 한국지적학회.

강한빛·이범관, 2018, "한국 지적제도의 정체성 연구", 「한국지적학회지」, 제34권, 제3호, 한국지적학회.

고경원·박민호·최승영, 2013, "토지의 효율적 이용 및 등록을 위한 지목 세분화 방안", 「한국지적학회지」, 제29권, 제2호, 한국지적학회.

고영진, 2004, "지적행정조직의 변천과정", 「지적」, 대한지적공사.

고준환, 1999, "지적정보학의 학문적 성격에 관한 연구", 「서울시립대학교 논문집」, 제32집, 서울시립대학교.

곽인선, 2011, "토지경계 설정의 정확도 비교 분석", 서울시립대학교 대학원 박사학위논문.

곽정완, 2010, "해외진출을 위한 토지등록 모형개발에 관한 연구: 아제르바이잔·투르크메니스탄·우즈베키스탄을 중심으로", 목포대학교 대학원 박사학위논문.

김감래 외, 2008, "3차원 지적의 공간객체 데이터 구축에 관한 연구", 「한국지적학회지」, 제24권, 제1호, 한국지적학회.

김병두, 2012, "'지적재조사에 관한 특별법」에 관한 일고찰: 경계확정에 수반되는 제문
　　제를 중심으로", 「홍익법학」, 제13권, 제1호, 홍익대학교법학연구소.

김영수, 2013, "입체지적을 위한 지목체계 개선방안에 관한 연구", 한성대학교 대학원,
　　석사학위논문.

김영수·지종덕, 2013, "한국 입체지적을 위한 지목체계 개선방안에 관한 연구", 「한국
　　지적정보학회 학술발표대회 논문집」, 한국지적정보학회.

김영학, 2016, "4차 산업혁명시대의 지적교육 방향", 「한국지적정보학회지」, 제18권, 제
　　3호, 한국지적정보학회.

김영학, 2015, "둠즈데이 북과 신라장적의 비교연구", 「한국지적정보학지」, 제17권, 제2
　　호, 한국지적정보학회.

김영학, 2010, "지적(cadastre)의 어원에 관한 연구", 「한국지적정보학회지」, 제12권, 제
　　2호, 한국지적정보학회.

김영학, 2010, "해양지적의 등록객체에 관한 연구", 「지적과 국토정보」, 제40권, 제2호,
　　대한지적공사.

김영학, 2008, "바닷가 토지의 지적공부 등록에 관한 연구", 「해양정책연구」, 제23권,
　　2호, 한국해양수산개발원.

김영학, 2007, "해양등록부 창안에 관한 연구", 「한국지적정보학회지」, 제9권, 제2호,
　　한국지적정보학회.

김영학, 2000, "도시정부의 토지정보시스템 평가에 관한 연구", 서울시립대학교 대학원
　　박사학위논문.

김영학, 1997, "지적행정에의 주민참여 활성화 방안", 「한국지적학회지」, 제13권, 1호,
　　한국지적학회.

김영학 외, 2015, "지적공부 등록사항 확장 방향성에 관한 연구", 「지적과 국토정보」,
　　제45권, 제2호, 한국국토정보공사.

김유미 외, 2013, "지적재조사사업의 협력적 거버넌스 구축에 관한 연구", 「한국지적학
　　회지」, 제29권, 제2호, 한국지적학회.

김윤기·이상범, 2006, "3차원 지적제도의 도입을 위한 법·제도의 개선 방안에 관한 연
　　구", 「국토연구」, 제50권, 국토연구원.

김인걸, 2010, "조선후기~대한제국기 양안 연구의 현황과 전망", 「한국문화」, 51권, 51
　　호, 규장각한국학연구소.

김일, 2008, "3차원 지적공간정보기반 구축방안에 관한 연구", 목포대학교 대학원 박사
　　학위논문.

김일, 2021, "지적재조사 책임수행기관제도 도입방안에 관한 연구", 「한국지적정보학회

지」, 제23권, 제1호, 한국지적정보학회.

김재명 외, 2013, "지적재조사사업의 효율적인 추진체계 개선에 관한 연구", 「한국공간
      정보학회지」, 제21권, 제4호. 한국공간정보학회.

김종명, 2007, "고대 그리스 수학과 동양 수학", 「한국수학사학회지」, 제20권, 제2호, 한
      국수학사학회지.

김종준, 2010, "광무양안의 자료적 성격 재고찰", 「한국문화」, 제51권, 규장각한국학연
      구소.

김정민, 2010, "필지의 경계설정에 관한 연구: 항공사진측량을 중심으로", 목포대학교
      대학원 박사학위논문.

김정환, 2011, "유럽의 지적제도 비교·분석을 통한 한국형 지적제도 모형개발", 면지대
      학교 대학원 석사학위논문.

김종현, 1977, "한국지적제도의 변천사", 「지적」, 제7권, 제8호, 대한지적공사.

김추윤, 1999, "고측량의기고: 기리고차와 인지의를 중심으로", 「한국지적정보학회지」,
      창간호, 한국지적정보학회.

김태훈, 2005, "지적행정분야의 인적자원관리 실태에 관한 연구", 서울시립대학교 대학
      원 박사학위논문.

김행종, 2016, "지적재조사사업의 현황분석과 항후 발전연구", 「한국지적학회지」, 제32
      권, 1호, 한국지적학회.

김행종, 1998, "지적불부합지의 원인과 해소방안 연구", 「지역사회발전학회논문집」, 제
      23권, 제1호, 한국지역사회발전학회.

김현영·이봉주, "입체지적 구현을 위한 구분지상권의 관리에 관한 연구", 「지적과 국토
      정보」, 제51권, 제2호, 한국국토정보공사.

김형오, 1994, "한국지적공부의 사적고찰", 서울시립대학교 대학원 석사학위논문.

김현희·임형택, 2015, "공간정보의체계적발전을위한법제도적정합성에관한연구", 「지적
      과 국토정보」, 제45권, 제1호, 한국국토정보공사.

남대현, 2010, "입체적적 도입을 위한 제도적 개선방안", 「한국지적학회지」, 제26권, 제
      1호, 한국지적학회지.

류병찬, 2019, "국내외 지목체계 운용실태 연구에 관한 새로운 시각", 「지적과 국토정
      보」, 제49권, 제2호, 한국국토정보공사.

류병찬, 2009, "지적이란 용어의 사용연혁에 관한 연구: 조선시대를 중심으로", 「지적과
      국토정보」, 제39권 제1호, 대한지적공사.

류병찬, 2009, "우리나라 지적제도의 기원에 관한 연구: 고조선 시대를 중심으로", 「한
      국지적학회지」, 제25권, 제1호, 한국지적학회.

류병찬, 2008, "조선왕조실록에 기록된 지적관련 용어의 사용연혁에 관한 연구", 「한국 지적학회 학술대회 논문집」, 한국지적학회.

류병찬, 2006, "지적학의 정의 및 학문적 성격정립에 관한 연구: 정의, 학문적 성격, 연구 대상 및 범위를 중심으로", 「한국지적학회지」, 제22권, 제1호, 한국지적학회.

류병찬, 2004, "토지조사사업과 관련된 지적법령의 변천연혁에 관한 연구", 「지적」, 제34권, 제3호, 대한지적공사.

류병찬, 2004, "지적학의 학문적 좌표와 발전방향에 관한 연구", 「지적」, 제34권, 제2호, 대한지적공사.

류병찬, 1999, "한국과 외국의 지적제도에 관한 연구", 단국대학교 대학원 박사학위논문.

류병찬, 1990, "다목적지적제도의 모형개발에 관한 연구", 연세대학교 대학원, 석사학위논문.

민관식 외, 2014, "차량 기반 멀티센서 측량시스템을 이용한 3차원 지적정보 구축에 관한 연구", 「한국공간정보학회지」, 제22권, 제1호, 한국공간정보학회.

민관식 외, 2012, "지적정보의 다목적 활용방안에 관한 연구", 「한국지적정보학회 추계 학술대회 논문집」, 한국지적정보학회.

박문재 외, 2020, "지적재조사 조정금 제도 개선방안에 관한 연구: 서울시를 대상으로", 「한국지적정보학회지」, 제22권, 제1호, 한국지적정보학회.

박성현, 2015, "해양정보의 등록방법에 관한 연구", 「한국지적정보학회 학술발표대회 논문집」, 한국지적정보학회.

박종안, 2018, "지적 법제의 정합성에 관한 연구", 전북대학교 대학원 박사학위논문.

박종철·김영학, 2014, "지적 2014에 기반 한 한국 지적제도의 지속성에 관한 연구", 「한국지적학회지」, 제30권, 2호, 한국지적학회.

박치영·이재원, 2016, "고해상도 항공영상과 항공타겟을 이용한 농경지 필지경계 설정에 관한 연구", 「한국지리정보학회지」, 제19권, 제1호, 한국지리정보학회.

박현순, 2010, "조선후기 양안의 작성과 활용", 「한국문화」, 제51권, 제51호, 규장각한국학연구소.

박형래, 2012, "국가별지적제도 비교분석을 통한 미래한국지적제도의 발전방향", 한성대학교 석사학위논문.

박홍래, 2003, "미국의 레코딩 시스템과 토렌스 시스템", 「민사법연구」, 제11집, 제2호, 대한민사법학회.

배상근 외, 2016, "개별 권리객체 기반의 3차원 지적정보 구축 및 활용방안", 「지적과 국토정보」, 제46권, 제1호, 한국국토정보공사.

배종욱 외, 2020, "3차원 지적 구축을 위한 지하시설물 정보의 정확도 분석", 「한국지적학회지」, 제36권, 제2호, 한국지적학회.

백승철, 2008, "지적학문의 체계화에 관한 연구", 경일대학교 대학원 박사학위논문.

백영미, 2012, "한국 고대의 호구 편재와 호등제", 고려대학교 대학원 박사학위논문.

서용수·최승용, 2017, "지적분야 NCS기반 능력중심채용 개선에 관한 연구", 「한국지적학회지」, 제33권, 제2호, 한국지적학회.

성윤모 외, 2011, "부동산 행정정보 일원화의 비용편익 분석", 「한국지적학회지」, 제27권, 제2호, 한국지적학회.

성춘자, 2020, "고조선시대 우리나라 지적제도가 기원한 계기적 요소에 관한 고찰", 「한국지적정보학회」, 제22권, 제1호.

성춘자·박재국, 2007, "개별공시지가산정을 위한 토지특성조사에 GIS 공간분석기법의 적용", 「한국지형공간정보학회지」, 제15권, 제1호, 한국지형공간정보학회.

신국미, 2020, "2020년 독일 지적공부(ALKIS)상의 지목분류체계에 관한 소고: 소위 계층적 지목", 「한국지적학회지」, 제36권, 제3호, 한국지적학회.

신동윤, 2004, "3차원 지적정보관리체계의 도입방안 및 기대효과 연구", 단국대학교 대학원 박사학위논문.

손종영·정동훈, 2011, "지적시스템 선진화 추진 방향 연구", 「지적」, 제41권, 제1호, 대한지적공사.

송혜영, 2018, "일지강점기 지적공부의 작성과 의미", 「건축역사연구」, 제27권, 제2호, 한국건축역사학회.

심상택, 2022, "산지의 지목체계 개선방안에 관한 연구", 경북대학교 대학원 석사학위논문.

심우섭, 2010, "토지경계의 효율적 관리방향에 관한 연구", 경일대학교 대학원 박사학위논문.

안병구, 2010, "입체지적 도입을 위한 지적공부모형 개발", 「한국측량학회지」, 제28권, 제1호, 한국측량학회.

양인태 외, 2004, "3차원정보지적도 모형 구축을 위한 건물등록 방법 선정", 「한국측량학회지」, 제22권, 제3호, 한국측량학회.

오기수, 2011, "조선시대 법전상 조세법과 전세제도의 분석", 「계간 세무사」, 가을 호, 세무학회.

오이균, 2020, "중국의 지적제도와 지적측량의 변화에 관한 연구", 「한국지적학회지」, 제36권, 제1호, 한국지적학회.

오인택, 2010, "경자양안 연구의 현황과 과제", 「한국문화」, 제51호, 규장각한국학연구소.

오현진, 2009, "부동산법의 학문적 체계화에 관한 연구", 「토지공법연구」, 제45권, 한국토지공법학회.

왕현종, 2020, "광무 양전·지계사업 연구사와 토지소유권 논쟁", 「학림」, 제46집, 연세 사학연구회.

윤병찬 외, 2012, "조선후기 지적의 연혁과 개념정립에 관한 연구", 「한국지적학회지」, 제28권, 제2호, 한국지적학회.

윤석준, 2004, "토지경계분재의 실태와 해결방안에 관한 연구", 경일대학교 대학원 석 사학위논문.

윤정득 외, 2009, "지목체계의 효율적 개선방안에 관한 연구", 「한국지적학회지」, 제25 권, 제2호, 한국지적학회.

이동현, 2018, "우리나라 지적의 어원과 양전에 관한 연구", 「한국지적정보학회지」, 제 20권, 제3호, 한국지적정보학회지.

이동현, 2017, "지적불부합 해소의 효율적 방안에 관한 연구", 「한국지적정보학회지」, 제19권, 제3호, 한국지적정보학회.

이동현, 2000, "지적재조사사업의 성공요인 분석", 청주대학교 대학원 박사학위논문.

이범관, 2001, "지적학의 학문적 체계화에 관한 연구", 「한국지적학회지」, 제17권, 제2 호, 한국지적학회.

이범관, 2000, "취득시효로 인한 도상경계의 설정 연구", 「한국지적학회지」, 제16권, 제 1호, 한국지적학회.

이범관, 1996, "한국의 지적제도에 관한 연구: 법·행정·운영 실태를 중심으로", 단국대 학교 대학원 박사학위논문.

이범관 외, 2010, "지적학술용어의 체계화 방향에 관한 연구", 「한국지적학회지」, 제26 권, 제1호, 한국지적정보학회.

이병길·박홍기, 2018, "지적재조사 사업을 위한 정밀도로지도의 활용성 검토", 「한국지 적정보학회지」, 제20권, 제1호, 한국지적정보학회.

이보미·김택진, 2012, "지적재조사 추진에 따른 지적시스템 표준화 방향", 「지적」, 제 42권, 제1호, 대한지적공사.

이성화, 2004, "지적측량 시장개방에 따른 지적제도 변화모형에 관한 연구", 「부동산학 연구」, 제10권, 제1호, 한국부동산분석학회.

이성화, 2001, "지적불부합지가 토지이용에 미치는 영향과 해소방안에 관한 연구", 「부 동산학 연구」, 제7집, 제2호, 한국부동산분석학회.

이승훈, 2000, "지적학의 학문적 체계 정립에 관한 연구", 「한국지적정보학회지,」 제2 권, 한국지적정보학회.

이인수 외, 2012, "영상정보와 지적정보에의 융복합에 의한 영상응용지적도 개발", 「한국지형공간정보학회지」, 제20권, 제4호, 한국지형공간정보학회.

이용호, 2010, "호주의 지적제도 현황에 관한 연", 「지적」, 제40권, 제1호, 대한지적공사.

이왕무, 1999, "지적민원행정의 운영 실태와 개선방안에 관한 연구", 전주대학교 대학원 박사학위논문.

이인철, 1993, "신라장적에 보이는 촌의 형태와 성격", 「선사와 고대」, 제5권, 제5호, 한국고대학회.

이창한·성춘자, 2018, "공시지가산정을 위한 지형·지세조사 자료의 정확도 분석", 「지적과 국토정보」, 제48권, 제1호, 한국국토정보공사.

이현준, 2006, "지적제도에 관한 공법적 검토", 단국대학교 대학원 박사학위논문.

이효상 외, 2012, "입체지적을 위한 구분지상권의 등록에 관한 연구", 「지적」, 제42권, 제1호, 대한지적공사.

전방진, 2008, "3차원 지적을 위한 부필지 등록 모형화 연구", 인하대학교 대학원 박사학위논문.

전순동, 1997, "명대 어린도책에 관한 연구", 「충북사학」, 제9권, 충북사학회.

전영길, 2017, "토지의 용도구분과 지목체계의 개선방안에 관한 연구", 「강원도립대학 논문집」, 제20권, 강원도립대학.

정동훈 외, 2014, "3차원 권리객체의 표현에 관한 연구", 「한국지적정보학회지」, 제16권, 제1호, 한국지적정보학회.

정동훈 외, 2013, "3D 지적 기준설정 및 표준화 방향에 관한 연구", 「한국지적정보학회지」, 제15권, 제1호, 한국지적정보학회.

정동훈 외, 2013, "국민밀착형 3차원 지적정보서비스 활성화 방향: 방재분야 적용을 중심으로", 「한국위기관리논집」, 제9권, 제4호, 위기관리 이론과 실천.

정영동·최한영, 2003, "지적불부합 토지의 정리방안에 대한 연구", 「한국지형공간정보학회지」, 제11권, 제3호, 한국지형공간정보학회.

정택승 외, 2008, 정부조직법개편에 따른 대한지적공사의 대응전략", 「한국지적학회지」, 제24권, 제1호, 한국지적학회.

정해룡, 2012, "4차원 지적제도의 도입방향에 관한 연구", 청주대학교 사회복지행정대학원 석사학위논문.

조영태 외, 2021, "지적재조사 책임수행기관 제도 도입에 따른 사업비 배분 연구", 「한국지적학회지」, 제37권, 제2호, 한국지적학회.

조창록, 2006, "풍석 서유구의 「擬上經界策」에 대한 일 고찰", 「한국실학연구」, 11호, 한국실학학회.

주한돈, 2018, "한국 토지등록제도의 해외진출 방안에 관한 연구", 청주대학교 대학원 석사학위논문.

지종덕, 2004, "지적학의 학문적 특성에 관한 연구", 「한국지적학회지」, 제20권, 제1호, 한국지적학회.

지종덕, 2001, "경자양안 사업에 관한 연구", 「한국지적학회지」, 제17권, 제1호, 한국지적학회.

지종덕, 2000, "지적측량사 체계의 변천과정에 관한 연구", 「한국지적학회지」, 제16권, 제1호, 한국지적학회.

지종덕, 1989, "다목적지적제도 도입에 관한 연구" 건국대학교 대학원 석사학위논문, 건국대학교 대학원.

최승영, 2004, "우리나라 부동산 등기제도의 개선방안에 관한 연구", 「민사법연구」, 제12집, 제2호, 대한민사법학회.

최승영·오화련, 2010, "지적법 주요 개정에 따른 지적공부 변천에 관한 소고 : 대장을 중심으로", 「한국지적정보학회지」, 제12권, 제1호, 한국지적정보학회.

최원준, 2007, "3차원지적 등록방법에 관한 연구", 명지대학교 대학원 박사학위논문.

최인호, 1997, "지적정보를 기반으로 하는 종합토지정보체계의 발전방향에 관한 연구", 「한국지적학회지」, 제13권, 제1호, 한국지적학회.

최용규, 2004, "지적인적자원의 관리전략에 관한 연구", 「부동산학보」, 제24권, 한국부동산학회.

최용규, 1991, "현대지적의 체계화 구상", 「사회과학논총」, 제10권, 청주대학교 사회과학연구소.

최용규 외, 1990, "지적이론의 발생설과 개념정립", 「부동산학보」, 제9권, 한국부동산학회.

최원규, 2011, "일제초기 창원군 과세지견취도의 내용과 성격", 「한국민족문화」, 제40호, 부산대학교한국민족문화연구소.

최재광, 2011, "지적제도의 현대적 과제와 발전 방안", 청주대학교 대학원 석사학위논문.

한길준·서주연, "구장산술의 수학교육학적 가치에 대한 연구", 「한국수학사학회지」, 제17권, 제3호, 한국수학사학회.

홍성언, 2015, "지적정보 품질 수준의 향상 방안", 「디지털융합연구」, 제13권, 제2호, 한국디지털정책학회.

홍성언, 2015, "지적도면정보 좌표등록의 통일화 방안 연구", 「한국산학기술학회논문지」, 한국산학기술학회.

홍성언, 2015, "디지털 지적관리 환경에 적합한 지적측량수수료", 「디지털융복합연구」, 제13권, 제12호, 한국디지털정책학회.

홍성언, 2008, "행정구역 경계지역에서의 지적불부합지 실태분석", 「한국지형공간정보학회지」, 제16권, 제1호, 한국지형공간정보학회.

홍성언·이용익, 2006, "3차원 지적정보 구축을 위한 지적정보의 입체적 등록 방법 연구", 「공간정보시스템학회 논문지」, 제14권, 제1호, 한국공간정보학회.

황보상원, 2016, "한국·일본·대만 3국의 지적재조사사업 비교·연구", 「한국지적학회지」, 제32권, 제3호, 한국지적학회.

황보상원, 2005, "3차원 지적을 위한 정사영상에 의한 건축물 등록 방안", 명지대학교 대학원 박사학위논문.

외국문헌

Abbas Rajabifard, Ian Williamson, Daniel Steudler, Andrew Binns, Mathew King, "Assessing the worldwide comparison of cadastral systems", Land Use Policy, 24−1, 2005.

Daniel STEUDLER, A Framework for Benchmarking Land Administration System, Melbourne University, 2004.

FIG, Statement on the Cadastre, FIG Bureau.

Hensson, J.L.G. Basic Principle of the Main Cadastral Systems in the World, Modern Cadastres and Cadastral Innovations, FIG, 1995.

Hensson, J.L.G. Land Registration, Cadastre and Its Interaction : A World Perspective, Helsinki, FIG, 1990.

Henssen, J.L.G. Administration and Legal Aspects of Land Registration/Cadastre, Netherlands, ITC, Lecture Note, 1987.

McEntyre, J. G. Land Survey Systems, New York, John Wiley & Sons, 1978.

National Research Council, Need for a Multipurpose Cadastre, Washington DC, National Academy Press, 1983.

National Research Council, Need for a Multipurpose Cadastre, Washington DC, National Academy Press, 1980.

Peter Dale, John McLaughlin, Land Administration, Oxford University Press, 2010.

Simpson, S. R. Land Law and Registration, London, Surveyors Publication, 1984.

Simpson, R. S. Land Law and Registration, Cambridge, Cambridge University Press, 1976.

UN, Land Administration Guidelines, Economic Commission for Europe, New York and Geneva, 1996.

찾아보기

A - Z

Cadastre	6
Capitastrum	6
DB관리시스템	315
ESRI	389
FGDC	388
FIG	418
GIS 엔진	313
GIS	305
GIS건물통합정보관리	326
GIS기술	313, 371
GIS응용시스템 연계통합	375
GIS응용시스템	372
GNSS 상시관측소	395
GNSS 측량	417
GNSS	395
IoT	391
ISO	395
Katastichon	6
KLIS 기능 고도화	317
KLIS	305
KLIS의 단위업무	318
KRAS	305
KRAS의 일반 업무	327
LMIS	305, 374
LMIS의 하부구조	310
MasterMap	389
MMS(Mobile Mapping System)	398
NGIS 기본계획	307
NGIS	371
NGIS정책 기본계획	372
NGIS정책	371, 372
NSDI정책 기본계획	372
NSDI정책	371, 372
OGC	395
OS MasterMap	389
Over Shoot	334
PBLIS	305, 374
PBLIS의 하부 구조	308
PNU(Primary Number Unique)	396
TM좌표	39, 245
UFID(Unique Feature IDentifier)	396
Under Shoot	334
USGS(National Geospatial Data Clearinghouse)	394

ㄱ

가경전(加耕田)	146, 151
가계(家契)	158
가계제도	158
가변성(可變性)	18
가상세계	386
가상현실(VR)	386
가족관계등록전산자료	323
가주(家主)	176
가쾌업	159
가쾌제도(家儈制度)	159
각사위전(各司位田)	132
간의(簡儀)	145
간주임야도	210
간주지적도(看做地籍圖)	210
감문군	114
감사수령관(監司首領官)	123
감정평가사	14

감정평가액	362
갑 구	50
갑술양전(甲戌量田)	146
갑술척(甲戌尺)	147
갑오개혁	167, 168, 171
강계	192
강계선(疆界線)	203
강등전(降等田)	151
강매	84
강속전(降續田)	151
강제집행력	26
개발부담금관리	310, 318, 320
개발행위허가	274
개방형 시스템 구조	313
개별경작	77
개별공시지가	247, 318, 362, 383, 416
개별공시지가관리	318, 326
개별소유	77
개별주택가격	318
개별주택가격관리	318, 326
개선사지 석등	101
개정전시과	109
개항장	167
객체(object)	24
거울 원리(mirror principle)	29
건물명칭	247
건축행정시스템(세움터)	394
결(結)	94
결부 수	176
결부(結負) 수(數)	149
결부법(結負法)	94

결수연명부(結數連名簿)	183	(Linkage Mechanism)	403	공간정보학	385
결수연명부	180, 213	고전지적제도	34	공간현상	386
경(頃)	94	고정성(固定性)	18	공공보상정보지원시스템	319
경계결정	361	고조선	79	공기능성	9
경계결정위원회	353, 359, 361	고해상의 영상지도	387	공납(貢納)	121, 143, 144
경계복원측량	13, 245, 417	곡내부(穀內部)	98	공법	13, 137
경계분쟁	243	곡물지대	168	공법수세법(貢法收稅法)	138
경계불가분의 원칙	244	공(公) 문기	158	공법수세법	140
경계선(境界線)	203	공간 객체(Object)	408	공법적 기능	12
경계점 간 거리	247	공간 차원(Spatial dimensions)	40	공부(貢賦)	123
경계점 연결선	332	공간 차원	408	공수전(公須田)	112
경계점 좌표	39, 229, 252	공간분석	386, 403	공시(notice)	19
경계점좌표등록부	39, 49, 219	공간빅데이터	382	공시의 원리	20, 46
경계점표지	269	공간자료	292	공시지가	15, 26, 402
경계직선주의	244	공간자료관리시스템	310	공시지가관리	310
경국대전	140, 141	공간정보 3법	378, 391	공시지가신정	397
경무법(頃畝法)	93, 120	공간정보 생산	396	공시지가전산자료	323
경세유표(經世遺表)	161	공간정보 융복합산업	376	공시지가제도	15
경세유표	96	공간정보 표준	394, 395	공신의 원리	20, 49
경자양안(庚子量案)	149	공간정보 플랫폼	376	공신의 원칙	401
경자양전(更子量田)	144	공간정보	385	공신전(功臣田)	135
경자양전(庚子量田)	146	공간정보관리법	378	공신전	130
경자유전(耕者有田)	159	공간정보기술	36	공원	239
경작권	82	공간정보법	378	공유지연명부	49, 211, 219
경정공법	138	공간정보사업	381	공음전(功蔭田)	113
경정전시과	109	공간정보산업 진흥법	319	공음전	106, 108
경제육전	137	공간정보산업 협회	230, 380	공인중개사관리	318, 320
계리심사	124	공간정보산업	373, 384, 391	공인중개사	14
계묘양전(癸卯量田)	146	공간정보산업구조	385	공장용지	239
고(股)	96	공간정보오픈마켓	384	공적 구분지상권	415
고구려	77	공간정보오픈플랫폼	383	공적 지적정보시스템(ALKIS: Official	
고궁전(庫宮田)	132	공간정보융복합	372	Cadastral Information System)	405
고대지적제도	77, 80	공간정보정책 동향	388	공적지가	15
고등토지조사위원회	189	공간정보제도과	42	공전(公田)	83, 91
고려시대	86	공간정보진흥원	383	공전제(公田制)	160
고유 식별 번호		공간정보체계	67, 371	공정력(公定力)	26

공처절급전 133
공해전(公廨田) 111, 133
공해전 108
과세설 7
과세지견취도(課稅地見取圖) 190, 213
과세지견취도작성 180
과수원 239
과전(科田) 108, 113, 118
과전 135
과전법 113, 119, 129
곽전 매매 424
곽전 424
관둔전(官屯田) 133
관둔전 181
관료전 89
관료지주 85, 88
관료지주제 88, 168
관모답(官謨畓) 102
관수관급제(官收官給制) 131
관습법 79
관습조사 191
관역장(館驛長) 112
관찰사(觀察使) 143
광(廣) 96
광무개혁 171
광무양안(光武量案) 149
광무양전(光武量田) 147
광무양전 172, 174
광업권 424
광천지 239
교통DB 382
구(句) 96
구거(溝渠) 239
구고전 95
구문기(舊文記) 157
구본신참 172

구분소유권자 251
구분전(口分田) 114
구분지상권 계약서 417
구분지상권 등록 415
구분지상권 등록부 417
구분지상권 등록제도 417
구분지상권(區分地上權) 414
구분지상권 409, 412
구분코드 335
구속력(拘束力) 25
구장산술 95
구장산술법 95
구제제도 10
구조화편집 335
국가 기간전산망 372
국가공간정보 프레임 워크 394
국가공간정보기반(NSDI: national spatial data infrastructure) 376, 394
국가공간정보기반 371, 393, 394
국가공간정보데이터인프라 400
국가공간정보산업 228, 379
국가공간정보센터 319, 376
국가공간정보위원회 373
국가공간정보정책 기본계획 371, 376
국가공간정보정책 371
국가공간정보통합체계 319
국가공간정보포털 319, 383, 384
국가배상제도 29
국가수조지 132
국가지리정보체계 295, 307, 371
국가지명위원회 232
국가직영지(國家直營地) 87
국가직영지 92
국가측량기준점 394
국가측회국 390

국둔전(國屯田) 134
국유왕토사상 92
국유재산관리 321
국유지실측도 182
국자감(國子監) 113
국제지적사무소(OICRF) 64
국제측량사연맹(FIG) 64
국제측량사연맹 3
국토(Nationa Land) 43
국토교통부장관 42
국토정보 375
국토정보센터 256
국토정보시스템 256, 319, 376
국토정보정책관 42, 375
국토정보정책관실 319, 376
국토정보플랫폼 383, 394
국토지리정보원 383, 393
국학(國學) 98
군인전(軍人田) 114
군인전 108
군인전시과제도 109
군자시(관청) 134
군자위전(軍資位田) 132
군자전 134
군현제(郡縣制) 143
궁방전(宮房田) 133
궁방전 88, 181
궁원전(宮院田) 106, 115
권리(right) 24
권리(Right) 407
권원(title) 28
권원등록제도 28
권원심사 29
권원증명서(Certificate of title) 28, 29
규장각 149
규전 96

규표(圭表) 145

균전론 168

균전사(均田使) 144

균전제(均田制) 86, 160, 161

근강국수소간전도

　(近江國水沼墾田圖) 100

근대개혁기 167

근대지적제도 171, 180, 187, 220

근대토지조사사업 219

급전도감 124

기리고차(記里鼓車) 145

기번(起番) 233

기본공간정보 데이터베이스 374, 393

기본공간정보 297, 373, 393

기본도 36

기술성 22

기우식 234

기전척 93

기주(起主) 151

기준 프레임(Geodetic Reference

　Framework) 403

기하학적 요소 386

ㄴ

낙산임야(落山林野) 199

날인증서(deeds) 27

날인증서등록제도 27

남모답(南模畓) 150

내두좌평 98

내부 168

내부관제 169

내수사전 88

내시령답(內視令畓) 102

내장전(內庄田) 106

내장전(內莊田) 112

내장전 108

내장택 112

내주(內周) 96

노드-링크체계 396

노비타량성책(奴婢打量成册) 149

녹과전(祿科田) 118

녹봉전(祿俸田) 132

녹봉제 131

녹읍(祿邑) 89

농사작황 122

농업자본가 168

농장형 131

농지전용허가 274

농촌공동체 84

농촌공동체사회 78

농촌형지목 237

능률성 10

ㄷ

다목적지적 402

다목적지적시스템 403

다목적지적제도 36, 374, 375,

　401, 402, 403

단식지목 237

단식지목부여체계 397

단일양전척(單一量田尺) 119

단지단위법 234

단지식 234

달솔 5

답 239

답주(畓主) 176

답험손실법(踏驗損失法) 122

당대척(唐大尺) 93

당사자 신청주의 52

대(垈) 239

대·소삼각점 190

대구시가지토지측량규정 182

대륙붕 422

대사(大舍) 99

대심도(大深度) 412

대위신청 47

대위신청제도 21

대전통편 142

대전회통(大典會通) 156

대주(垈主) 176

대지권 비율 247

대지권 지분 251

대지권 251

대지권등록부 49

대지모사상(大地母思想) 17

대지주 84

대축척의 기본도(Base Maps) 403

대한제국 171

대항력 12

데이터 키(key) 396

데이터의 무결성(Data Integrity) 312

도곽선과 수치 247

도근점 190

도근측량 183

도독(都督) 99

도로 239

도로대장관리시스템 394

도로명 및 건물번호 315

도로명주소 15

도매(盜賣) 155

도면데이터베이스 298

도면번호 247

도면지적 38

도시·군관리계획선 267

도시개발사업 226, 258, 260

도시재생사업 398

도시정비 398

도시통합서비스 391

도시형지목	237	Office Systems)	404	메타데이터 표준	336
도엽단위법	234	등기제도	19, 27, 52	메타데이터	336, 388
도적(圖籍)	5, 100	등기촉탁	223	면적 오차	303
도전(渡田)	133	등록 말소	225	면적단위	94
도정전(都田丁)	126	등록(Registration)	19, 24	면적본위 지적제도	34
도지법	168	등록객체	401	면적척 수	176
도해지적(Drawing Cadastre)	38	등록경계	13, 243, 338, 340	명문(明文)	156
도해지적	38, 378	등록단위	24	모바일현장지원	318
도해지적도	338	등록말소	275	목민심서(牧民心書)	161
도해지적제도	223	등록사항 정정	223, 260, 269, 283	목장용지	239
도행(導行)	125, 127	등록사항정정	225	묘지	239
도형자료(graphic data)	292	등록의 원리	20, 46, 48	무(畝)	94, 223, 339
도형정보	333	등록의 원칙	9	무농사	124
독일 AAA 시스템	405	등록전환	223, 237, 244, 260, 265	무산계(武散階)	115
동경원점	339	등록주체	401	무세 유토(有土)	181
동경측지계	339	등본교부	223	무신양전(戊申量田)	146
동모답(東模畓)	150	디지털 트윈(DT, Digital Twin)	387	무인항공기(드론)	382
동예	77	디지털 트윈	389	무인항공기	386
동위척	93	디지털 트윈사업	387	무토(無土) 관둔전	181
동학운동	168	디지털 프로토타입	389	문권(文券)	156
동활(東闊)	96	디지털 플랫폼	387	문기(文記)	156
두락법(斗落法)	94			문반	109
둔전(屯田)	113, 133, 181	**ㄹ**		물권(real rights)	15
둔전	134	락주(落主)	177	물적 편성제도	31
둔전병(屯田兵)	113	로마의 촌락도	8	물적·인적 편성제도	32
둔전제(屯田制)	163	로봇기술	386	미들웨어	313
둠즈데이 북(Domesday Book)	8, 34			미터법	223, 244
드론	386	**ㅁ**		민원관리	296
드론측량	394	마군	114	민원발급시스템	315
등기(registration)	19	마전(麻田)	101, 102	민유임야	198
등기관	417	망척제(網尺制)	164	민유임야약도	183
등기관서	265	매개체(플랫폼)	386	민전(民田)	106, 112, 121, 130
등기문서	265	매득(賣得)	84	민전	181
등기부	15, 26	매매	269	민주성	10
등기업무	19	매매계약서	156		
등기정보시스템(Automated Registry		맹지	341		

ㅂ

바다 필지(sea parcel)	421
바다로 된 토지의 등록말소	260
바로처리센터	404
바빌로니아 지적도	8
반경(半徑)	96
반계수록(磻溪隨錄)	160
반복성	22
반원주	96
반전(班田)	123
반전제도(班田制度)	108, 109
방고감전별간	124
방량법(方量法)	161, 162
방수군(防戍軍)	113
방전	95
방전법(方田法)	162
방전장	95
배타적경제구역	422
배탈(背脫)문기	157
백문매매(白文賣買)	156
백제	77
법률적 기능	12
법지적제도(Juridical Cadastre System)	
	35
법지적제도	35, 403
벡터파일	332
별사전(別賜田)	115, 135
별사전시과(別定田柴科)	115
별책토지대장	210
병작반수제	122, 134
병작형	131
보(步)	94
보군	114
보수척(步數尺)	145
보전산지전용허가	274
보정데이터 작성	303

보정파일	298
보척(步尺)	120
보험 원리(insurance principle)	30
복식지목	237
본번(本番)	236
봉건 지주제	86, 88
봉건국가	83
봉건사회	84, 92, 105
봉건시대	17
봉건지적제도	92, 105, 137
봉역도	100
부(負)	94
부경	125
부동산 등기(登記)제도	49
부동산 등기부	320
부동산 등기시스템	404
부동산 행정정보시스템(Korea Real estate Administration intelligence System)	404
부동산가격공시제도	15
부동산개발업관리	318, 320
부동산거래플랫폼	398
부동산계약서	15
부동산관련 공적장부	298
부동산등기법	15, 49, 52
부동산등기부	50
부동산등기전산자료	323
부동산등기제도	207
부동산자료데이터베이스	375
부동산정보관리시스템	317
부동산종합공부	219, 229, 325
부동산종합공부시스템	293, 298, 321, 324, 375, 394
부동산종합정보	375
부동산종합증명서	322, 328
부동산중개업관리	310, 318, 320

부동산중개업	317
부동산행정정보일원화사업	321, 375
부번(副番)	236
부병(府兵)	109
부병제	134
부여	77
부역(負役)	121
부역(賦役)	143, 144
부증성(不增性)	18
부창정(副倉正)	125
부호도	199, 247
부호장(副戶長)	115, 125
북동기번법	233
북모답(北模畓)	150
북서기번법	233
분봉	87
분봉제(分封制)	86
분산등록제도	36, 37
분쟁지조사	190
분할	237, 244, 260
분할측량	13, 269
불가변력(不可變力)	26
불가쟁력(不可爭力)	26
불부합 토지	338
블록체인 기술	398
비 공간자료	292
비총법(比聰法)	142

ㅅ

사(私) 문기	156
사물인터넷(IoT)	386
사법	13
사법적 기능	12
사법적 분쟁	13
4색 공복제	109
사심관	118

사원전	106, 108, 114	삼일포매향비	127	세계측지계	339
사원지주	88	3차 산업형 지목	238	세부측량	183, 417
사유재산제도	80	3차원 공간데이터	387	센터운영지원시스템	319
사자(使者)	98	3차원 공간정보	382, 384, 387	소극적 등록제도	30
사적 구분지상권	415	3차원 정밀지도	382	소도(素圖)	212
사적지	239	3차원 지도	387	소도	182
사전(賜田)	87	3차원 지적(Three Dimensional Cadastre)	408	소유권 변동내역	247
사전(私田)	91			소유권 변동일자	265
사전개혁	118	3차원 지적	41, 401, 406, 411	소유권 지분	247
사정(査定)	185	3차원 지적제도	40, 407, 411	소유권	15, 202
사지(舍知)	99	3차원 통합지도	387	소유자(person)	24
사진측량(Photogrammetry & Surveying)	66	삼한	77	소유자신청주의	10, 47
		상고시대	80	소유증명서	158
4차원 지적제도	40, 41, 402	상등전	120	소작 문기	157
사창(司倉)	125, 127	상서성(尙書省)	123	소작농	82
사창	125	상전(上田)	120	소작인	83
사패(賜牌)	116	상정공법(詳定貢法)	138	소작제	114
사표(四標)	127, 149, 150	새올행정시스템	404	소작지	82
사표	176	색인도	247	소지(所志)	158
사해점촌	101	서리(胥吏)	144	속대전	141, 142
사행식	234	서리	118	속성자료(attribute data)	292
사회적 기능	12	서모답(西模畓)	150	속성정보	333
산관	109	서민지주	88	속전(續田)	151
산발적 등록제도	37	서사(書師)	99	수군구분전(水軍口分田)	133
산사(算使)	121, 124	서유럽의 토지정보시스템	405	수도용지	239
산사(算師)	99	서활(西闊)	96	수등이척(隨等異尺)	119
산사	125	선(先) 등록 후(後) 등기	15	수등이척제	120
산지일시사용허가	265	선등록후등기	245, 265	수령(守令)	143
산지전용허가	265	선진 지적제도	403	수령	124
산직자(散職者)	130	섬관리	326	수로업무법	379
산토지대장(山土地臺帳)	210	성립요건주의	52	수신전(守信田)	130
산학박사(算學博士)	99	성책(成冊)	149	수신전	114
살하지촌	101	성호사설(星湖僿說)	160	수전(水田)	120, 122
삼각본점	190	세계 공간정보시장	388	수조권(收租權)	107
삼남양전(三南量田)	146	세계경제포럼	386	수조권(收組權)	82
삼림법	180	세계측량사협회(FIG)	418	수조권	89, 91

수조권자	119	신라	77	양전척	119
수조지(收租地)	108, 114	신문기(新文記)	157	양전청(量田廳)	144
수조지	92, 113	신청 대위	289	양정개정론	159
수지지적제도	39	신청의 원리	21	양지국	180
수지척	139	신탁등록부	426	양지아문 양안	176
수지파일	298	신하단(臣下團)	87	양지아문(量地衙門)	149
수치점현황측량(좌표)	417	실내공간정보	382	양지아문	171
수치지적(Numerical Cadastre)	38	실질심사	9	양지척	93
수치지적	39, 340, 378	실질심사주의	47	어린도(魚鱗圖)	161
수치지적부	39, 223	실질적 심사주의	401	어업권 공유자 명부	426
수치지적제도	223	12해리	422	어업권	424, 426
수치지형도	383, 384	3D 공간정보	383	어업권등록부	424, 426
수치지형도관리	318	3DEP	388	어업권원부(漁業權原簿)	426
수치표고모델(DEM)	387			어업용 해도	427
수치해도	427	○		어업정보도	427
스마트시티 산업	386	안일호장(安逸戶長)	115	어장도 편철장	426
스마트시티	387	야미수(배미)	176	어초어장도	427
시·군·구 위원회	346	양명등서차(量名謄書次)	149	여전제(閭田制)	161
시·군·구 지명위원회	232	양무감리	173	역둔토(驛屯土)	181
시·군·구지적재조사위원회	343	양무위원	173	역둔토대장	181
시·도 종합계획	348	양반전	113	역둔토도	181
시·도 지명위원회	232	양반전시과제도	109	역둔토정리사업	180
시·도 통합정보열람관리	326	양안(量案)	5, 121, 147	역분전(役分田)	113
시·도위원회	345	양안등서책(量案謄書冊)	149	역분전	107
시·도지적재조사위원회	343	양어장	239	역사성	22
시간 위상(time topology)	41	양입지	44	역자(驛子)	115
시납전(施納田)	114	양전 줄	145	역전(驛田)	133
시작(時作)	176	양전(量田)	92, 119, 144	역토(驛土)	181
시작	176	양전	171	연고권	202
시정 전시과	109	양전도행장(己亥量田導行帳)	149	연고자 조사	201
시주(時主)	176, 178	양전방향	176	연대 편성제도	32
시주	176	양전사(量田使)	121, 144	연방지리정보위원회	388
식읍(食邑)	87	양전사(量田司)	124	연분9등제(年分9等制)	138
식읍	107	양전사	124	연분9등제	140, 141, 150
신(新) 양안	149	양전사목	171	연속·편집도 관리시스템	314
신규등록	237, 244, 260	양전사업(量田事業)	119	연속성	22

연속지적도 관리 326
연속지적도 구축사업 374
연속지적도 219, 317, 383
연속지적원도 334
연속편집도관리 318
연수유답(烟受有畓) 102
연안기본도 427
열하일기 161
염산(鹽酸) 144
염전 239
영국지리원 389
영속성(永續性) 18
영업전(永業田) 113
영정법(永定法) 141
영주제 105
영지(領地) 86
영지 87
영해 422
영해기선 422
영해분류 422
영해의 범위 422
오졸(烏拙) 98
옥저 77
온나라부동산포털 319
온라인지적행정서비스 296
완문 158
왕실사유지 112
왕토사상(王土思想) 82
왕토사상 105, 108
외국인토지관리 310
외역전 115
외주(外周) 96
요동성총도 100
요역(徭役) 114
용도지목 237
용도지역지구관리 310, 318, 326

용도지역지구도 317
용익물권 414
울절(鬱折) 98
원시공동체사회 78
원시부족국가시대 80
원시부족사회 7
원시취득(原始取得) 195
원전(院田) 133
원전 96
위성영상센터 394
위치 오차 383
위치보정정보 384
위치본위지적제도 35
위치정정 245
유엔 유럽 경제 위원회(United
  Nations Economic Commission
  for Europe, UNECE) 400
유원지 239
유지(溜池) 239
육전상정소 144
육조 140
윤리성 23
융·복합 공간정보산업 384
은결(隱結) 160
은결 129
을 구 50
을유양전(乙酉量田) 146
을호토지대장 210
음서제도 113
읍락 89
읍리전(邑吏田) 115
응탈(應頉) 177
의상경계책(疑上經界策) 163
의정부 140, 168
이동지조사부 212
이영보허(以盈補虛) 96

이의신청 360, 361
2.5차원 지적 408
2차 산업형 지목 238
2차원 지적 406
2차원 지적제도 40, 407
이해관계인 349
인공지능(AI) 386
인두세장부 6
인적 편성제도 32
인지의(印地義) 145
인터페이스 386
인트라넷 313
일괄등록제도
  (systematic registration system) 36
일괄등록제도 36
일람도 212
일사편리 324
일사편리포털 관리 326
일시사용불변주의 242
일일마감 296
일자오결제(一字五結制) 150
1차 산업형 지목 238
일책십이법 79
일필일목주의 242
일필지 403
일필지조사 190, 192
임도대감 124
임상도 382
임시경계점표지 352, 358
임시재원조사국 180
임시토지조사국 188
임시토지조사국장 195, 203
임야 239
임야대장 49, 209, 219
임야대장규칙 219
임야도 49, 209, 219

임야도의 축척	253	저당권	15	전통도(田統圖)	164
임야소유권	183, 200	적극적 등록제도	30	전통제(田統制)	164
임야소유권제도	183	적극적 등록주의	400	진품(田品)	120
임야신고서	200	전	239	전품	146, 176
임야실측도	183	전객(佃客)	129	전품3등제	137
임야심사위원회	199	전답결대장(田畓結大帳)	149	전형	176
임야조사령	219	전답결정안(田畓結正案)	149	전호(田戶)	113
임야조사사업	198, 339	전답결타량정안(田畓結打量正案)	149	전호	118
입안(立案)	154	전답양안(田畓量案)	149	절급도감	124
입안	158	전답타량안(田畓打量案)	149	절목	158
입안제도(立案制度)	154	전답타량책(田畓打量冊)	149	절보(折補)	96
입어등록부	426	전답행심(田畓行審)	149	절장보단(折長補短)	96
입지(立旨)	157	전당문기(典當文記)	157	점구부(點口部)	98
입지	158	전도행장(量田導行帳)	149	점토판지도	8
입체지적	41	전량(錢糧)	123	접속수역	422
입체지적제도	407	전민계정사	124	정(丁)	128
잉탄시	391	전민변정도감	118	정두사5층석탑조성기	125
		전분6등제(田分6等制)	138	정밀도로지도	382, 386
		전분6등제	150	정밀지상관측	394
ㅈ		전산정보처리조직	223	정밀측위 기술	386
자경무세	133	전세(傳貰) 문기	157	정보사회	40, 386
자영농민	81, 83, 121, 181	전세(田稅)	113	정보시스템	305, 371
자영형	131	전세권	15	정보의 기본단위	403
자율주행차	382, 383, 386	전시(田柴)	109	정보지적제도(Informational	
자호(字號)	128, 149, 150	전시과제도	86, 107, 108, 129	Cadastral System)	402
자호	176	전안(田案)	126, 149	정보지적제도	36, 375
자호제(字號制)	128	전유부분의 건물표시	247	정보처리시스템	256
작인(作人)	176	전자해도	427	정보통신기술(ICT)	386
작지(作紙)	155	전장(田庄)	113	정보통신기술	36
잠업(蠶業)	143	전적(田籍)	126, 129	정사영상	383
잠업	109	전제개혁	159	정액제	141
잡종지	239	전제상정소	144	정전(正田)	151
장(長)	96	전조(田租)	121	정전(丁田)	91, 92
장광척 수	146, 176	전주(田主)	113, 129, 176	정전제(井田制)	8, 81, 161
장적(帳籍) 문서	34	전주답험제(田主踏驗制)	123	정전제(丁田制)	85, 89, 128
장적(帳籍)	5, 8, 101	전지(田地)	143, 144	정창원(正倉院)	101
장전(長田)	112				

정치도감	124	종합토지정보시스템	36, 297	지대	112
정확성	11	좌표독취 방법	332	지리정보(Geomatics)	66
제4차 산업혁명	386, 388	좌표독취의 대상	332	지리정보공학	
제4차 산업혁명시대	386	주(主)	149, 151	(Geomatics Engineering)	66
제방(堤防)	239	주민등록전산자료	323	지리정보학(Geoinfomatics)	66
제사용전(祭祀用田)	133	주민설명회	349	지목 기호	255
제서유위율(制書有違律)	17	주부(主簿)	98	지목 불부합	303
제약사항(Restrictions)	407	주유소용지	239	지목(land category)	237, 397
제전	96	주지목추정주의	242	지목	128, 176, 223
제한설	413	주차장	239	지목법정주의	242
제후	87	주척(周尺)	139, 147	지목변경	223, 225, 245, 260, 267
조부(調部)	99	주척	93	지목분류체계	397
조사·측량 업무	350	주현전(州縣田)	133	지방관	88, 115, 143
조선임야조사령	183, 198, 205	준공일자	265	지방자치단체	16, 323
조선임야조사사업	183	준비조사	190	지방자치단체의 조례	413
조선지세령	205	준수책	142	지방지적위원회	26, 223
조세(租稅)	143, 144	중국국가인프라	390	지방토지조사위원회	189
조세	121	중농주의 학자	17	지배설	7
조세대장	85, 184	중등전	120	지번(地番)	149, 150
조세법	141	중심도(中深度)	412	지번변경	225
조세수취권	87	중앙지적위원회	26, 223	지번부여방식	411
조세업무	99	중앙지적재조사위원회	343, 344	지번부여지역	233, 258
조세장부	101	중전(中田)	120	지번부여체계	411
조세제도	105	중첩도(Cadastral Overlay)	403	지번의 중복 기재	303
조세지적제도		중초본	174	지번주소	15, 233
(Fiscal Cadastre System)	34	증보도	210	지상건축물	243
조세징수단위	94	증보문헌비고	173	지상경계	229, 243, 269
조정금 산정	362, 363	증여	269	지상권설정	417
조정금 산정기준	353	지(指)	120	지상권설정의 등기	417
조정금 수령자	362	지계(地契)	173	지세개혁(地稅改革)	170
조정금 이의신청	346	지계	177	지세령	197, 204
조정금 지급	362	지계감리응행사목	177	지세명기장(地稅名寄帳)	184
조정금 청산	362	지계아문 양안	176	지세명기장	213
조정금	361	지계아문(地契衙門)	149	지식정보화사회	402
조정금의 산정	346	지계아문	171	지심사	124
종교용지	239	지권(地券)	164	지역단위법	234

지역선(地域線) 203
지위등급 197
지적 불부합 338
지적(地籍) 5
지적 3, 375
지적공개주의 10, 46
지적공부 복구 257
지적공부 정리 263
지적공부(Cadastral Record) 48
지적공부(Land Record) 24
지적공부(public cadastral record) 202
지적공부(地籍公簿) 219
지적공부 9, 24, 36, 247, 323
지적공부관리 296, 318, 326
지적공부관리시스템 308, 314
'지적공부'를 관리 42
지적공부의 복구 244
지적공부의 열람 223
지적공신의 원칙 400
지적과 169
지적관계 법률 67
지적국정주의 9, 45
지적기술자 229
지적기준점 339
지적기준점의 좌표 417
지적대장 전산화사업 294, 296
지적대장(Cadastral Book) 294
지적도 전산화사업 296
지적도 13, 36, 49, 209, 219, 379, 382
지적도면 전산화 295
지적도면(Cadastral Map) 294
지적도면데이터베이스 303
지적도의 재작성 245
지적도의 축척 253
지적민원 292

지적민원서비스 294
지적민원업무 22
지적법 203, 219, 379
지적법정주의(地籍法定主義) 45
지적법정주의 48
지적보고서(地籍報告書) 183
지적불부합 339, 398
지적사무전산처리규정 293
지적서고 256
지적신(地籍線) 203
지적소관청 22, 42, 46, 223
지적업무 19, 22, 42, 144, 168
지적원도 데이터베이스 330
지적원도 26, 330
지적위원회 223
지적의 기능 11
지적의 기원 7
지적의 원리 9
지적재조사 행정시스템
(Cadastral Re-survey
dministration System) 404
지적재조사기획단 343, 344
지적재조사기획단장 365
지적재조사대행자 354, 356
지적재조사사업 특별법 348
지적재조사사업 40, 226, 338, 398
지적재조사사업의 기본계획 347
지적재조사에 관한 특별법 347
지적재조사예정지구 350, 356
지적재조사지구 우선 지정 352
지적재조사지구 지정 신청 351
지적재조사지구 지정 349, 351
지적재조사지구 349, 351, 366
지적재조사지원단 343, 345
지적재조사지원단장 365
지적재조사추진단 343, 346

지적재조사측량 352
지적재조사행정시스템 365
지적전문학과 64
지적전산 67
지적전산시스템 296
지적전산자료 15, 256, 292
지적전산파일 36, 49
지적전산학 22
지적전산화 223, 292
지적전산화사업 223
지적전산화일 219
지적정보(Cadastral Information) 66
지적정보 36, 219, 375
지적정보과학(Cadastral Science) 66
지적정보산업 401
지적정보센터 226
지적정보시스템(ALKIS) 405
지적제도 3, 10, 19, 27, 50, 171, 402
지적제도의 객체 43
지적제도의 구성요소 24
지적제도의 주체 42
지적측량 적부심사(適否審査) 229
지적측량 38, 39, 67, 204, 244, 339
지적측량결과도면 415
지적측량기준점 332, 336
지적측량대행자 365
지적측량성과관리 318, 326
지적측량성과작성시스템 308, 314
지적측량시스템 308
지적측량업 227
지적측량업자 229, 354
지적학 이론 67
지적학 55, 56, 57, 58
지적학의 변혁 66
지적학의 연구대상 61

지적학의 인접과학　　　59
지적행정　　　67
지적행정시스템　　　296
지적행정업무　　　296, 297, 374
지적현상(cadastral phenomenon)　60
지적협회　　　229, 230, 380
지적확정예정조서　　　358, 359, 361
지적확정측량　　　226, 244, 285
지적활동(cadastral activity)　60, 62
지전(紙田)　　　112
지주(地主)　　　151
지주-소작제방식　　　77
지주위원회　　　189
지주-전호　　　105
지주제(地主制)　　　84
지주제　　　81
지주총대　　　200
지하공간통합지도　　　387
지형　　　150
지형도　　　374, 375, 379, 382
지형-지도정보시스템(ATKIS)　405
지형-지도정보시스템
　　(ATKIS, Official Topographic-
　　Cartographic Information System)
　　　　　　405
지형지모 조사　　　198
지형지모(地形地貌) 조사　　　190
지형지목　　　237
직권등록주의　　　9, 47
직선기선　　　422
직역자(職役者)　　　129
직전(職田)　　89, 102, 115, 135
직전　　　95
직전법(職田法)　　　130
직전법　　　89
진기(陳起)　　127, 149, 151

진대(賑貸)　　　144
진무주(陳無主)　　　177
진상(進上)　　　143
진전(陳田)　　　146, 177
진전개간법　　　122
진주(陳主)　　　177
진척(津尺)　　　115

차경차전(且耕且戰)　　　134
찰리변위도감　　　124
참전(站田)　　　133
창고용지　　　239
창부(倉部)　　　99
창부경(卿)　　　99
창부영(令)　　　99
창사(倉史)　　　125
창정(倉正)　　　125
채방사　　　124
책임(Responsibility)　　　407
책임수행기관　　350, 354, 356, 366
책임수행기관제도　　　353, 355
책화　　　80
척(尺)　　　92, 119
척관법　　　223, 244
천심도(淺深度)　　　412
철도용지　　　239
청산금 납부　　　282
청산금 조서　　　280
청산금 청산　　　280, 281
청산금　　　278
체아직　　　130
체육용지　　　239
촌락문서　　　101
촌주　　　124
촌주위답(村主位畓)　　　102

총도(總圖)　　　161
총도　　　427
최초등기　　　28
축척변경 공고　　　279
축척변경 승인　　　278
축척변경　　　225, 260
축척변경위원회　　　276
축척변경측량　　　244
축척종대의 원칙　　　244
측량(Surveying)　　　66
측량공학(Surveying Engineering)　66
측량기준점　　　338
측량법　　　379
측량업　　　380
측량업정보종합관리체계　　　380
측량원도　　　212
측량표　　　204
측량협회　　　230, 380
측지계　　　339
측지기준망　　　403
측지기준점정보시스템
　　(AFIS, Official geodetic points
　　information system)　　　405
치수설　　　8
친시등과전(親試登科田)　　　135
침략설　　　7

커튼 원리(curtain principle)　　　29
클라이언트/서버(3-Tiered client/
　　server)구조　　　313

탁지부　　　180, 182
태대사자　　　98
태수(太守)　　　99

토렌스시스템(Torrens system)

　　　　　　　　20, 21, 400

토렌스제도(Torrens System)　28

토성지목　　　　　　　　237

토지 이동　　　　　9, 46, 236

토지 표시　　　　　11, 45, 50,

　　　　　　　219, 233, 402

토지 형상도　　　　　　176

토지(Land)　　　　　　　24

토지가격 조사　　　　　190

토지가옥소유권증명규칙　186

토지가옥증명규칙　　　186

토지가옥증명제도　　186, 207

토지감정평가　　　　14, 397

토지개발사업　　　　39, 285

토지개혁　　　　　　　171

토지거래　　　　14, 83, 154

토지거래관리　　　　　310

토지거래허가관리　　318, 320

토지거래허가　　　　　318

토지겸병　　　　　　　118

토지공유제　　　　　　80

토지관리업무시스템　　310

토지관리정보시스템　　297

토지국유제　　　　　82, 121

토지기록물전산화사업　296

토지기록부　　　　　　219

토지기록전산화사업　　294

토지대장　26, 49, 209, 219, 416

토지대장규칙　　　205, 219

토지등급　　　　　　　247

토지등록　　　　　　　401

토지등록제도　　19, 27, 408

토지보상금　　　　　　26

토지분급제　　　　　　87

토지분급제도　　105, 107, 108

토지분배제도　　　　　81

토지사유제　　　81, 82, 107

토지소유권 사정(査定)　195, 203

토지소유권 조사　　　190

토지소유권 증명제도　177

토지소유권　　　　13, 17, 24,

　　　　　　　83, 161, 195

토지소유권변동관리　　296

토지소유권의 범위　　412

토지소유권증명제도　171, 180

토지소유자 사항　　245, 402

토지소유자　　　　　　349

토지소유자협의회　　351, 352

토지소유제도　　　　　78

토지소유증명서　　　　173

토지신고서　　　　192, 211

토지실지조사부　　　　211

토지의 고유번호　　　247

토지의 등급　　　　　150

토지의 등록부　　　　　3

토지의 물리적 현황　11, 44, 219

토지의 소재　　　　　233

토지의 형상도　　　　172

토지의 형질변경　　　274

토지이동 신청서　　　262

토지이동 신청에 관한 특례　285

토지이동 조서　　　　263

토지이동　　　　　　225

토지이동관리　　　　　296

토지이동정리 결의서　263

토지이용계획　　　　383

토지이용계획정보　　318

토지이용계획확인서　416

토지이용의 입체화　　406

토지이용현황　　　　397

토지정보　　　　　36, 402

토지정보관리(Land Information

　　Management)　　66

토지정보데이터베이스　3

토지정보시스템　　　3, 12,

　　　　　295, 305, 374

토지제도　　18, 19, 67, 402

토지조사국　　　　180, 184

토지조사령　　　　189, 219

토지조사법　　　　180, 184

토지조사부　　　　　212

토지조사사업　36, 181, 184, 339

토지종합정보망　　　374

토지측량　　　　　　99

토지행정지원시스템　297, 310

토지현황조사　　　　350

토호세력　　　　　　88

통감부　　　　　　　180

통상기선　　　　　　422

통일성　　　　　　　23

통합민원발급관리　318, 326

통합업무관리　　　　296

통합정보열람관리　　326

투탁　　　　　　84, 181

투화전　　　　　　　115

특정화의 원리　　　21, 45

판도사(版圖司)　　　123

판적(版籍)　　　　　5

판적국(版籍局)　　　169

판적사(版籍司)　　　143

판적사　　　　　　144

팔조법금　　　　　　79

패자(牌子)　　　　　157

패지(牌旨)　　　　　157

편집지적도　　　　　317

편호(編戶)	85	한국토지정보시스템(Korea Land		해양정보시스템	420
편호소민(編戶小民)	85	Information System)	404	해양지적	420
평(坪)	223	한국토지정보시스템	297, 319	해양지적의 대상	423
평(平)	96	한량관	130	해양지적제도	402, 420
평	339	한성부 지적도	182	해양필지도면	425
평면지적	40, 411	한성부	143, 144, 182	해저 광업권	426
평면직각종횡선 수치	245	한인(閑人)	109, 114	해저광물개발구역	426
표제부(表題部)	50	한인전(閑人田)	114	해저조광권	426
표제부	15	한일의정서	180	해학유서(海鶴遺書)	164
표준지공시지가	14	한전(旱田)	120, 122	행정구역변경	225
품계	109	한전법(限田法)	161	행정구역의 명칭변경	260
품위	109	한전제(限田制)	160, 161	행정적 기능	12
품주(稟主)	99	한전제	161	행정처분(行政處分)	195
품질관리체계	395	합병	224, 237, 245, 260	행정처분	25, 380
풍흉조사(豊凶調査)	144	합집(合執)	155	향리(鄕吏)	144
필지 누락	303	항공사진	383	향리	115, 124
필지(parcel)	24, 408	항공사진측량	410	향리전(鄕吏田)	115
필지(right)	24	항공측량	382	향직(鄕職)	115
필지(筆也)	43, 62	항만기본도	427	향화전(向化田)	133
필지(筆也, parcel)	202	항만접근도	427	허용 오차	332
필지경계선	332	항박도	427	현대지적제도	220
필지기반토지정보시스템	374	항양도	427	현령(縣令)	99
필지중심토지정보시스템	297	항해도	427	현상을 지적현상	
		항해용 해도	427	(cadastral Phenomenon)	62
		해도(海圖)	375	현실경계	340
ㅎ		해도	379	현실세계	386
하등전	120	해안도	427	현실의 경계	13
하이브리드 지적	408	해양 관련법	428	현황측량	417
하전(下田)	120	해양 필지	421, 425	형법상 경계	424
하전	125	해양대장	425	형식(문서)적 심사주의	49
하천	239	해양도면	425, 427	형식심사주의	52
학교용지	239	해양등록부	425	형질변경	267
학전(學田)	113, 133	해양의 경제적 요소	422	호구(戶口)	123, 143, 144
한계심도(Depth Limits)	412	해양의 규제 요소	422	호민(豪民)	84, 89
한계심도	413	해양의 법적 권리	421	호방(戶房)	144, 155
한국국토정보공사	61, 353	해양의 표시	421	호부(戶部)	123
한국토지정보시스템(KLIS)	311, 374				

호장(戶長)	115, 125	화전(火田)	151	회복등록	225, 275
호적과	169	화폐지대	168	휴도(畦圖)	162
호전	96	화회문기(和會文記)	157	휴한(休閑)	120
호족	90	확정력(確定力)	26	휼량전	114
화사(畫師)	99, 100	환경지도	382	휼양전(恤養田)	130
화자거집전민추고도감	124	환전	96	흑치상지	5

저자 약력

성춘자(成椿資)

• 주요 경력
  (현)남서울대학교 드론공간정보공학과 교수
  (현)청주시 공간정보정책자문위원회 위원
  (전)국토교통부 중앙지적위원회 위원
  (전)국토교통부 공간정보위원회 위원
  (전)국토교통부 중앙지적재조사위원회 위원
  (전)중앙인사위원회 지방공무원(지적직) 임용시험문제 선정위원
  (전)서울특별시 인재개발원 지방공무원(지적직) 임용시험문제 출제
  (전)서울특별시 지적재조사위원회 위원
  (전)세종특별자치시 지적재조사 및 경계결정위원회 위원
  (전)대전·충남 지방지적위원회 위원
  (전)충청남도 지명위원회 위원
  (전)천안시 서북구 지적재조사위원회 위원
  (전)(LX)한국국토정보공사 「지적과 공간정보」 편집위원회 위원
  (전)(LX)한국국토정보공사 공간정보정책 자문위원
  (전)(LX)한국국토정보공사 신입사원 공채 필기시험 출제
  (전)(LX)한국국토정보공사 지적재조사기본계획 자문위원회 위원
  (전)(LX)한국국토정보공사 장학회 장학이사
  (전)(LX)한국국토정보공사 공간정보연구원 공간정보아카데미 운영위원

• 주요 학회 활동
  (현)한국지적정보학회 정회원
  (전)한국지적정보학회 이사
  (전)한국지리정보학회 부회장

• 학력
  상명여자대학교 지리학과 학·석사
  동국대학교 지리학과 박사

현대 지적학

초판발행   2022년 9월 8일

지은이   성춘자
펴낸이   안종만·안상준

편 집   탁종민
기획/마케팅   오치웅
표지디자인   이소연
제 작   고철민·조영환

펴낸곳   ㈜ **박영사**
              서울특별시 금천구 가산디지털2로 53, 210호(가산동, 한라시그마밸리)
              등록 1959. 3. 11. 제300-1959-1호(倫)

전 화   02)733-6771
f a x   02)736-4818
e-mail   pys@pybook.co.kr
homepage   www.pybook.co.kr
ISBN   979-11-303-1604-8   93530

정 가   33,000원